国家级精品课程教材、清华大学精品课程教材

纺织服装高等教育“十三五”部委级规划教材

服装史论书系

中国服装史

贾玺增 著

HISTORY OF CHINESE CLOTHING

東華大學出版社

·上海·

图书在版编目（CIP）数据

中国服装史 / 贾玺增著 . -- 上海 : 东华大学出版社 , 2020.8

ISBN 978-7-5669-1717-1

Ⅰ . ①中… Ⅱ . ①贾…Ⅲ . ①服装—历史—研究—中国Ⅳ . ① TS941-092

中国版本图书馆 CIP 数据核字 (2020) 第 087916 号

责任编辑：马文娟

装帧设计：上海程远文化传播有限公司

中国服装史

ZHONGGUO FUZHUANGSHI

著：贾玺增

出 版：东华大学出版社（上海市延安西路 1882 号，邮政编码：200051）

出版社网址：http://dhupress.dhu.edu.cn

天猫旗舰店：http://dhdx.tmall.com

营销中心：021-62193056　62373056　62379558

印刷：上海雅昌艺术印刷有限公司

开本：889mm × 1194mm　1/16

印张：22.75

字数：776 千字

版次：2020 年 8 月第 1 版

印次：2020 年 8 月第 1 次印刷

书号：ISBN 978-7-5669-1717-1

定价：98.00 元

序

中国是世界四大文明古国之一，辉煌灿烂的中华文明兼容并蓄、与时俱进，是世界上唯一不曾间断的、历久弥新的、可持续发展的伟大文明，为人类的发展作出了巨大贡献。

在我国经济持续发展，综合国力不断增强，民族自信、文化自信不断提高，实现民族复兴的新时代，人们更加关注传统文化。我们从哪里来，我们将向何处去？如何继承和发扬传统文化，如何创造无愧于新时代的新文化，成了当代中国人责无旁贷的课题和使命。

中国服饰文化是中华文明的重要组成部分，不仅历史悠久，而且内容丰富，独具特色；不仅蕴含着中国人尊重自然、“天人合一”的生存理念，而且汇集着普通民众对美好生活的良好希冀；不仅凝聚着诸子百家的哲学思想，而且体现着农耕文化与游牧文化的碰撞和融合。儒、释、道在这里和平共处、各得其所，伊斯兰教、基督教文化也都在这块热土上被吸收和融化。虽有朝代更替、战乱纷扰，甚至国破家亡，但我们这个不屈的民族一次次顽强地爬起来、站起来、强起来，创造了无数辉煌。而且，历史上每次改朝换代，必先修订服制，用衣着穿戴来治理社会、育化民众是中国历代服饰文化的鲜明特色。

《中国服装史》是高等院校服装设计专业的必修课。自 1981 年沈从文先生的巨著《中国古代服饰研究》问世以来，许多学者先后对传统服饰文化进行了深入研究，如周锡保先生的《中国古代服饰史》，黄能馥先生、陈娟娟的《中国服饰史》，以及周汛、高春明先生的《中国历代服饰》等，相关研究论文更是不胜枚举，浩瀚的中国服饰文化在这些研究中不断总结、继承和弘扬。

清华大学美术学院染织服装艺术设计系的副教授贾玺增博士是近些年在中国服装史研究领域比较活跃的一位中青年学者。2007 年，贾玺增在东华大学获得博士学位后，到清华大学美术学院做博士后，从事“中西方服饰文化研究”工作，2009 年出站，留校任教，主讲“中国服装史”“中外服装史”“中国纹样艺术史”“中外染织纹样史”“服饰设计”“流行与时尚”等课程。这些年来，他以极大的热情投入中国服饰文化的研究，发表了一系列相关研究成果。特别是他主讲的“中国服装史”，被评为清华大学精品课程和教育部首批认证的国家级精品在线课程，这本《中国服装史》是贾玺增博士积累数年来的教学经验和研究成果，为本科生、研究生编写的“十三五”规划教材，40 余万字规模，3000 多幅精美图像资料，图文并茂、清晰生动地呈现了我国从原始社会至今的历代服饰文化。书中以大量手绘图示从设计学角度解析传统服饰形制结构特点，并配以考古图片展示历史原貌，运用史学研究成果分析现当代中国元素的设计作品。作为中青年学者和高校一线的教师，贾玺增博士的《中国服装史》在继承前人研究成果的基础上，充分考虑教材使用群体的学习特点，兼顾“学”和“用”两个方面：激发学习传统文化的兴趣和热情；启迪传承发扬传统文化的智慧和方法。相信这部教材一定会为青年学生、服装设计师及服饰爱好者了解中国的传统服饰文化打开一条通道，为我国高校的双一流建设增砖添瓦。

李当岐

清华大学教授、博士生导师，清华大学学术委员会主任委员

前清华大学美术学院院长、中国服装设计师协会主席

2020 年元月于清华园

目录

第一章 概述 / 1

第二章 远古时期 / 3

一、绪论 3
二、石器之美 3
三、彩陶光辉 7
四、以齿为饰 9
五、觿以解结 9
六、贝以计数 10
七、以骨制器 11
八、骨笄束发 12
九、衣毛冒皮 14
十、蹂毛成毡 16
十一、通天羽冠 17
十二、玉玦手镯 18

第三章 夏商 / 20

一、绪论 20
二、青铜文化 20
三、占卜甲骨 23
四、养蚕纺丝 24
五、大富之虫 24
六、桑林神树 25
七、天赐丝帛 25
八、衣裳初制 27
九、鸟形梳篦 31
十、制裘广郡 33

十一、虎噬鬼魅 34
十二、钺与牙璋 38

第四章 周代 / 39

一、绪论 39
二、君之六冕 40
三、君士四弁 48
四、命妇六服 49
五、方正玄端 50
六、深衣之礼 50
七、冠礼、笄礼 67
八、金玉之笄 68
九、佩玉锵锵 70
十、问士以璧 71
十一、掌皮治皮 72
十二、以粗为序 73
十三、制礼作乐 73

第五章 秦汉 / 75

一、绪论 75
二、祥瑞纹饰 76
三、服制开端 80
四、五时之色 82
五、命妇礼服 82
六、冠帽制度 83
七、被体深邃 85
八、佩绶制度 87
九、革带带钩 89
十、联结裙幅 90
十一、长袖交横 90
十二、与子同泽 91
十三、最亲身者 91
十四、席地而坐 93

十五、履袜礼节 94
十六、金缕玉衣 96
十七、犀甲盔帽 97
十八、黔首苍头 102
十九、为髻如椎 103
二十、明月耳珰 104

第六章 魏晋南北朝 / 105

一、绪论 105
二、火树银花 106
三、魏晋风骨 108
四、袴褶裲裆 111
五、上俭下丰 112
六、袿衣杂裾 113
七、飞襳垂髾 114
八、锦履木屐 115
九、金蝉金珰 117
十、步摇花钗 118
十一、五兵佩钗 119

第七章 隋唐 / 121

一、绪论 121
二、汉式礼服 125
三、圆领常服 126
四、锦袍纹样 127
五、服色等级 131
六、幞头銙带 132
七、袒胸裙装 133
八、掩乳长裙 134
九、装花斑缬 136
十、藕丝衫子 137
十一、胡服胡妆 138
十二、女效男装 140

十三、巾舞披帛 141
十四、半臂裙襦 143
十五、时世女妆 145
十六、发髻高绾 146
十七、花钗博鬓 148
十八、鹘冠戎服 150
十九、皮靴重台 153

第八章 宋代 / 155

一、绪论 155
二、理学昌盛 157
三、以服为纲 158
四、方心曲领 164
五、道家风骨 164
六、仙人鹤氅 167
七、纱罗大衫 168
八、士人襕衫 170
九、命妇礼服 171
十、大袖衫 172
十一、霞帔坠子 173
十二、窄袖褙子 174
十三、紫衫薄裙 177
十四、生色花样 177
十五、花罗背心 179
十六、千褶女裙 179
十七、宫绦流苏 181
十八、百事吉结 183
十九、吊敦膝裤 184
二十、乌靴金莲 187
二十一、职业服装 189
二十二、刺绣缂丝 189
二十三、元夕闹蛾 191
二十四、虎镇五毒 193

二十五、发梳满头……195
二十六、水晶冠子……198
二十七、步人铁甲……199
二十八、博古纹样……202

第九章 辽金 / 203

一、辽代绪论……203
二、辽代男服……204
三、辽代女服……204
四、辽代首服……205
五、辽代服料……206
六、金代绪论……206
七、金代男服……207
八、春水秋山……209
九、金代女服……210
十、金代服料……212
十一、辽金袍服……213

第十章 元代 / 217

一、绪论……217
二、一色质孙……218
三、辫线袄子……219
四、半袖褡胡……221
五、无袖比甲……221
六、女子服饰……222
七、冬帽夏笠……224
八、罟罟女冠……225
九、皮毛服装……226
十、青花时装……228
十一、长靴弓鞋……234

第十一章 明代 / 235

一、绪论……235

二、皇帝冠服……236
三、百官朝服……244
四、百官公服……245
五、百官常服……246
六、皇帝赐服……248
七、凤冠霞帔……250
八、䯼髻头面……256
九、裙式袍服……258
十、僧道直裰……260
十一、直身袍服……261
十二、时襟披风……261
十三、上襦下裙……262
十四、百子之衣……263
十五、女衣云肩……266
十六、水田衣裳……268
十七、明代戎服……269
十八、亭台楼阁……270
十九、吉祥纹样……274
二十、一品仙鹤……280

第十二章 清代 / 283

一、绪论……283
二、朝服龙袍……284
三、后妃礼服……289
四、披领朝珠……296
五、彩帨领约……297
六、吉服龙袍……299
七、海水江崖……304
八、补服霞帔……307
九、马褂坎肩……310
十、大阅盔甲……312
十一、顶珠花翎……314
十二、瓜皮坤秋……317
十三、女子常服……318

十四、内穿套裤......324
十五、肚兜抹胸......324
十六、马面女裙......324
十七、旗发扁方......327
十八、花盆鞋底......328
十九、打牲乌拉......329
二十、纽扣与钮扣......331

第十三章 民国时期 / 332

一、中国新貌......332
二、民国男装......333
三、海派旗袍......336

第十四章 当代中国 / 338

一、中华人民共和国成立之初......338
二、改革开放......339
三、东风西进......340
四、致敬东方......341
五、中国元素......347
六、国潮时尚......349

参考文献 / 350

后 记 / 352

第一章 概述

中国古代服饰是在一个相对封闭的大陆型地理环境中形成和发展的，东面和南面濒临太平洋，西北有漫漫戈壁和一望无际的大草原，西南耸立着世界屋脊青藏高原。这使得中国古代服饰远离世界其他服饰文化，以“自我”为中心，在吸收其他文化的同时，沿着自己的方向独立发展，自始至终都保持着与众不同的文化和品味。

中国绝大多数地区属季风性气候类型，春夏秋冬四季更替。这使得中国传统服装形成了前开前合、多层着装的穿着方式，以及“交领右衽”和“直领对襟”的衣襟结构。“交领右衽”是指衣襟作“y”字形重叠相掩，体现了“以右为上”“尊右卑左”的文化观念；“直领对襟”是指衣襟为直线，竖垂于胸前。两者组合在一起，具有闭合性好、穿脱方便、富有层次等优点。人们可以通过服装的叠加与递减，实现对身体温度的调节。

中华文明的发源地——黄河、长江流域的水系、土地、气候等自然环境，为华夏祖先的农业生产提供了得天独厚的条件。由农耕生活发展而来的“天人合一”的观念，使中国古代服饰具有师法自然、人随天道的品格特点。中国先民通过服装的色彩、纹样、造型等内容与天时、地理、人事之间建立联系，从而在心理上形成“天人感应”的意识。这促成中国古代服饰追求外在形象与内在精神、形式之美与内容之善的协调与统一，也使得中国古代服饰不仅具有珠玉璀璨、文采缤纷的外在之美，还具有表德劝善、文以载道的深厚文化内涵。同时，中国先民通过“四季花”与“节令物”等应景服饰文化进行情景模拟，构建出一幅生动和谐、时节有序、内外融合的“新世界”，体现了华夏民族的浪漫情怀和充满智慧的文化想象力，也反映了中国先民在历史演变过程中的主动积极的参与意识。

农业生产方式对于自然环境的依赖和生活资料自给自足的特点，培养了中华民族乐天知命、安于现状、追求和谐的民族性格。由于灌溉和耕种的需要，中国古人需要以自然村落的形式组成最为原始的社会组织。社会组织的基本构成单位则是以血缘关系组成的家庭单位。由于土地的不可迁移性、生产力水平和对土地资源的依赖，使血缘关系成为中国封建社会组织结构的最佳途径，并最终形成了中国封建社会的整体社会模式。

中国历史上第一位皇帝是秦始皇，他建立了一套标准的法典和中央集权的官僚体系。汉代政府则进一步加强了中央集权统治。自此以后，整个封建时代的中国历史发展都有赖于文武分职、等级严密的官僚机构来管理，并不断延续了两千多年。由此而产生的复杂社会组织系统、血缘脉络和礼仪教化，最终演变成缜密、系统、严格的等级秩序。每到重大祭祀仪式，皇帝都会亲自主持并参与。国家仪式的举行强调帝王的威严，宣告帝王对于维护国家，甚至天地秩序的重要性。

早在西周时期，中国古人就已将前代积淀的服饰礼仪形成系统化的六冕、四弁、六服制度和文化。周王服装从制丝、染色、缝制，再到最终的穿用，要经过20多道严格的管理程序。

汉代是礼仪服装制度化的起始点，18种冠帽和佩绶标识了穿者的身份和等级。到了唐代，服色制度取代了冠帽识别方式。此时的服装分成两类：一类是继承了中原地区农耕文明传统的汉式冠冕衣裳，用作祭服、朝服和较朝服简化的公服；另一类则吸取了北方游牧民族的特点，使用便捷、实用的幞头、圆领缺胯袍和乌皮靴，用作平日的常服。隋唐以后，公服和常服也纳入了服饰制度的范围，从而补充和完善了中国古代服饰制度仅对朝服、祭服的局限。农耕文明和游牧民族服饰的双轨制，适应了中国古代传统的社会礼仪等级制度和日常实用的需要。

明代官服开创补子制度，以“禽兽”纹样识别身份。直至清代，中国古代服饰的礼仪制度达到缜密繁缛的程度。可以说，中国古代服饰礼仪制度，将处于社会中的人井然有序地安置于由冕旒、纹章、绶带制度所交织而成的礼仪等级中。人们根据自己的身份和穿用的场合选择与自身相对应的服饰。服装表现了在中国传统等级社会中，人们之间相互协调与制约的复杂关系，体现了中国古人升降周旋、揖让进退与“唯礼是尚”的高度智慧和理想追求。

中国是世界丝绸的发源地。栽桑、养蚕、纺丝、织造丝绸是中国先民的伟大发明。丝绸的输出与传播，为中华文明赢得了世界声誉。通过车马人力开辟的“丝绸之路”，在交通极不发达的古代堪称奇迹。工业革命来临之前，中国贸易占有很大的优势，外销丝绸为中华民族积累了巨大的财富。依附于纺织材料的是刺绣技艺。原始社会时，人们用文身、文面等方式美化生活，后人则用针将线反复穿绕面料形成精巧绚丽的纹样。制作成匹满地花纹的绣品，不仅需要长年累月的时间和纯熟的技巧，而且需要聪明的艺术悟性和毅力。

从文献记载和物质文化遗存中可以看到，自新石器以来，中国和域外之间在每个历史阶段都有着广泛的交流。中国古代服饰文化是以中原地区汉民族具有农耕文化特征的服饰为主体，在漫长的历史演变中不断吸取北方游牧民族的服饰形式，加以补充和融合而来的。正是这些交领与圆领、衿带与纽扣、深衣与缺胯袍、冕旒与幞头、大带与銙带、舄与乌皮靴等分别隶属农耕文化与游牧文化的服饰特征，它们相容并蓄、交相使用，才成就了辉煌、璀璨的中国古代服饰文明。对其研究与考察为揭示中国古代文化、艺术、技术和各民族间的交流史，提供了详实而宝贵的资料。

除了纺织、刺绣等技艺，更令人称道的是华夏先民对于服装裁剪技术的全面掌握与高超运用。在江陵马山楚墓出土的素纱棉袍，其腰部和背部各有一处省道结构，合乎人体特征和运动规律的设计，表现出古代楚人的高超智慧和精妙的制衣技巧。它比起西方中世纪末期（13—14 世纪）才开始使用的省道技术，领先了 1500 余年。河北满城汉墓出土的金缕玉衣的袖窿造型，与我们今天西装袖的造型极其相似，这说明中国古人在汉代就已经掌握了高超的人体三维包装技术。

战国时期，以赵武灵王“胡服骑射”为标志，华夏服装经历了史上的第一次大变革。为了穿着便捷，中国古人将上衣下裳的二部式服装上下缝合，改制成上下连属制的一体式深衣。衣裳相连的深衣成为此次变革的标志成果。受儒家文化浸染，深衣形态具有规、矩、绳、权、衡的文化象征。深衣上下分裁的衣裳连属的形制，在唐宋时期为下摆加襕的襕衫所继承。

出于机能性考虑，中国古人在袍服后部或两侧开衩，时称缺胯袍。宋明时期道袍的内外摆沿袭了此种结构。出于骑射的需要，元代先民还创造了在腰部横断，下裳施加褶裥的裙袍一体式服装，史称辫线袍。辫线袍上身紧窄合体，下摆宽松，腰间密褶，在整体外观上呈现出松紧有致、疏密相间的节奏感。这种形制与游牧民族的马背生活和谐统一，上身紧使人在骑马时手臂活动灵活自由，下身宽松则易于骑乘。这些结构既保持了服装外观的端庄，又赋予了服装机能性。尽管明朝政府曾下诏：“衣冠如唐制”，试图恢复汉族服式样，但元人的袍裙式结构不仅没有随着朝代更替而被淘汰，反而对后世服装式样产生了深远的影响，其式样如曳撒、旋子、程子衣。至清代，辫线袍演变成上衣下裳的袍裙式服装结构的清皇帝朝袍。它从最初产生于实用功能的需要，在被符号化定型之后，最终成为一种附加于服饰之上的文化象征。

第二章 远古时期

远古时期：距今约 170 万年前—公元前 2070 年

一、绪论

旧石器时代初期，人类文明尚未开化，生产工具简单粗糙（图 2-1-1），生活环境险恶，服装仅局限于用兽皮、树叶等原始材料对人体的局部包裹，其遮蔽、保暖功能不足，礼仪作用更无从谈起。至旧石器时代晚期，直立行走、火和盐的使用，使华夏祖先的智力进一步发展，人体体毛也逐渐退化，为了抵御隆冬季节严寒的来袭，服装日益成为人类生存的必需品。此时，中国工艺美术出现了两次文化高潮，即北方黄河中上游以仰韶文化、马家窑文化为代表的彩陶文化，以及南方浙江地区以良渚文化为代表的玉器文化。它们代表了原始时代工艺美术发展的最高水平。

二、石器之美

在距今约 300 万至 1 万年前的旧石器时代，人类主要使用打制、砍砸而成的石质器工具。砍砸器器形厚重，刃口曲折，于不定中见规则，自然天成却又有迹可寻。中国时装品牌“上海滩”2010 春夏“山水”扇形手抓包（图 2-2-1）即以砍砸器为设计灵感，表面钉缝的银灰色亮片勾画出诗意云海与迷离群山，古朴中见奢华，意境悠远；德国时装品牌吉尔·桑德（Jil Sander）设计的黑色手抓包，突出了砍砸器厚重、古朴的质感（图 2-2-2）；意大利家具品牌亨格（Henge）以金属框架为桌体支撑石质桌面（图 2-2-3），保留了岩石般真实自然的质感。

古代石器虽然普遍简单粗糙，但有些砍砸器因为特殊需求，也能够制作得精准统一，如原始社会人类用来射杀猎物的玛瑙石簇（图 2-2-4）。有设计者将玛瑙石簇包金成项链吊坠（图 2-2-5），质朴的造型与华丽的金属质感形成对比。

图 2-1-1 双面砍砸器

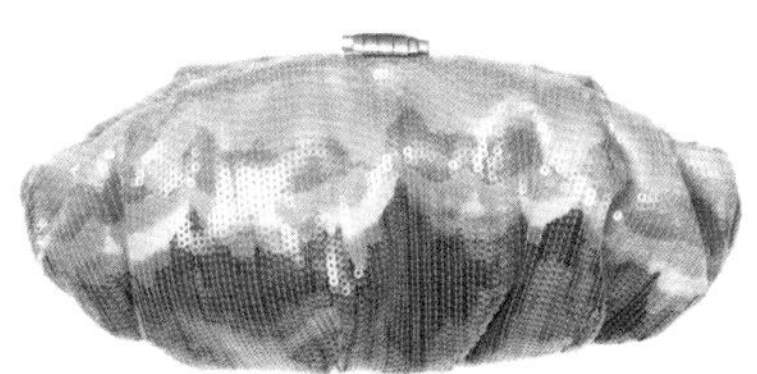

图 2-2-1 “上海滩”品牌扇形手抓包

图 2-2-2 Jil Sander 黑色砍砸器造型手抓包

图 2-2-3 Henge 金属框架桌体和石质桌面

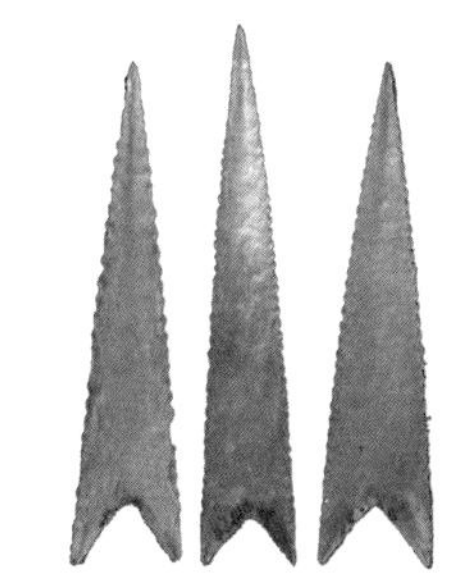

图 2-2-4 玛瑙石簇

图 2-2-5 玛瑙石簇项链

图 2-2-6　新石器时代石斧

图 2-2-7　以新石器时代石斧为灵感设计的摩托罗拉 U9 手机

图 2-2-8　韩国设计师 Jinsik Kim 用大理石雕刻的“石器时代”笔筒和压纸器

图 2-2-9　新石器时代石锛（北京故宫博物院藏）

图 2-2-10　石矛头（四川广汉三星堆遗址出土）

图 2-2-11　新石器时代裴李岗文化石镰（国家博物馆藏）

距今约 8000 年前，中国各地开始陆续进入新石器时代。华夏先民开始了相对稳定的采集、渔猎和洞穴生活，充裕的时间和磨制技术，使石器的加工比前一阶段更精确、规整和美观。对石质的选择已从石英石、燧石、砾石等扩大到更精美的石墨、玛瑙、水晶石、玉髓、黑曜石等。这种经过磨制、带有刃口的工具，比旧石器时代晚期的工具更进步，人们称之为“新石器”。磨光后的石器，形制小巧，造型悦目，手感熨帖。人类祖先在打磨石器时，一定是在实用之外还有执着的审美追求，细心品味这件长 14 厘米、厚 4.5 厘米的私人收藏的黑色石斧（图 2-2-6），可以感受到它舒适的比例以及圆润朴实的美感。2002 年，美国摩托罗拉公司曾经推出模仿新石器石斧造型的 U9 手机（图 2-2-7）。此外，韩国设计师金真植（Jinsik Kim）还用大理石雕刻了“石器时代”笔筒和压纸器（图 2-2-8）。

旧石器打制的偶发性转向了设计思维的必然性。经过磨制的石斧、石刀、石锛、石铲和石凿的器形更加规整，尖端与刃口更加锋利，表面更加光洁，展示了质感、触感、比例、对称等工艺美术法则，如北京故宫博物院藏新石器时代石锛（图 2-2-9）、三星堆遗址出土石矛头（图 2-2-10）。其平衡感和完成度令人惊叹。又如国家博物馆藏新石器时代裴李岗文化石镰（图 2-2-11），作为新石器时代广泛应用的一种农业收获工具，石镰在各地均有发现，反映了新石器时代中期以来，农业生产规模和粮食收获量均已得到较大发展。

磨制石器这一行为，应该不只是单纯的制作，它唤醒了人类“做到更好、做得更好看”的意识。石头的坚实度与重量感，以及恰到好处的加工适用性，唤醒了人类“做得更好看”的意识，也刺激了人们砍削断物的热情，而它的良好手感又唤醒了人们通过使用道具获得的满足感，引导因直立行走而变得自由的人类开始手工创作。

在远古蛮荒时代，人类各部落之间为了各自的生存和利益，冲突频繁。石器时代晚期，一种更锋利、实用的石钺，取代石斧成为战争的主要武器。除了实战功能外，石钺还是军事控制权的象征。当时的部落首领，集军权、神权于一身，而石钺则是这些部落首领手中的“权杖”。在良渚文化时期的大型墓葬中，一般都葬有丰富的陶器、玉石器等随葬品，玉钺往往放置在比较显著的位置。其实物如安徽含

图 2-2-12 礼用玉钺（安徽含山凌家滩遗址出土）

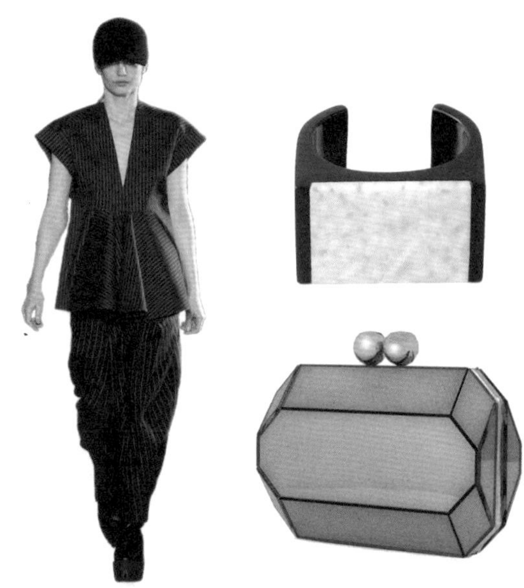

图 2-2-13 Stella McCartney 推出的新石器风格时装和配饰

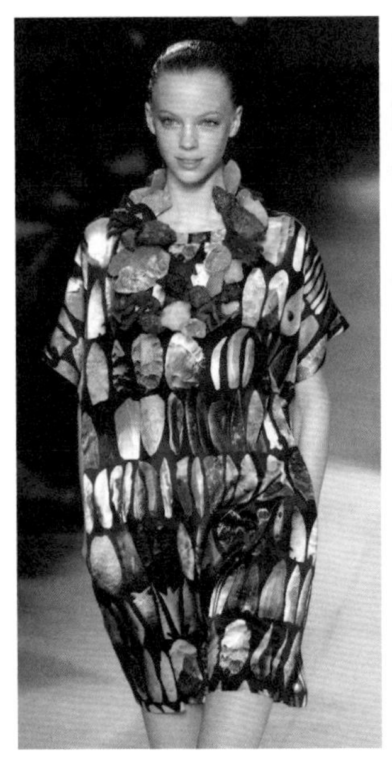

图 2-2-14 Hussein Chalayan 2008 秋冬高级成衣

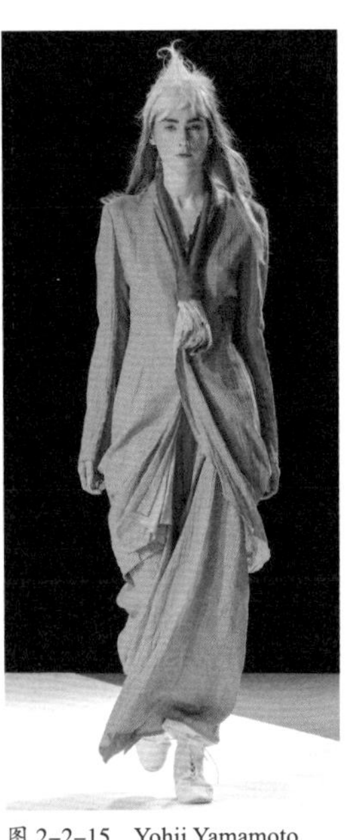

图 2-2-15 Yohji Yamamoto 2013 春夏高级成衣

图 2-2-16 Balenciaga 2013 秋冬高级成衣

图 2-2-17 美特斯·邦威卫衣

图 2-2-18 Emm Kuo 石器造型手抓包

山凌家滩遗址出土礼用玉钺（图 2-2-12），通体磨光，锋刃薄锐，刃部两侧外撇，呈“风”字形，顶部有一小孔，便于用绳索对玉钺进行捆扎固定。钺柄两端有玉石端饰。此时的玉钺，已从实用器物转身为礼器。

21 世纪 10 年代前后，石器元素成为一波流行时尚。英国女设计师斯特拉·麦卡特尼（Stella McCartney）推出了新石器风格戒指、手包和时装（图 2-2-13）；英国设计师侯赛因·卡拉扬（Hussein Chalayan）在 2008 秋冬高级成衣设计（图 2-2-14）中推出不对称的服装廓型和结构以及别出心裁的仿石项链、砍砸器、数码印花图案十分抢眼，日本设计师山本耀司（Yohji Yamamoto）2013 春夏高级成衣亦采用了多串黑色、白色、蓝色的磨制石器风格的大串项链装饰（图 2-2-15）；纽约华裔设计师亚历山大·王（Alexander Wang）为巴黎世家（Balenciaga）2013 秋冬高级成衣系列设计了大理石纹理时装（图 2-2-16）；中国时装品牌美特斯·邦威（Meters Bonwe）推出大理石纹理数码印花卫衣（图 2-2-17）；美国纽约时装品牌郭·艾艾（Emm Kuo）主打石器造型的手抓包（图 2-2-18），既具有艺术装饰（Art Deco）风格，又注重结构张力。

图 2-2-19　青浦良渚文化玉项链　图 2-2-20　良渚文化玉串饰（浙江余杭瑶山墓出土）

图 2-2-21　红山文化墨绿色玉龙（内蒙古赤峰翁牛特旗三星他拉村红山文化遗址出土）

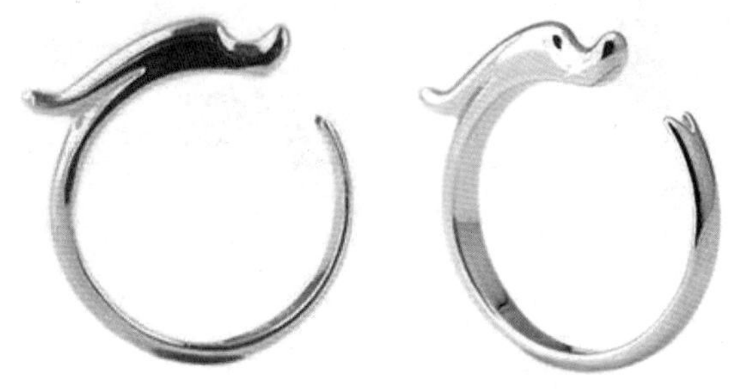

图 2-2-22　"金鲤化龙"银色、金色戒指（"毫末"首饰设计工作室作品）

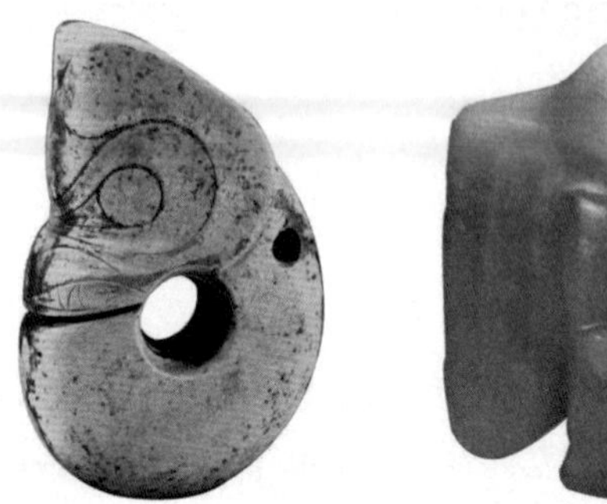

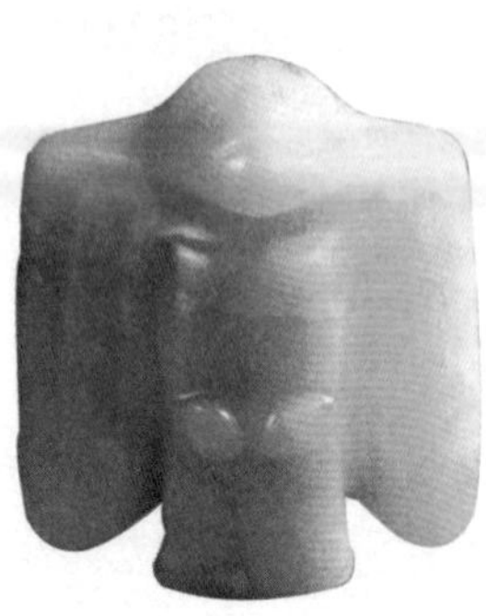

图 2-2-23　玉猪龙（红山文化遗址出土）　图 2-2-24　红山文化玉鸮

新石器时代晚期，虽然才刚进入文明的进程，中国各文化遗址出土的墓葬实物已经展现出复杂的等级形式和身份尊卑，位高权重者对玉的追求书写了中国古代早期玉雕的历史。河南大汶口、浙江良渚文化遗址出土了大量石质和玉质首饰。其中，尤以玉珠和玉管项链的数量最为庞大，组合最为复杂，制作最为精美。例如，上海青浦出土良渚文化玉项链（图 2-2-19），由大小不等的腰鼓形和圆珠形穿孔玉珠穿成。最下一粒玉坠呈铃形，柄部有一穿孔，玉色乳白，素面。坠的两侧为玉管，浮雕双目和嘴组成兽面纹。又如，浙江余杭瑶山墓出土新石器时代良渚文化玉串饰（图 2-2-20），内圈管长 2.4 ～ 3.9 厘米，外圈管长 2.2 ～ 2.5 厘米。玉管白色，有茶褐色斑，粗细均匀。玉坠白色，正面微凸，背面平整，其上两角钻孔，与玉管串挂，组成项饰。

此时，中国先民已能磨制简单造型的玉龙、玉鸮等玉雕件。在这些玉雕考古文物中，尤以内蒙古赤峰翁牛特旗三星他拉村红山文化遗址出土的墨绿色玉龙（考古界对于该玉器定义为猪还是龙争议颇多）最为著名（图 2-2-21），高 26 厘米，完整无缺，体蜷曲，呈 C 字形。吻部前伸，略向上弯曲，嘴紧闭，有对称的双鼻孔，双眼突起呈棱形，有鬣。该玉龙有鹿眼、蛇身、猪鼻、马鬃等四种动物特征。中国设计师孟祥东"毫末"首饰工作室推出了银色、金色的红山玉龙造型戒指（图 2-2-22）。此外，红山文化遗址还出土了玉兽玦（图 2-2-23），也有学者称"玉猪龙"，因有着似猪般扁平的吻部，小耳以及盘曲的身躯而得名。颈部有穿孔，可能是一枚吊坠，象征财富和勇猛。

红山文化遗址还出土了数量较多的鸮形、鸮面形和鸮目形玉雕。鸮形玉雕的头、体、翅、目、喙、足一应俱全。鸮的翅膀形态可分为收翅鸮和翔式鸮：收翅鸮整体为方形（图 2-2-24），翅的边缘平直，两翅微张，左右对称，有时明确表现有双足；翔式鸮的翅膀大且展开，似飞翔状。这些鸮形特征重在姿态轮廓的表现，细部省略概括。

三、彩陶光辉

在距今7000～8000年前的新石器时代，伴随着相对稳定的定居农耕生活方式的出现，中国先民开始用泥土制造盆、瓶、盘、壶等生活用具。它是华夏祖先第一次利用天然材料，按照自己的主观意志，通过一定的加工手段，制造出来的一种改变材料质地的日用器具。出于装饰目的，华夏祖先用黑色、红色或黑红两色给陶器文身，通过描绘花纹，普通泥质陶器就从一般的容器升华为具有一定文化内涵的工艺用器。

中国先民们将生活和自然界中的可视对象，按照自己的理解，巧妙地表现到各种器皿的表面。彩陶图案题材包罗万象，有人纹、动物纹、植物纹、自然景观纹、人神一体纹，自由浪漫，具有鲜明的时代风格。

总体上讲，早期陶器纹样一般为写实纹样，中期几何纹样多，晚期以抽象纹样为主。各个文化类型都有主要纹样，如半坡以鱼纹为主，庙底沟类型以鸟纹为主，马家窑类型以水旋涡纹为主，半山类型以旋纹为主，马厂以蛙纹（神人纹）为主，辛店以太阳鸟为主。

在庙底沟类型彩陶纹样中，鸟纹是延续时间最长、发展系列最完整的典型纹样（图2-3-1）。无论是正面，还是侧面，鸟纹的发展过程都经历了由最初的写实，到写意变形，直至以曲线为主、具有规范性的几何纹样。在经过简化综合处理后，庙底沟类型彩陶鸟纹以黑白交替，勾旋联结，解体变成弧边三角形的装饰化图案，取得了卓越的艺术成就（图2-3-2）。“毫末”工作室亦推出了彩陶鸟纹造型的项链吊坠（图2-3-3）。

对于水的依赖，使早期华夏先民经历了一个“水崇拜”时期，马家窑文化旋涡纹就是这一时期“水崇拜”的文化写照，如甘肃定西陇西吕家坪出土马家窑文化旋涡纹尖底瓶（图2-3-4），汲水器，小口，尖底，深腹，腹侧有两耳，可系绳，高26.8厘米，口径7.1厘米。施黑彩，颈部绘平行条纹，肩、腹部绘四方连续旋涡纹。当瓶空时，重心靠上；汲水时，

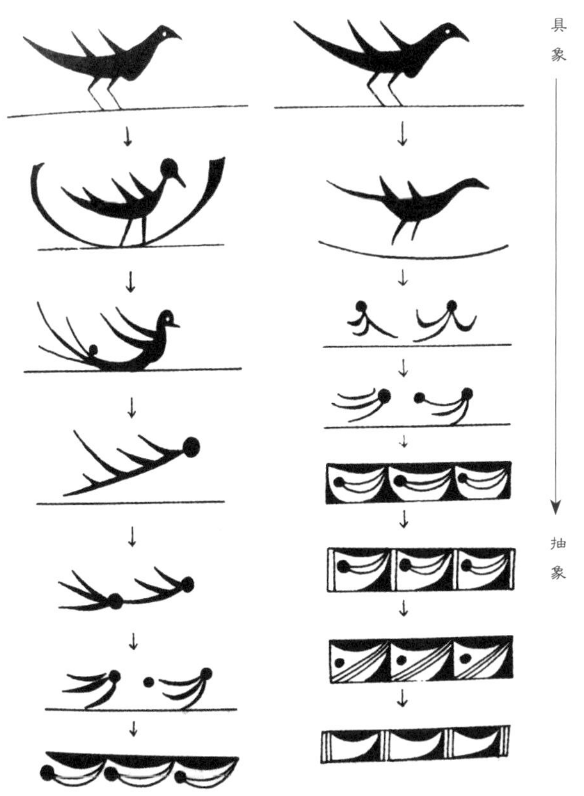

图2-3-1 庙底沟类型彩陶鸟纹演变

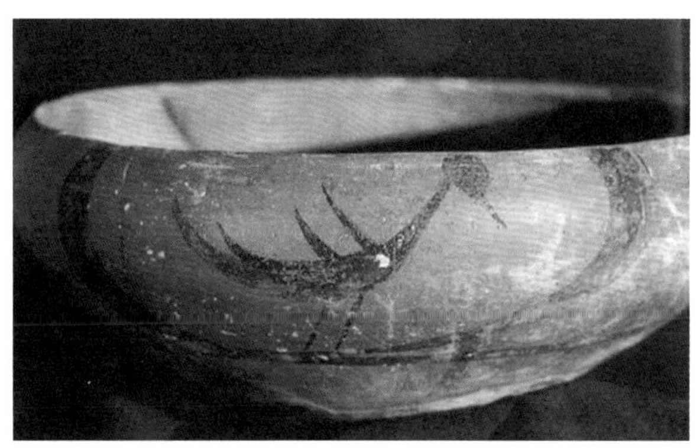
图2-3-2 庙底沟类型彩陶鸟纹

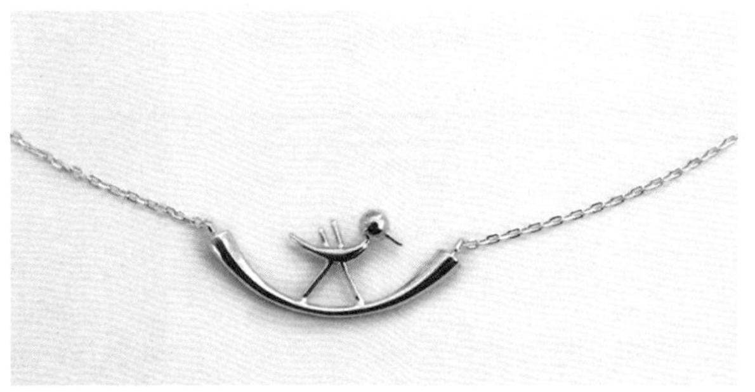
图2-3-3 彩陶鸟纹造型项链吊坠（“毫末”工作室作品）

瓶倒置水中，水便注入瓶内，使重心下移，瓶自动竖起，使用方便。李宁“半坡”篮球鞋的设计灵感来自仰韶彩陶旋涡纹（图 2–3–5）。此外，“水崇拜”又衍生了仰韶文化中广泛出现的鱼纹（图 2–3–6）。它反映了原始人类的渔猎生活方式，也反映了中国先民对鱼类旺盛生命力的崇拜。

仰韶文化早期鱼纹造型多以正平视或正俯视角度，将鱼头、鳃、身、鳍、尾各部位平舒展开。从仰韶文化中晚期开始，鱼纹逐渐变得日益抽象，人类的主观审美与天马行空的想象力得到了尽情挥洒（图 2–3–7）。2014 年湖北美术学院服装专业毕业生作品使用了人面鱼纹彩陶盆图案，表达了对彩陶文化的崇高敬意（图 2–3–8）。2015 年，中国时装品牌“非墨亦墨”推出了名为半坡鱼的时装作品，将半坡彩陶鱼纹以万花筒和波普方式打散重构（图 2–3–9）。

图 2–3–4　旋涡纹尖底瓶

图 2–3–5　李宁“半坡”篮球鞋

图 2–3–6　鱼纹彩陶盆和人面鱼纹彩陶盆

图 2–3–7　半坡鱼纹演变

图 2–3–8　湖北美术学院服装专业毕业生作品

图 2–3–9　时装品牌“非墨亦墨”半坡鱼时装

四、以齿为饰

在旧石器时代晚期，石制工具已趋于定型化、小型化。直立行走，以及火和盐的使用，促使中国古人的智力进一步发展。华夏祖先使用磨制和穿孔技术，将骨、角、牙等天然材料加工成为具有美化功能的饰品。在山顶洞人、辽宁海城小孤山等旧石器时代遗址中都有用兽牙、贝壳、石珠和鸟骨做成的穿孔饰品出土（图 2–4–1）。1933 年北京房山周口店龙骨山山顶洞出土了 125 枚穿孔兽牙（图 2–4–2），以獾和狐狸犬齿为最多，甚至还有一枚虎牙。在这些出土的兽牙中，有 5 枚兽牙整齐地排列成半圆形，显然它们原本是穿在一起装饰在人颈部的串饰。出于美观，华夏先民还会用染过色的绳子穿串贝壳和兽牙。山顶洞遗址出土的兽牙和贝壳孔眼的边缘不仅光滑，且留有赤铁矿染色的痕迹。钻孔、磨制和染色技术，显示了旧石器时代晚期人类祖先生产技能的提高和审美意识的出现。

最引人注目的是三星堆二号祭祀坑出土的 3 枚虎牙（图 2–4–3），长度为 9.3 ～ 11.3 厘米。由于长时间与青铜器埋藏在一起，虎牙被铜锈侵蚀呈碧绿色。每个虎牙根部都有穿孔，可能是作穿戴系挂的装饰之用。蜀人有尚虎的习俗，虎以其威武凶猛的形象令人敬畏，用虎牙制作的工艺品不仅仅具有装饰的功能，可能还是权力和力量的象征，具有辟邪的作用。当然，今天有些人还保留着以兽齿装饰自身的风俗（图 2–4–4）。

五、觿以解结

随着服饰文化的发展，华夏祖先由随身佩戴兽齿逐渐变成佩戴用于解绳结和衣襟带结的兽齿状玉觿。

在中国古代中原农耕服饰文化体系中，服装衣襟多用带子系结，时称“衿”，亦写作“紟”（图 2–5–1），汉代许慎《说文·系部》云：“衿，衣系也。”以佩觿解衣襟带结，方便、美观且具有文化象征意义。《礼记 · 内则》记载：“子事父母，左佩小觿，右佩大觿。”由此可见，古人服侍父母时，觿是必须佩戴的器物。《诗 · 卫风 · 芄兰》：“芄兰之支，童子佩觿。”毛传：“觿所以解结，成人之佩也。”这表明男子如果佩觿，就标志着这位男子已经真正

图 2–4–1　穿孔饰品（北京山顶洞人遗址出土）

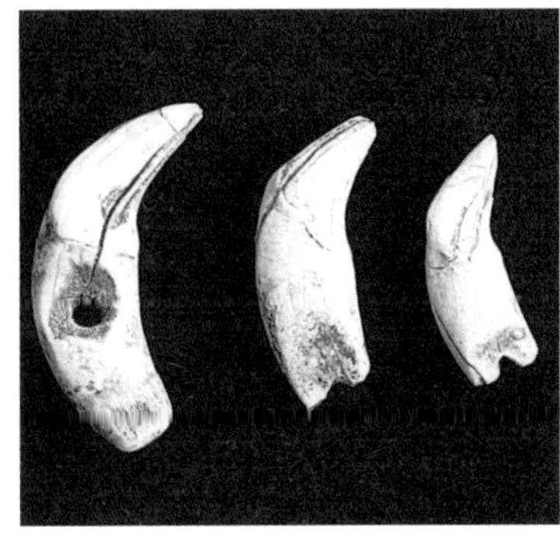

图 2–4–2　穿孔兽牙（北京山顶洞人遗址出土）

图 2–4–3　3 枚虎牙（四川广汉三星堆出土）

图 2–4–4　狼牙吊坠

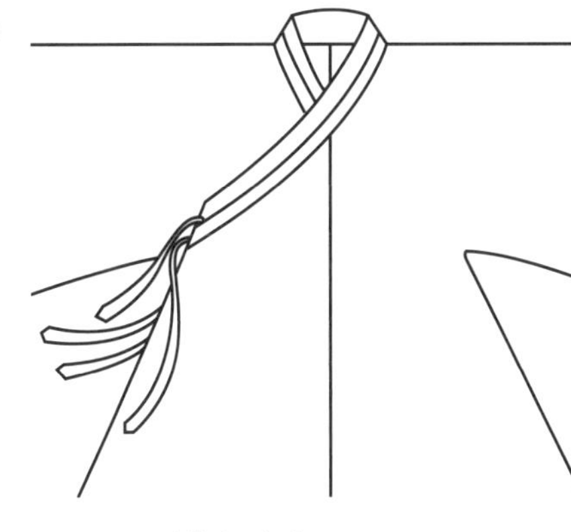

图 2–5–1　衣襟带结示意图

长大成人了。又，汉代刘向《说苑·脩文》："能治烦决乱者佩觿，能射御者佩韘。"可见，佩觿标志着男子对内已有能力主家、侍奉父母，对外已有能力从政、治事、习武，是具有才干的成年人。

商、周玉觿造型简洁，多作牙形，上端穿孔，下首尖锐，如宝鸡南郊春秋墓出土玉觿(图2-5-2)，扁平状，身体弯曲弧度大。春秋战国时期还流行将玉觿处理成龙、凤、虎形。动物的头部为上端，尾部琢成锐角，身体弯曲成自然的曲线，透雕结合隐起的运用使动物形象变化多端（图2-5-3）。汉代玉觿为扁平片状弯曲尖爪形。其实物如江苏徐州铜山小龟山墓的西汉龙形玉觿（图2-5-4），新疆和田玉，青白色，局部有褐色沁斑。玉觿表面饰阴线刻出的花纹，线条呈方折状，图案中隐有龙纹，其装饰功能大于实用意义。

图2-5-2　玉觿（宝鸡南郊春秋墓出土）

图2-5-3　龙形玉觿

图2-5-4　西汉龙形玉觿（江苏徐州铜山小龟山墓出土）

六、贝以计数

除了骨器、兽齿，贝壳也是中国原始先民的装饰用具，如辽宁海城小孤山出土的穿孔兽牙、蚌项饰（图2-6-1）。商人还以贝为币。随着当时商品经济的发展，天然贝币渐渐出现了供不应求的局面，故在当时又出现了许多仿制贝币，有玉贝（图2-6-2）、骨贝、蚌贝、绿松贝等，这类贝币形体都较小，其长度约1.2～2.4厘米。商代晚期又出现了铜质货币、包金铜贝（图2-6-3）和金贝。

中国古代与财富有关的汉字，都带贝字旁，如资、财、帐、负、员等。体现等量劳动交换的字有贩、购、赊、贷、贸等，体现非等量劳动交换的字有贪、贿、赂、赌、贼等，表示穷富的字是贫、贱、贵、

图2-6-1　辽宁海城小孤山穿孔项饰

图2-6-2　玉雕贝壳实物照片

图2-6-3　包金铜贝实物照片

贤等，表示褒扬、奖励的字是赏、赐、赋、贺、赞等，还有赚、赔、贡、责、费等表示财富的字。

七、以骨制器

在石器和青铜时代，骨器在中国先民的生产和社会活动中占有重要地位。畜牧产品是人们赖以生存的重要生活来源，动物骨骼为骨刀、骨匕（图 2–7–1）、骨铲、骨锥、骨镞、骨针、骨梳及骨纺轮等骨器的制造提供了充足的原料。其实物如殷墟妇好墓出土的束腰骨匕（图 2–7–2），平刃弧槽，首尾外突，柄首钻三小孔，上半部刻饰饕餮纹、夔龙纹、目雷纹、三角纹，集中体现了殷人的制作风格。又如，中国国家博物馆藏传河南安阳出土的商代宰丰骨匕（图 2–7–3）；长 27.3 厘米，宽 3.8 厘米。一面以甲骨文刻载帝辛将猎获的犀牛赏赐宰丰之事（有学者认为该刻字为后人仿制），另一面刻兽面、蝉纹和虺龙纹，并嵌有绿松石。

除了生产工具，还有骨珠、骨管等饰品。最引人注目的是 1972 年陕西临潼姜寨一少女墓出土的一串用 8721 颗细骨珠制成的扁珠串饰（图 2–7–4）。这些骨珠是用兽骨磨制穿孔、分切而成，大的外径 7 厘米，小的外径 3 厘米，按一定规则大小相间串联，全长 16 米左右，可反复来回围绕颈、臂及腰部。原始人一般用细石器切锯骨片，这是非常费时费工而又细致的工作。姜寨氏族为了一个少女，竟然不惜耗费大量的劳动为其割锯如此多的骨片，确实耐人寻味。

随着时代的发展，骨雕制品越来越精致，如奥缶斋收藏的殷商时期的饕餮纹骨雕件（图 2–7–5），高 11.7 厘米，纹饰以带状连续云雷纹作界分上下两组，上饰商代“臣”字眼、云雷纹、饕餮纹、夔龙纹。整件器物纹饰瑰丽繁缛，构图精妙，章法严谨，器型雄浑凝重，有狞厉之美，摄人心魄。殷墟妇好墓出土一只嵌绿松石象牙杯（图 2–7–6），杯身中

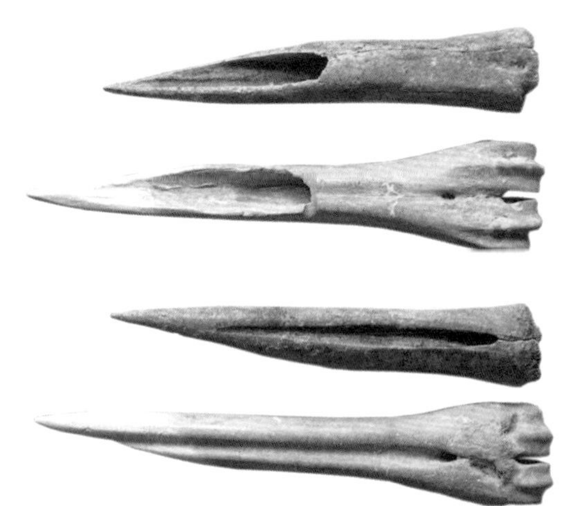

图 2–7–1　新石器时代骨匕

图 2–7–2　束腰骨匕（殷墟妇好墓出土）

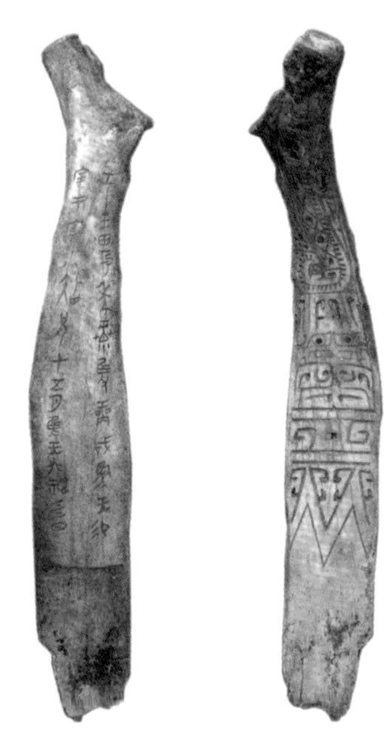

图 2–7–3　商代宰丰骨匕（传河南安阳出土，中国国家博物馆藏）

图 2–7–4　细骨珠串饰（陕西临潼姜寨少女墓出土）

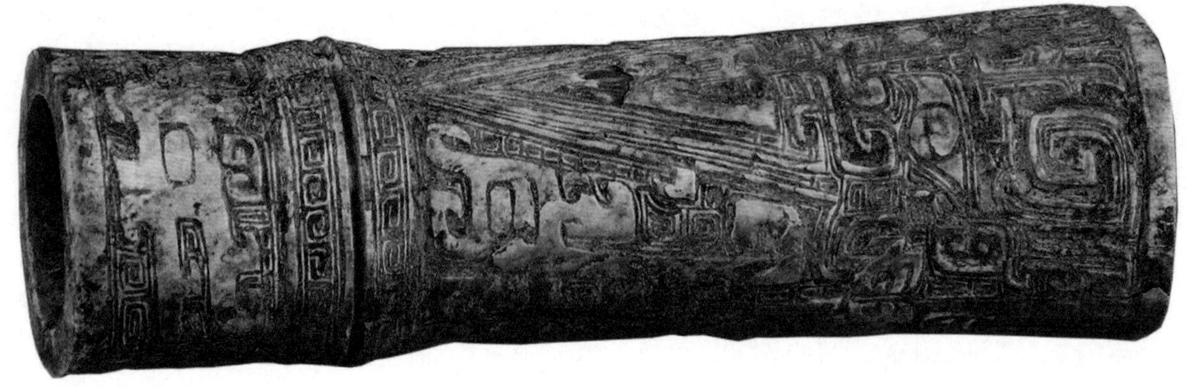

图 2-7-5　饕餮纹骨雕件（奥缶斋藏）

腰微束，一侧有与杯身等高夔龙形把手。上下边口有两条素地宽边，中间由绿松石的条带间隔为四段：第一段为饕餮纹三组，两侧有身有尾，眼、眉、鼻镶嵌绿松石；第二段有二组饕餮纹，兽口下面为一个大三角纹，三角纹两侧有对称的夔纹，头朝下尾向上，饕餮的口、眼、鼻及三角纹都镶嵌绿松石；第三段刻三个变形夔纹，眼部镶嵌绿松石，第三、四段是用三道绿松石带相隔；第四段的三组饕餮纹眼鼻同样是镶嵌绿松石。

有时，中国先民还将石器和骨器结合制成特殊骨器，如骨石组合插装器（图 2-7-7），箭柄是用动物骨骼琢磨而成，前端两侧开细槽，用于拼嵌玉石刀片。刀片由几片大小、形状不同的玉髓组成。

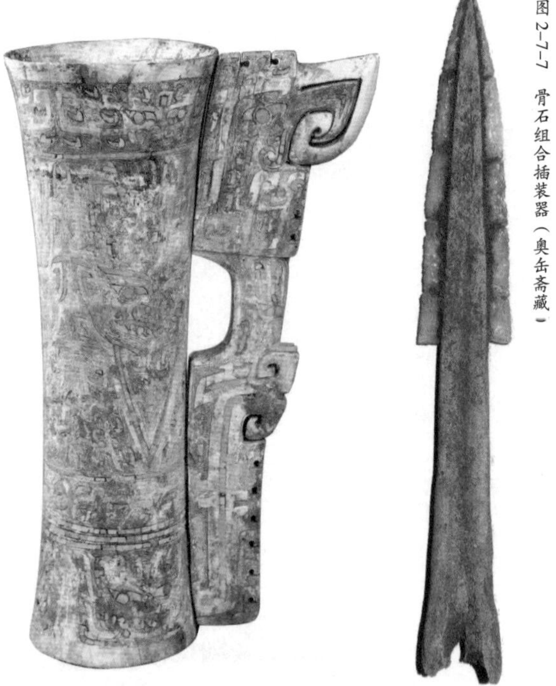

图 2-7-6　嵌绿松石象牙杯（殷墟妇好墓出土）

图 2-7-7　骨石组合插装器（奥缶斋藏）

八、骨笄束发

在新石器时代的遗址考古中，出土了大量用骨或木制作的发笄。骨笄的例子如在四川巫山大溪遗址新石器时代墓葬（图 2-8-1）、江苏常州圩墩遗址死者头部都有数量不等的骨笄出土（图 2-8-2）。木笄的例子如在河南信阳光山宝相寺附近春秋孟姬墓主人头部发髻上发现的两件木笄（图 2-8-3），长 20.8 厘米，直径为 1.2 ～ 2.1 厘米，一支柄端饰玉。墓主人生前蓄发不剪，挽成髻鬟，用笄或簪贯连，以不使头发松散，这有利于行动的方便，也有利于美观。在安徽亳县傅庄新石器时代遗址中也有形制相同的骨笄出土（图 2-8-4）。

至殷商，中国先民结发于顶或脑后已十分流行。在 1977 年商代后期王都宫殿遗址小屯北地 18 号墓的墓主头上有排列齐整、相互叠压的骨笄 25 件（图 2-8-5）。笄字从“竹”，可知我国早期竹笄也是非常流行的，其实物如四川宜宾青川 13 号及 36 号战国墓出土的 18 支三棱或圆柱形竹笄（图 2-8-6）。通过对出土发笄的实物分析可知，最初的笄形状比较单调，大多为圆锥形或长扁条形，一般是顶端粗宽而末端尖细，质地单一，且仅限于当时比较容易获得的木质、骨质等。

当束发在华夏先民中普遍流行时，笄不再局限于绾发用具，更成为头部的装饰和身份的象征。笄

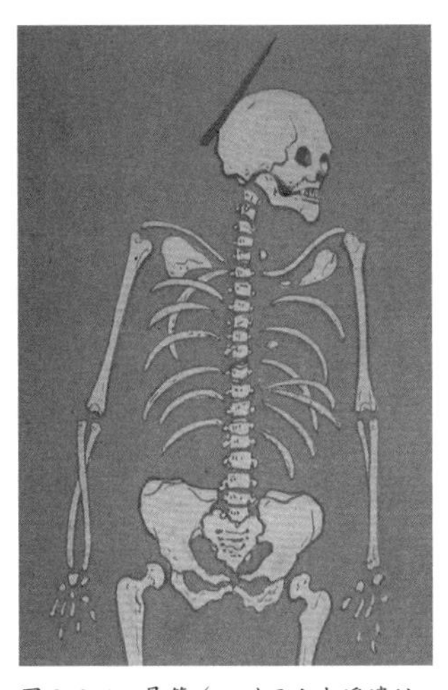
图 2-8-1　骨笄（四川巫山大溪遗址新石器时代墓葬出土）

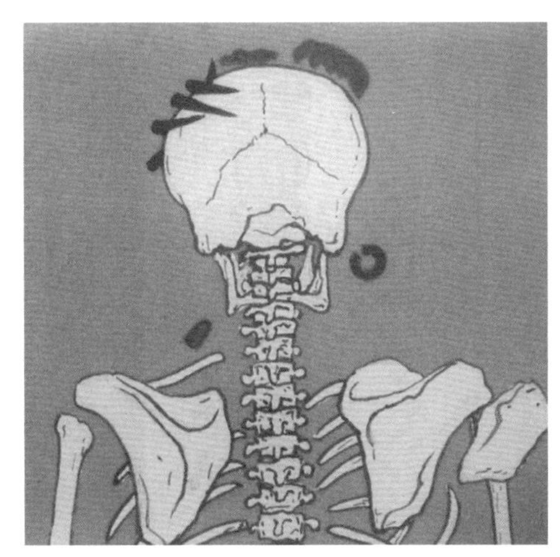
图 2-8-2　江苏常州圩墩遗址死者头部骨笄示意图

图 2-8-4　骨笄（安徽亳县傅庄新石器时代遗址出土）

图 2-8-3　河南信阳光山宝相寺附近春秋孟姬墓女墓主发髻插笄复原图

的加工越来越精细，笄首的装饰性越来越强。在殷墟妇好墓中就出土了 499 件骨笄，这些骨笄大多放在一木匣内，有的零散放置，有的成束放置，有的平放或侧放，数量之多令人惊叹。其中主要有夔形头骨笄 35 件（图 2-8-7）、圆盖形头骨笄 49 件、方牌形头骨笄 74 件、鸟形头骨笄 334 件（图 2-8-8）。鸟形头骨笄杆细长，一般为 12.5 ～ 14 厘米，笄头为张口长喙、圆眼、头上有锯齿形冠（有的还刻有羽毛纹）、短翅短尾的鸟形；夔形头骨笄，夔做倒立形，张口露齿，目字形眼，身尾周缘刻出锯齿形薄棱，棱上钻有排列匀称的小圆孔，笄杆从夔口出，最大径在上端，往下渐收缩成尖状；方牌形头骨笄（图 2-8-9），头端略呈扁平梯形，下侧有对称的小缺口，两面四边分别刻阴线纹，上侧及左右侧各刻两条，下侧刻一条；圆盖形头骨笄（图 2-8-10），头端雕成双重圆盖形，大多数上层近椭圆形，面微

图 2-8-5　骨笄（商代后期王都宫殿遗址小屯北地 18 号墓出土）

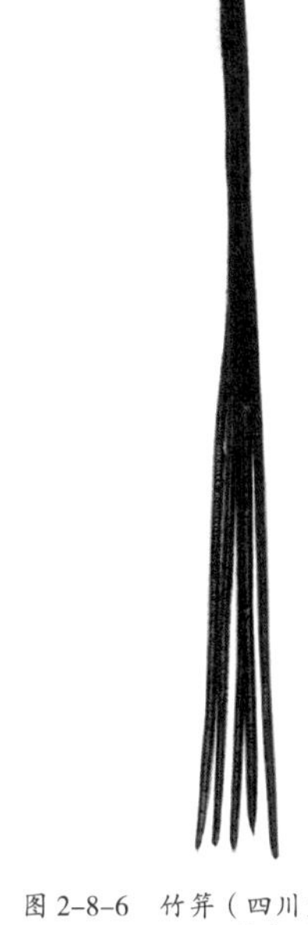
图 2-8-6　竹笄（四川宜宾青川 13 及 36 号战国墓出土）

鼓，下层略呈圆形或椭圆形，体较小，笄杆较细长、尖锐。由此可见，这一时期笄式流行的情况。

此外，在安阳后冈 59AHGH10 人祭坑中发现遗骨的头部均有骨笄实物出土，且束发施笄形式各不相同，既有自上而下或自下而上的，也有自右向左或自前向后的形式。据推测，这些各不相同的插笄形式可能与死者生前的发式造型有关。

从殷商出土考古实物看，商代发笄制作主要分两种：一种是独体的，即用一种材质一次性雕琢打

磨而成；另一种是分体的，即笄身与笄首用一种或多种材质分别制成，随后插接、捆绑或黏结而成。

在商代晚期墓葬中，随葬品的摆放大多具有特定的文化内涵，玉笄、骨笄、发箍等经常有规律地摆放在墓主人头部，为了解商代发式及发笄的组合方式提供了有益的参考（图 2-8-11）。周代之后，受儒家“身体发肤受之父母”观念的影响，束发和交领右衽一同成为中华民族服饰的标志形象。

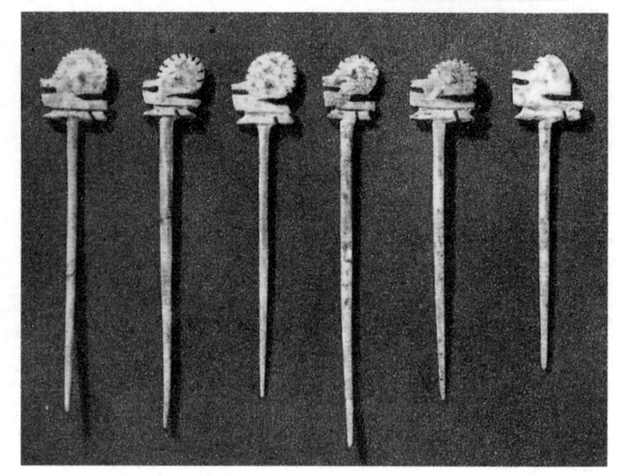

图 2-8-8　鸟形头骨笄（殷墟妇好墓出土）

九、衣毛冒皮

在纺织品尚未发明前，物质资料的极度匮乏使兽皮成为中国先民最易获取的制衣材料。正如《礼记·礼运》记载：“未有火化，食草木之食，鸟兽之肉，饮其血，茹其毛，未有麻丝，衣其羽皮。”《后汉书·舆服志》载：“上古穴居而野处，衣毛而冒皮。”《墨子·辞过》载：“古之民未知为衣服时，衣皮带茭。”

北京周口店山顶洞遗址出土一枚长约 8.2 厘米的骨针。其外形一端尖锐，另一端有直径 0.1 厘米的针孔。其后，又有一些骨针被陆续发现，如西安

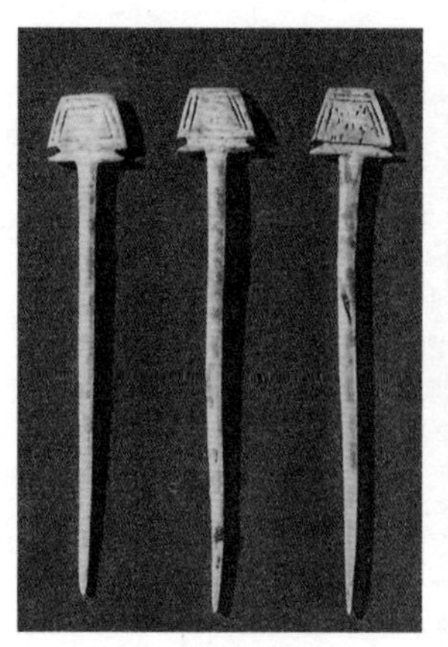

图 2-8-9　方牌形头骨笄（殷墟妇好墓出土）

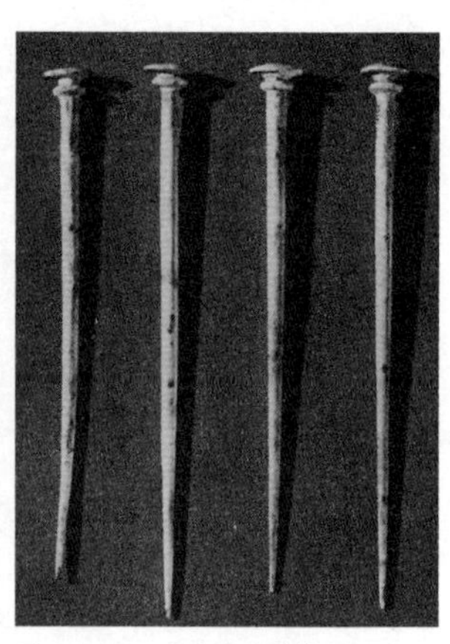

图 2-8-10　圆盖形头骨笄（殷墟妇好墓出土）

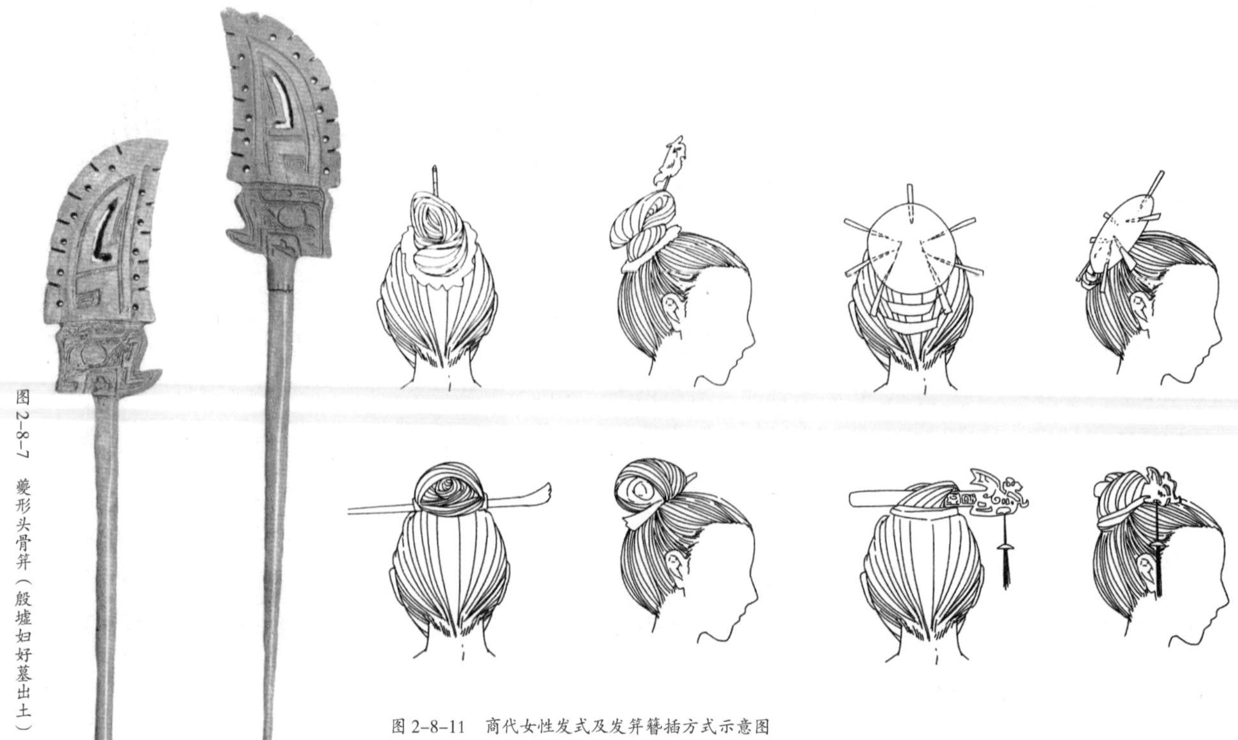

图 2-8-7　夔形头骨笄（殷墟妇好墓出土）

图 2-8-11　商代女性发式及发笄簪插方式示意图

图 2-9-1　骨针（浙江余姚河姆渡遗址出土）

图 2-9-2　原始人缝制兽皮衣群塑图

半坡新石器时代遗址出土了 328 枚骨针、浙江余姚河姆渡遗址出土了 90 多枚骨针（图 2-9-1），最小的仅长 9 厘米，直径 0.2 厘米，针孔直径 0.1 厘米，与今天大号钢针差不多。这些骨针都是先将骨料劈成一条条的形状，然后在砺石上磨光针身，并加工出针锋。从当时的生产水平来看，这应是一件极为精致的产品。中国先民使用骨针缝制衣物的历史，一直延续到秦汉时期，后随着铁针的普遍使用才逐渐被取代。

从这些考古实物分析，华夏祖先很可能在距今两万年前就已掌握了用兽皮制衣的技术(图 2-9-2)。兽皮衣的材料主要以鹿、鸵鸟、野牛、野猪、羚羊、狐狸等动物的皮毛为主。就当时的实际情况分析，旧石器时代晚期骨针所牵引的缝线不外乎有两种可能，即动物的韧带纤维和经过仔细劈分的植物韧皮纤维搓捻而成，且细到足够穿过骨针针孔的单纱或股线。此外，在皮衣制好后，人类祖先们还要再使用咬嚼或揉搓的办法进行皮革的初步鞣制，使其成为穿用更为舒适的柔软材质。其实物如新疆哈密古墓出土的原始社会晚期皮衣（图 2-9-3）和新疆罗布泊铁板河出土的棕色毛皮鞋（图 2-9-4）。这种鞋被称作“裘茹克”，只需根据脚的大小切割兽皮，再在上面打些小洞，用以穿绳收紧便可。冬天毛在里，夏天毛在外。可以说，“裹脚皮”的使用，使人类摆脱了跣足行走的困境，加快了行走的步伐，扩大了活动范围，有力促进了农耕渔猎等活动的发展，继而推进了人类社会的进步。

图 2-9-3　原始社会晚期皮衣（新疆哈密古墓出土）

图 2-9-4　棕色毛皮鞋（新疆罗布泊铁板河出土）

在青海大通县孙家寨出土的马家窑文化彩陶（图2-9-5）上有3组（每组5人）剪影式舞蹈人物纹样。从人物剪影的垂饰推断，这些人似乎穿着下摆齐膝、臀后垂尾（也有可能是生殖崇拜象征）的兽皮衣（图2-9-6）。

选择动物的皮毛作为服饰材料，除了可能是为了接近猎物而进行必要伪装的狩猎活动的实际需要之外，还有文化信仰方面的原因。在对自然界认识极为有限的年代，中国古人有崇拜动物的信仰。中国古人认为，人与自然界是一体的，天与地之间，山川与人之间，神鬼与人之间，禽兽与人之间都有某种联系，因此中国古人有动物崇拜的现象。在中国古人艺术母题中常见的龙、虎、鹿、鸟被认为具有通天地的能力，常常在巫师做法时充做助手。因此，巫教中的泛神崇拜也很自然地在中国古人的生活中表现出来。那些极富浪漫情趣的合体形象，反映出人与动物互换的巫术思维形式。

十、蹂毛成毡

除了兽皮，中国先民还以羊毛毡制衣。在发明织机织布和熟练掌握织造技术之前，华夏先民主要穿戴兽皮和羊毛毡。

制毡是毛纺织的前导。羊毛毡历史悠久，在华夏大地存在了很长时间，而且也有着很好的发展。《说文》记载：“毡，捻毛也。或曰，蹂毛成毡。”《周礼·天官·掌皮》载：“掌秋敛皮，冬敛革，春献之。遂以式法颁皮革于百工，共其毳毛为毡，以待邦事。”

在我国新疆、陕西、甘肃等省都有长期使用羊毛毡工艺的历史。1930年，英国人斯坦因（Aural Stein）在新疆古楼兰遗址发现了木乃伊身上所穿戴的是羊毛毡（现藏首都博物馆）。1979年，在新疆楼兰罗布泊孔雀河北岸古墓出土一顶毡帽实物（图2-10-1）。羊毛毡裁制成风兜状，帽身连缀耳护，下为敞口。耳护下垂至颌部，原本应缀有绳带。整件毡帽呈灰白色，沿口用等长的粗线缝缉，出土时戴在女性尸体头部。经碳14测定，该女尸的入葬年代距今约3800年，相当于中原地区的新石器时代晚期至夏早期。中国古代早期毡帽形象如湖北天门山邓家湾石家河文化遗址出土的陶塑人像头戴筒形平顶窄檐帽（图2-10-2）。

1934年，在新疆维吾尔自治区罗布泊楼兰遗址西汉末或东汉初期古墓中出土的干尸头戴白鼬皮饰羽毡帽（图2-10-3），本白色羊毛上缀着红色线绳，毡帽左侧缀白鼬皮，鼬头悬在帽子的前部，帽子上

图2-9-5　青海大通县孙家寨马家窑文化剪影舞蹈人物纹彩陶

图2-10-1　毡帽实物（新疆楼兰罗布泊孔雀河北岸古墓出土）

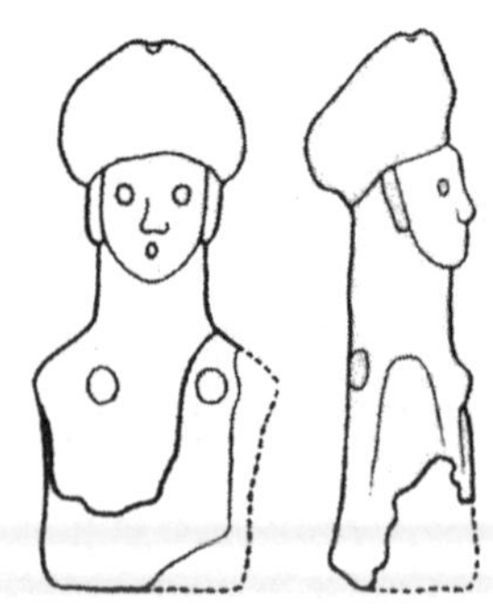
图2-10-2　陶塑人像（湖北天门山邓家湾石家河文化遗址出土）

图2-9-6　剪影式舞蹈人物纹样平面图

还绑有羽饰，是用赤色的毛线绑在木桩上，然后插在帽子上的。到了元代，中国古代毡坊的规模达到最大，元朝政府设置有大都毡局、上都毡局等管毡、产毡的机构。

西藏地区至今仍流行手工制作羊毛毡的风俗（图 2–10–4）。2017 年，深圳合一创意设计师集合时装品牌，将古老的手工擀毡工艺与时尚结合，创作了充满艺术感与当代性的羊毛毡女装产品（图 2–10–5）。法国爱马仕（Hermès）旗下中国品牌“上下”设计总监蒋琼耳女士也推出了“雕塑系列”羊毛毡大衣（图 2–10–6）。柔软的羊毛经过纺纱、揉搓、洗涤、脱水、烧煮、晾干、整烫等工序，一公斤上下的山羊绒被“雕塑”成一件羊绒毡大衣。整件衣服周身上下没有一道接缝，就连纽扣也是经由人手揉搓而成。

图 2–10–3　白鼬皮饰羽毡帽（新疆罗布泊楼兰遗址西汉末或东汉初期古墓中出土）

图 2–10–4　西藏民众在手工制作羊毛毡

十一、通天羽冠

在人类刚懂得装饰的早期，头部装饰往往比身体更受重视，因为头部被看作是生命中最宝贵、最神圣的部位。

在中国古代服饰中，不乏有使用鸟羽或鸟形的装饰，如浙江余杭瑶山良渚文化遗址所出土的冠形玉饰、玉琮上有由羽冠、眼睛组合而成的神人兽面纹（图 2–11–1）。大英博物馆中国馆馆长、汉学家霍吉淑学者称，后来的饕餮纹很可能由良渚神徽蜕变而来。

图 2–10–5　合一创意 2017 年羊毛毡时装（左一：中国十佳名模张鸿宝）

图 2–10–6　“上下”推出的羊毛毡大衣

图 2-11-1　冠形玉饰上的人像（浙江余杭瑶山良渚文化遗址）

图 2-11-2　商代人形玉佩（安阳小屯、安阳侯家庄商墓出土）

图 2-11-3　唐代骑马敲腰鼓女俑（陕西西安东郊金乡主墓出土）

在商代玉器浮雕和青铜器的神面纹样上也有很多头戴鸟羽高冠的人物形象，如河南安阳小屯、安阳侯家庄商墓出土的商代人形玉佩（图 2–11–2）。《礼记・王制》记载，有虞氏祭礼时头戴鸟羽冠。此外，商族祖先崇拜鸟图腾，因此，殷墟盛行鸟羽作头饰的巫舞。甲骨文中的“美”字，最初便是画着一个舞人的形象，头上插着四根飘曳的雉尾。中国先民相信主宰万物的神存在于天上，“鸟”在“祭天”时是有助于人与天上神灵沟通的特殊媒介。

除了羽毛，中国古代也有以鸟形饰首的例子，如天津市艺术博物馆所藏的山东龙山文化玉鸷，一只昂首展翅的鹰立于人像头部。这种风俗习惯延续年代久远直至唐代，如陕西西安东郊金乡主墓出土一尊头戴孔雀冠的彩绘骑马敲腰鼓女俑（图 2–11–3），孔雀翘首远眺，颈下白色，身羽由蓝、绿、红、黑诸色绘成，尾羽垂覆于女俑肩背部。

十二、玉玦手镯

中国治玉八千年，原始社会时期就已形成了独特的玉文化，直至清代历久不衰。在良渚文化遗址、凌家滩遗址等新石器时代遗址中发现了大量的玉器（图 2–12–1）。当时的玉雕工艺已经形成开料、制坯、钻孔、刻纹、起凸、抛光、线切割等技术。商周时期，制玉已成为一种职业。

在甘肃玉门出土了一件新石器时代的人形彩陶制品（图 2–12–2）。它上身赤膊，胸、腰部有网状带装饰，下身长裤，足蹬翘头靴，尤为引人注目的是其耳部的穿孔。与此同时，在新石器至商周，墓葬遗骸的耳旁常会出土光素无纹的玉环或留有缺口的玉玦，如四川巫山大溪遗址第一二八号墓地人头骨左耳戴玉玦（图 2–12–3），右耳戴耳环。这些考古实物说明，新石器时代中国先民已开始佩戴耳饰。其作用无外乎美化人体、自我炫耀和吸引异性。

商代玉玦呈片状，尺寸一般为 5 ～ 10 厘米，共分两种类型：光素无纹饰（图 2–12–4）和卷曲的龙形玦。龙张口露齿，背饰扉棱，龙身饰勾撤云雷纹。周代玉玦仍作片状，玦身多为光素，部分饰弦纹、

图 2-12-1　玉器（安徽含山凌家滩遗址出土）

图 2-12-2　新石器时代人形彩陶（甘肃玉门出土）

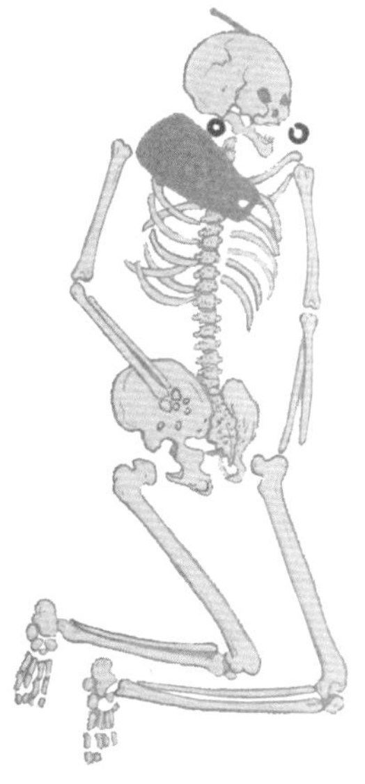

图 2-12-3　左耳戴玉玦，右耳戴耳环的尸骨（四川巫山大溪遗址第一二八号墓出土）

云雷纹，纹饰与商代相比有简化趋势。春秋战国时期玉玦数量最多，此时期玉玦形体较小，一般直径为 3 ～ 5 厘米。

在河南、陕西、山东、甘肃、青海等地新石器时代遗址均有出土石手镯（图 2-12-5），有套在双手或右手腕部的，还有一种由两个半圆形拼合，两端各有 1 个或 2 个钻透的小孔可以系结。这个时期的手镯磨制光滑，有的手镯外壁上还刻有花纹。简单者如浙江余杭瑶山良渚遗址出土绞丝手镯（图 2-12-6），手法单纯，装饰洗练，以斜破直，以凸饰平，于丰厚质朴中，显出节奏和变化；复杂者如兽面纹蚩尤玉镯（图 2-12-7），直径 7.4 厘米，孔径 6 厘米，高 2.6 厘米，外缘琢刻 4 个对称、等距离同向排列的龙首纹，利用玉镯外缘的宽面，表现龙的眼、鼻、耳的正面图像，在两侧边相应的扇贝形凸面上，则刻出上颚深邃的嘴裂，以及头部的后缘。龙首顶部雕出两只桃形耳，耳间连以两道桥状阴刻线。两只凸起的重圈眼，由两眼内侧斜向刻出一对弯角，口中一排整齐的牙齿，其上凸起的横条表示上唇和鼻，并在两端刻出鼻孔。“蚩尤环”的造型据说是为了纪念黄帝战败蚩尤人。

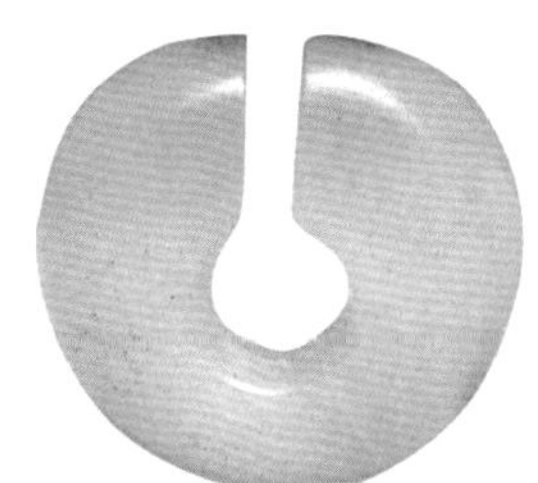

图 2-12-4　商代玉玦

图 2-12-5　新石器时代石手镯

图 2-12-6　绞丝手镯（浙江余杭瑶山良渚遗址出土）

图 2-12-7　兽面纹蚩尤玉镯（浙江余杭瑶山良渚遗址出土）

第三章 夏商

夏朝：约公元前 2070 年—公元前 1600 年
商朝：约公元前 1600 年—公元前 1046 年

一、绪论

进入阶级社会后，中国古人的造物技术和表现形式有了长足发展，各类艺术品，如青铜器（图 3-1-1）、陶器、玉器、丝织、漆器等工艺门类较之前代也丰富很多。

在提及中国古代服饰起源的历史文献中，以战国时期《吕览》所称的黄帝时“胡曹作衣”和《世本》所称的“伯余、黄帝制衣裳”为最早。在中国传统文化中，有将远古事物的发明或起源归功于三皇五帝等某一位具体圣人的文化传统。其实，服饰的起源与文化和物质文明的发展一样，是在人类不断面对、克服和改造自然的动态发展过程中逐步创造和积累出来的。这是一个由简单到复杂、由生理到精神、由物质到文化的不断升华、演进和丰富的过程。

夏朝约为公元前 2070 年—公元前 1600 年，是中国史书中记载的第一个世袭制朝代。夏时期的文物中有一定数量的青铜和玉制的礼器，年代约在新石器时代晚期、青铜时代初期。

商朝约为公元前 1600 年—公元前 1046 年。商朝是中国历史上的第二个朝代和中国第一个有直接同期文字记载的王朝。夏朝诸侯国商部落首领商汤率诸侯国于鸣条之战灭夏后在亳（今商丘）建立商朝。之后，商朝国都频繁迁移，至其后裔盘庚迁殷（今安阳）后，国都才稳定下来，在殷建都长达 273 年，所以商朝又称“殷”或“殷商”。商朝延续了 600 多年。末代君王商纣王于牧野之战中被周武王击败后自焚而亡。

商代甲骨文明确了十进制、奇数、偶数和倍数的概念，有了初步的计算能力。光学知识在很早就得到应用，商代出土的微凸面镜，能在较小的镜面上照出整个人面。此外，商人已经有了一定的天文学知识，清楚地知道一年的长度，并且发明了计余月和计时的方法，商代日历已经有大小月之分，规定 366 天为一个周期，并用年终置闰来调整朔望月和回归年的长度。商代甲骨文中有多次日食、月食和新星的记录。

二、青铜文化

夏商时期，青铜器成为奴隶主的主要祭祀和生活器具，古代工匠们把丰富的文化内涵以纹样的形式融合到青铜器上，创造出中国独有的青铜文化（图 3-2-1）。青铜是铜和锡的合金，颜色呈现青灰色，铜的熔点比较低，易于熔化铸造成型，加之其缺乏延展性，因此形成以铸造为主的工艺道路。其工艺步骤如下（图 3-2-2）：第一步，用陶土制成模；第二步，用陶土在模上翻制若干块外范；第三步，用泥土制成比模小一号的内芯；第四步，阴干范、芯，置入火窑中烘焙；第五步，组装外范、内芯，因为芯比模小一号，所以范与芯之间会有空隙，这个空隙就是青铜器的器壁；第六步，浇注铜液，铜液会填满范、芯之间的空隙，待冷却后就形成了青铜器。

商周青铜器大体分为礼器、乐器、兵器、车马器、杂器。其中最重要、最精美的当属礼器。礼器又分为酒器、食器、水器等。酒器分为尊、壶、缶、盉、方彝、瓿、罍等贮酒器；爵、觚、角、觯、杯等饮酒器。器物造型与功能密切联系，饮酒器较轻，便于持握；贮酒器体积较大，为了保持清洁，还有盖。

商代青铜器如中国国家博物馆藏 1938 年湖南省宁乡市出土的四羊方尊（图 3-2-3），造型简洁优美，采用线雕、浮雕手法，把平面图像与立体浮雕，器

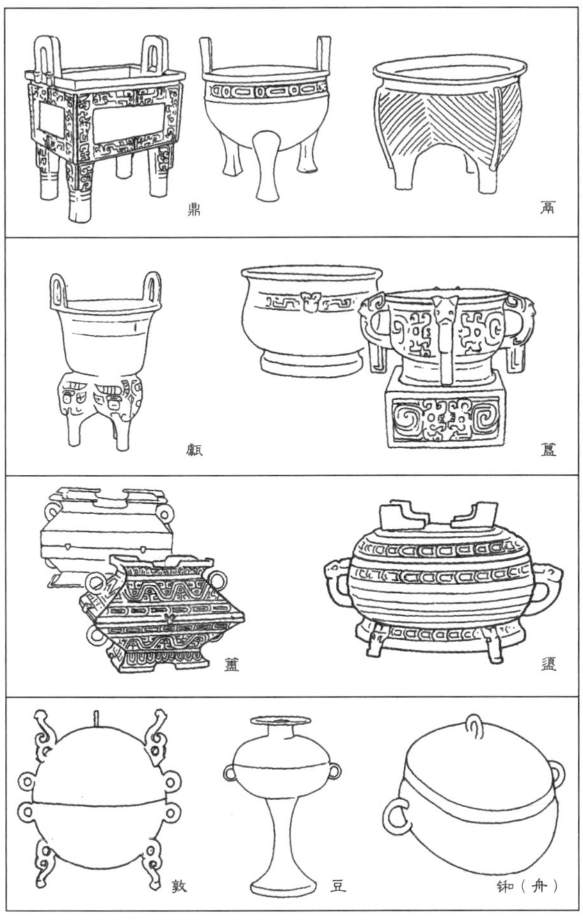

图 3-1-1　中国古代青铜器名称

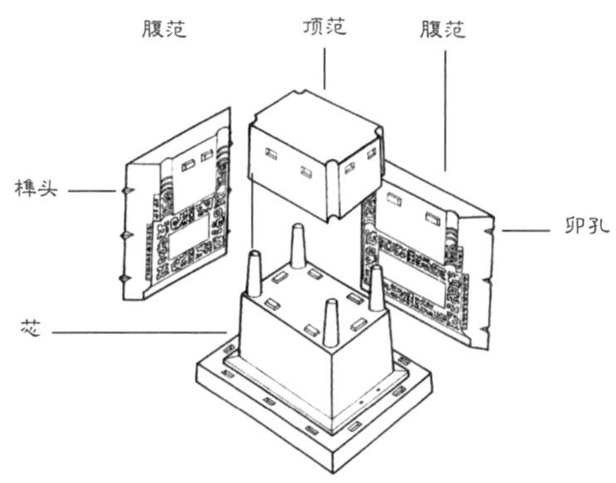

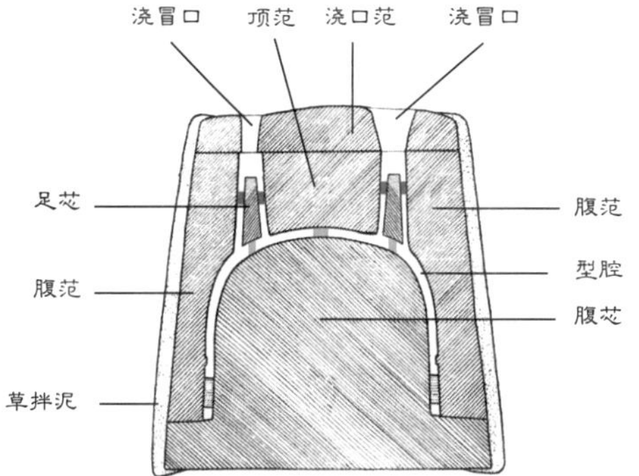

图 3-2-2　青铜器铸造方法和流程

图 3-2-1　兽面纹青铜方鼎（河南郑州张寨南街青铜窖藏坑出土）

图 3-2-3　四羊方尊（湖南宁乡出土）

图 3-2-4　商代青铜器纹样

物与动物形状有机地结合起来。整个器物用块范法浇铸，一气呵成，鬼斧神工，显示了高超的铸造水平。在方尊四角和四面中心线处的扉棱显示了接铸法工艺特征，即将器身与附件分别铸造，然后再接铸为整器。这些扉棱便是用来遮掩接铸痕迹的巧妙设计。

商代青铜器纹样神兽纹有饕餮纹、龙纹、凤纹等，写实动物纹有虎、象、鸟、蝉、蚕、龟、蛙、鱼等，几何纹有雷纹、云纹、云雷纹、绳纹、圆涡纹、弦纹、重环纹、垂鳞纹、瓦棱纹等（图 3-2-4）。自身的渺小、生存的残酷、王权的压迫、祭祀的虔诚、天帝的威严，使得这一时期的青铜纹样以猛兽动物为主，并呈现出狞厉威严的面貌，与原始时代陶器上的奇幻浪漫、抽象概括的彩陶纹样区别显著。就象征意义而言，青铜器上的饕餮纹、夔龙和凤鸟，分别代表了商人的鬼神崇拜、祖先崇拜和图腾崇拜，体现了一种怪诞的美，象征着奴隶主阶级政权的威严和神秘，这是奴隶社会特定的历史条件下形成的时代风格。

对于时尚设计而言，青铜器既可以成为二次设计的佩戴饰品（图 3-2-5），也可以成为时尚设计的灵感与素材，如法国时装设计大师伊夫·圣·洛

图 3-2-5 利用青铜器饰件再设计的时尚饰品（方晓风作品）

图 3-2-6 Yves Saint Laurent 1979 年作品

图 3-2-7 Zuhair Mrad 2011 秋冬高级时装

图 3-2-8 Versace2015 秋冬高级成衣

图 3-3-1 殷墟甲骨文

图 3-3-2 甲骨文图案时装作品

朗（Yves Saint Laurent）1979 年曾利用车缝工艺将青铜器纹样装饰在面料上（图 3-2-6），形成了丰富的服装肌理。黎巴嫩著名的时装品牌祖海·慕拉（Zuhair Mrad）2011 秋冬高级时装（图 3-2-7）和意大利时装品牌范思哲（Versace）2015 秋冬高级成衣（图 3-2-8）的设计中都运用了青铜器上的云雷纹纹样。

三、占卜甲骨

殷人相信万物有灵，《礼记·表记》称："殷人尊神，率民以事神，先鬼而后礼"，宗教信仰以超自然神"天帝"为中心，天帝控制了风、雨和人间事务。殷人重贾而周人重农。

甲骨文主要指河南安阳殷墟出土商代晚期（公元前 14 世纪—公元前 11 世纪）王室占卜记事用的龟甲和兽骨（图 3-3-1）。殷商有三大特色，即信史、饮酒及敬鬼神。甲骨文的内容大部分是殷商王室占卜的记录。商朝人迷信鬼神，大事小事都要卜问，占卜内容有天气、农作收成、病痛、早生贵子，以及打猎、作战、祭祀等。商王用甲骨占卜吉凶，并将所问之事或所得结果刻（或写）在其上。卜官在占卜时，会用燃烧的紫荆木柱烧灼钻凿巢槽，使骨质的正面裂出"卜"形状的裂纹，这种裂纹叫作"卜兆"。甲骨文距今已有三千余年的历史，它不仅是研究我国文字源流的最早且系统的资料，同时也是研究甲骨文书法重要的财富。甲骨文亦可以纹样的形式融入时装设计作品中，例如服装品牌诠渡良品（Frenduality）推出了运用甲骨文图案印花圆领运动休闲服装（图 3-3-2）。

图 3-4-1　清代《织耕图》中纺织图像

图 3-4-2　甲骨文中的桑、蚕、丝、帛

图 3-4-3　刻有蚕纹的象牙盅（浙江余姚河姆渡遗址出土）

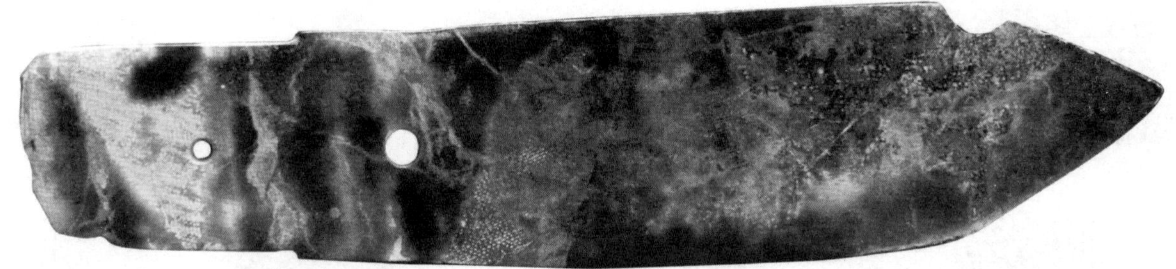

图 3-4-4　商代玉戈（北京故宫博物院藏）

四、养蚕纺丝

养蚕和纺丝是中国古人的伟大发明(图3-4-1)。在河南安阳小屯村出土的殷墟甲骨文中有桑、蚕、丝、帛等字（图 3-4-2），与蚕丝有关的文字达 100 多个。在新石器时代的遗址中，人们发现了许多陶质或玉质的蛹形、蚕形的雕刻品，浙江余姚河姆渡遗址中出土的刻有蚕纹的象牙盅（图 3-4-3）和甘肃临洮齐家文化遗址出土的二连罐都雕刻有蚕纹，在山西芮城西王村仰韶文化晚期遗址中还出土了蛹形的陶饰。

蚕在中国古代被认为是具有神性的大富之虫，用蚕丝织造的丝绸也是养生送死、事鬼神的神物。由于丝绸织物极易腐蚀，因此考古出土的实物极为少见。后人只能从考古发掘出的黏附于商周青铜器和玉器上的丝绸印痕中窥测当时丝绸的生产水平。

在北京故宫博物院收藏的一件商代玉戈（图 3-4-4）不仅有朱砂染色而成的平纹织物印痕，还有以平纹为地、呈雷纹的丝织物印痕。这是迄今我们能见到的最早的商代织物例证。

五、大富之虫

蚕从卵变为幼虫，长大之后吐丝、结茧，再由蚕蛹蜕变成蛾，这引发了中国古人对生死问题的联想。人们称“得道升仙”为“羽化”，也正是源于对蚕蛹化蛾观察后的联想。荀子《蚕赋》盛赞其“屡化如神，功被天下，为万世文。礼乐以成，贵贱以分，养老长幼，待之而后存。”中国古人将蚕视为“龙精”“天驷星”等神物。在商周遗址中屡屡发现精工细琢的玉蚕，证明了商周时期对蚕神祭祀的礼仪已经相当隆重，如陕西扶风出土西周青玉蚕形佩(图 3-5-1)，长 7.5 厘米，青玉，身体弯曲成半环形，身饰粗阴线纹十圈，成节状。陕西石泉还出土了西汉鎏金铜蚕（图 3-5-2），通长 5.6 厘米，腹围 1.9 厘米，首尾 9 个腹节，仰首吐丝，体态逼真。既然蚕被视为神物，用蚕丝织造的丝绸当然也不是平凡物品。穿用丝绸有利于人与上天沟通，所以古代贵族们在死后要用丝织物包裹起来，等于用丝做成一个茧，期望有助于死者灵魂升天。

六、桑林神树

中国古人不但从蚕的变化中产生了对蚕的惊奇，而且还产生了对桑树的崇拜，认为桑林是一片神圣之地，人在桑林中特别容易与上天沟通，以至求子、求雨等重大活动均在桑林进行，从而又产生了扶桑神树的概念，把扶桑树作为天地间沟通的途径之一。

直到春秋战国时期，桑林仍是盛大祭祀活动的重要场所，甚至中国先民还将桑树幻想成为太阳栖息的地方。在四川广汉三星堆遗址出土了一棵青铜扶桑神树（图 3-6-1），树干高 384 厘米，通高 396 厘米，由树座和树干两部分组成。树座略呈圆锥状，底座呈圆环形，上饰云气纹，底座之上为三山相连状，山上亦有云气纹。树干接铸于山顶正中，干直，树根外露。树干上有三层树枝，每层为三枝丫，枝丫端部长有果实，果上站立一鸟。在枝丫和果托下分别铸有火轮。在枝丫的一侧，有一条龙援树而下，龙身呈辫索状马面头，剑状羽翅。

扶桑神树的形象也常见于战国、秦汉时期的艺术品中，如湖北擂鼓墩曾侯乙墓出土的漆盒上就有扶桑图。此扶桑为一巨木，对生枝干，末梢各有一日，主干上一日，扶桑神树旁有一日被后羿射中化作鸟，共十日。后羿射日形象的出现，更有力地证明了这是当时人们想象中的扶桑形象（图 3-6-2）。有时树下还有采桑妇的形象。这种扶桑神树，总是与太阳联系在一起，表现的形式也多种多样。

七、天赐丝帛

我国古代丝绸品种较多，主要有帛、绢、缦、绨、素、缟、纨、纱、縠、绉、纂、组、绮、缣、绡、绫、罗、绸、锦、缎等数十种（图 3-7-1）。

帛，古代丝织物的总称，也指平纹的生丝织物，似缣而疏，挺括滑爽。缦、绨、缟、素都是没有花

图 3-6-1　青铜扶桑神树（四川广汉三星堆出土）

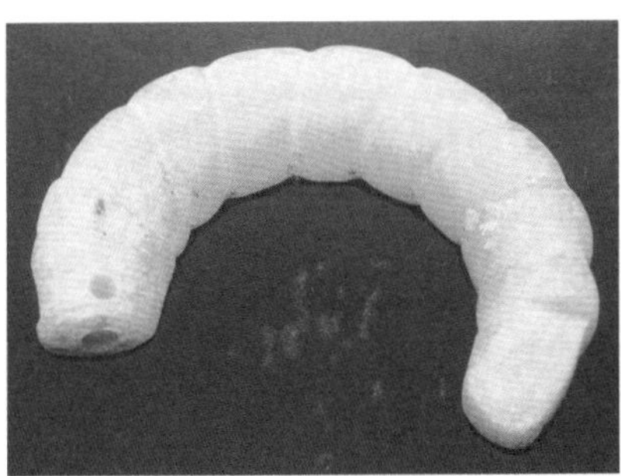

图 3-5-1　周代玉雕蚕饰（陕西扶风出土）

图 3-5-2　西汉鎏金铜蚕（陕西石泉出土）

图 3-6-2　曾侯乙墓漆盒后羿射日图

素纱　实地纱　绢

素缎　花缎　花绫

素绢　罗　绫

织金缎　织金绫　绒

图 3-7-1　古代丝绸品种

纹的丝织品，其区别在于绨的质地较厚，缟和素为白色。

绢，没有花纹的平纹丝织品，质地轻薄，坚韧挺括平整。《说文》记载："绢，缯如麦绢者。从糸，肙声。谓粗厚之丝为之。"

绫，以斜纹组织变化起花的丝织品，是在绮的基础上发展起来的。因最早的绫表面呈现叠山形斜路，有"望之如冰凌之理"之说，故名。绫有花素之分，《正字通·系部》记载："织素为文者曰绮，光如镜面有花卉状者曰绫。"汉代的散花绫用多综多蹑机织造，三国时马钧对绫机加以改革，能织禽兽人物较复杂的纹样。唐代时，绫得到了很大发展，唐代官员们都用绫作官服。在繁多的品种中，浙江的缭绫最为有名，宋代开始将绫用于装裱书画，元、明、清时期产量渐减。

纱，组织结构简单，为平纹交织，表面分布均匀的方孔，所谓"方孔为纱"。古人又将纱中最轻薄透明的称为"轻容"，即"轻纱薄如空""举之若无"。

罗，因经丝的互相缠绕绞结，表面呈椒孔。纱适宜裁造夏服和内衣。明清时期将纱眼每隔一段距离成行分布的叫作罗。

绮，斜纹起花平纹织地的丝织品。《汉书·高帝纪》八年记载："贾人毋得衣锦、绣、绮、縠、絺、紵、罽。"注："绮，文缯也，即今之细绫也。"

縠，表面起皱点的丝织品，因为表面的皱纹呈粟粒状，故称。《周礼》唐代贾公彦疏："轻者为纱，绉者为縠。"

绉，利用两种捻度不同的强捻丝交织而成，因它们发生不同的抽缩而起皱纹。

绡，以生丝织成的平纹轻薄透明的绸子，即《说文》所述："绡，生丝也。"

缎，靠经（或纬）在织物表面越过若干根纬纱（或经）交织一次，组织紧密，是表面平滑有光泽的丝织品。缎的用途因品种而异，较轻薄的可做衬衣、裙子、头巾和戏剧服装等；较重的可做高级外衣、袄面、台毯、床罩、被面或其他饰品。

锦，多彩提花丝织物的泛称。《释名》曰："锦，金也，作之用功重，其价如金，故其制字帛与金也。"锦能通过组织的变化，显示多种色彩的不同纹样。

绒，形声。字从系，从戎，戎亦声。绒指表面起绒毛或绒圈的织物。湖南长沙西马王堆墓出土绒圈锦证实，至迟在汉代中国古人就已掌握用提花机和起毛杆织制绒圈织物的纺纱技术了。

纂、组，丝带子一类的织物。长沙出土战国时的丝带子，有的虽然只有1厘米左右宽，但上面还织着精美的彩色几何花纹，表现了当时丝织技术的进步。

八、衣裳初制

随着生产水平的提高，社会贫富分化初显，手工业逐步从农业中分离出来，服饰也具有了材料、质地和数量上的差别。《尚书·尧典》中"舜修五礼，五玉三帛"，《说苑》称禹"士阶三等，衣裳细布"都反映了这种情况。随着阶级意识的形成，夏朝服饰注入了等级差别和身份尊卑的内涵。《左传·僖公二十七年》中引《夏书》，称夏代"明试以功，车服以庸"，意思是指以车马及服饰品类显示有功者的尊贵宠荣。

商代物质生活资料的逐渐丰富助长了贵族服饰的奢靡之风，服饰的礼仪制度也得到确立。据《帝诰》称商汤居亳："施章乃服明上下""未命为士者，不得朱轩、骈马、衣文绣。"从出土玉雕、石雕和陶俑等文物分析，当时社会上层贵族服饰的上身一般为交领右衽或对襟、窄袖及腕，织绣华丽纹饰（如兽面纹、矩形纹、双钩云纹等）的上衣，腰束宽带，下身穿有纹样装饰的裳或裤。其形象可通过以下4件雕像得到大致的了解：

河南安阳殷墟妇好墓出土的戴箍冠圆雕玉人像（图3-8-1），殷墟妇好墓出土箕踞坐圆雕玉人像，人形呈跽坐状，双手抚膝。头微仰，瘦长脸，粗眉大眼。发向后梳，贴垂后脑，在左右后侧拧成辫，往上盘至头顶，绕至左右后侧，再至右耳后，辫梢塞在辫根下。头编一长辫，辫根在右耳后侧，上盘头顶，

图 3-8-1　戴箍冠圆雕玉人像（河南安阳殷墟妇好墓出土）

图 3-8-3　云雷纹

图 3-8-2　大理石圆雕人像的右半身残像（传河南安阳殷墟遗址出土）

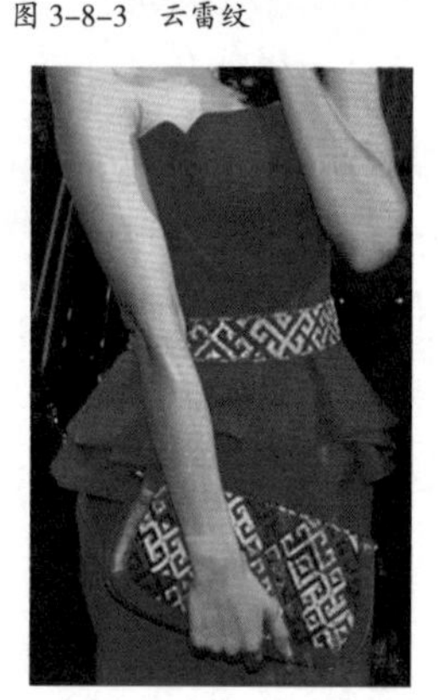

图 3-8-4　利用云雷纹局部装饰的时装作品

下绕经左耳后，辫梢回接辫根。戴一头箍前有横式筒状卷饰。穿交领窄长袖衣，衣长及足踝，束宽腰带，左腰插一卷云形宽柄器，着鞋。

传河南安阳殷墟遗址出土的大理石圆雕右半身残人像（图 3-8-2），上衣盖臀，交领右衽，腰束宽带，胫扎裹腿，足穿翘尖之鞋。在上衣的领口、下摆、袖口处、腰带有云雷纹装饰。云雷纹是圆弧型卷曲（云纹）和方折回旋（雷纹）线条的统称，通常以四方连续或二方连续式展开（图 3-8-3）。时装设计师谢峰曾在一款时装的腰封和手包处刺绣云雷纹图案。其设计巧妙之处在于，服装整体是非常时装化的款式，云雷纹和红色彩都是非常典型的中国元素。这样便将东方元素和国际流行时尚完美结合起来了（图 3-8-4）。

殷墟妇好墓出土的箕踞坐圆雕玉人像（图 3-8-5），头上戴圆箍形帽，用以束发，身穿无纽对襟衣，衣上饰目纹、云纹，胯下饰饕餮纹（也称兽面纹）。其身体姿态极其放松（甚至是有失礼仪），可能是当时的贵族阶层。

殷商普通贵族、奴隶主多穿无任何纹饰的衣、裳。下裳前片长至足上二十公分处，后片掩足，腰间系带，如传河南安阳殷墓出土的圆雕石人立像（图 3-8-6），玉人双手拱置腰前，身着上衣下裳。上衣为交领右衽、窄袖；下裳前摆过膝，后裾齐足。裤微露，足着平底无跟圆口屦。腹下悬斧形“蔽膝”，皮革蔽膝称“袚”“韠”或“鞸”，锦蔽膝称“韨”。

图 3-8-5 箕踞坐圆雕玉人像（河南安阳殷墟妇好墓出土）

图 3-8-6 圆雕石人立像（传河南安阳殷墟墓出土，哈佛大学福格美术馆藏）

殷商平民和奴隶多穿圆领衣，上下相连，中间以绳缚之，长不及踝，不加饰物，仅以遮身。衣裳的原料主要有麻、葛布、丝绸和皮革。麻、葛布贵贱皆可穿，但有粗细之分。丝绸和皮革则为贵族、奴隶主专用。

1986 年四川广汉三星堆出土大型青铜立人像（图 3-8-7），连座通高 262 厘米，人像高 172 厘米，大眼、直鼻、阔耳，头戴莲花状（代表日神）兽面纹和回字纹高冠。王政学者在《三星堆青铜立人新考》一文中称，该冠是“莲花状的兽面和回字纹冠，顶有花蕾吐释或花果包藏，后脑勺上铸有一凹痕，可能原有发簪之形的饰物嵌于此，是中国原始巫教迎神遣灵的象征标识。”两臂一上一下举在胸前，双手握环状。人像服装共有内外三层套穿。最外层为单袖半臂式连肩衣，其外侧的前后两边各有竖行的两组纹饰图案，一组为横倒的蝉纹，另一组为虫纹和目纹（甲骨文和西周金文“蜀”字是由目和虫组成）相间的图案。衣左侧和背后有龙纹两组，每组为两条，呈“已”字相背状。中间一层为 V 形领、短袖。据推测，该铜像内穿上衣下裳的式样（也有学者认为单袖齐膝长衣），下裳分前后两片：前片略短，露出小腿部；后片长至足踝，两侧摆角呈燕尾状，下垂近脚踝。在前后裾上有头戴锯齿形冠的兽面纹，脚戴镯，赤足立于兽面台座上。

清华大学张宝华教授利用三星堆青铜立人像设计了精彩的丝巾作品（图 3-8-8）。其蓝绿色调应和了远古青铜的色彩。有意思的是，四川广汉三星堆博物馆还借鉴了馆藏青铜面具（图 3-8-9），推

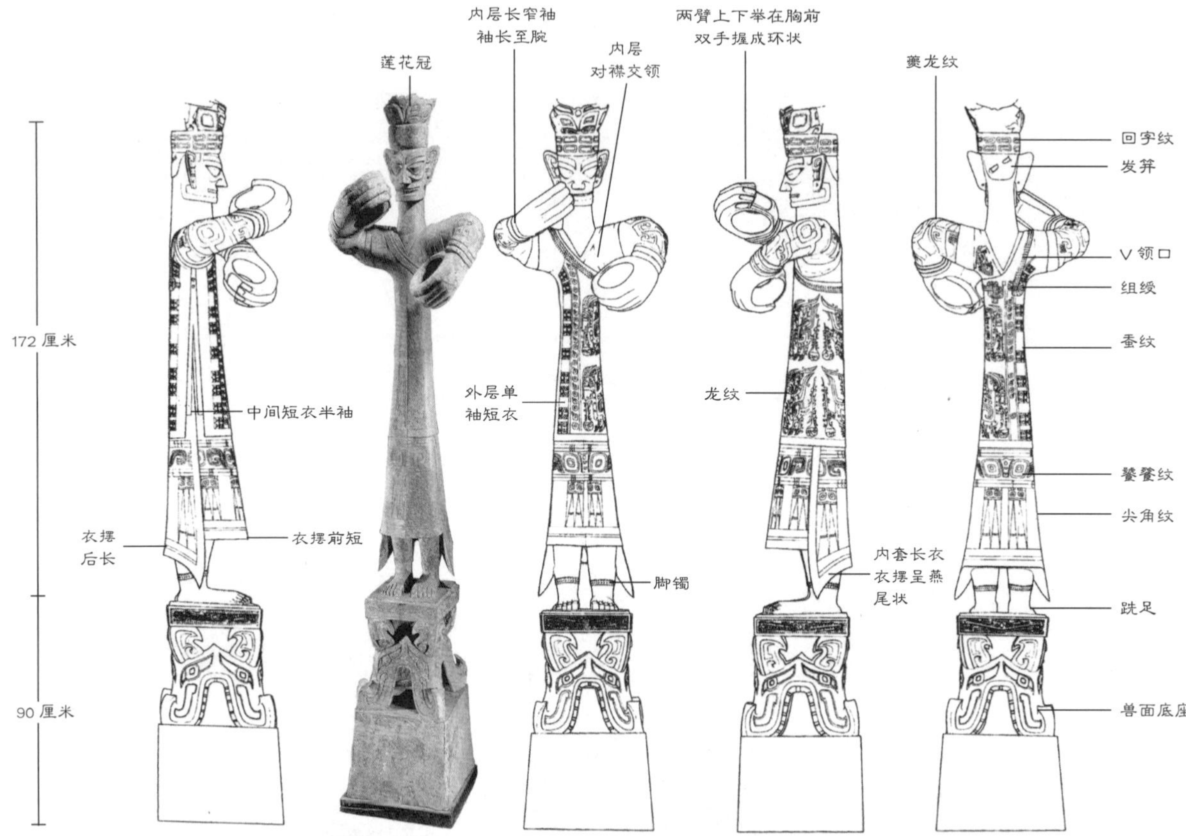

图 3-8-7 大型青铜立人像（四川广汉三星堆出土）

图 3-8-8 三星堆青铜立人像丝巾设计（张宝华作品）

图 3-8-9 三星堆青铜面具

图 3-8-10 三星堆青铜面具形状的月饼和饼干文创产品

图 3-8-11 清华大学黄能馥教授复原三星堆青铜立人像服装

出了面具形月饼和饼干（图 3-8-10），以及太阳轮、方向盘等系列文创产品。

2007 年，清华大学黄能馥教授根据自己的研究和理解，运用传统纺织、染色、刺绣等工艺，复制了三星堆青铜立人像服装（图 3-8-11）。在复制过程中，黄能馥教授根据古蜀国盛产红色染料丹砂的历史，并比照三星堆出土的同期丝织物残迹，采用了红色平纹绢和黄色绣线，绢的密度、经纬丝及绣线的粗细则以战国时期出土的丝织物为参考，图案、绣法比照三星堆出土的青铜立人像。黄能馥教授认为，三星堆青铜立人龙纹礼衣为四件套装：最外面的一件是右手短袖、左手背带式吊肩袖，右衽开气至腋下，左侧不开气，长仅及膝；第二件是背心；第三件是短袖背心；第四件是 V 领窄袖长袍，长约 170 厘米，前后襟连在一起，穿时需套头穿。V 领套头长袍采用黄色绣线在平纹绢上绣制完成。前襟长至膝下，后襟长可掩踝，后襟下摆两角呈三角形延长而呈鸟尾状。无袖单肩吊带式短衣的斜襟上装饰有编织而成的“组绶”，组绶的两端在背心处结襻。这些特征显示了这套礼衣具有半开放、组合性强的特点，与四川盆地的亚热带季风气候的不稳定性有关。

九、鸟形梳篦

除了固发用的发笄，梳篦也是中国古人理发的必备之物。按照梳齿的密度，松齿的称“栉”，密齿的称“篦”。梳篦多为木制或竹制，也有以金、银、象牙、犀角、水晶、玳瑁、嵌玉镶珠等名贵物料制作而成。

中国古人使用梳子的历史，可以追溯到距今五六千年的新石器时代晚期。中国社会科学院考古研究所收藏的山西襄汾陶寺遗址 1267 号墓出土的短齿玉梳（图 3-9-1），灰白色间绿斑，呈长方形。有 11 个很短的梳齿，两端琢成，齿端稍宽，薄刃，两侧斜直，顶端略外弧。这把玉梳出土于紧贴人头顶骨的部位。

考古学家在吴县张陵山、武进寺墩等良渚文化墓葬遗址的发现数量可观，用作榫接象牙齿的玉梳背，如在浙江余杭反山良渚文化墓地 M15 和 M16 各出土一件玉梳背。这两件玉梳背饰均采用多空透雕和阴线相结合的手法，勾勒出神兽和神人的图形（图 3-9-2）。又如，1959 年在山东泰安大汶口的一座新石器时代晚期墓中出土了两件象牙梳，其中一件整体呈长方形（图 3-9-3），长 16.7 厘米，宽

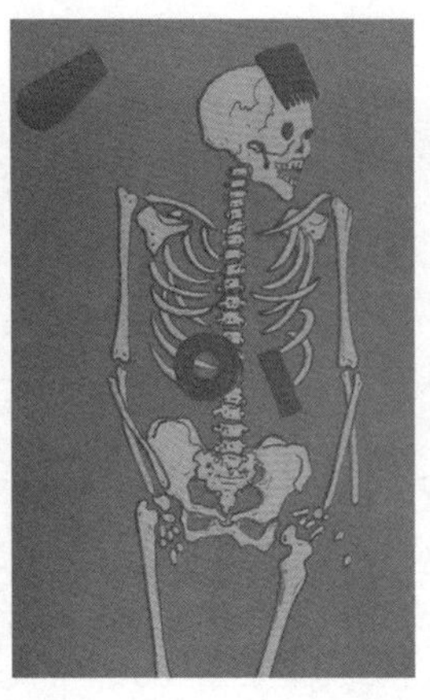

图 3-9-1 短齿玉梳和出土玉梳示意图（山西襄汾陶寺遗址 1267 号墓出土）

图 3-9-2 神兽和神人透雕梳背（浙江余杭反山良渚文化墓地出土）

图 3-9-3 象牙梳（山东泰安大汶口新石器时代晚期墓出土）

图 3-9-4 透雕少女玉人佩（殷墟妇好墓出土）

8 厘米，有 16 齿，梳背顶部饰 3 个圆孔，梳体镂有三道条状阴纹组成“8”字形，内填“T”字纹样，外周以长条形纹作框。

商周时期梳子造型流行高把手、横面窄、上小下大的高冠式造型。此时，也有一些顶端呈“凹”字形，顶部两侧透雕鸟形的发梳，如妇好墓中出土的透雕少女玉人佩头部装饰（图 3-9-4）。该玉人佩头部束头箍，头两侧有头发自然垂下，鬓尾上卷成蝥尾形，头顶簪插对鸟玉梳。同墓出土的另一件对鹦鹉鸟首玉梳（图 3-9-5），高 10.4 厘米，梳背上有两只鸟儿相对，形似鹦鹉，与透雕少女玉人佩的造型非常相似。

战国至魏晋时期，玉梳造型流行上圆下方，形似马蹄，又如曾侯乙墓出土的战国云纹玉梳（图 3-9-6），长 9.6 厘米，齿口宽 6.5 厘米，体扁平，略呈梯形，22 齿，尖处薄锐，梳背两面皆阴刻云纹和斜线纹，出土时戴于墓主头部。类似的还有美国弗瑞尔美术馆（The Freer Gallery of Art) 馆藏战国透雕云纹玉梳（图 3-9-7）。

除了玉梳，还有许多在梳背上镂雕动物纹样的马蹄形木梳，如湖北云梦睡虎地西汉墓葬出土的浮雕木梳（图 3-9-8），高 9 厘米。木质双面浮雕，一面是源自草原文明的大角鹰嘴怪兽，一面是口衔猎物的豹子。又如湖北荆州天星观二号楚墓出土的木篦（图 3-9-9），透雕两只鹿，鹿身相对，鹿首相向，鹿尾相连，后肢交错，作奔跑状。鹿首回顾，前肢微曲，后肢抬起，栩栩如生。

战国时还流行在木篦上彩绘图案，如湖北江陵雨台山第 84 号楚墓出土的朱漆彩绘几何形凤纹木

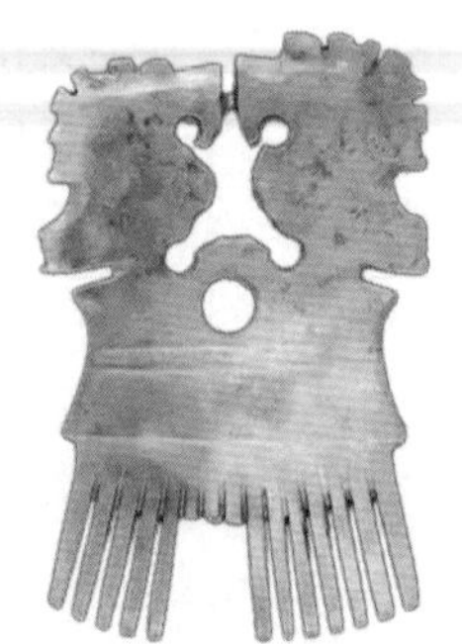

图 3-9-5 对鹦鹉鸟首玉梳（殷墟妇好墓出土）

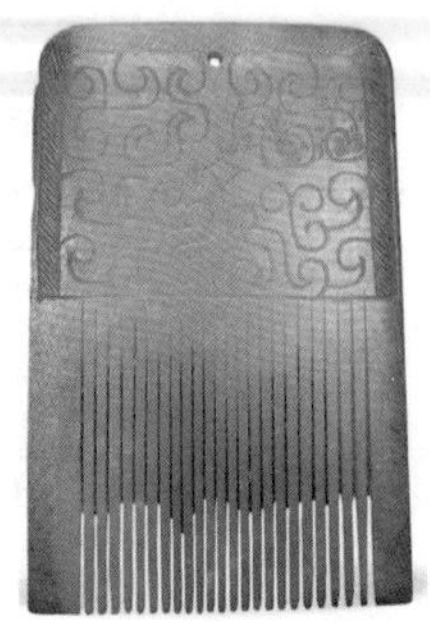

图 3-9-6 战国云纹玉梳（曾侯乙墓出土）

图 3-9-7 战国透雕云纹玉梳（美国弗瑞尔美术馆藏）

图 3-9-8 浮雕木梳（湖北云梦睡虎地西汉墓葬出土）

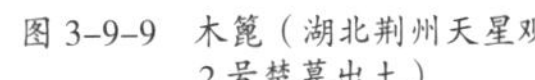

图 3-9-9　木篦（湖北荆州天星观 2 号楚墓出土）

图 3-9-10　彩绘角抵木篦（湖北江陵凤凰山出土）

图 3-10-1　财神比干奉瓷像和财神比干奉年画

篦。又如，1975 年湖北江陵凤凰山出土彩绘角抵木篦（图 3-9-10），纵 7 厘米，宽 6 厘米，上绘三人作角抵戏，兼施以红、黄等色彩，但多已脱落，唯线条尚清晰可见。图中人物上身赤裸，下穿短裤，腰系长带。图右二人正奋力扑向对方，图左一人侧身而立，前伸双臂，在注视着竞技的进行。角抵是角力、摔跤、杂技、武术、相扑之类节目的总称，在秦汉时期颇为盛行。

就其用途而言，除了整理、固发和装饰功用外，笄、梳还有避邪和礼仪的用途。英国人类学家爱德华·伯内特·泰勒（Edward Burnett Tylor）主张万物有灵论，认为原始人相信包括发笄、发梳在内的非生命体有灵魂和超自然力量存在。郑巨欣、陆越学者在《梳理的文明——关于梳篦的历史》一文中称，不少民族又有扣结信仰，如把绳结视为护身符，若依照“相似律”的原则，盘发绾髻就是以头发打结。中国先民绾发插梳很可能是为了让神灵留守在自己的头上，而那些插在发髻上的梳子则是具有驱走猛兽等邪恶力量的象征物。人们在死后将其用作陪葬品以保护死者的亡灵。

十、制裘广郡

由于天然兽皮干燥后皮质发硬、易断、有味并易遭虫蛀，不仅难以合体，甚至会磨损人的皮肤，所以，中国原始先民在很长时期内一直采用揉搓、捏咬的方法使其变得柔软。这种情况直至商朝末期才得以改变。在商代甲骨文中，已有表现“裘之制毛在外”的象形字。

据传，商朝丞相比干是中国历史上最早发明熟皮制裘工艺的人。他曾在殷商末年，“制裘于广郡（广郡即今河北衡水枣强大营一带）”。当时此处，遍地荆棘，野兽肆虐，比干贴出告示，鼓励民众打猎食肉，将剩下的兽皮收集起来，通过硝熟的方法，将生硬的兽皮变成柔软的制衣材料，进而将不同毛色的皮张分类缝制成衣料，以“集腋成裘”的方法制作裘皮服装。

在古典神话小说《封神演义》中，比干将狐狸皮熟制后做成袍袄献给纣王御寒的故事，就是比干制裘的佐证。因此，比干也被后人奉为“中国裘皮的鼻祖”。现在，在“天下裘都”河北省衡水市枣强县大营镇的比子庙中依然有商相比干的塑像。毛皮从业者至今仍祭祀比干祖师。

在比干进朝为相期间，忠言谏君，声望极高，因纣王荒淫无道，听信妲己谗言，被逼剖腹摘心而死。后世民间又因比干忠义，将比干奉为财神（图 3-10-1）。他生前正直，死后无心，故不会心存偏袒成见，适合作为管理分配财富的神祇，也表现出了一般大众对于财富公平分配的渴望。

十一、虎噬鬼魅

在亚洲，最凶猛的食肉动物当属百兽之王——老虎。虎一直受到华夏先民的崇拜，因此，虎纹也是勇猛、威严的象征。虎可镇邪御凶，是人类的保护神。东汉泰山太守应劭《风俗通义·祀典》中记载："虎者，阳物，百兽之长也，能执搏挫锐，噬食鬼魅……亦辟恶"。王充在《论衡·解除篇》中说道"龙、虎猛神，天之正鬼也。"

我国的虎图腾来源于旧石器时代。虎纹初见于商代中期，一般都构成侧面形，两足，低首张嘴，尾上卷。其流行时间较长，一直到战国、汉代时期。河南安阳殷墟武官村出土的虎纹石磬（图 3-11-1），正面刻有雄健威猛的虎纹。虎纹石磬有 5 个音阶，可演奏不同的乐曲。轻轻敲击，即可发出悠扬悦耳的音响。其虎嘴大张，虎齿尖锐，传递出老虎牙齿咬噬时的力度和尖如刀刃般的锋利感，使人看后不寒而栗，显示了中华文明礼乐之中不忘强悍的特点。

商代晚期虎食人卣青铜器（图 3-11-2），高 35.7 厘米，造型取踞虎与人相抱的姿态，虎以后足及尾支撑身体，构成卣之三足，虎前爪抱持一人，人朝虎胸蹲坐，一双赤足踏于虎爪之上，双手伸向虎肩，虎欲张口啖食人首。虎两耳竖起，牙齿甚为锋利。虎肩端附提梁，梁两端有兽首，梁上饰长形宿纹，以雷纹衬底。虎背上部为椭圆形器口，盖上立一鹿，盖面饰卷尾夔纹，以雷纹衬底。这件作品立意奇特，纹饰繁缛，以人兽为主题，表现出怪异

图 3-11-1　虎纹石磬（河南安阳殷墟武官村出土）

图 3-11-2　商代晚期虎食人卣青铜器（日本京都泉屋博古馆藏）

图 3-11-3　玉虎（殷墟妇好墓出土）

图 3-11-4　错金银青铜虎噬鹿形器座（河北平山中山王墓出土）

的思想，但究竟是以老虎吃人的凶猛来象征统治政权的残暴并以此威吓奴隶，还是表现人兽和谐的天人合一，说法并无统一。

殷墟妇好墓出土的玉虎（图 3-11-3），玉质为深绿色，上有黄沁，立体圆雕呈虎形，作伏卧状。方形头，头顶双角后伏，“臣”字形眼，张口露齿，背呈弧形，中部下凹，臀部隆起，四肢前屈，尾长下垂，尾尖上卷。器身饰卷云纹，尾饰竹节纹。玉虎在殷墟妇好墓中共出土 8 件。其中圆雕 4 件，片雕 4 件。

春秋战国时期，作为礼器的虎纹图案逐渐失去了威严、恐怖、神秘，代之而起的是性情平和的老虎形象。艺术家们已不再满足于仅仅将人和动物作为单体来表现，而是将视线转向更宽广的空间，热衷于表现人与自然的关系，表现动物之间的共存和争斗。其实物如河北平山中山王墓出土的错金银青铜虎噬鹿形器座（图 3-11-4）。虎噬鹿形器座以虎为主体，虎双目圆睁，两耳直竖，正在吞噬一只柔弱的小鹿。小鹿在虎口中拼命挣扎，短尾用力上翘，始终无法脱身。虎后肢用力蹬地，前躯下踞，整个身躯呈弧形。虎的右爪因抓鹿而悬空，座身平衡借用鹿腿支撑。这是一个积蓄万钧之力，引而未发的瞬间，充满了强大的内在力量。整体器物表现出虎和猎物的动态及身躯结构，增进了器物的艺术效果。这表明战国时代的艺术家们在动物雕刻方面已跨越了一般的形似阶段，开始注重于动感和力度的表现，并有意地选择最能吸引人的瞬间去表现动物的体态。

云南江川区李家山古墓群遗址第 24 号墓出土的牛虎铜案（图 3-11-5），高 43 厘米，长 76 厘米。案又称“俎”，是中国古代一种放置肉祭品的礼器。牛虎案就是用来放献祭牛牲的，是古代祭祀中最重要的献祭器具。因牛牲居祭祀“三牲”中首位，其造型由二牛一虎巧妙组合而成。以一头体壮的大牛为主体，牛四脚为案足，呈反弓的牛背作隋圆形的案盘面，一只猛虎扑于牛尾，四爪紧蹬于牛身上咬住牛尾，虎视眈眈于案盘面。大牛腹下立一条悠然自得的小牛，首尾稍露出大牛腹外，寓意了大牛牺牲自己对小牛犊的保护。牛虎铜案中的大牛颈肌丰硕，两巨角前伸，给人以重心前移和摇摇欲坠之感，但其尾端的老虎后仰，其后坠力使案身恢复了平衡。大牛腹下横置的小牛，增强了案身的稳定感。

在中国古代，除以猛虎称誉勇猛将士，还常将与军旅有关的事物器用以虎为名，例如发兵符节称为“虎符”“虎节”。虎符是用青铜或者黄金做成伏虎形状的令牌，劈为两半，其中一半交给将帅，另一半由皇帝保存。只有两个虎符同时合并使用，持符者才可获得调兵遣将权。其实物如阳陵虎符呈卧虎状（图 3-11-6），相传在山东临城出土，现藏于中国历史博物馆。虎符上刻有铭文：“甲兵之符，右才（在）皇帝，左才（在）阳陵。”阳陵为秦之郡名，即今陕西高陵县。此件铜质，为秦始皇授予驻守阳陵将领之虎符。此件因年代已久，对合处生锈，现左右不能分开，整体形成一件艺术品。

在重庆开县余家坝战国武士墓出土的虎纹青铜戈（图 3-11-7），虎口朝向戈柄，表情狰狞、獠牙

图 3-11-5 牛虎铜案（云南江川区李家山古墓群遗址第 24 号墓出土）

图 3-11-6 阳陵虎符

瞪目，让人不寒而栗。虎头装饰很可能是希望人们具有如猛虎一般的勇气和威猛的能力。这件青铜戈胡部与援脊下部铸有巴蜀文字，应是巴蜀式戈的代表装饰。伊克昭盟（今鄂尔多斯市）塔拉壕乡东汉虎狼搏斗纹金箔（图 3–11–8），长 8.4 厘米，高 5.5 厘米，虎为主体，前肢踏一狼身，血盆大口死死咬住狼的上颚，而狼也回口咬住虎的下颚。虎身亦刻画猛兽围猎图案，展现了浓浓的草原风格。相同类型如盱眙大云山汉墓出土的错金银镶嵌宝石虎噬熊铜镇（图 3–11–9），作一虎一熊纠缠撕咬状，虎双爪钳住熊身，用嘴紧紧咬住熊身，熊张嘴嚎叫，一爪用力拍打虎头，一腿腾空似在痛苦地挣扎。器身错金银片，并嵌有红黄绿三色宝石约 50 颗。

2012 年，创意总监亨伯托（Humberto）和卡罗尔（Carol）为日本时装品牌高田贤三（Kenzo）推出了东方风格虎头图案的系列时装产品。该图案源自品牌创始人高田贤三先生。他以法国后印象派画家亨利・卢梭（Henri Rousseau）描绘的丛林和老虎为灵感，在自己衬衣上创作了一个小虎头。几十年后，这件衬衣被亨伯托（Humberto）发现并几易其稿，从而设计了现在的虎头图案。流行度颇高的虎头卫衣、书包、鞋（图 3–11–10）等系列产品，既蕴含了 Kenzo 品牌基因的森林主题，又符合东方文化猛虎崇拜的心理，还契合了女权主义思潮和中性休闲风格的时尚趋势。因其具有极强的装饰性和识别度，虎头图案成为了 Kenzo 品牌在 2012 年之后的主要视觉标志。这一款也被国际时尚界评价为高级成衣与高街潮牌握手融合的里程碑。受其影响，意大利

图 3–11–7　虎纹青铜戈（重庆开县余家坝战国武士墓出土）

图 3–11–8　东汉虎狼搏斗纹金箔［伊克昭盟（今鄂尔多斯市）塔拉壕乡出土］

图 3–11–9　错金银镶嵌宝石虎噬熊铜镇（盱眙大云山汉墓出土）

图 3–11–10　Kenzo 虎头图案卫衣和旅游鞋

图 3–11–11　Just Cavalli 2013 秋冬女装系列

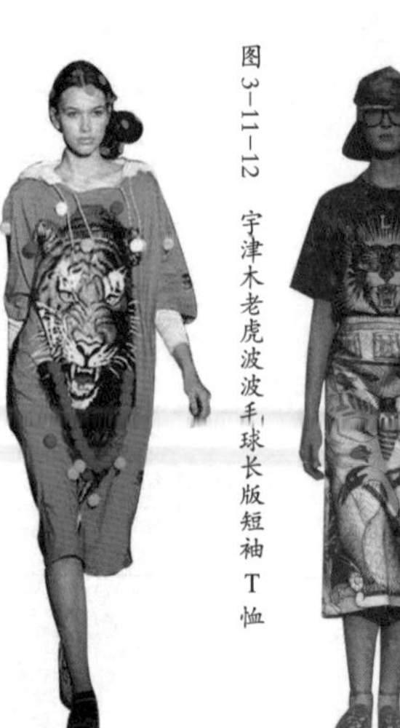

图 3–11–12　宇津木老虎波波毛球长版短袖 T 恤

图 3–11–13　Gucci 2016 年猫头作品

图 3-11-14　Gucci 的酒神虎头图案设计

图 3-11-15　狴犴形象

图 3-11-16　Gucci 狴犴图案毛衣

图 3-11-17　Dolce & Gabbana 豹纹圆领套头毛衫

时尚品牌卡沃利（Just Cavalli）2013 秋冬女装系列推出了虎纹毛衣设计（图 3-11-11）、宇津木老虎波波毛球长版短袖 T 恤（图 3-11-12）。

2016 年意大利时装品牌古驰（Gucci）也推出了虎头图案时装设计。与虎头相似的猫头（图 3-11-13），是古驰品牌在产品设计时运用流行元素并进行适当演绎的经典案例。古驰品牌也以希腊神话中酒狄奥尼索斯（Dionysus）变作老虎，带着一位年轻的仙女穿越底格里斯河的故事为内涵推出了虎头系列产品（图 3-11-14）。在系列设计中，古驰（Gucci）虎头的形象又延伸成狴犴的造型。传说狴犴是龙之九子的第七子，形似虎，好讼，狱门或官衙正堂两侧有其像（图 3-11-15）。

2017 年，受国际流行趋势和 Gucci 品牌影响（图 3-11-16），意大利品牌杜嘉・班纳（Dolce& Gabbana）亦推出了模仿古驰狴犴形式的豹纹圆领套头毛衫（图 3-11-17）。豹纹是为了与虎纹的流行波段对应，皇冠图形则是为了彰显和延续品牌基因。基于此种情况，虎头图案流行波段的发起者日本高田贤三（Kenzo）品牌也推出了相似的款式（图 3-11-18）。

图 3-11-18　Kenzo 品牌模仿狴犴造型的新款虎头设计

十二、钺与牙璋

龙山文化到商周时期，象征猛兽崇拜的兽齿化身为各类礼用铜器（如钺）和玉器（如牙璋）上普遍使用的扉齿饰边，甚至商周青铜器的对角边缘也有扉齿装饰。其原因是由于范铸法技术在铸造青铜器时，边缘闭合不好，而将其放大变成一种装饰元素，如湖南省博物馆收藏的商代后期人面青铜鼎（图 3–12–1）。

钺是一种象征权力的古代大斧，虽具备杀伤力，但更多是仪卫所用，如山东青州苏埠屯出土的商代晚期亚丑钺（图 3–12–2），通长 32.7 厘米，刃宽 34.5 厘米，平肩，饰镂空人面纹，眉、眼、鼻、耳、口、牙俱全，形象威猛。

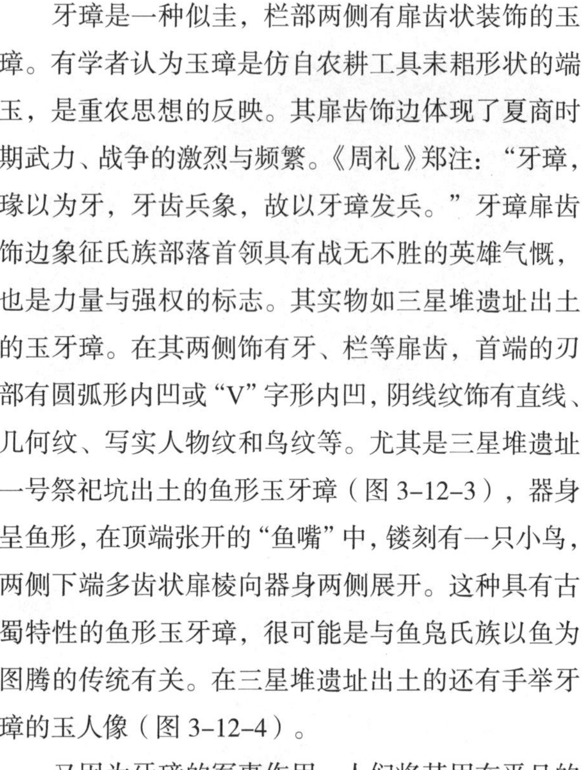

牙璋是一种似圭，栏部两侧有扉齿状装饰的玉璋。有学者认为玉璋是仿自农耕工具耒耜形状的端玉，是重农思想的反映。其扉齿饰边体现了夏商时期武力、战争的激烈与频繁。《周礼》郑注：“牙璋，瑑以为牙，牙齿兵象，故以牙璋发兵。”牙璋扉齿饰边象征氏族部落首领具有战无不胜的英雄气概，也是力量与强权的标志。其实物如三星堆遗址出土的玉牙璋。在其两侧饰有牙、栏等扉齿，首端的刃部有圆弧形内凹或“V”字形内凹，阴线纹饰有直线、几何纹、写实人物纹和鸟纹等。尤其是三星堆遗址一号祭祀坑出土的鱼形玉牙璋（图 3–12–3），器身呈鱼形，在顶端张开的“鱼嘴”中，镂刻有一只小鸟，两侧下端多齿状扉棱向器身两侧展开。这种具有古蜀特性的鱼形玉牙璋，很可能是与鱼凫氏族以鱼为图腾的传统有关。在三星堆遗址出土的还有手举牙璋的玉人像（图 3–12–4）。

又因为牙璋的军事作用，人们将其用在平日的生活中。如果家里生了儿子，长辈们会希望他成长为领兵作战的将军，所以在小的时候先给他玉璋玩，看看他是否有兴趣。他若喜好弄璋，或许未来战功卓著就指日可待了。所以也有了生男孩是弄璋之喜，生女孩是弄瓦之喜的寓意。

图 3–12–1　商代后期人面青铜鼎（湖南省博物馆藏）

图 3–12–2　商代晚期亚丑钺（山东青州苏埠屯出土）

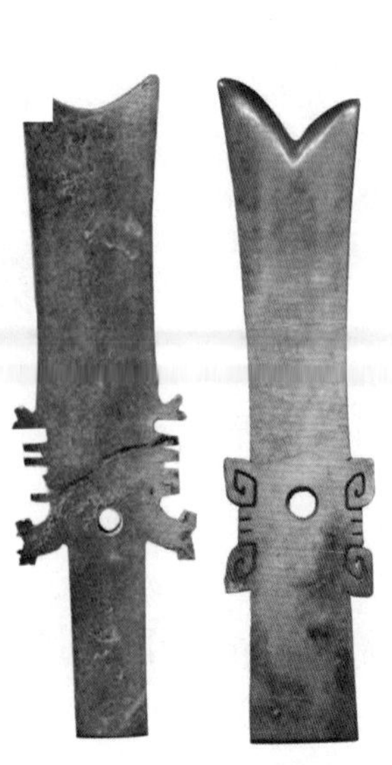

图 3–12–3　鱼形玉牙璋（四川广汉三星堆出土）

图 3–12–4　手举牙璋的玉人像（四川广汉三星堆出土）

第四章 周代

西周：公元前 1046 年—公元前 771 年
东周：公元前 770 年—公元前 256 年

一、绪论

周朝存在约 800 年，从公元前 1046 年到公元前 256 年，共传 30 代 37 王，分西周和东周两个时期，为中国历代最长的王朝。西周建都镐京（今陕西西安附近），到公元前 771 年结束。第二年，周平王迁都洛邑（今河南洛阳），开始了东周的历史。

周代为中国历史发展的一个转折期，为中华文化的发展起了承前启后的作用。其分封制、宗法制、礼乐制都对历代产生了影响。周代政治制度是以血缘关系为基础的封建宗法制度，商人尚鬼神、奢靡、酗酒的风气已被改变。周政权汲取商王漠视民心而丧失政权的教训，强调治民之道、敬天保民的统治思想，形成了一整套维护等级秩序、调整人际关系的礼仪制度。西周的礼制表现在贵族生活中的各个方面，从衣冠服饰，到食用器具，再到出行车马（图 4-1-1），都依身份的高低而有严格的规定。陕西岐山出土的“师兑簋”上记载了周王赏给师兑“赤舄”（图 4-1-2）。

图 4-1-2　西周“师兑簋”上的铭文

图 4-1-1　秦陵出土的彩绘铜车马

根据《周礼》记载可知，周人把教育、道德从属于政治，同时又使政治带有教育、道德的色彩。这种合政治、教育、道德于一体的思想特征，是受宗法奴隶制政治结构的性质所决定的。西周对养老制度特别重视，而且把养老与视学结合起来。凡每年天子亲自视学，同时举行养老典礼。据《礼记·王制》载，凡有德有位者曰国老，有德无位者曰庶老。西周国学的教育对象为贵族子弟，所以把诗、书、礼、乐列为四教，作为教育内容的重心，即《礼记·王制》所谓："春秋教以礼乐，冬夏教以诗书。"

二、君之六冕

冕服是中国古代男性等级最高、使用最久、影响最广泛、最具代表性的礼服。它主要由冕冠、上衣、下裳、舄等主体部分及蔽膝、绶、带、佩等其他配件构成。冕服之制，传说殷商时期已有，至周定制规范，趋于完善，汉代以降，历代沿袭。至清朝建立，废除汉族衣冠，冕服制度在中国随之终结，但冕服上特有的"十二章纹"自清乾隆时期起仍饰于皇帝礼服、吉服等服饰上。历史上除中国外，冕服在东亚地区的日本、朝鲜、越南等汉字文化圈国家中亦曾做为国君、储君等人的最高等级礼服。

从属于祭祀文化的周代服饰礼仪制度既被视作天下大治的标志，又被视作大治天下的手段。尤其是王之六冕所具有的等级区分和表德劝善的功能达到了极致。冕服制度的确立，使中国古人能够按照一定标准去祀天地、祭鬼神、拜祖先。

在新石器时代，中国先人已开始用纺织材料缝制服装。考察天津市艺术博物馆藏公元前4000年左右的山东龙山文化玉鸷（图4-2-1）的服装式样，可知中国古人在新石器时代就已经有了比较明确的服装意识——头戴额带、耳配玦，身穿衣裳、系大带，带下垂蔽膝，足蹬舄。全套礼服配制一应俱全，与自周代开始列入礼仪，至明代结束的中国古代冕服服制基本类似。

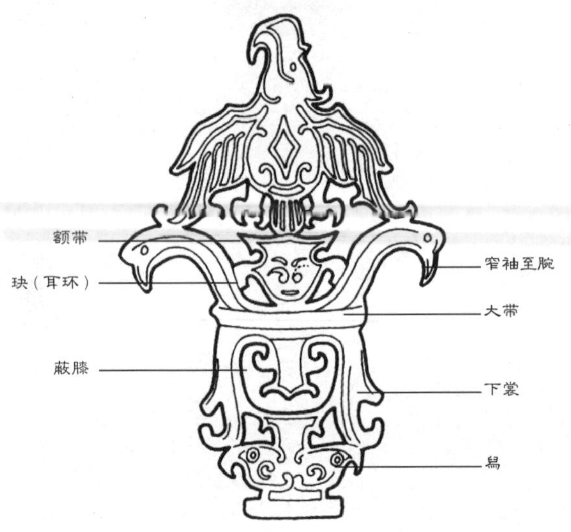

图4-2-1　山东龙山文化玉鸷

图4-2-2　汉代武梁祠画像石上的黄帝、帝尧

汉代武梁祠画像石上有身穿冕服的黄帝、帝尧像（图 4–2–2）。传唐代阎立本绘《历代帝王图》中有身穿冕服的东汉光武帝（图 4–2–3）、吴主孙权、蜀主刘备、晋武帝司马炎、后周武帝、隋文帝等帝王像。从中我们可比较清楚地看到早期冕服的具体穿着式样。此外，宋代聂崇义《三礼图》也有比较具体的六冕形象（图 4–2–4）。

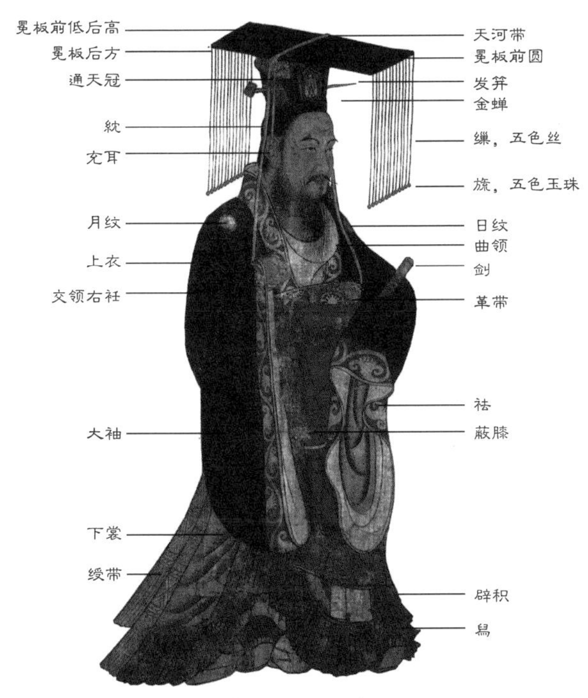

图 4–2–3 《历代帝王图》中身穿冕服的古代帝王像

周代礼仪服饰在很大程度上从属于当时的祭祀文化。《周礼 · 春官 · 司服》载：“王之吉服：祀昊天上帝，则服大裘而冕，祀五帝亦如之；享先王则衮冕；享先公饗射则鷩冕；祀四望山川则毳冕；祭社稷五祀则絺冕；祭群小祀则玄冕。”六冕等级区分主要是由冕冠上的旒和冕服衣裳上的十二章纹的数目所决定（表 4–2–1）。

大裘冕，谓穿大裘而戴冕冠的礼服，大裘用黑羔皮做。其穿用场合是祭天，因此谓“大”。

衮冕，谓穿卷龙为首章的衣服而戴冕冠的礼服。其穿用场合是祭先王。

鷩冕，谓穿华虫为首章的衣服而戴冕冠的礼服，因所施首章得其名。其穿用场合是祭祀先王、飨射典礼。

毳冕，谓穿有毳毛的虎蜼为首章的衣服而戴冕冠的礼服。因首章得名，其穿用场合是遥祭山川。

絺冕，谓穿刺绣粉米为首章的衣服而戴冕冠的礼服。其穿用场合是一般的小祀。

玄冕，谓上衣无纹而戴冕冠的礼服。因上衣无章纹，随颜色（玄色）而得名。玄冕所施章纹仅为下裳黻纹一章。其穿用场合是祭社稷。

图 4–2–4 宋代聂崇义《三礼图》中的六冕形象

表 4-2-1 冕服之章目及章次（郑玄注）

种类	总章数	衣			裳		
衮冕	9 章	5 章	龙、山、华虫、火、宗彝	画	4 章	藻、粉米、黼、黻	绣
鷩冕	7 章	3 章	华虫、火、宗彝		4 章	藻、粉米、黼、黻	
毳冕	5 章	3 章	宗彝、藻、粉米		2 章	黼、黻	
絺冕	3 章	1 章	粉米	刺绣	2 章	黼、黻	
玄冕	1 章	×	×	×	1 章	黻	

被许可穿冕服的身份有天子、公、侯、伯、子、男、孤、卿、大夫等。其中，唯有天子得以穿全六冕；公之服，衮冕以下；侯、伯之服，鷩冕以下；子、男之服，毳冕以下冕；孤之服，希冕以下；卿、大夫之服，只有玄冕（表 4-2-2）。

表 4-2-2　冕服穿着对应身份及种类

身份	冕服种类
王	大裘冕、衮冕、鷩冕、毳冕、絺冕、玄冕
公	衮冕、鷩冕、毳冕、絺冕、玄冕
侯伯	鷩冕、毳冕、絺冕、玄冕
子男	毳冕、絺冕、玄冕
孤	絺冕、玄冕
卿、大夫	玄冕

冕服因冕得名，冕冠的顶端有一长方形的冕板，被称为“延”或“綖”。其形状为前圆后方，象征天圆地方；其色为“上玄下纁”，以应天地之色。冕板前低后高，为“俛”形，寓意谦逊，故名冕冠；前后垂挂赤、青、黄、白、黑五色玉珠，称“旒”，寓意非礼勿视；穿旒的丝绳以五彩丝线编织，谓之“缫”或“藻”。冕旒数量是身份标志，十二旒为帝王专用（共 288 颗），以下分等级递减，诸侯九旒，上大夫七旒，下大夫五旒，士三旒。山东邹县明鲁荒王朱檀墓出土冕冠（图 4-2-5）上悬挂九缫九旒，共 162 颗旒。汉代冕冠具体部位名称如笔者绘制的示意图（图 4-2-6）。

冕冠两旁垂两根彩色丝带，称“紞”；紞下悬系丸状玉石“瑱”，又名“充耳”，或悬黄色丝绵球，称“黈纩”，寓意非礼勿听。冕板下部有帽卷“武”，两侧各有一个对穿的小孔，用以贯穿玉等，名“纽”。冠缨用　条，其　头系于笄首，另一头绕过颔下，再上系于笄的另一端。颔下则不系结，也无缨蕤垂下，称之为“纮”。

（一）交领右衽

服饰既是人类不断适应、克服自然环境的产物，也是人类为实现各种社会生活和秩序所创造的成果。可以说，任何一个国家或地区的服饰文化都有自己赖以滋生的自然环境，也各有其成长、发展、走向成熟的社会条件。前者是服饰文化形成的客观条件，决定着服饰的基本形态特征；后者是服饰文化形成的主观条件，决定着服饰文化的发展方向。

图 4-2-5　冕冠（山东邹城明鲁荒王朱檀墓出土，图片残缺不全）

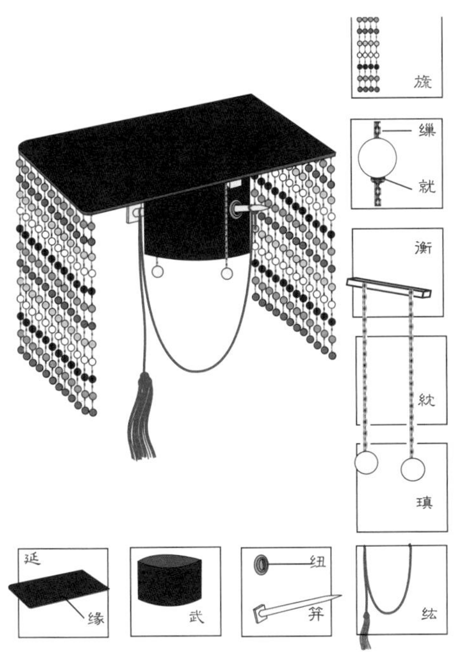

图 4-2-6 汉代冕冠示意图（贾玺增绘制）

一个地区的自然环境决定了该地区民众服装在防寒避暑、保护身体等方面的实用功能，也塑造了当地的民风民俗、宗教信仰、审美取向等精神文化，具体表现在服装的面料织造、剪裁款式、染色纹样、穿着方式等形式。从气候类型来讲，中国绝大多数地区属于四季分明的季风性气候。季风气候四季分明，夏季受来自海洋暖湿气流的影响，高温潮湿多雨；冬季受来自大陆的干冷气流影响，气候寒冷，干燥少雨。季节过渡期间，天气变化剧烈，人们需要根据温度波动调整穿衣方式。便于随穿随减的前开前合式、多层穿衣是一种比较实际的着装方式。

在中国古代服装中，前开前合式服装衣襟主要有交领右衽和直领对襟两种形式。交领右衽是指左襟叠盖在右襟之上的形式（相反为左衽）。冕服上衣式样为交领右衽、博衣大袖。交领右衽是汉族服饰的基本特征和明显标志。其外观为左襟在上并压住右襟，使左右两衣领形成交叉状。其外观如英文字母“y”（图 4-2-7）。孔子曰：“管仲相桓公，霸诸侯，一匡天下，民到于今受其赐，微管仲，吾其被发左衽矣。”意思是说如果没有管仲，我们就得沦为异族的奴隶，穿着左衽的衣服，披散着头发。在中国传统文化中，天为阳，地为阴；外为阳，内为阴；左为阳，右为阴。右衽，体现了阳在外和以右为尊的观念。历史学家们普遍认为，至少在东汉前，特别是春秋到秦汉时期，中原文化是以右为上的，就是尊右卑左。比如，把皇亲贵族称为“右戚”，世家大族称为“右族”或“右姓”。《史记·廉颇蔺相如列传》记载，蔺相如完璧归赵，在渑池会上立了功，“拜为上卿，位在廉颇之右”，廉颇大动肝火，“不忍为之下”，于是频频找茬和蔺相如打架。但蔺相如很大度，更是为国家考虑，怕两人吵架，会让别的国家趁机占了便宜。最后感动了廉颇，才有了负荆请罪的故事。

与中原地区农耕文化不同，中国北方游牧民族将衣襟开在左边，如《金代服饰》：“《周书》‘四夷左衽’传释‘东夷、西戎、南蛮、北狄，被发左衽之人’”。东汉史学家班固亦曰：“夷狄之人，贪而好利，被发左衽。”可见远自殷周，所谓“四夷”民族地区即衣左衽，后世左衽习俗不变。据说游牧民族使用左衽是出于骑射的实际需求。这是因为，射箭时一般用左手持弓，右手拉弦，衣襟向左边开，可以避免箭翎和弓弦钩挂衣襟。此外，衣襟开在左侧，人在上马时多站在马的左侧，先将左脚跨在马蹬上，衣襟左开，更便于人迈腿上马。

汉服右衽衣襟同时体现着阴阳生死的说法，融合着儒家、道家的人生哲学。衣襟向右掩视为阳，表示生的人。反之，衣襟向左掩视为阴，表示故去的人。寿衣至今沿用着左衽的穿着方法，《礼记·丧大记》中记载：“小敛大敛，祭服不倒，皆左衽，结绞不纽。”

图 4-2-7 交领右衽服装（《明宫冠服仪仗图》中的冕服）

（二）前三后四

冕服下裳是由远古人类的遮羞布演变而来。故“裳”有“障”的含义。根据古文献记载，裳也称“帷裳”。帷，围也，是指用一幅布帛横向围在腰际，布帛的幅宽决定了裳的长度，所谓“正幅如帷”。受纺织技术的限制，早期布帛的幅宽较窄，且由于中国古人裸露禁忌意识的加深，裳的形制发生了变化。它由最初的一片式、横幅式的“帷裳”，改为竖向连缀的前后两片的系扎式（图 4–2–8）。其前片是由三幅布帛缝合而成，后片是由四幅布帛缝合而成，即汉郑玄注《礼仪 · 丧服》云：“凡裳前三幅，后四幅也。”四幅的一组遮蔽臀部，上用带子系结于腰部。未遮蔽腹部（图 4–2–9），可间接证明中国古代文献中关于裳裙内容的真实性。虽然据儒家文化解释，男子下裳前三（奇数）、后四（偶数）是象征前阳后阴。但就实际情况看，这与人体臀部维度的横断面维度前短后长有关（图 4–2–10）。需要注意的是，在中国古代服装中，裳是男性服装，属两片系扎式，裙是女性服装，属一片围裹式。

因冕服下裳由七幅布帛联缀拼合，故腰部极为肥大，需折叠若干褶裥，称为“辟积”。这也可以在当时人物雕像，如曾乙侯编钟下层铜人立柱像（图 4–2–11）、故宫博物院藏战国白玉人像（图 4–2–12）等资料上找到证据。

冕服所用腰带为大带和革带。大带是用丝织物制作，不仅有束系的功能，还用来区分人的身份、地位及官职大小。大夫以上所服的大带，通常宽度

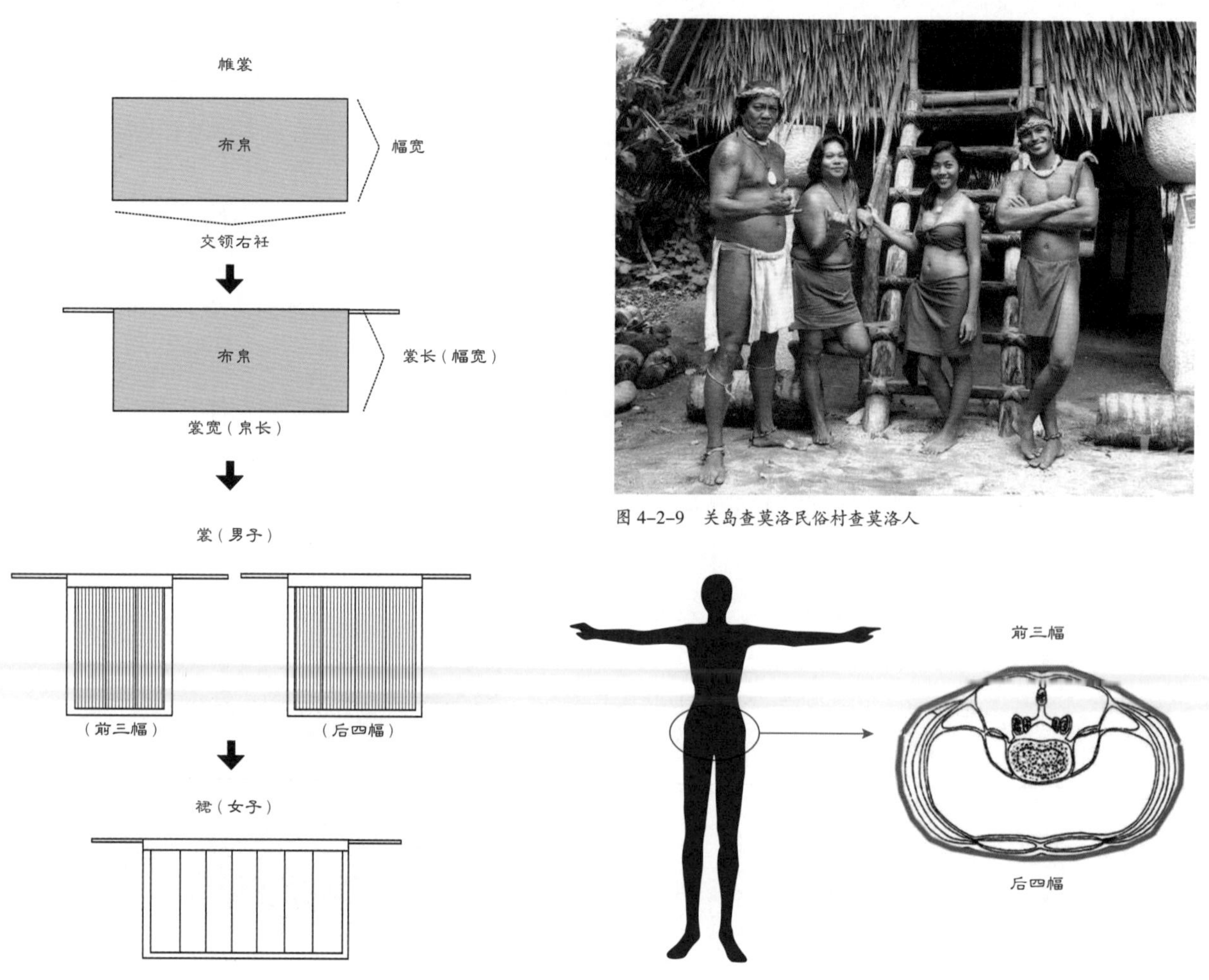

图 4–2–8　中国古代男裳女裙示意图

图 4–2–9　关岛查莫洛民俗村查莫洛人

图 4–2–10　人体臀部维度与下裳前三后四之间联系示意图

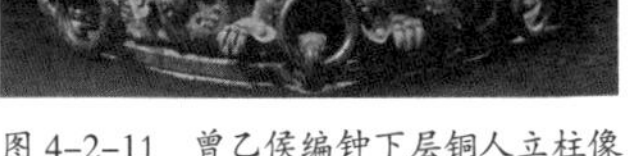

图 4-2-11 曾乙侯编钟下层铜人立柱像

图 4-2-12 战国白玉人像（故宫博物院藏）

为四寸；士服大带，宽度为二寸。天子服用的大带为素带，并以朱色衬里，缘饰上以朱，下以绿，施于上下整条大带（图 4-2-13）。大带的系束方式是由后绕向前，于腰部前面缚结，然后，再将多余的部分垂下。大带前面下垂的部分叫“绅”。“绅”有“敬谨自约”之意，故大带又称“绅带”。

在秦汉以前，革带主要用于男子，妇女一般多系丝带，即《说文·革部》所载：“男子革鞶，妇人带丝。”革带是以皮革制成的腰带，古称“鞶带”或“鞶革”。《说文》卷三下有言：“鞶，大带也。”《晋书·舆服志》载：“革带，古之鞶带也，谓之鞶革。”革带的作用主要是佩挂蔽膝，佩玉、绶和剑等。其具体位置为：蔽膝和佩玉在前，绶在背，剑在侧。郑玄亦有“凡佩系于革带”“革带以佩韨”之说。由此可见，革带所具有的实用功能是大带无法代替的。

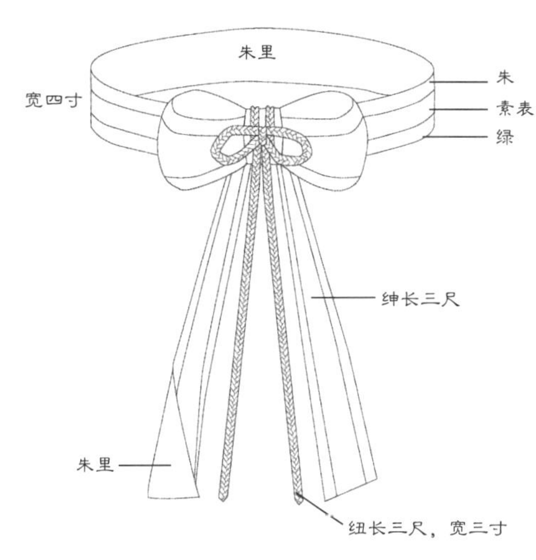

图 4-2-13 周代天子大带示意图

（三）蔽膝尊古

蔽膝是在膝前遮挡股部的用熟皮子或绢制成的系于腰部的服饰。它是华夏祖先遮羞物的遗制，用于礼服以示穿者不忘古制。西汉末年《乾凿度》注：“古者田渔而食，因衣其皮。先知蔽前，后知蔽后，后王易之以布帛，而犹存其蔽前者，重古道，不忘本也。”郑玄注云：“芾，大（太）古蔽膝之象。”

蔽膝在朝服中称为“韠”，在冕服中称黻、韨和芾。根据古代的礼制，大夫以上才佩赤芾。天子用直，朱色，绘龙、火、山三章。上系于革带，悬垂于膝前。与女裙不同，蔽膝稍窄，且要长到能遮盖膝盖的部位，用在衣裳制礼服上要求与帷裳下缘齐平。在殷商时期出土的圆雕石人立像中（见图 3-7-6），小腹之下的下裳前，多附一下广上狭形如斧形的蔽膝。东汉郑玄释其形曰“圆杀其下”。

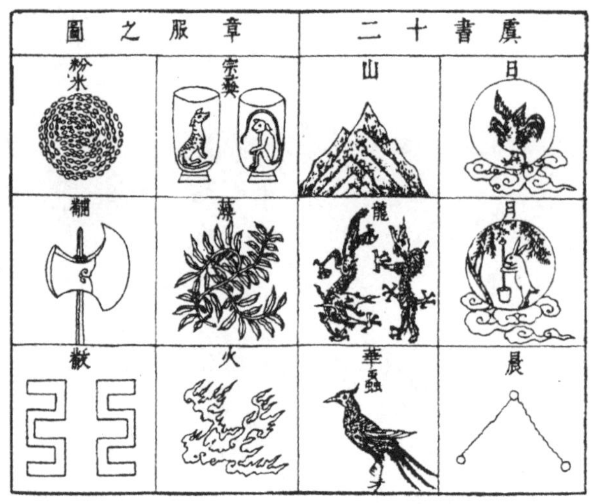

图 4–2–14 宋代聂崇义《三礼图》中十二章纹

（四）十二章纹

“十二章纹”，又称十二章、十二文章，即以十二种纹饰（取天数十二）画、织、绣在冕服上。据《尚书·益稷》记载，舜帝与大禹对话：“予欲观古人之象，日、月、星辰、山、龙、华虫，作会；宗彝、藻、火、粉米、黼、黻，絺绣，以五采彰施于五色，作服。汝明。”虽有为了证明“十二章纹”礼仪正统性的需要，但也反映了中国古人从舜帝时开始创制章纹的情况。夏、商王朝更替之后，周公旦制定《周礼》，规定以日、月、星辰三章画于旗帜，衣服上只保留九章纹。秦始皇登基后，祭祀礼服一律为黑色“袀玄”，章纹制度弃而不用。至东汉明帝永平二年，汉政府恢复冕服和十二章纹的使用。此后，章纹制度成为历代帝王的服章制度，一直沿用到近代袁世凯复辟帝制为止。

“十二章纹”（图 4–2–14）可分为天纹（日、月、星辰）、地纹（山、宗彝、华虫、藻、火、粉米）和人纹（龙、黼、黻）。它是封建等级制度的体现，不同身份的人所施章纹数各有不同，即天子全备十二章；公用山以下之九章；侯伯用华虫以下之七章；子男用藻以下六章；卿、大夫用粉米以下三章。

日、月、星辰：取其照临，代表三光照耀，象征着帝王皇恩浩荡，普照四方。日、月、星辰被分别施于帝王冕服的两肩和领袖。因日、月代表的是天相，故为“天子”，即皇帝独用。

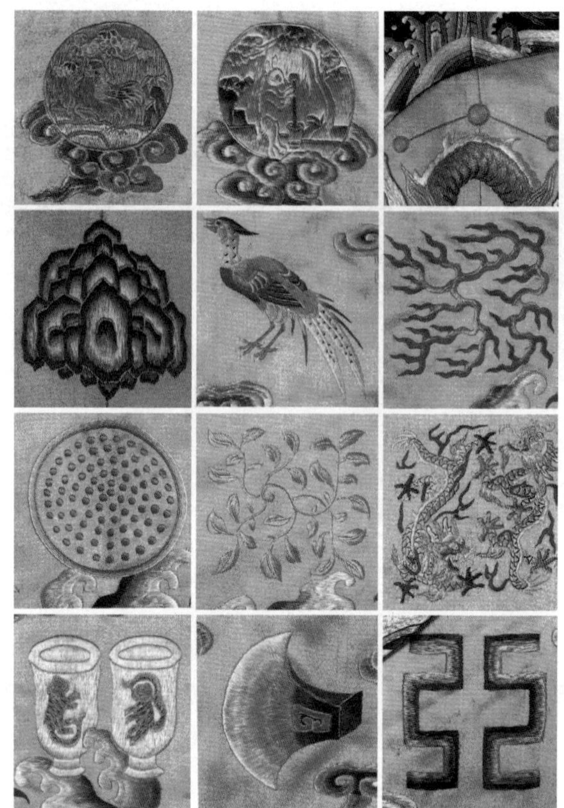

图 4–2–15 清代龙袍上的十二章纹

日：即太阳，太阳当中常绘有三足金乌，取材于“日中有乌”“后羿射日”的神话传说。

月：即月亮，月亮当中绘蟾蜍或白兔，取材于“嫦娥奔月”。

星辰：即天上的星宿，以三个小圆圈表示星星，各星星间以线相连，组成一个星宿。

山：即群山，取其稳重，代表遇事沉着稳重，象征帝王能治理四方水土。

华虫：即雉鸡，是有五彩的鸟，取其文理，象征王者要“文采昭著”。

火：取其光明，象征帝王处理政务光明磊落。火焰向上也有率士群黎向归上命之意。

粉米：取其滋养，象征着皇帝给养着人民，安邦治国，重视农桑。粉米作为装饰图案，显示了人们祈愿食禄丰厚的愿望。

藻：即水藻，是隐花植物类，没有根、茎、叶等部分的区别，取其洁净，象征皇帝的品行冰清玉洁。

龙：取其应变，是一种神兽，变化多端，象征帝王善于审时度势地处理国家大事。

宗彝：是一种祭祀礼器，在其中绘一虎一猴。

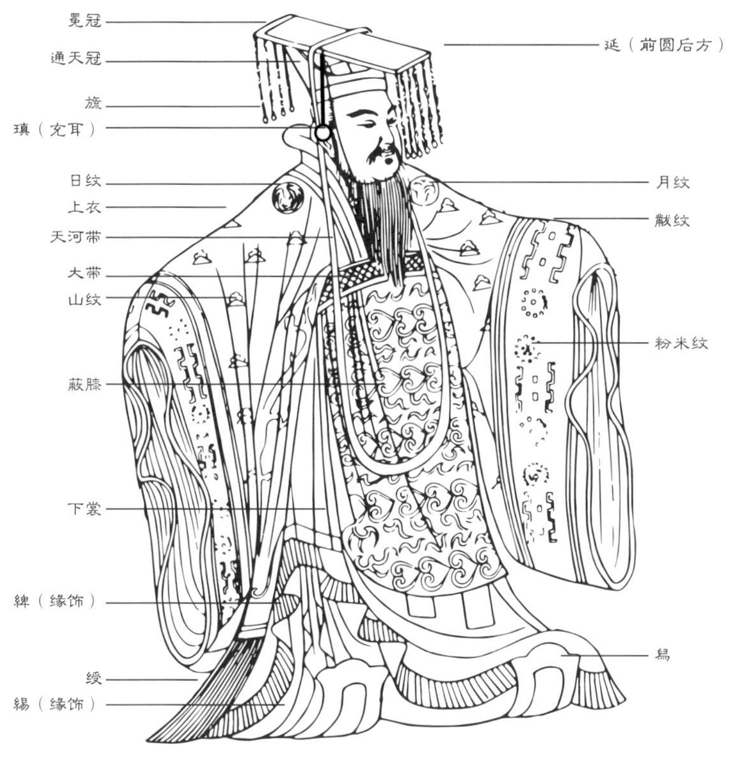

图 4-2-16　周代冕服各部位示意图

典丝
九职之嫔妇
制丝
素　丝
巾荒　氏
练丝
练好的丝
染　人
夏季染玄纁丝
冬季献
玄纁丝
内外工
制缯
玄纁缯
挑　选
典妇功
玄纁丝缯中善者
缝　人
做衣裳
画　缋
玄衣纁裳
缋绣服章
完成衣裳
收　藏
内府
衣　裳
司服
衣　裳
决定
女御
衣　裳
奉　呈
天　子
加工过程
传递过程

图 4-2-17　周代冕服制作过程示意图

冕服上采用宗彝，取虎之威猛和蜼之有智，遂有避不祥之意；取其忠孝之意，亦表示不忘祖先。

黼：是黑白相次的斧形，刃白身黑，取其决断，象征皇帝做事干练果敢、明断是非。

黻：由两个半黑半青之色的相背“已”字组成，取其明辨之意，代表帝王能明辨是非、知错就改、背恶向善的美德，隐含着君臣离合之意。黻纹在十二章纹中排位最低，因此用于衣领，这是人们最易见到的地方。

冕服上十二章纹的使用反映了中国古人“万物服体”的思想观念。该纹样自周代开始使用一直沿用至清代龙袍（图 4–2–15）。远古的原始社会在未产生掌管一切的至上神时，总是把这些自然物和自然力看成有生命、意志和伟大力量的对象加以崇拜。按汉代郑玄的解释，冕服上衣的章纹皆为画绘，下裳的章纹皆为刺绣（图 4–2–16）。

两周时期，我国的纺织生产无论在数量上还是在质量上都有了很大发展。纺织工具经过长期改进，劳动生产率大幅度提高，缫、纺、织、染工艺逐步配套。染色方法有涂染、揉染、浸染、媒染等。人们熟练使用不同媒染剂，用同一染料染出不同色彩的技术，甚至还用五色雉的羽毛作为染色的色泽标样。更为重要的是，纺织手工业中从纺织原料（丝、麻、葛）和染料的征集，到缫丝、纺绩、织造、练漂、染色以至服装制造，国家都设有专门的管理机构。据《周礼》记载，在“天官”下设有典妇功、典丝（掌管蚕丝和绢绸的生产与纳支）、典枲（掌管麻织物和麻纤维的征收）、内司服、缝人、染人六个部门。在“地官”下设有掌葛、掌染草等原料供应部门。

据《周礼》记载，周代冕服的制作过程（图 4–2–17）为：先由嫔妇加工素丝，入于典丝。典丝再将素丝直接交给“ 氏”练丝，再入于典丝，然后典丝把其练好的丝，交给“染人”染色；随后，由典丝将彩丝交给内工（女御）与外工（外嫔妇）织造彩缯；由“典妇功”取得缯后，挑选“精善者”交给“缝人”缝制冕服后，再由画工与绣工绣绘章纹后藏于内府；穿用时由司服根据仪礼场合决定选用合适的冕服，交给女御，再由女御奉呈天子。

三、君士四弁

在周代礼仪服饰制度中，除了各种祭祀场合穿用的冕服外，还有四种其他礼仪场合时穿用的弁服。所谓弁服，是因为与其配套的首服均以“弁”为名，故名“弁服”。弁服的穿用随场合而异，有爵弁服、皮弁服、韦弁服、冠弁服（图 4–3–1）。

爵弁服是身份比冕服等级略低的祭祀服装，是古代士助君祭时的服装，也是士的最高等的服装。爵弁冠形制如冕冠，但其冕板没有前低后高之势，而且前后无旒，是仅次于冕冠的一种冠帽。其所服者为玄色纯衣（丝衣），纁色下裳，与冕服的衣裳相同，但不加章采纹饰。前用靺韐（用茅蒐草染成绛色的皮蔽膝）以代冕服的韨（蔽膝）。

皮弁服是周代天子视朝、郊天、巡牲、朝宾射礼等场合穿用的服饰。除天子外，又为诸侯朝见帝王时的服装、视朔及田猎时穿用的服装。皮弁冠的形制是两手相合状，用带毛的白鹿皮为之。其制法是将鹿皮分片缝合，尖狭端在上，广阔端在下。天子用 12 个五彩玉珠装饰其缝；诸侯以下各按其命

图 4–3–1　宋代聂崇义《三礼图》中爵弁服、皮弁服、韦弁服、冠弁服

图 4–3–2　《历代帝王图》中南朝末陈后主画像

图 4–3–3　《历代帝王图》中隋炀帝画像

图 4–4–1　宋代聂崇义《三礼图》中王后六服

数用玉饰之。在传唐代阎立本所绘《历代帝王图》的南朝末陈后主画像（图 4–3–2）中，所穿衣装似为皮弁服，其皮弁冠像一朵未开的莲花，瓣瓣相扣，接近两手相合形状。皮弁服为十五升细的白布衣，下为素裳，裳有辟积在腰中，其前面系素韠（蔽膝）。素者，指白色无饰而言。其他一般执事则上用缁麻衣而下着素裳。晋制亦是黑衣而素裳。

韦弁服是周代天子军事时穿用的戎服，即"凡兵事韦弁服"。韦弁冠是用韎韦（用韎草染成赤色的去毛的熟皮子）做弁冠，又以此做成衣裳（或说裳用素帛），形成赤弁、赤衣、赤裳的形式。韦弁应属于周代革甲之类的服装。在传唐代阎立本绘《历代帝王图》中，隋炀帝头戴改制后施簪导的弁冠，其梁上饰有瑧珠（图 4–3–3）。

冠弁服是周代天子田猎之服，古以田猎习兵事。首弁，又名委貌，制以缯。冠弁上的瑧饰同于皮弁冠。后世即以此种冠弁通称皮冠。冠弁服上身着十五升缁布衣，下身为素裳。

四、命妇六服

周代王后及命妇的礼服（朝服和祭服）与帝王和群臣的六种冕服、四种弁服相对应的是六服制度。《周礼・天官・内司服》载："掌王后之六服：袆衣、揄狄（翟）、阙狄（翟）、鞠衣、展衣、褖衣。"其中，袆衣、揄狄、阙狄统称"三翟"，为祭服；鞠衣、展衣、褖衣统称"三衣"，为公服和常服，均剪帛为翟（野鸡）形，上施彩绘，缝缀于衣以为纹饰。此外，六服衣式均为上下连属的一部式服装，喻女德专一。夹里衬以白色纱縠，以便显示出衣纹色彩。王后六服皆为丝质，仅在衣的用色和纹饰上有所区别（图 4–4–1）。

袆衣：位居六服之首。王后从王祭先王的俸祭服。其衣为玄色，剪翚（羽毛多色丰美的雉）形，又加绘以五彩。饰翚之数，同于王服之十二章纹。入清以后，后妃随帝参加祭祀俱著朝服，袆衣之制遂被废弃。

揄狄（翟）：王后从王祭先公和侯伯夫人助君祭服。其衣为青色，剪鹞（以青色羽毛为主的雉）形，加绘五彩，翟之数同于袆衣。

阙狄（翟）：王后助天子祭群小神和子男夫人从君祭宗庙的祭服。其衣为赤色，剪鷩（以赤色羽毛为主的雉）形而不施绘颜色。

鞠衣：王后率领命妇祭蚕神告桑的礼服，亦为诸侯之妻从夫助君祭宗庙的祭服。所谓告桑，是指在春季时节养蚕将开始。其衣为黄色，以象征桑叶始生之色。

展衣：因展通"襢"，故展衣亦称"襢衣"，王后、大夫之妻专用于朝见帝王及接见宾客的礼服，亦是卿大夫之妻从夫助君祭宗庙的祭服。其衣表里皆用白色，无文彩饰。

褖衣：亦写作“缘衣”，为王后燕居时的常服、士之妻从夫助祭的祭服。其衣为黑色，无文彩饰。

在中国传统文化中，玄色为天色，其色至尊，故以袆衣为玄色。余下五服色以青、赤、黄、白、黑为序，是以五行相生之色为之。

除了服饰，周代后妃及命妇发式和装饰品亦相当丰富。《周礼·天官》记载：“追师：掌王后之首服。为副、编、次、追、衡、笄。”其中以副为最盛饰，编和次次之。所谓副是在头上加戴假发和全副华丽的首饰，编是在加戴假发的基础上加一些首饰，次是把原有的头发梳编打扮使之美化。追是动词，衡和笄是约发用的饰品，追衡笄是指在头发上插上约发用的衡和笄。也有人把“追”解释为玉石饰物，“衡”是悬于耳朵两旁的饰物，笄贯于发髻之中。

此外，王后及内外命妇的足服：凡祭服皆为舄，余服以履，色皆随裳色。

五、方正玄端

玄端，亦称元端，为周代的法制服装。上自天子下至士人，皆可服之。天子以玄端为斋服及燕居之服（天子斋服戴冕冠）；诸侯以此服祭宗庙；大夫、士朝飨、入庙、朝见父母时亦服玄端（夕祭则服深衣）。

玄端之名取衣身端正，剪裁方正平直之意（图4-5-1），即《礼记》云：“士之衣袂（袖子）皆二尺二寸，其衣长亦二尺二寸。”又因黑色无纹饰（同皮弁服），故名。传阎立本绘《历代帝王图》中隋炀帝所穿黑色上衣即为玄端（见图4-3-3）。

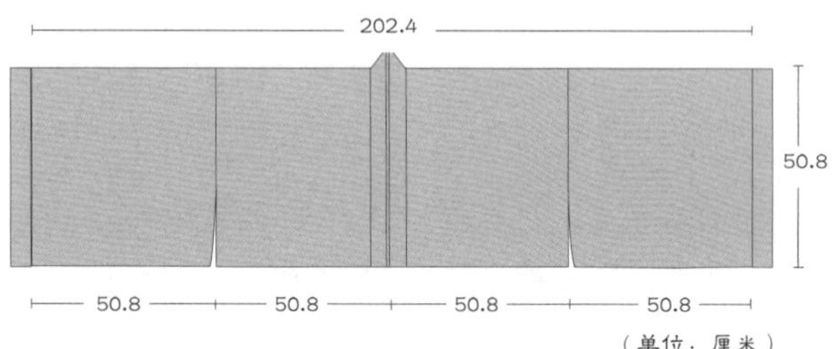

图4-5-1　玄端款式图（贾玺增绘制）

玄端是双层夹衣，证以《礼记·儒行》孔疏：“朝、祭之服，必表里，不禅也。”与玄端相配的首服是“委貌冠”，其形制和冠饰同皮弁冠类似，只是不用白鹿皮，而用玄色缯、绢制成。

六、深衣之礼

战国时期，以赵武灵王“胡服骑射”为标志，华夏服装经历了历史上的第一次大变革。衣裳相连的“深衣”成为此次变革的标志成果。它既保留了华夏民族上衣下裳的服装传统，又兼具了穿着简单、活动便捷的优点，更体现了朝之礼齐备隆重、夕之礼简便朴素的着装观念，进而成为战国至汉代时期，人们穿用较多、流行较广泛的服装式样。

深衣的用途非常广泛。正如《礼记·深衣》中的记述：“故可以为文，可以为武，可以摈相，可以治军旅。完且弗费，善衣之次也。”深衣为士以上阶层的常服，士人的吉服（较朝、祭服次等服饰），庶人的祭服。深衣长度至足踝间，正所谓“长毋被土”。

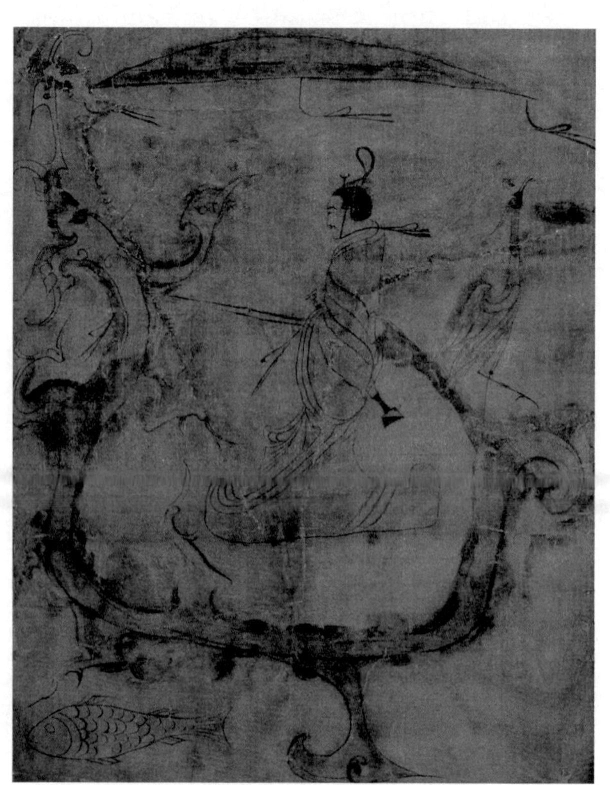

图4-6-1　“人物御龙”帛画（湖南长沙子弹库楚墓出土）

图 4-6-2　战国晚期人擎铜灯（湖北荆门包山 2 号墓出土）

图 4-6-4　西周人形铜车辖（河南洛阳北瑶庞家沟出土）

图 4-6-3　战国铜人灯座（河北平山出土）

图 4-6-5　带钩执烛青铜人像（河北易县燕下都遗址出土）

战国时期深衣左侧衣襟设“曲裾”，即将衣襟接长，向身后斜裹，这样既不妨碍迈步，又可遮住下身。虽然是男女同服，但男装深衣与女装深衣在剪裁结构上已有所区别。男子深衣曲裾较短，只向身后斜掩一层，女装深衣曲裾较长，可向身后缠绕数层。其形象如湖南长沙子弹库楚墓出土的“人物御龙”帛画（图 4-6-1）、湖北荆门包山 2 号墓出土的战国晚期人擎铜灯（图 4-6-2）、河北平山出土的战国铜人灯座（图 4-6-3）、河南洛阳北瑶庞家沟出土的西周人形铜车辖（图 4-6-4）、河北易县燕下都遗址出土的带钩执烛青铜人像(图 4-6-5)、河南三门峡上村岭出土的战国跽坐人漆绘铜灯（图 4-6-6）、九连墩 1 号墓出土的战国中晚期人擎铜灯（图 4-6-7）。在这些庞杂的线索中，我们不难发现，深衣的存续时间，跨越了春秋战国至汉代，地域分布遍及东西南北，不分贵贱和性别。这些人物形象所穿深衣，正可与身穿长襦的战国银胡人武士像（图 4-6-8）形成对比。

图 4-6-6　战国跽坐人漆绘铜灯（河南三门峡上村岭出土）

图 4-6-7　战国中晚期人擎铜灯（湖北枣阳九连墩战国楚墓 1 号墓出土）

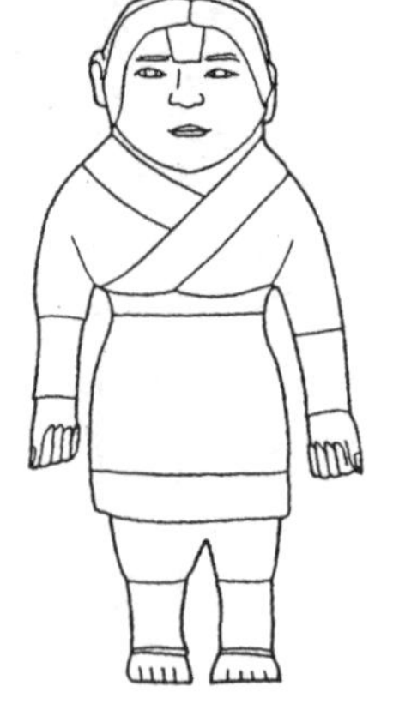

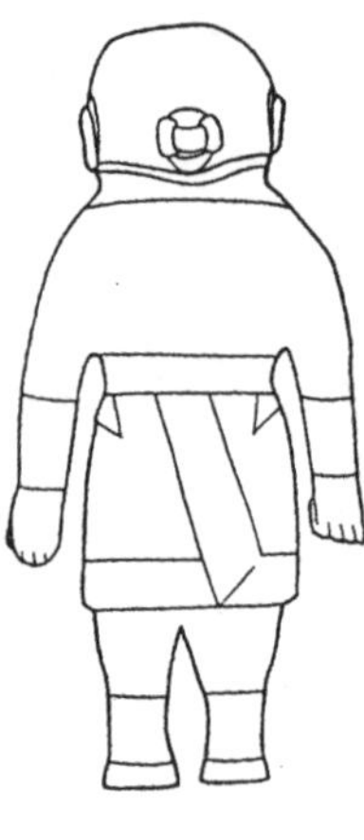

图 4-6-8　战国银胡人武士像

关于深衣文化和形制的记载最早见于《礼记》中的《玉藻》和《深衣》。其中内容涉及深衣的袷、袂、袼、缘、衽、要、带、下齐等内容，以及衣、裳所用布幅、长度、要与齐的比例关系、衣领与袖口的形状等内容。

对于深衣的形制，宋代朱熹《家礼》、清代黄宗羲《深衣考》和清代江永《深衣考误》均有论及，但其所考深衣的形制各有差异。

《礼记・深衣》并没有对深衣的颜色进行明确的说明。自宋代司马光所制“温公深衣”开始，深衣衣裳皆以白纻细布裁成，领、袖与下齐皆饰以黑缯。白与黑皆是素色，暗示明暗、昼夜、阴阳之状，有“万物负阴而抱阳”的寓意。这与上玄下纁、饰十二章纹而五彩备的冕服不同，也与玄端的玄衣和依等级而定下裳（诸侯素裳，士有素裳、黄裳、杂裳之别）不同。

（一）文化象征

受儒家文化浸染，深衣被赋予了丰富的文化内涵，《礼记·深衣》记载："古者深衣，盖有制度以应规、矩、绳、权、衡……制十有二幅，以应十有二月。袂圆以应规，曲袷如矩以应方，负绳及踝以应直，下齐如权衡以应平。故规者，行举手以为容，负绳抱方者以直其政，方其义也……下齐如权衡者，以安志而平心也。五法已施，故圣人服之。故规矩取其无私，绳取其直，权衡取其平，故先王贵之。"所谓"袂圆以应规"，即衣袖作圆形以与圆规相应，象征举手行揖让礼的容姿；"曲袷如矩以应方"，即衣领如同矩形以与正方相应，象征公正无私；"负绳及踝以应直"，即衣背的中缝长到脚后跟以与垂直相应，象征正直；"下齐如权衡以应平"，即下摆齐平如秤锤和秤杆是代表权衡而象征公平（图 4-6-9）。

（二）衣裳连属

从服装在人体的承支方式而言，中国古代服装大体可分为三种。

第一种：由上体（肩部）和下体（腰胯部）分别承担衣服的重量，服装分为上衣下裳（男服）或上衣下裙（女服）两部分，即黄帝时期"垂衣裳而天下治"的衣裳，被称为"上下分属制"或"上衣下裳"的二部式服装。上衣下裳用于男子礼服，上衣下裙用于女子常服。

第二种：全部由上体的肩部承担的袍服，被称为一体式或一部式。

第三种："上下连属制"或"衣裳连属"的二部一体式服装。这种服装多用于常服和便服。其最典型的服装当属战国至汉代流行的深衣。深衣这种上下分裁的衣裳连属的形制，在后世多有出现，如唐宋时期袍服下摆加襕的襕衫、元代的辫线袍、明代曳撒、清代皇帝朝服，都采用衣裳连属的形式。

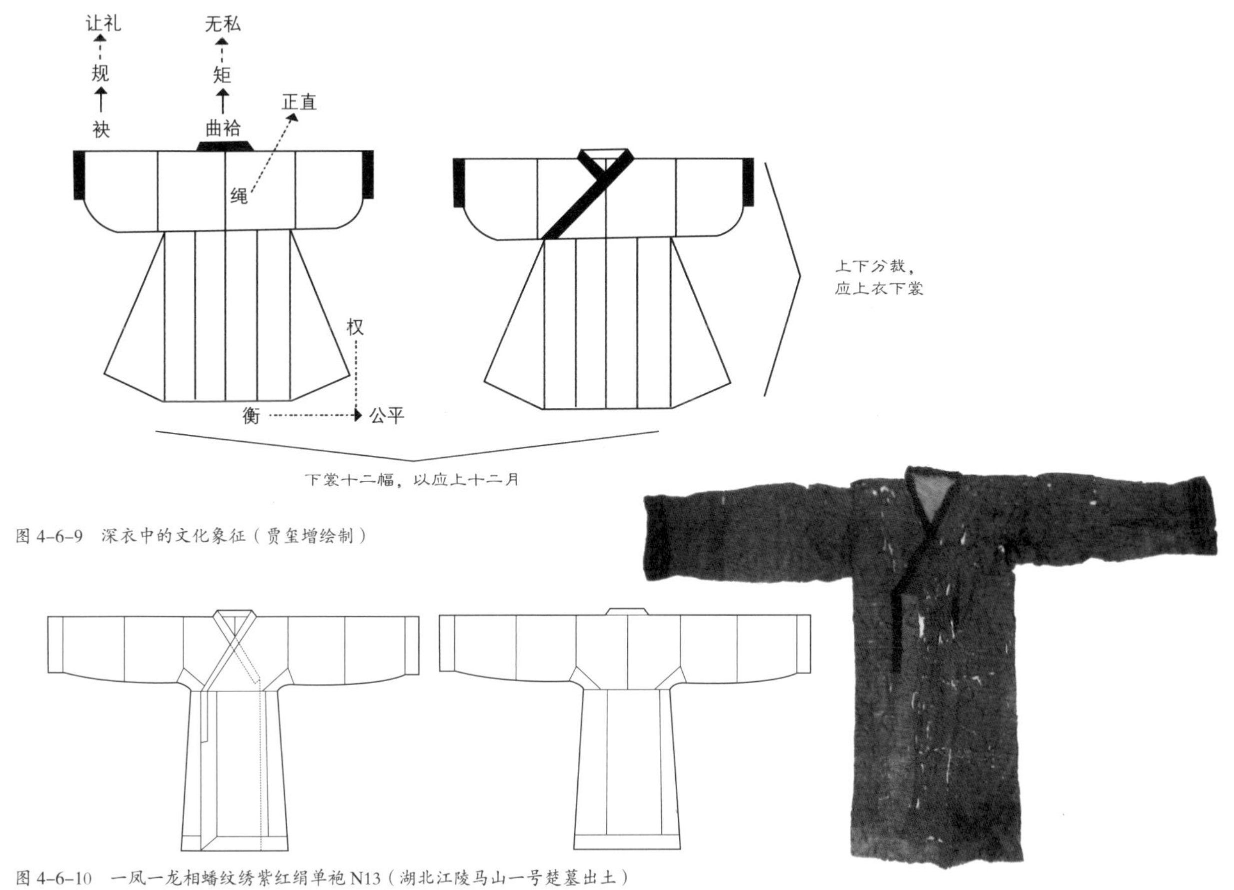

图 4-6-9 深衣中的文化象征（贾玺增绘制）

图 4-6-10 一凤一龙相蟠纹绣紫红绢单袍 N13（湖北江陵马山一号楚墓出土）

上下分裁是深衣最显著的剪裁方式。儒家典籍称，深衣上下分裁的形制有尊古复古的象征。这是对冕服上衣下裳形制的简化与继承。1982 年湖北江陵马山一号楚墓中出土了7件保存相对完整的深衣，均为上下分裁式样（图 4–6–10、图 4–6–11）。

令人不解的是马山楚墓出土的袍服的衣襟均为直裾。这与同时期楚墓中出土的木俑和绘画作品中普遍见到的身穿曲裾袍服的楚人不同。

图 4–6–11　凤鸟花卉纹绣浅黄绢面绵袍 N10（湖北江陵马山一号楚墓出土）

（三）剪裁方式

从剪裁方式而言，中国传统服装大致有分片式剪裁、对幅式剪裁、中幅式剪裁和织成式剪裁四种方式。

第一种：分片式

分片式剪裁流行于汉代之前。在原始织机出现之前，中国先民采取“緂麻索缕，手经指挂”的原始织造方法，以手工编织的形式进行织造生产，其后又采用原始腰机进行织造。由于织机的限制，织造出来的布帛的幅宽较窄，无法纺织出足够整片制衣的宽大织物，所以当时的服装要采用多片缝制的方法。其实物如江陵马山楚墓出土的小菱形纹锦面绵袍 N15（图 4–6–12）。从深衣的式样中，我们不仅能够看到古人高超的缝制技术，还能够体会到中国古人将纺织技术的局限转变成一种文化理由的智慧。

第二种：对幅式

汉代以降，服装的剪裁主要以对幅式为主。它的特点是以前后身中心线和肩袖水平线构成十字形对幅式剪裁结构。其特点是以两幅织物平铺，对称裁剪出衣身轮廓，相继形成衣身的主要部分。

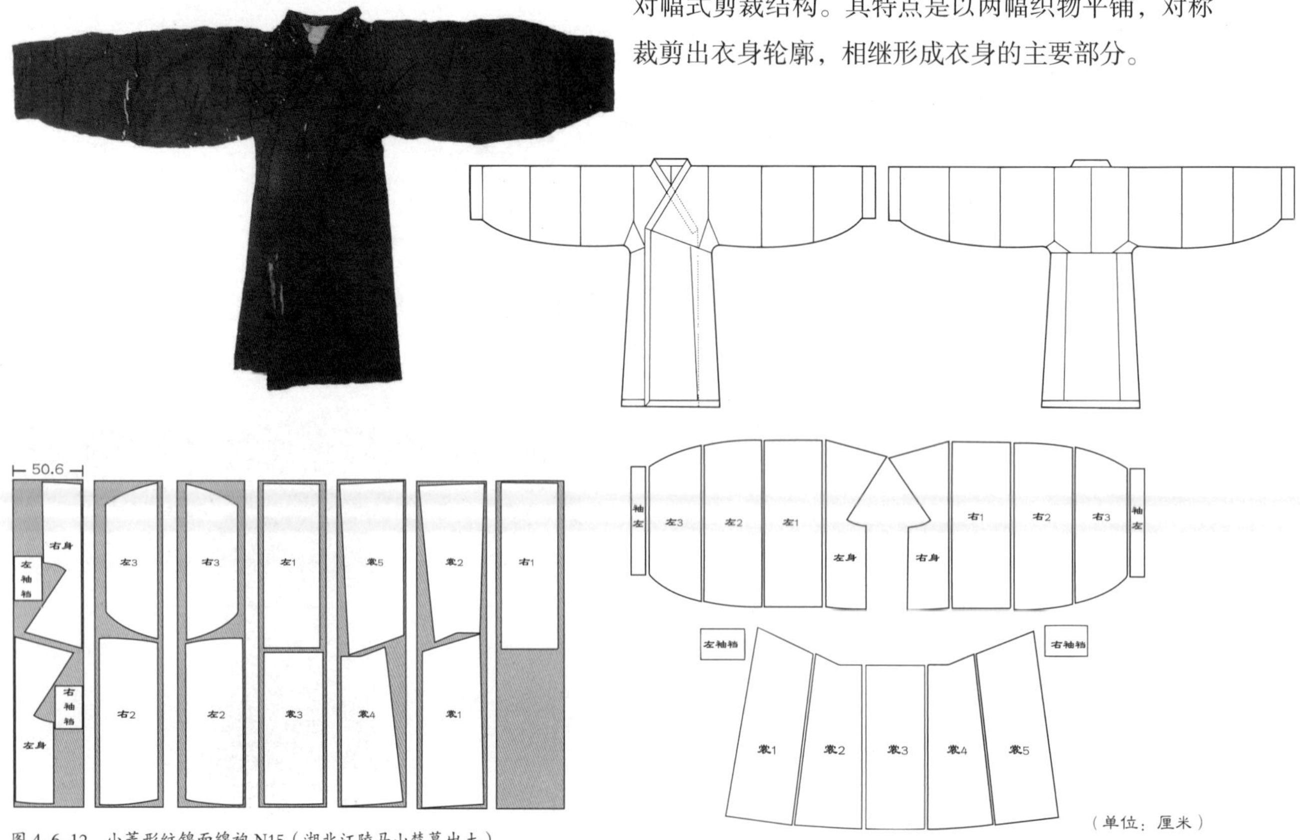

图 4–6–12　小菱形纹锦面绵袍 N15（湖北江陵马山楚墓出土）

由于中国古代一匹织物的宽度约50厘米，因此，用两幅织物形成衣或袍的整个身体部分。袖子部分在衣身到50厘米处再添加一幅布料来形成。在衣、袍的前身部分，左右衣襟需再添一幅布料，形成左右相掩的左外片和右内片，继而形成全部的外襟和内襟（图4-6-13）。长衫与短上衣的剪裁方法基本都采用对幅法，也就是以衣服的中轴作为两匹织物的拼缝处，然后添加袖子部分。

第三种：中幅式

中幅式剪裁是将一幅独窠图案的织物作为衣服后背的主体，而前面的整幅织物则在中间裁开，分别作为外右片和内左片，再由其他织物补上外左片和内右片，然后再向两边扩展。中幅式剪裁法的实例如钦塔拉辽墓出土的雁衔绶带锦袍（图4-6-14）、耶律羽之墓出土的葵花对鸟雀蝶妆花绫袍。中幅式裁剪主要用于有特殊图案需要的织物。这种裁剪方法所用织物面料相差较大，如做一件袍子，需要的面料少则7.5米，多则10米。

第四种：织成式

织成式剪裁是指按照衣片大小、裁片结构和纹样位置直接织成服装面料（即"织成料"）（图4-6-15），再将衣料进行裁缝的制衣方式。织成式服装在宋元时期已有使用，如山东邹县元代李裕庵墓出土的梅雀方补花绫袍。古文献如《北史·吐谷浑传》中"衣织成裙，披锦大袍"。《南史·东昏侯记》中"帝骑马从后，着织成裤褶，金薄帽，执七宝缚稍。又有金银校具，锦绣诸帽数十种，各有名字"。《晋书·石季龙传》，继而"季龙常以女骑一千为卤簿，著五文织成革华"。《南史·梁宗室正德传》中"董暹金帖织成战袄，直七百万"。显然都是用按照服装整体款式设计的织成料制成的衣服。自南朝刘宋在南京（建康）建立锦署以后，历代王朝均在南京设立官办的织局。特别是元、明、清三朝，皇帝所穿的龙袍均由南京官办织局承制。旧有的小花楼、帘式花本的织机这时就由于"织成龙袍料"织造的特殊要求而进行了改进。

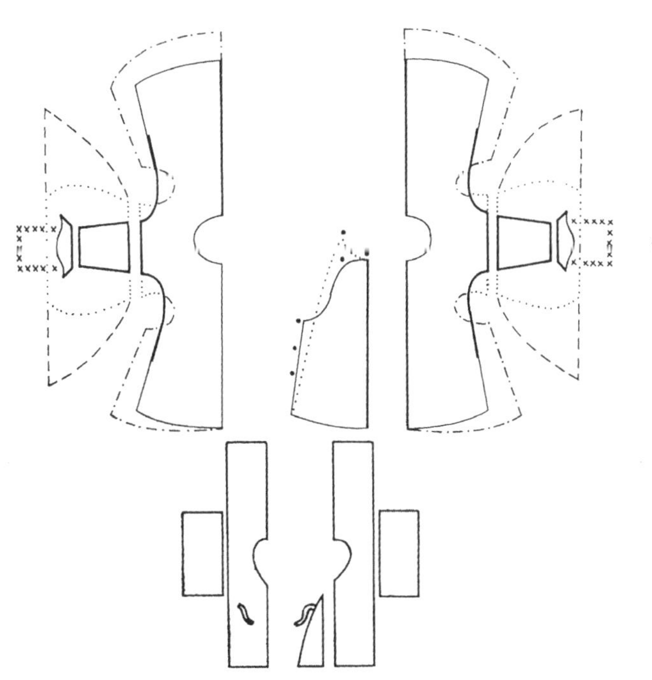

图4-6-13　中国古代服装对幅式裁剪结构

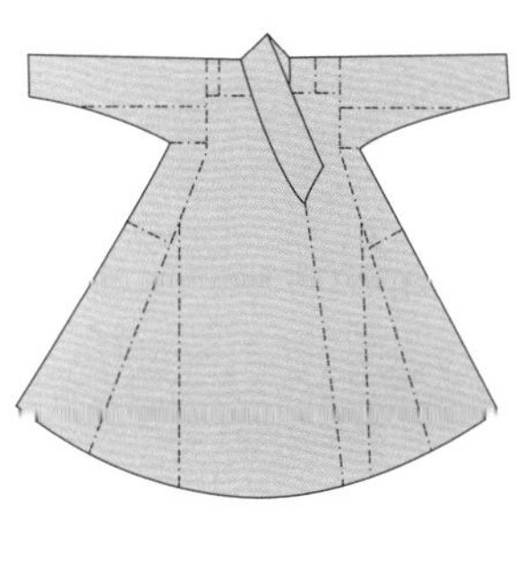

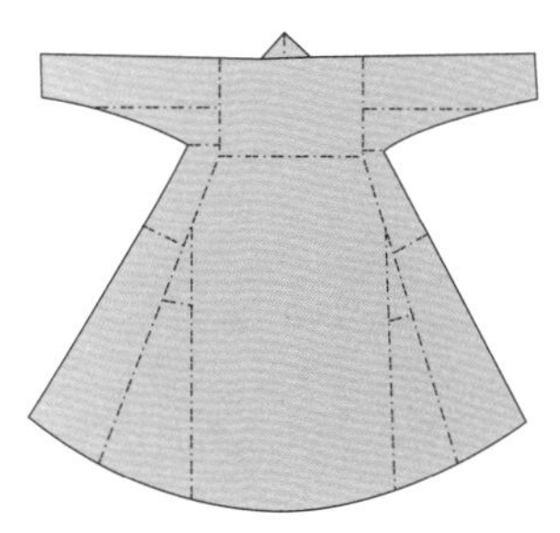

图4-6-14　雁衔绶带锦袍（钦塔拉辽墓出土）

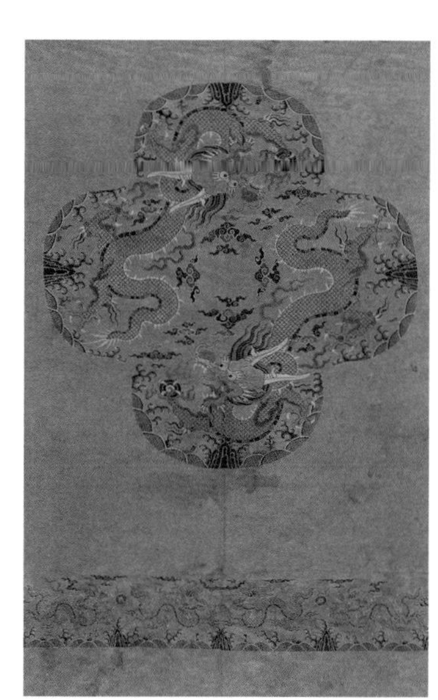

图4-6-15　明代柿蒂形过肩龙纹袍服面料

（四）续衽钩边

深衣的造型不仅是“被体深邃”，更是“五法已施故圣人服之”，意义深远。深衣即是理想化的儒家理念。深衣之制，众说纠纷。《礼记·深衣》虽然对深衣形制有系统规范的记载，但由于缺少明确的细节结构与具体尺寸，使得后人多是根据个人理解和揣测，所以作出的款式必然会有所差异（表4–6–1）。

关于深衣的形制，从东汉经学家郑玄始至当代学者，历来诸家聚讼不已，存在的主要分歧是“续衽钩边”的问题。按《深衣篇》郑玄注：“续犹属也，衽在裳旁者也。属连之，不殊裳前后也，钩读如鸟喙必钩之钩，钩边若今曲裾也。”郑玄理解的衽为衣襟，钩边为三角形衣襟的延伸部分。显然，郑玄是用汉代曲裾(衣襟)的形式来解释深衣“续衽钩边”的形制的。长沙马王堆一号汉墓出土了9件汉初的曲裾袍实物，这些袍均为交领右衽式，衣襟为三角形，可绕至右侧身后，其形制与郑注一致。当代服饰史学者，如周锡保、孙机、彭浩、周汛等在其著述中基本上都认为“续衽钩边”指衣袍之曲裾。

唐代孔颖达基本上沿袭了郑玄的观点。按孔疏《深衣篇》：“今深衣，裳一旁则连之相着，一旁则有曲裾掩之，与相连无异，故云‘属连之不殊裳前后也。’……郑以后汉时裳有曲裾，故以‘续衽钩边’似汉时曲裾……是今之朝服也。”清代学者江永在《深衣考误》中认为“续衽钩边”是指衣内的小襟，与清代袍服的小襟差不多。江氏显然是以当时长衫小襟的印象来理解古代的深衣。

清代学者任大椿在《深衣释例》中认为“续衽钩边”是“案在旁曰衽。在旁之衽，前后属连曰续衽。右旁之衽不能属连，前后两开，必露里衣，恐近于亵。故别以一幅布裁为曲裾，而属于右后衽，反屈之向前，如鸟喙之句曲，以掩其里衣。而右前衽即交乎

表 4–6–1 深衣形制对览

	朱熹、王圻	江永、戴震	黄宗羲	沈从文
十二幅布分配法	上衣前后用布二幅，下裳前后用布六幅，双袖用布二幅，领用布一幅，衽一幅	上衣前后用布三幅，下裳前后用布四幅，左右衽用布二幅，双袖用布二幅，曲袷和镶边共一幅	上衣用布二幅，下裳前后用布六幅，左右衽用布二幅，双袖用布二幅	–
衣的剪裁法	衣二幅，不裁，中折为前后4片	衣三幅，二幅中屈成前后四片，另一幅斜裁成前右外襟	衣二幅，不裁，中折为前后四片，当掖下裁入一尺	–
裳的剪裁法	裳六幅斜裁为前后十二片，上下比为1:2	裳四幅，正裁成前后八片，上下皆一尺一寸	裳六幅，斜裁为前后十二片，上为六寸，下为一尺二寸	–
衽的剪裁法	–	衽二幅，斜裁成四片，下阔上狭，上二寸，下二尺。左衽前后缝合，右衽用曲裾钩之	衽二幅，斜裁为四片，下阔上狭，上一尺，下一尺二寸，续于下裳左右	剪成矩形，长37厘米，宽24厘米
腰部周长	–	七尺二寸（续衽之后）	七尺二寸（不包括衽）	–
下摆周长	–	一丈四尺四寸（续衽之后）	一丈四尺四寸（不包括衽）	–
对衽的注释	衣襟	小腰	泛指衣襟，特指小腰	嵌片
衽的位置	“内襟相掩，衽在腋下”，上衣前襟	裳旁交裂处	分内衽与外衽，衽在衣上	两腋下
衽的功能	–	形成小腰，保证下摆齐正	内衽于前右之衣，外衽于前左之衣	联缀袖，襟和腰，使衣服立体化
示意图	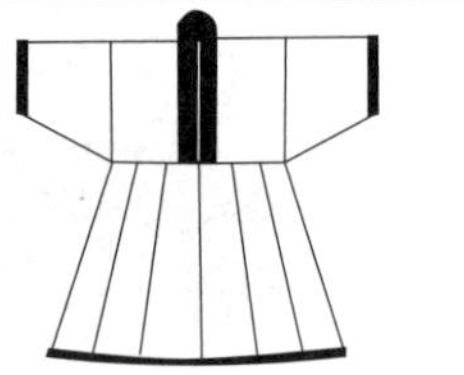	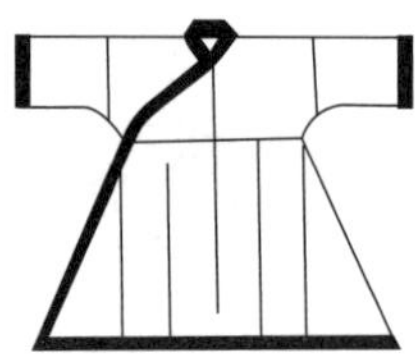		–

其上，于覆体更为完密。”任氏认为深衣用曲裾交掩，曲裾反屈向前如鸟喙。

沈从文先生在《中国古代服饰研究》一书中，谈到湖北江陵马山楚墓出土的服装时称：“值得注意的是，当上衣、下裳、领、缘各衣片剪裁完毕之后，拼拢来看似已完整无缺。若照不久前我国民间中式大襟衣袍的平拼做法，便可就此缝合成衣了。但这种衣服的做法却不简单，还须另外正裁两块相同大小的矩形衣料作‘嵌片’（长 37 厘米，宽 24 厘米左右）。然后，将其分别嵌缝在两腋窝处，即上衣、下裳、袖腋三交界的际间。由于它和四周的缝接关系处理得非常巧妙，缝合后两短边作反方向扭转，‘嵌片’横置腋下，遂把上衣两胸襟的下部各推移向中轴十余厘米，后面加大了胸围尺寸。同时因胸襟的倾斜，又造成两肩作八字式略略低垂，穿着后，结带束腰，下装部分即作筒状变化，上衣胸襟顺势隆起，袖隆扩张，肩背微后倾，衣片的平面合却因两‘嵌片’的插入而立体化，并相应地表现出人的形体美。其次，还使两臂的举伸运动，获得较大的自由度。实为简便、成熟、充满才智的一项设计。”沈从文先生认为这个嵌片就是古代深衣制度中百注难得其解的“衽”。

在中国古代，尤其是战国和汉代的文献中，“摄衽”是一个较常见的词汇，如《战国策 · 鲁仲连义不帝秦》所载：“夷维子曰：‘子安取礼而来待吾君？彼吾君者，天子也。天子巡狩，诸侯避舍，那筦键，摄袵抱几，视膳于堂下；天子已食，退而听朝也。’”《管子 · 弟子职》亦有记载：“先生将食，弟子馔馈。摄袵盥漱，跪坐而馈。”

袵，形声。从衣，壬声。亦写作“衽”，有卧席、下裳、连接棺盖与棺木的木榫等含义。更多的时候，衽还当“衣襟”讲，如《礼记 · 丧大记》中称：“小敛、大敛，祭服不倒，皆左衽。”唐代孔颖达疏：“衽，衣襟也。”除了当衣襟解释外，衽还有“衣袖”的含义，如三国时魏人张揖在《广雅 · 释器》中称：“袂、衽，袖也。”清代大学者朱骏声在《说文通训定声 · 临部》中称：“凡衽，皆言两傍，衣际、裳际正当手下垂处，故转而名袂也。”清人王念孙在《读书杂志 · 汉书八》中也称：“衽，谓袂也。《广雅》曰：‘袂、衽，袖也。’‘衽，袂也。’此云‘敛衽而朝’，《货殖传》云‘海岱之间，敛袂而往朝焉。’是衽即袂也。”

据《说文 · 手部》中“摄，引持也。”可知，“摄衽”是指将衣袖向上引持、提拉。据考古实物可知，战国和汉代时期中国古人服装的衣袖都非常长，如在湖北江陵马山一号楚墓出土的袍服中，衣袖最长者，如小菱形纹锦面绵袍 N15，袖展长达 345 厘米，袖端超过墓主手指尖 92 厘米；衣袖最短者，如凤鸟花卉纹绣浅黄绢面绵袍 N10，袖展也长达 158 厘米，袖端位于墓主手指尖内 2 厘米。因为衣袖太长，古人在动手劳作前，必然要先将袖子向上提拉，将手露出以方便工作。因此，笔者认为“摄袵”的正确含义应是指古人在“抱几”或“盥漱”之前，先将长长的衣袖向臂部提拉以将手露出，便于“抱几”或“盥漱”。

与“摄衽”相同，“引衽”也当引持、提拉衣袖讲，如汉代刘向《列女传 · 鲁季敬姜》所载：“所与游处者，皆黄耄倪齿也。文伯引衽攘卷而亲馈之。”这里的“引衽”和“攘卷”是两个连续的动作，即先向上提拉衣袖，再挽卷袖口。

除了“摄衽”“引衽”外，“敛衽”也较为常见，如《战国策 · 江乙说于安陵君》《后汉书 · 赵壹传》《汉书 · 张良传》与《史记 · 留侯世家》等文献中均有“敛衽”一词。“敛”有收缩和约束的意思。“敛衽”是描写卑者见尊者时双臂下垂、谨慎而恭敬的样子。与“敛衽”相反的词是“敷衽”。敷为铺开、扩展之义。“敷衽”是描写人张开手臂的样子，如屈原《楚辞 · 离骚》所载：“跪敷衽以陈辞兮，耿吾既得此中正。”这里的“敷衽”是指诗人因激动而张开双臂的样子。

（五）衮裁交裔

案《礼记》：“深衣三袪，缝齐倍要。”又“要缝半下，袼之高下，可以运肘，袂之长短，反诎之及肘。”这是总言深衣的尺度。根据注疏，“袪”

指的是袂末，“齐”指的是裳的下畔，“要”指的是裳的上畔，即连属衣、裳之际。“袪”(袂末)为一尺二寸，其围数就是二尺四寸，所以“三袪”即是说深衣的腰围数是袂末围数的三倍，即七尺二寸。“缝齐倍要”与“要缝半下”指的都是裳之下畔的围数是要中之围数的二倍。要围七尺二寸，所以下齐的围数当为一丈四尺四寸。

中国传统服装虽然是以宽大的平面造型为主，但并不是没有立体造型的存在。从剪裁方式上看，湖北江陵楚墓出土服装可分为“正裁”“斜裁”“正拼”“斜拼”。所谓“正裁”，即按照衣料直纱向（经向）裁剪，直接利用衣料幅宽，只在长短上裁取所需要量。所谓“斜裁”，即与直纱向成一定角度的斜向裁剪。所谓“正拼”，即正裁的衣片间的拼接，拼缝处两侧的纱向平行，都是直纱向或横纱向（纬向）。而正裁的衣片与斜裁的衣片拼接或斜裁的衣片相互拼接时则称作“斜拼”，拼缝处两侧纱向成一定角度（不平行）。

2010年北京大学获赠一批流失海外的秦代简牍，即北京大学藏秦代简牍（简称“北大秦简”）。其中的《制衣》有竹简27枚，存649字，记录了一名叫做黄寄的制衣工匠，所传习的服装剪裁技术。其中载有裙、上襦、大襦、小襦、前袭、袴等多种服装的款式特征、结构尺寸和剪裁方法的内容。《制衣》第一篇共三章，是关于裙子的记载：“大衺四幅，初五寸、次一尺、次一尺五寸、次二尺，皆交窬，上为下 = 为上，其短长存人。中衺三幅，初五寸、次一尺、次一尺五寸，皆交窬，上为下 = 为上，其短长存人。少衺三幅，初五寸、次亦五寸、次一尺，皆交窬，上为下 = 为上，其短长存人。此三章者，皆帬（裙）（制）也，因以为衣下帬（裙）可。”简文的“帬”是联幅而成的人体下身的遮蔽物。秦汉时裙分为大衺、中衺、少衺。衺，亦作邪。《说文·衣部》段玉裁注“衺，今字作邪”，又云“凡衣及裳不衺杀之幅曰褍。”褍者，正幅之名，即玄端。裙皆以“衺”字命名，是与“衺杀之幅”有关。

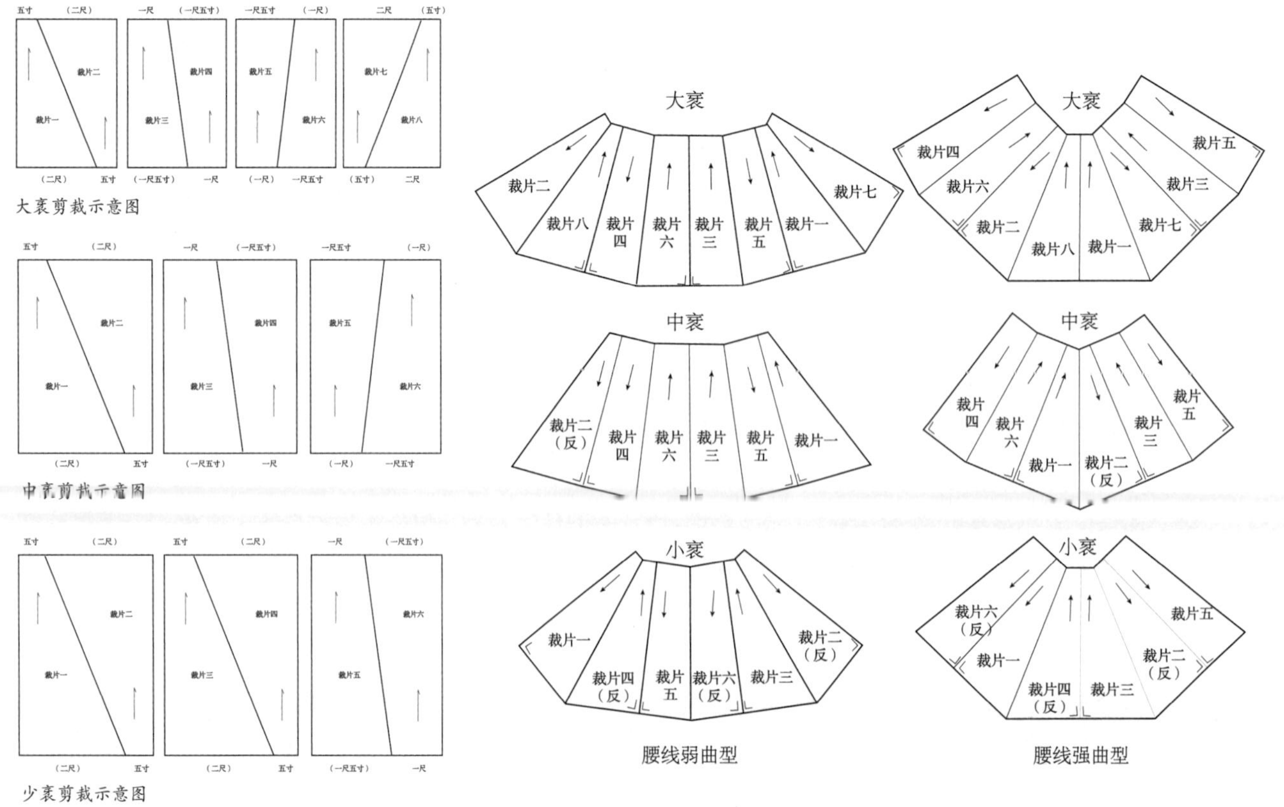

图4-6-16　大衺、中衺、少衺剪裁示意图与三种结构类型图

《制衣》在讲到制裙、制襦、制袴时均提及"交窬"裁法。"交窬"与《汉书·蒯伍江息夫传》载"充衣纱縠禅衣，曲裾后垂交输"中所言"交输"为同一含义，指斜裁。如淳注曰："交输，割正幅，使一头狭若燕尾，垂之两旁，见于后，是《礼记·深衣》：'续衽钩边'，贾逵谓之'衣圭'。苏林曰：'交输，如今新妇袍上挂全幅缯角割，名曰交输裁也。'"根据汉书中对交输的两种解释来看，交输实为一种服装的裁剪方法，也称交输裁。"割正幅""全幅角割"说明了此种裁法，需要将整幅的布帛裁开，而"一头狭若燕尾"和"衣圭"则是剪裁后的形态特点。

"交窬"释义与裙的三种式样"大衺""中衺""少衺"的"衺"字相对应，当指斜裁，即对形状为矩形的全幅布料，沿纵向斜线剪切，产生直角梯形之状。"衺"或是与"褍"相反，为"衺杀之幅"。也就是说，在古籍中"衺"是与"褍"相反的，褍可能是指正幅，也就是正裁，而"衺"与褍相对，所谓衺杀之幅，就是斜裁。彭浩、张玲两位学者在《北京大学藏秦代简牍〈制衣〉的"裙"与"袴"》一文中对秦汉时期"大衺""中衺""少衺"的剪裁技法和结构进行了分析与研究（图4-6-16）。

黄能馥先生在《中国服饰史》中称："深衣……下裳用六幅，每幅又交解为二，共裁成十二幅，以应每年有十二个月的意涵。这十二幅有的是对角斜裁的，裁片一头宽、一头窄，窄的一头叫做'有杀'。"高丹丹学者、王亚蓉先生在《浅谈明宁靖王夫人吴氏墓出土"妆金团凤纹补鞠衣"》一文中证实了直角梯形拼接在服饰中的运用。文中称明代鞠衣继承了深衣上下分裁、腰部缝合、下裳由12片缀合、背后直缝、下摆平齐脚踝的基本特征。吴氏墓鞠衣面料的幅宽约为62厘米，其下摆是由六幅长约80厘米的通幅布片交裁成六大、六小共十二块梯形布片（全幅布对角斜裁）拼合、缝制而成（图4-6-17）。

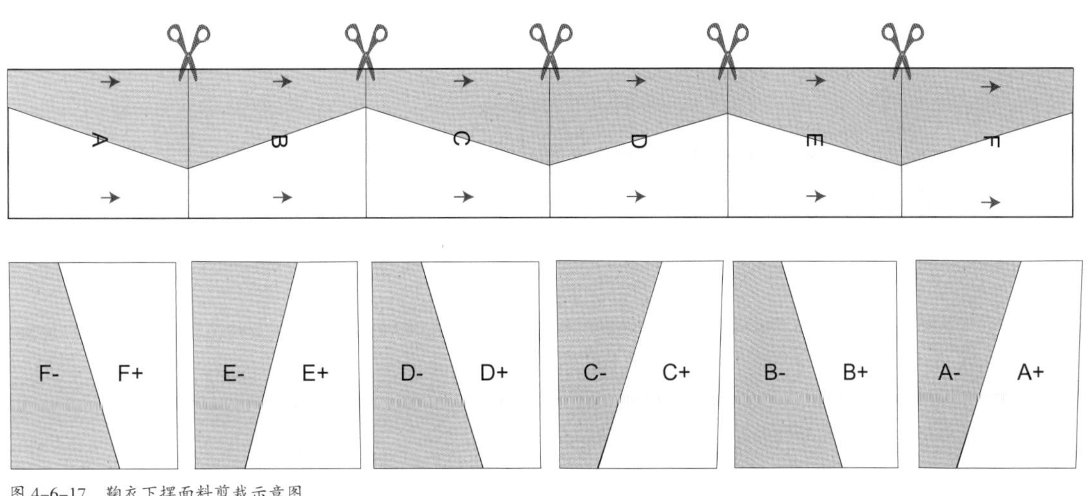

图4-6-17　鞠衣下摆面料剪裁示意图

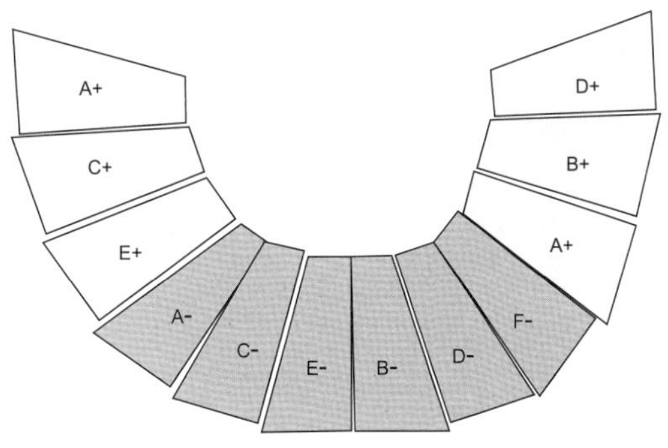

图4-6-18　鞠衣下摆裙片拼合里视图

其中六大片分别拼合于裙摆前身交叠处，而六小片集中拼合于裙后身（图 4–6–18）。如此的排列方法使得鞠衣在上身穿着后形成了裙摆前、侧身褶皱丰富，后身较为平整的形态，更加有利于人体活动及仪态美的展现。该鞠衣单层无衬里，用十五条贴边，把缝合的部位全都覆盖起来。下摆的余料没有剪掉，而是折起来，用贴边包覆，既可以加厚底摆的厚度，也能使面料垂感更好。

根据以上概念，湖北江陵马山楚墓出土的袍服上衣部分大多为正裁、正拼，在下裳部分才有斜裁和斜拼的现象。这件素纱绵衣的裁制方式与众不同（图 4–6–19）。首先，素纱绵袍 N1 的领缘和袖口缘饰为由斜裁方法制成的“斜条”。领缘采用“斜条”能够增加领口的舒适度和贴体度，但袖口采用“斜条”并不能直接增加其穿用的舒适度，反而会带来袖口逐渐变大的问题。因此，楚人在袖口采用“斜条”的原因还有待进一步研究。其次，素纱绵袍 N1 上身衣片的拼缝线与腰线呈 15° 夹角。《江陵马山一号楚墓》发掘报告称其为“斜裁法”，沈从文先生称其为“斜拼”。但考察实物可知，素纱绵袍 N1 的上衣是由八片（身四片、袖四片）正裁的素绢衣片缝制而成，故此，它既不属于“斜裁法”，

图 4–6–19　素纱绵袍 N1 和剪裁示意图（湖北江陵马山楚墓出土）

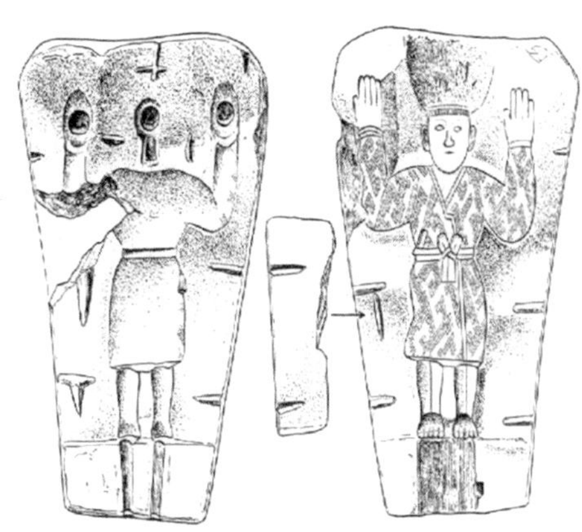

图 4-6-20　春秋晋都人形陶范（山西侯马牛村出土）

图 4-6-21　春秋晋都人形陶范复原（山西侯马牛村出土）

也不属于完全意义上的“斜拼”。这是因为，素纱绵衣上身腰缝 a1 和后背中缝 a2 皆为 15° 斜线。当上衣腰线与下裳腰线缝合后，上衣前后腰部的斜度转至袖子的中折线 a。素纱绵袍的上衣各片除背中缝（也称“后中心线”）a 与腰缝垂直外，上身衣片间的缝线均产生了 15° 的倾斜。

从裁制技巧和功能方面分析，素纱绵袍上身腰缝和后背腰缝处采用斜裁的目的是为了从后中缝和横腰处分别去掉一个 15° 夹角的量。相当于现在表现体形特征的“省”的作用，这两处省的设计，使上衣的腰部更为合体。事实上，与其他几件高腰身的衣服相比，它的腰身位置也较低，基本位于正常位置。另外，通过上衣在这两处“收省”，一方面使上衣形成 15° “落肩”，既方便人体运动，又更接近人体自然姿态（与平展双臂的姿态相比）；另一方面，在收缩腰部的同时，等于相对扩大了胸围部分的量，这是非常智慧、合理的一种设计。

山西侯马牛村出土了两套形立人陶范（图 4-6-20）。此件为其中的合范，上宽 7.7 厘米，下宽 4.4 厘米，高 10.7 厘米，厚 3.5~4 厘米。铸件为立人，赤足，着长衣及膝，腰系带，前面打同心结，腰侧斜插一物，装束似为男子。其中一件袍服上面显现几何形条状纹样，表现出斜裁纹样（图 4-6-21）。这些人物形陶范，有女子人形范、武士范、戴冠男子范等人物模范，虽然数量不多，但却可以看出来自社会各阶层，展现出现实主义风格，与商周青铜器动物纹样造型狰狞的姿态形成反差，打破了以动物特别是神怪动物统治中国青铜艺术殿堂长达一千多年的局面。

（六）衣缘装饰

古人所穿袍服大多有衣缘，其色与衣色异，镶缝在领、袖、襟、裾的边沿，即所谓的“衣作绣，锦为缘。”《礼记》卷三九《深衣》郑玄注：“名曰深衣者，谓连衣裳而纯之以采也。”《尔雅》卷五《释器》载：“缘谓之纯。”又《说文·糸部》载：“缘，衣纯也。”“纯”即衣缘。至东汉，贵族妇女袍服的边缘部分施以重彩，绣上各种各样的花纹，《后汉书·舆服志》载：“公主、贵人、妃以上，嫁娶得服锦绮罗縠缯，彩十二色，重缘袍。”

在战国至汉代的服饰文化体系里，深衣缘边亦是重要的信息识别符号，《礼记·深衣》载：“具父母、大父母，衣纯以缋；具父母，衣纯以青。如孤子，衣纯以素。”其含义是说，如果穿者的父母、祖父母都健在，可穿带花纹缘饰的深衣；父母健在，

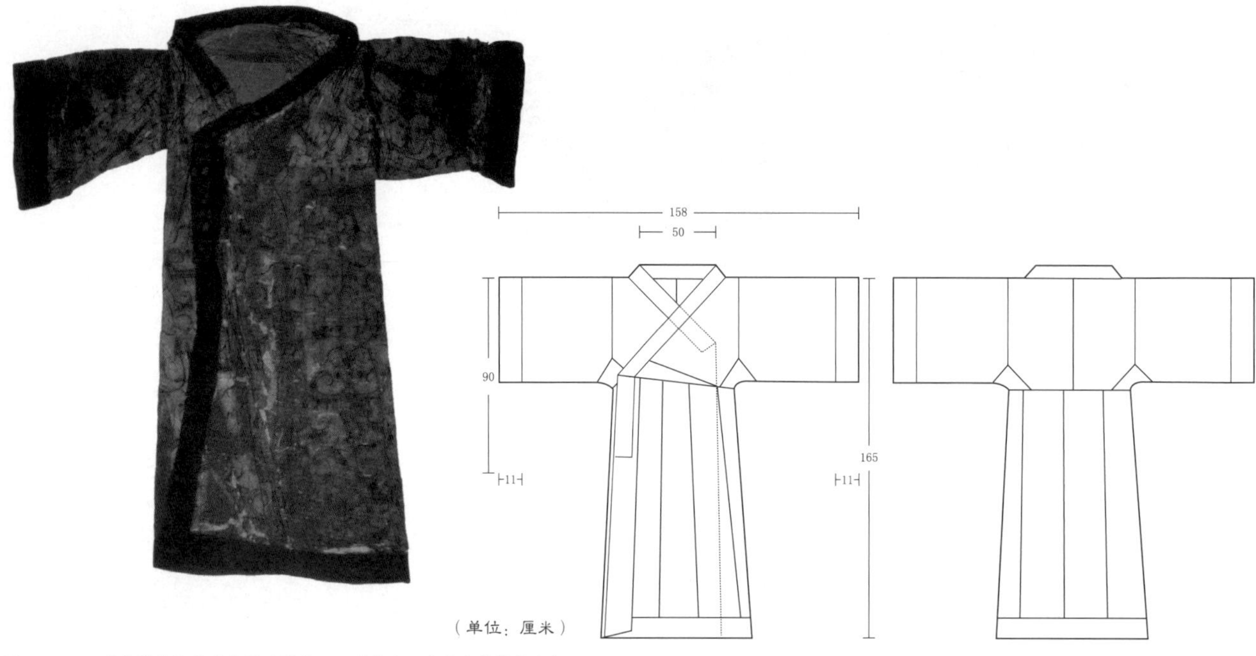

图 4-6-22　凤鸟花卉纹绣浅黄绢面绵袍 N10（湖北江陵马山楚墓出土）

可穿青边缘饰的深衣；如果是孤子，仅能穿镶白边缘饰的深衣。其具体形制如湖北江陵马山一号楚墓出土的凤鸟花卉纹绣浅黄绢面绵袍 N10（图 4-6-22）中衣领内缘的龙凤纹缘边和衣领外侧的纬花车马人物驰猎猛兽纹缘边。

凤鸟花卉纹绣浅黄绢面绵袍上的龙凤纹（图 4-6-23、图 4-6-24）是由三个菱形连接组成，各菱形的空隙间分别填有三角形、小菱形纹。第一个菱形内的图案是对龙，各自作回首状，足下践一动物；第二个菱形内的图案是长尾对龙和一些小几何纹；第三个菱形内的图案是弯体对凤。

图 4-6-24　绵袍 N10 领内缘上的龙凤纹

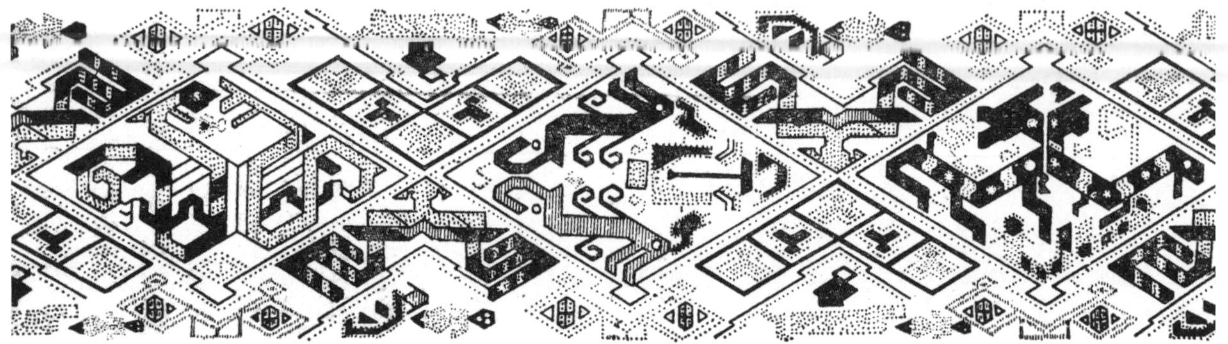

图 4-6-23　绵袍 N10 衣领上的龙凤纹

凤鸟花卉纹绣浅黄绢面绵袍中的纬花车马人物驰猎猛兽纹（图 4-6-25、图 4-6-26），由四个菱形组成，排列成上下两行。上行两个菱形内的图案内容是相互联系的。右上方的图案是二人乘一辆田车正在向前追逐猎物的侧视图。车上二人，外侧后部为御者，跽坐，着钴蓝色衣，系红棕色腰带，头部似戴兜鍪，手前伸，作驾马状。内侧一人位于前部，似为射猎的贵族，立乘，着土黄色衣，似戴兜鍪，右手持弓，左手作放箭状。车后有旌旗。左上方有象征山丘的菱形纹。山前有一只奔鹿仓惶逃命，箭矢从身旁掠过；奔鹿后面的一兽被射中倒卧。下行两个菱形图案都是武士搏兽图。右下方的图案是武士搏虎图。武士头戴长尾兜鍪，一手执盾，一手执长剑。各个大菱形之间多填以 S 形等几何纹。上下两行图案相互呼应，组成一幅气氛热烈紧张、场面广阔的古代植物纹射猎图。

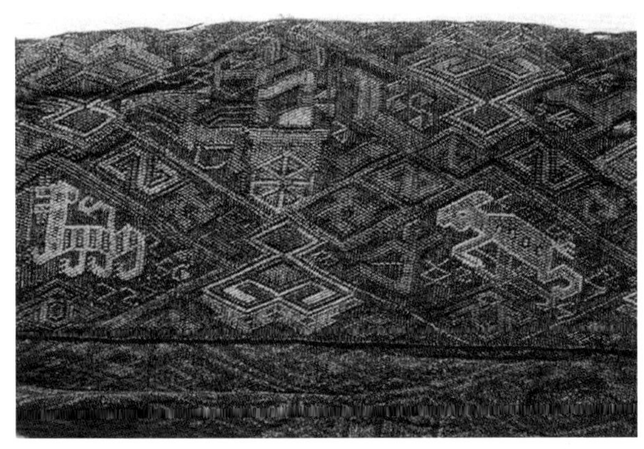

图 4-6-25　绵袍 N10 领外缘上的纬花车马人物驰猎猛兽纹

（七）丝绸纹样

随着奴隶制的崩溃和社会思潮的活跃，春秋战国时期装饰艺术风格也由传统的封闭式转向开放式，造型由变形走向写实，轮廓结构由直线主调走向自由曲线主调，艺术格调由静止凝重走向活泼生动且充满动态。此时的丝绸纹样突破了商周几何纹的单一局面，象征奴隶主阶级政权的神秘、狞厉、简约和古朴的风格已不复存在。纹样风格也已不再注重原始图腾、巫术宗教的含义。

春秋战国时期的丝绸纹样，除龙凤、动物、几何纹等传统题材外，写实与变形相结合的穿枝花草、藤蔓纹也是具有时代特征的新题材。此时的中国古代纹样多为动物纹，魏晋时期随佛教传播，植物纹才开始流行。而此时的江陵马山一号楚墓出土纺织品中所见的蔓草纹是超越时代所见的黎明曙光。湖北江陵马山楚墓出土的刺绣纹样以写实与变形相结合的花草、藤蔓和活泼而富于浪漫色彩的鸟兽纹穿插结合。有的彼此缠叠，有的写实体与变形体共存，有的数种或数个动物合成一体，有的动物体与植物体共生，反映了春秋战国时期服饰纹样设计思想的高度活跃和成熟。

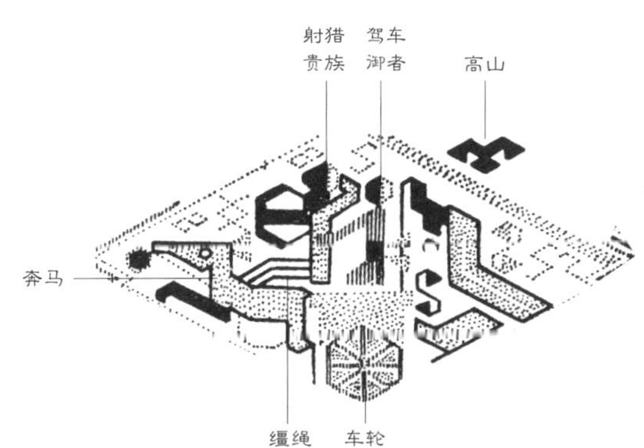

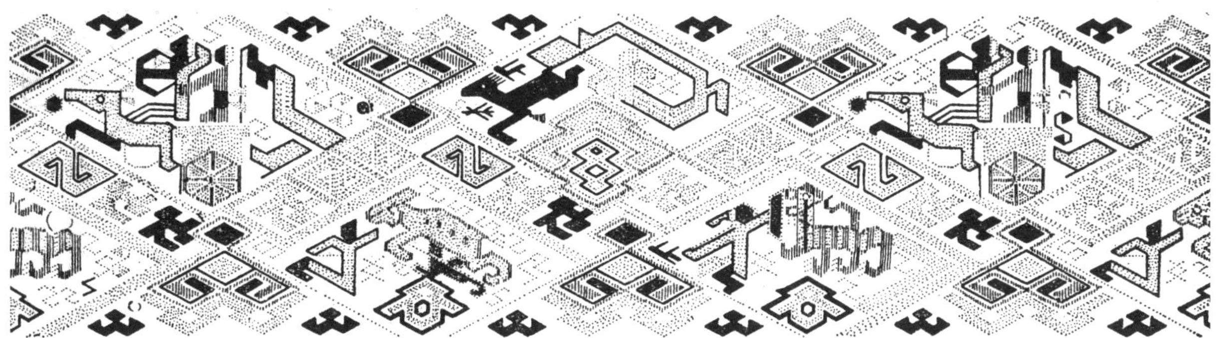

图 4-6-26　绵袍 N10 上的纬花车马人物驰猎猛兽纹

图 4-6-27　蟠龙飞凤纹绣面衾复原

蟠龙飞凤纹绣面衾（图 4-6-27），长 190 厘米，宽 190 厘米，近正方形，上端中部有凹口。衿面由 25 片不同花纹的绣绢拼成，正中是由 23 片绣绢缀成的蟠龙飞凤纹。该件绣品上部采用 S 形的对龙作为主题，口衔一条龙尾，下部是高冠展翅的斜立对凤，凤下处有一条小龙。在对龙之间，是表现太阳的扶桑树。华丽的凤冠和凤翅构成了整幅图案，犹如菱形骨架，使图案的布局满而不乱，非常有章法。锁绣针法发挥到了极致，凤冠凤翅以单行锁绣铺列，其他地方则用深浅色满铺针法。色彩有棕红、深红、土黄、浅黄。

图 4-6-28 龙凤虎纹

图 4-6-29 龙凤虎纹绣罗禅衣

龙凤虎纹绣罗禅衣（图 4-6-28、图 4-6-29），绣地为灰白色素罗，针法为锁绣，绣线色彩有红棕、棕、黄绿、土黄、橘红、黑、灰。花纹一侧是一只头顶花冠的凤鸟，它双翅张开，足踏小龙；另一侧是一只斑斓猛虎，扑逐大龙，大龙作抵御状。猛虎造型简练，矫健生动，是花纹中最突出的部分。绣地经密 40 根 / 厘米，纬密 42 根 / 厘米。花纹长 29.5 厘米，宽 21 厘米。

穿枝花草、藤蔓和活泼而富于浪漫色彩的鸟兽动物纹穿插结合，顺着图案骨骼、矩形骨骼、菱形骨骼、对角线骨骼铺开生长，起着“非作用性骨骼”（不显露的几何骨骼）的作用。这些花草枝蔓穿插灵活，有时顺着骨骼线反复连续，有时突然中转隔断，有时作左右对称连续，有时作上下对称连续，有时则按上下左右错开二分之一的位置作移位对称连续，既有骨骼作用，又起到装饰作用。由于采用了按几何骨骼对位布局、同位对称与移位对称并用，因而这些纹样既有严格的数序规律，又有灵巧的穿插变化。虽然结构十分繁复，层层穿插重叠，但繁而不乱，达到了变化与统一的极致。

湖北江陵马山楚墓出土的纺织品上的蟠龙飞凤纹、龙凤虎纹、双头凤鸟等纹样，充满律动感，识别度高，视觉张力突出。本书作者曾深挖传统文化，创新设计元素，利用湖北江陵马山楚墓纺织品纹样，或以抽象油画背景融合，或进行大色块分割配色，将中国元素进行改良，以融入当代时尚审美，推出了“金步摇”品牌丝巾（图 4-6-30）和“樱九歌”羊绒时装设计作品（图 4-6-31、图 4-6-32）。

利用中国元素进行时尚化设计，需要纹样、款式与主题相互融合，如中国文创品牌胭脂刀曾将《诗经》中记载的艾蒿、飞蓬、荠菜、旱柳、桑陌、白杨、芍药、郁李、桃花、腊梅、古柏等植物手绘成图案，利用数码印花工艺制作成服装面料，再裁剪缝制成中式服装款式（图 4-6-33），使中国元素在“显”和“隐”之间取得了一个微妙平衡，既有空灵之美，也可适用于日常穿着。

图 4-6-30 “金步摇”品牌龙凤虎纹丝巾（贾玺增作品）

图 4-6-31 龙凤虎纹（贾玺增作品）

图 4-6-32 将蟠龙飞凤纹、龙凤虎纹等纹样适用于羊绒时装设计

图 4-6-33 《诗经》中植物纹样服装设计（胭脂刀作品）

七、冠礼、笄礼

随着周代礼仪制度的不断完善，首服的社会功能被不断强化。据《仪礼·士冠礼》和《礼记·冠义》记载，贵族男子、女子到了成年时，需举行象征成年的冠礼或笄礼。按周制，男子20岁行冠礼，然而天子诸侯为早日执掌国政，多提早行礼。传说周文王12岁而冠，周成王15岁而冠。因为是人生的第一次受礼，对人的一生具有极其重要的意义，故《礼记·冠义》称冠礼和笄礼为“礼之始也”，并将其置于六礼（其它五礼为婚礼、丧礼、祭礼、乡饮酒礼、乡射礼）之首。

据《仪礼·士冠礼》和《礼记·冠义》记载，周代冠礼的仪节和程序已比较完备和成熟。从天子至士庶，冠礼都是“成人之资”，未行冠礼，“不可治人也”。周代冠礼一般多在宗庙内举行。电视剧《秀丽江山之长歌行》中表现冠礼情节开始前的镜头是祖先牌位，以此暗示宗庙的场景（图 4–7–1、图 4–7–2）。冠礼仪程由筮卜吉日开始，定了日期后，冠者的父兄须邀请来宾作为青年成人的见证。冠礼由行冠礼者的父亲主持，由指定的贵宾为其加冠三次。

图 4–7–1　电视剧《秀丽江山之长歌行》宗庙的场景

图 4–7–2　电视剧《秀丽江山之长歌行》中戴爵弁的画面

初加缁布冠（图 4–7–3），象征将涉入治理人事的事务，即拥有人治权，冠者换上与缁布冠相配的玄端服，分别为：缁布衣（黑色）、玄裳、爵韠，即黑色的衣和裳，红黑色（赤而微黑）的蔽膝。祝辞：“令月吉日，始加元服。弃尔幼志，顺尔成德。寿考惟祺，介尔景福。”其含义是：在这美好吉祥的日子，为你举行冠礼；去掉你的童稚之心，慎修你成人的美德；祝你高寿吉祥，昊天降予大福。

再加皮弁（图 4–7–4），象征将介入兵事，拥有兵权，所以加皮弁的同时往往佩剑。冠者穿上白色裳、白色蔽膝。祝辞：“吉月令辰，乃申尔服。敬尔威仪，淑慎尔德。眉寿万年，永受胡福。”其含义是：在这个吉祥美好的时刻，为你穿戴好成人的衣冠，你要开始端正自己的容貌威仪，敬慎你内心的德性，树立威信；你要善良和顺，谨守道德；祝愿你永远长寿，享有上天赐予的福泽。

三加爵弁（图 4–7–5），拥有祭祀权，即为社会地位的最高层次。冠者服纯衣（丝衣）、纁裳（浅红色的裳）、韎韐（赤黄色的蔽膝）。祝辞曰：“以岁之正，以月之令，咸加尔服。兄弟具在，以成厥德。黄耇无疆，受天之庆。”其含义是：在这吉祥的年月，为你完成加冠的成年礼，亲戚都来祝贺，成就你的美德。愿你长寿无疆，承受上天的赐福。

在宗法制度下，成年男子只有在冠礼之后，其社群关系的地位才得以确定。冠礼和笄礼一方面是庆贺氏族或家庭的又一个新成员成长起来了，另一方面更是一种教育，使之“弃幼小嬉戏惰慢之心，

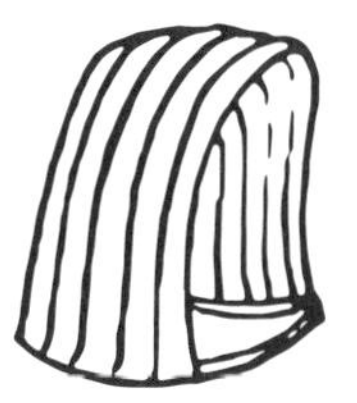

图 4–7–3　缁布冠

图 4–7–4　皮弁

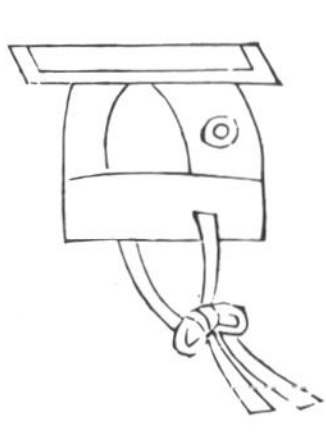

图 4–7–5　爵弁

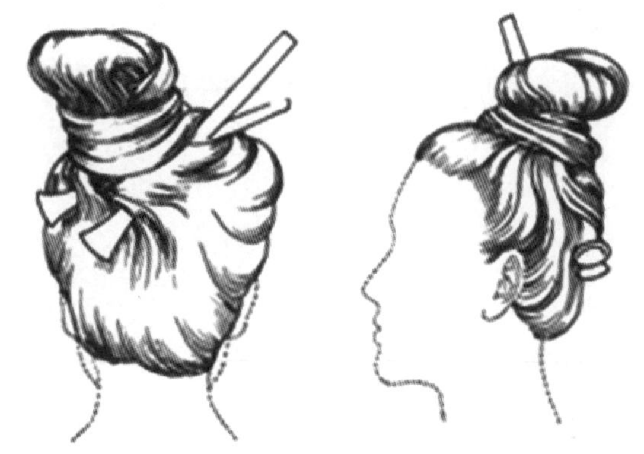

图 4-7-6　河南光山春秋墓女墓主发髻上斜插两根木笄

图 4-7-7　《龙凤仕女图》（湖南长沙楚墓出土）

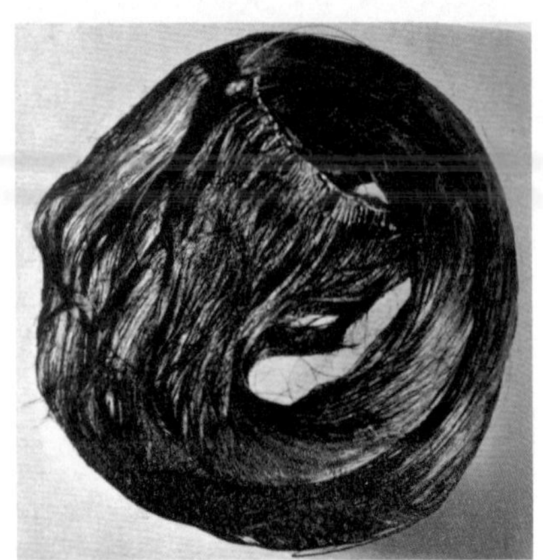

图 4-7-8　假髻（湖南长沙马王堆西汉墓出土）

而珩珩于进德修业之志”（刘向《说苑》）。通过这种仪式，使步入成人行列的年轻人获得一种要承担起社会责任和家庭责任的使命感。

据《仪礼》记载，周代女子年满 15 岁就被看作成人。在此之前，她们的发式大多为丫髻，还没有插笄的必要。到 15 岁时，如果已经许嫁，便可如成年女子一样梳发挽髻了。这时就需要使用发笄，故此，古时称女孩成年为“及笄”。如果没有许嫁，到 20 岁时也要举行笄礼，由一个妇人给及龄女子梳一个发髻，插上一支笄，礼后再取下。贵族女子受笄后，一般要在公宫或宗室接受成人教育，授以“妇德、妇容、妇功、妇言”等，即作为媳妇必须具备的待人接物及侍奉舅姑的品德礼貌与女红劳作等技巧本领。

周代女子绾髻插笄的样子如河南光山春秋墓女墓主发髻上所插的两支木笄（图 4-7-6）。周代妇女发髻往往向后倾，如湖南长沙楚墓出土的《龙凤仕女图》中妇女的发髻式样（图 4-7-7）。此时，还出现了以假发（时称“髢”）梳高髻的风气。《左传 · 哀公十七年》记载，卫庄公见吕氏之妻的长发很美，就令其剪下长发，给他的夫人吕姜制成假发，称为“吕姜髢”，其实物如湖南长沙马王堆西汉墓出土的发髻（图 4-7-8）。

八、金玉之笄

相对骨笄、木笄的朴实与大众化，以金和玉制作的笄则因材料的稀缺性和制作的复杂性而更显佩戴者的尊贵。最早金笄实物如 1977 年北京平谷刘家河商代墓出土的金笄（图 4-8-1），长 27.7 厘米，头宽 2.9 厘米，尾宽 0.9 厘米，重 108.7 克，器身截断面呈钝三角形，尾端有一长 0.4 厘米的榫状结构，可能原镶嵌有其他装饰品。

早在新石器时代，玉笄已经出现，其制作在商代则有了较大的进步。出于装饰需要，人们多在笄头上镂刻精美的鸟首或饕餮等装饰纹样。殷墟妇好墓棺内北端出土 28 件玉笄，如深灰色圆棍式玉笄（图 4-8-2）和夔龙首玉笄（图 4-8-3），前者为圆柱状，由首至尾逐渐变细，碾琢精细，抛光蕴亮；后者头部扁平，雕成夔龙形，大钩喙，短尾上卷，用勾撤法琢出“臣”字眼，笄杆光滑平素，整个器形典雅、古朴。在殷墟妇好墓中共出土499支骨笄，而玉笄只有2支，由此可见玉笄之珍贵。

在中国玉笄实物中，最精致的应属山东临朐朱封墓M202出土的一件墨绿色玉笄（图4–8–4），通长23厘米，由冠和杆组成。杆为竹节状旋纹圆柱，冠为半透明扇面形，以镂雕结合阴刻短线琢刻神面纹。周边镂雕花牙，最上缘有三层卷翘突出的花牙（龙山时代神祖纹饰中常见的构成元素），两面还各镶两颗松绿石小圆珠，工艺精湛，玲珑可人。下部居中碾薄长方形凹面，插嵌入墨绿色竹节纹杆状笄顶部的榫口中。这件玉笄汇聚了镂孔透雕、阴线刻纹、搜拉花牙、镶嵌松石、减地浮雕、玉件复合等多种工艺，堪称周代玉器工艺集大成者。同墓出土的另一件玉笄（图4–8–5），长10.3厘米，呈半透明乳白色。笄首部琢成卷云形，卷云两侧和下部笄杆上共浮雕三个人面像，极其罕见。

为了制作方便和装饰需要，笄身与笄首一般分制，笄身插入笄首合装后使用。笄身较长者达20厘米左右，短者约为10厘米，如河南淅川下寺楚国墓地出土的春秋白玉笄（图4–8–6）。在实际使用时，笄可以单独做贯发固髻之用，即把头发束起来挽成发髻后，用笄来贯穿发髻使其不散，也可以做固冠之用，即将笄从冠旁孔中横贯到发髻中，由另一旁的孔穿出来，把冠固牢于头上。《周礼·弁师》记载：“玉笄朱纮。”“玉笄”是贯穿冠和头发且用于固定的玉簪。“朱纮”是系冠用的红色丝绳。汉代刘熙《释名·释首饰》云：“笄，系也。所以系冠，使不坠地也。”案《周礼·士丧礼》：“髻笄用丧，长四寸，絖中。”郑注：“长四寸，不冠故也。絖，笄之中央以安发。”贾疏：“凡笄有二种：一是安发之笄，男子、妇人俱有，即此笄是也。一是冠笄、皮弁笄、爵弁笄，唯男子有而妇人无也。此二笄皆长不唯四寸而已。今此笄四寸者，仅取人髻而已。以其男子不冠，冠则笄长矣。”传

图4–8–1　金笄（北京平谷刘家河商代墓出土）

图4–8–2　深灰色圆棍式玉笄（殷墟妇好墓出土）

图4–8–3　夔龙首玉笄（殷墟妇好墓出土）

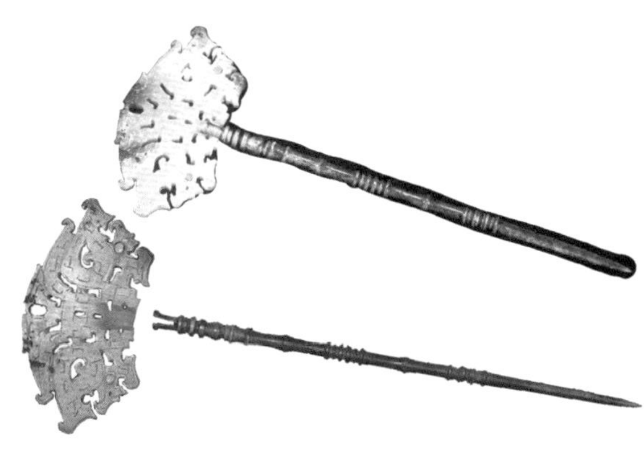
图4–8–4　玉笄（山东临朐朱封墓M202出土）

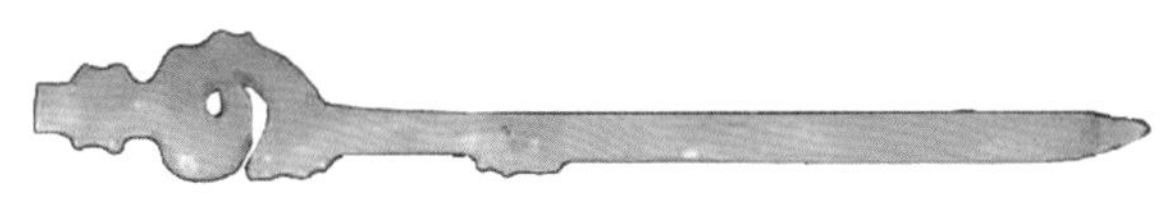
图4–8–5　白玉笄（山东临朐朱封墓M202出土）

图4–8–6　春秋白玉笄（河南淅川下寺楚国墓地出土）

图 4-9-1 木俑（湖北江陵马山一号楚墓出土）

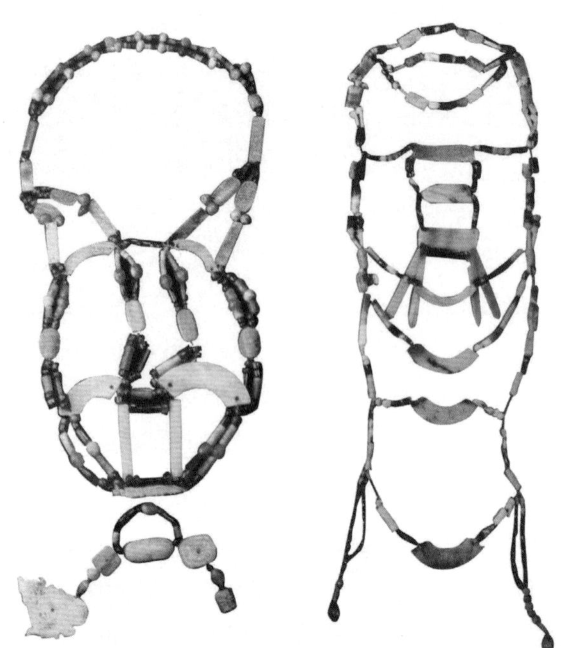

图 4-9-2 西周组玉佩（山西曲沃北赵村92号墓出土）

唐阎立本绘《历代帝王图》中，其笄横贯冕冠，两端尚露些许，此应为长笄。

九、佩玉锵锵

中国制玉8000年，从原始社会到清代经久不衰，形成了独特的玉文化。夏、商、西周时期，统治者为了巩固政权和规范礼治，继承了良渚文化和龙山文化制玉传统，建立了一整套用玉的制度，产生了系列化的玉礼器。

礼贯穿于周代社会的各个方面，而玉成为实现礼的一个重要手段。这些玉饰挂在胸前，佩带在身上，成为地位、权力、财富的象征。当时贵族服装上都有玉饰，所谓"君子佩玉"，玉饰是贵族身份不可缺少的标识。与此同时，佩玉的质地和系佩玉的带子（称"组"或"组绶"）需根据佩戴者的身份而有所区别，见表 4-9-1。考察实物资料就会发现，如江陵马山一号楚墓出土的木俑（图 4-9-1），春秋战国时期男性下裳普遍系束在胸部，这与今人所理解的腰线位置截然不同。其实并不难理解，因为那个时期的贵族男性要在腰带上配挂很长的组玉佩，如果腰线过低，就无法悬挂组玉佩了。

表 4-9-1 周代各身份所用佩玉之材料及组绶

身份	佩玉	组绶
天子	白玉	玄组绶
诸侯	山玄玉	朱组绶
大夫	水苍玉	纯（缁）组绶
世子	瑜玉	綦（杂文）组绶
士	瓀玟	缊（赤黄）组绶

根据先秦文献记载，西周的组玉佩主要由珩、璜、冲牙、瑀、琚、瑸珠组成（图 4-9-2）。其上为磬状"珩"，两侧系组绶，各垂半壁形而内向的"璜"。中组贯一球状的"瑀"，下垂新月形俯状的"冲牙"。西周和东周两个时期的组佩的主要构件也不同，西周是璜，东周为珩。西周的组佩中，璜的弧面是朝下的，两端有孔，两条平行的轴线将各件玉璜串了起来。而到了战国时期，挂在腰间的组佩变成了单轴线，在珩的中间穿孔，弧面朝上。所以，战国时期的龙形珮很发达。宋代以来，许多学者对周人玉佩做了复原图式，但因为没有传世周代玉佩的实例可以依凭，所作复原难免有想象的成分，图示的差异也很明显（图 4-9-3）。《礼记·聘义》把玉概括为仁、智、义、礼、乐、忠、信、天、

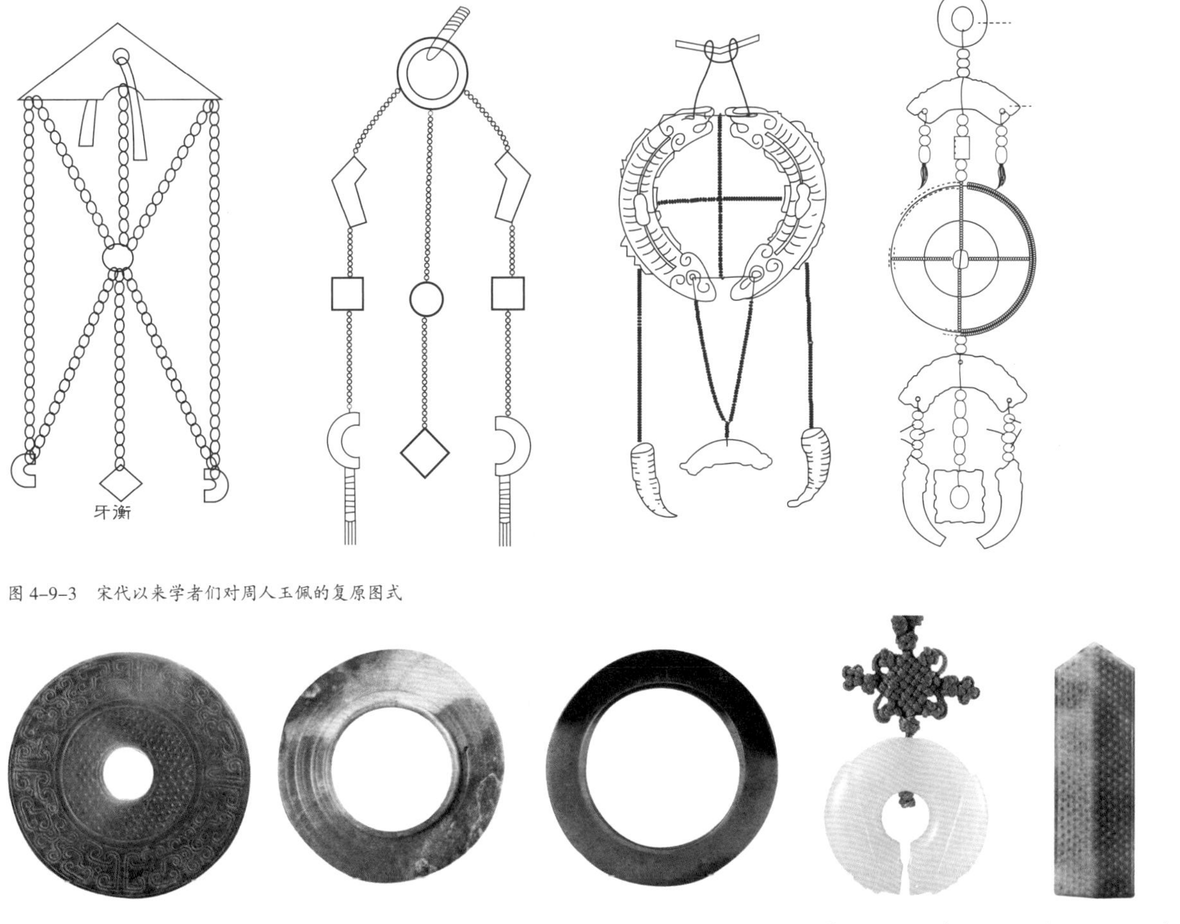

图 4-9-3 宋代以来学者们对周人玉佩的复原图式

图 4-10-1 玉璧　图 4-10-2 玉环　图 4-10-3 玉瑗　图 4-10-4 玉玦　图 4-10-5 玉圭

地、德、道，共十一德。通过对玉自然属性的分析，把玉的表象和本质特征与儒家道德观念紧密结合在一起，从而阐明了玉器人格化的概念。组玉的佩戴还有为君子"节步"之用。君子行走，步子不能太快，不能太慢，要快慢适度，迟速有节，从而使得组玉佩发出愉悦的鸣响；如果君子行步匆忙，步履慌乱，组玉佩则会相互碰撞而发出杂音。

十、问士以璧

春秋战国时期，各种形式的玉器被赋予了诸多文化象征，可以含蓄、委婉地表达多种语意，并被广泛用于日常生活和社会礼仪中，《荀子·大略》记载："聘人以珪，问士以璧，召人以瑗，绝人以玦，反绝以环。"《尔雅·释器》有言："肉倍好谓之璧，好倍肉谓之瑗，肉好若一谓之环。""好"就是中孔的直径，"肉"是指由内廓到外廓的尺寸。直径大约等于整件玉器直径的三分之二的小孔者为玉璧（图 4-10-1），是天子向才志之士虚心请教的凭证；中孔者属环（图 4-10-2），即孔径为整件器物直径的一半，因"环"与"还"同音，故用作召回被贬臣属之象征；大孔为瑗（图 4-10-3），是天子召见下臣的凭证，也是侍从搀扶君王时手执之物；有缺口的半环形玉璧为玦（图 4-10-4），有时是用来表示君臣断绝关系的，但因"玦"与"决"同音，也象征佩戴者凡事果敢决断，不会拖泥带水。

天子派遣使者到别的诸侯国访问时，用"圭"作为凭证。圭是上尖下方的长条形玉制礼器（图 4-10-5）。其形制大小，因爵位及用途不同而异。周代有大圭、镇圭、桓圭、信圭、躬圭、谷璧、蒲璧、四圭、祼圭之别。

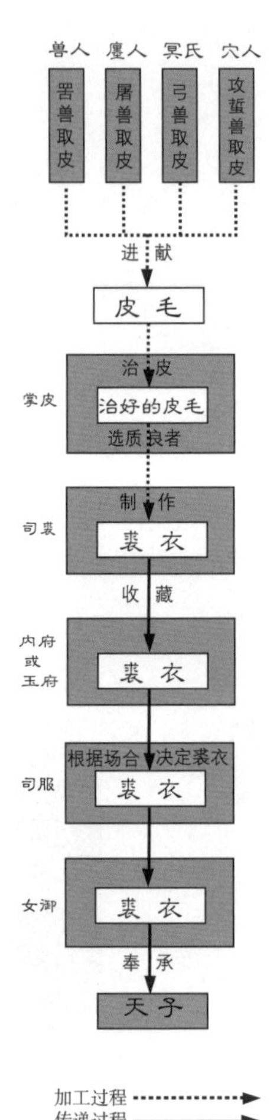

图 4-11-1　周代裘皮制作过程

图 4-11-2　宋代马麟《道统五赞像·伏羲像》

图 4-11-3　羊羔跪乳

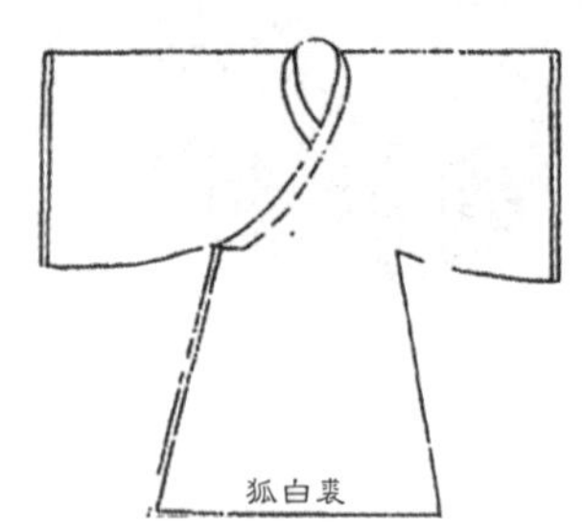

图 4-11-4　南宋陈祥道《礼书·裘衣图》

十一、掌皮治皮

到了周代，裘衣的制作成为一项专业性很强的产业。从周朝政府所设的“金、玉、皮、工、石”五个官职类别来看，毛皮已成为人们日常生活不可缺少的一部分。此外，政府部门还专门设有兽人、麌人、冥氏、穴氏等职位，负责用不同方法敛皮；设“掌皮”负责加工皮毛，即“治皮”；设“司裘”负责制作裘衣（图 4-11-1）。此时，中国古人使用皮料种类已非常丰富，如羊、狐、虎、狼、狸、犬、黑貂（紫貂）皮等。其中，狐裘有狐白、狐青、狐黄、狐苍、火狐、沙狐、草狐、青白狐和玄狐等品种；鼠裘有银鼠、黄鼠、灰鼠、深灰鼠和青鼠等品种。

在裘皮中，以羊皮和狐皮的使用最多。宋代马麟《道统五赞像·伏羲像》中的伏羲散发披肩，身穿羊皮衣和鹿皮裤，目光深沉睿智，一派远古风范（图 4-11-2）。东汉班固《白虎通义》中称“狐死首丘，羊羔跪乳。”其含义是指狐狸死的时候，头必向着出生的山丘，而羊羔喝母乳的时候，要跪下来喝（图 4-11-3）。可见用这两种动物的皮毛做服装很符合当时的儒家思想所提倡的“孝义”。当然，这是一种道德上的附会，实际情况是因为古代羊皮和狐皮比较容易获取和加工。羊一般有膻气，所以多用乳羊的皮。

除了掌握一套熟皮、制衣的方法外，中国古人还在裘衣的穿法上制定了很多规定。天子、诸侯的裘衣用全裘不加袖饰，下卿、大夫则以豹皮饰作袖端。此外，不同的皮毛质地也与场合区分联系了起来，《诗经》载有：“羊裘逍遥，狐裘以朝。”在一些重要场合，人们穿裘衣时还须在外披被称为“裼衣”的罩衣。其质地多为丝绸，色彩与裘色相配。《玉藻》中就有狐白裘裼锦衣，狐青裘裼玄绡衣，羔裘裼缁衣，麛裘裼绞衣(苍黄色)的记载。穿裘而不裼是简便的穿法，称“表裘”。南宋陈祥道《礼书·裘衣图》收录了宋代羔裘、黼裘、狐白裘、狐青裘、豹裘等裘衣款式（图 4–11–4）。

十二、以粗为序

丧服，为哀悼死者而穿的服装。其冠、衣、裳、履皆取白色，以粗为序（生麻布、熟麻布、粗白布、细白布），不以色辨。自周代始已有五服制度，即按服丧重轻、做工粗细、周期长短分为五等：斩衰、齐衰、大功、小功、缌麻。其中，斩衰最上，用于重丧，取最粗的生麻布制作，不缉边缝，出殡时披在胸前。女子还须加用丧髻（髻系丧带），俗称披麻戴孝。出席葬礼者，穿着丧服要根据与死者血缘关系的亲疏和距死者去世时间的远近选择服用等级（图 4–12–1）。

图 4–12–1　中国古代丧服图

十三、制礼作乐

与商朝一样，周朝统治者非常重视乐舞礼仪，不但注意发挥乐舞“通神”的作用，而且更加重视乐舞“治人”的作用，充分发挥音乐舞蹈的社会功能。

从周公“制礼作乐”开始，乐舞就被当作了“载道”的手段，发挥着政治作用。乐舞被纳入了“礼治”体系，成为“乐治”工具，用以纪功德、祀神祇、成教化、助人伦。北京故宫博物院藏战国宴乐渔猎攻占纹青铜壶上的纹样详细描绘了战国时期的乐舞场面（图 4–13–1）。

图 4–13–1　战国宴乐渔猎攻占纹青铜壶（北京故宫博物院藏）

花纹从口至圈足分段分区布置（图 4–13–2），以双铺首环耳为中心，前后中线为界，分为两部分，形成完全对称的相同画面。自口下至圈足，被五条斜角云纹带划分为四区。

宴乐渔猎壶颈部为第一区，上下两层，左右分为两组，主要表现采桑、射礼活动。两棵桑树上挂着篮筐，有人忙着采摘桑叶，有人接应传送。树下有一个形体较高大的人，扭腰侧胯、高扬双臂，跳起豪放的劳动舞，旁边两个采桑女，面向舞者击掌伴奏。左侧亭子里第一个人正进入临射状态。他手

图 4-13-2　宴乐渔猎攻占纹青铜壶纹样

拉弓开，身躯呈用力态势。亭子前方站有一人双手高举长竿箭靶。亭边坐一人手拿短棍，负责报靶。

第二区右侧是宴飨场景。宴会主人坐在厅堂上，身边站立手持铜戈的护卫，宾客站起身来，端杯敬酒。舞乐人员敲编钟、击编磬，体态轻盈婉约，边敲击边起舞。门柱旁还立有一只建鼓，有两人正在建鼓的两面进行击打。建鼓旁边的几位舞者，一手上扬，一手拿兵器作为舞具，相对“文舞”而言，这是“武舞”。第二区左面一组为射猎场景，鸟兽鱼鳖或飞、或立、或游，四人仰身拉弓射向天空群鸟，一人立于船上亦持弓作射状。箭杆用生丝线系住，时称“缴”。

第三区为水陆攻战，左边是水战，右边是攻城战。水战中两条对攻的双层战船上飘扬着战旗，左船战旗是用织物制成，旗上圆点表示着最高指挥官的级别；右船战旗用鸟羽修剪、编缀而成，称为旌旗。上层士兵手持长兵器者或刺或钩，持短兵器者近体肉搏，右船有泅水的战士，伺机破坏敌船或登敌船格斗。左船尾部则有人擂鼓助战。攻城是横线代表城墙，斜线代表云梯。守城一方有弓箭、礌石、长戈、短剑等。攻城一方有云梯、长矛、长戈、短剑。攻的一方处于下风，有的已身首异处，有的从云梯上摔了下来。

第四区采用了垂叶纹装饰，给人以敦厚而稳重的感觉。

第五章 秦汉

秦代：公元前 221 年—公元前 207 年
西汉：公元前 206 年—公元前 8 年
东汉：25—220 年

一、绪论

公元前 221 年，秦始皇灭六国，结束诸侯割据的局面，也改变了“田畴异亩，车涂异轨，律令异法”的局面，并以“六王毕，四海一”的政治决心，推行“书同文，车同轨，兼收六国车旗服御”等措施，实现了我国第一次民族文化大融合。尽管功绩卓著，但凭恃武力，秦朝的统治仅维持了 15 年。

西汉初年，汉高祖刘邦（图 5-1-1）加强中央集权，先后灭六国异姓王，稳定和巩固了中央政府的统治。随后，又经数十年的休养生息，在武帝时代，凭借文治思想，健全、完善了政府制度，奠定了坚实的经济基础和社会组织。汉代时期，人们的饮食、宿所和服饰等都较前朝有长足的发展，如河南打虎亭汉墓出土的壁画《宴饮百戏图》就描绘了身穿袍服的汉人的烹饪、饮食生活的宏大场面（图 5-1-2）。画面上绘彩色帐幔，其下绘百戏图。画的西部绘红地黑色幄幕，其前绘有大案，案面绘朱色杯盘。幄幕中坐墓主人，身着长衣，两侧各绘四个衣着不同的侍者，案前绘有跪、立的人像。画面上下两边各绘一排贵族人物，他们身穿各种不同色彩的袍服，跽坐于席上，宴饮作乐，观看跳丸、盘舞等百戏娱乐。

汉朝是中国封建社会的第一个兴盛期，国家的政治、经济和文化都发展到了一个高峰期。汉代文化是春秋战国时期“百家争鸣”的直接产物，具有“博大兼容”的文化特点。汉朝统治者吸取秦亡教训，曾用黄老之学来取代法家的主导地位，借此以休养生息，恢复百姓与国家的元气。

汉武帝时期，采用了董仲舒“罢黜百家，独尊儒术”的建议，以孔子（图 5-1-3）为代表的儒学成为中华民族传统文化的核心。儒家学说极其重视服饰的社会规范作用，将服装外在装饰同“礼”联系在一起，标示穿者尊卑、贵贱、长幼的差异性。

东汉初年洛阳白马寺的建立，标志着佛教在中国开始逐步显现影响力。与此同时，结合古代巫术与阴阳五行学说等形成的道教，也于东汉日趋强大。最终，汉文化形成了以儒家思想为核心，以佛教、道教为补充的文化基本构成模式。

图 5-1-1 汉高祖刘邦像

图 5-1-2 壁画《宴饮百戏图》（河南打虎亭汉墓出土）

汉朝政府在建立之初，采取“农桑并举”“耕织并重”的生产政策。西汉时，汉朝政府在陈留郡襄邑（今河南睢县）和齐郡临淄（今山东淄博东北临淄镇北）两地设有规模庞大的专供宫廷使用的官营丝织作坊。襄邑服官刺绣好于机织，主要做皇帝礼服；临淄服官则机织较好，按季节为宫廷进献衣料：冠帻（方目纱）为首服，纨素（绢）为冬服，轻绡（轻纱）为夏服，因此临淄服官又称齐三服官。元帝时，在临淄三服官的工人各有数千人之多，一年要“费数巨万”。此外，汉代长安的东、西织室规模也很大，每年花费银两各在五千万以上。

在汉代，人们已能用工艺复杂的提花织造技术织造高级的丝织品（图 5-1-4）。巨鹿陈宝光之妻的绫机用一百二十蹑，能织成各式各样花纹的绫锦，六十日始能织成一匹，匹值万钱。西汉昭帝、宣帝曾在大司马霍光家传授蒲桃锦和散花绫的织造技术。霍显召入第，使作之。机用一百二十蹑，六月成一匹，匹值万钱。西汉帛画和汉画像石中有织布、纺纱和调丝操作的图像，展示了一幅纺织生产的生动情景。1972 年湖南长沙马王堆汉墓出土有保存完好的绢、纱、绮、锦、起毛棉、麻布等织品。这些绚丽多彩的高级丝织物，运用织、绣、绘、印等技术制成各种动物、云纹、卷草和菱形等花纹，反映了西汉纺织技术已经达到很高的水平，甚至富人家中的墙壁也以绣花白縠装饰。

二、祥瑞纹饰

在经历了数百年的战乱之后，汉朝初期的国土可谓是满目疮痍，国民期望休养生息，统治者欲求长治久安，再加上楚文化强有力的影响，从而产生了充满幻想的精神世界。各种神话传说成为文学艺术表现的主题，谶纬迷信风靡一时。因此，汉代人迷信天命，人死升天、死而复生和神灵仙道思想风行。司马迁《史记・封禅书》载：“海上有蓬莱、方丈、瀛洲之神山，上有仙人玉女、白鹿、白雁、奇花异药，使人长生不死。”由此，表现神兽灵禽、仙道神话等虚幻内容的纹饰成为汉代装饰艺术的主要内容。

从艺术风格而言，汉代纹样摆脱了商周时期的神性与巫术气质，并破除了周代纹样填满紧密几何纹的模式，呈现出适度夸张与写实相结合的特征。这使得汉代纹样呈现出轻快活泼、富有韵律和气势、风格浪漫而古拙的特征。

经学昌盛、谶纬盛行，催生了用于祛邪辟恶、祝颂长寿的茱萸纹。在湖南长沙马王堆西汉一号墓中，共有三件茱萸纹纺织品出土，分别由印绘（图 5-2-1）、绣（图 5-2-2）、织三种工艺制成。绢地绣茱萸纹是在棕黄菱纹罗地上，用深绛色、浅绛色、朱红色、黑褐色等绣线，以锁绣法绣出茱萸纹和卷草纹等花纹。茱萸纹成行成列排布在菱纹罗上的菱

图 5-1-3　明代人绘孔子像

图 5-1-4　汉代画像砖中的织作场面

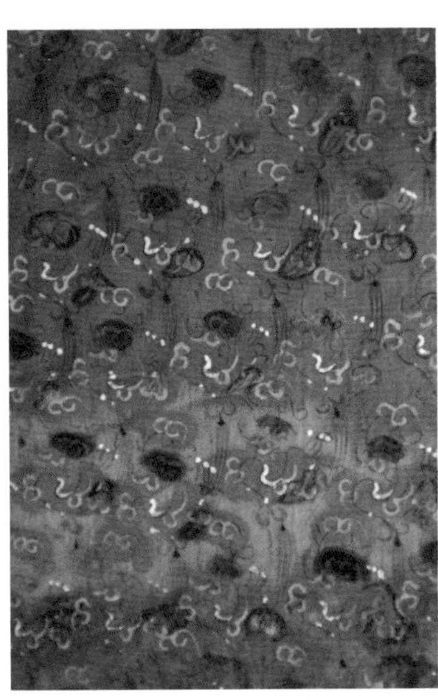

图 5-2-1　印花敷彩纱茱萸纹（湖南长沙马王堆西汉一号墓出土）

图 5-2-2　绢地茱萸纹绣和线描图（湖南长沙马王堆西汉一号墓出土）

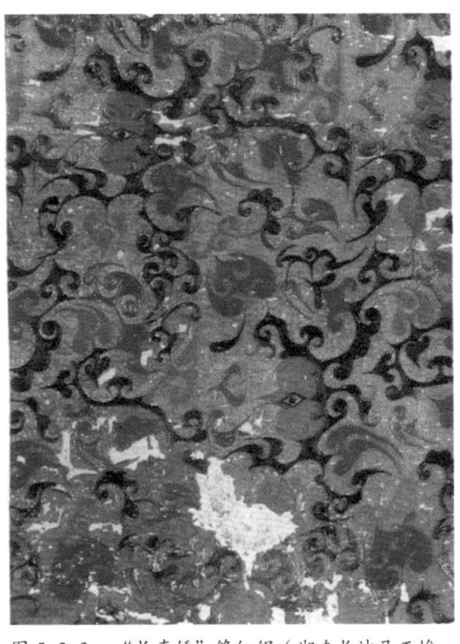

图 5-2-3　“长寿绣”绛红绢（湖南长沙马王堆汉墓出土）

图 5-2-4　Kenzo 2013 秋冬女装系列

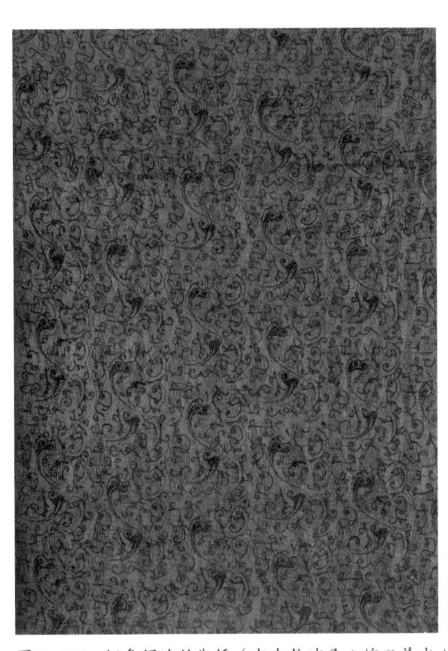

图 5-2-5　烟色绢地信期绣（湖南长沙马土堆汉墓出土）

图 5-2-6　纺织品信期绣纹样线描图（湖南长沙马王堆汉墓出土）

形中间，空隙里绣有卷草纹和云纹等。该纹样写实、清晰，是汉代唯一被确认名字的植物纹样。又因其造型多为椭圆心形，花头有二至四叉刺，下为弯曲的花柄，也曾被称为“叉形纹”“叉刺纹”。茱萸是一种小乔木，香气辛烈。其果有滋阴补力、壮阳去邪的功效，根可以驱虫，叶可以治霍乱、克瘟疫。古俗农历九月九日重阳节，佩茱萸能祛邪辟恶。《西京杂记》中载有：“佩茱萸，食蓬饵，饮菊花酒，令人长寿。”传说汉代桓景一家，因佩戴茱萸绛囊，避免了一场灾祸，即《续齐谐记》所载：“汝南桓景随费长房游学累年，长房谓之曰：‘九月九日汝家当有灾厄，宜急去，令家人各作绛囊，盛茱萸以系臂，登高饮菊花酒，此祸可消。’景如言，举家登山，夕还家，见鸡狗牛羊，一时暴死。长房闻之曰：‘代之矣’”。

湖南长沙马王堆西汉一号墓出土的“长寿绣”绛红绢(图 5-2-3)是在土黄色绢地上，用朱红、绛红、土黄、金黄、紫云、藏青等多彩绣线，以锁绣法绣制茱萸纹、凤眼纹、如意头纹、卷云纹等，块面和线条粗壮流畅，尤其是翻腾飞转的流云中隐约可见的凤头和用菱形作眼眶、正中用单行锁绣密圈以示眼球神光，寓意“凤鸟乘云”。高田贤三（Kenzo）

2013 秋冬女装系列中亦有相同的风格（图 5-2-4）。

湖南长沙西汉马王堆一号墓出土的烟色绢地信期绣（图 5-2-5）是在黄色绢地上用浅棕红、橄榄绿、紫灰、深绿等多色丝线，以锁绣针法绣穗状变体燕子纹、云纹和花枝纹，以自然景物燕子、祥云和花枝叶蔓作为原型，用纤巧蜿蜒的线条勾勒出燕子的轮廓，使其呈现出一种飞翔的动态美。被简化和夸张了的燕子有时和流动的祥云相连接缠绕，有时和弯曲的花枝叶蔓相融合，蜿蜒灵动却不越出矩形方框，向世人展示了楚巫文化的神秘特征和仙道文化的浪漫气息（图 5-2-6）。

最具代表性的汉代纹样实例当属河北定县三盘山出土的汉代马车错金银铜车伞铤车饰纹样（图 5-2-7、图 5-2-8），此伞铤长 26.5 厘米，直径 3.6 厘米，自上而下分为四段：

第一段主题是人骑象舆，辅助生翼黄龙和飞马。上下以金地黑齿纹和黑地错金波状纹为带，中以云山起伏分割画面。象舆在前，背乘三人，皆黑肤，高鼻，唇前出，发作椎髻状上卷。象首坐者持管状物指向下，中坐者抱膝，后者侧坐。象舆左上为“天马”奔驰，右为生翼黄龙，龟灵于其下。云山树木间有羽人、熊、飞兔、奔鹿、鹤、鹰、雁、双雉相斗、飞鸟等。

第二段主题是骑射狩猎，上下以黑地错金波状纹和菱格纹为边。画面上山峦起伏，气势磅礴，树木苍翠，禽兽间杂其中。中前一人骑马戴冠，反身射虎。画面右侧为上虎下熊，似欲相搏状。另有野牛、羚羊、山羊、兔、鹿、猿、野猪、飞鹰、雁、鸱、雉、飞鸟等跳跃盘旋于山林之间，比较写实地描绘了当时贵族的狩猎情景。

第三段主题是乘驼使者，画面将斜行的云山分为上下两层。上层为虎与野猪相斗，下层为熊与野牛相搏。中为乘驼使者，高鼻、黑肤。右为飞廉。山峦间曲径花树，并有羽人、狐、狼、山羊、羚羊、梅花鹿、兔、鹤、雉、雁、鹰、飞鸟等出没其间。

第四段主题是孔雀长鸣，孔雀位于画面右中部，占据主要地位，长鸣欲飞。其前为斜行的山岳、花木、云气。远处尚有一小孔雀。画面上还有虎和野猪相搏图案，以及羽人、熊、野牛、獐、兔、狼、鹿、雉、鹤、雁和飞鸟等。

四段纹饰主题不尽相同，但都描绘了生机盎然的大自然景象，以及人类的狩猎活动，构成了一幅既赋予神话意味又源于实际生活的精美画面。四段纹饰中共出现人物和各种奇禽异兽 31 种，共计 125 个。

人骑像舆

骑射狩猎

乘驼使者

孔雀长鸣

图 5-2-7　两汉马车错金银铜车伞铤四段纹样（河北定县三盘山出土）

图 5-2-8　西汉错金银嵌绿松石狩猎纹铜车伞铤（河北定县三盘山出土）

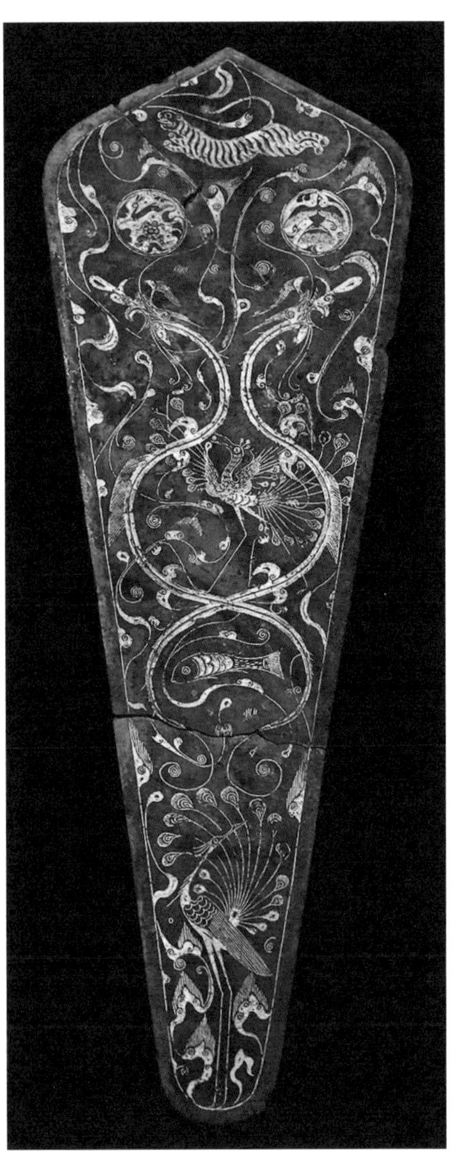

图 5-2-10　汉代马车错金银当卢（江西南昌海昏侯墓出土）

图 5-2-9　插画师倪传婧借鉴汉代纹样完成的插画作品

图 5-2-11　汉代鎏金翼马纹铜当卢纹样卫衣（贾玺增作品）

在 2015 年荣获美国福布斯艺术榜“30 under 30”（30 位 30 岁以下）艺术榜的中国香港插画师倪传婧（Victo Ngai）曾借鉴汉代马车错金银铜车伞铤纹饰纹样进行插画创作（图 5-2-9）。

汉代青铜器凤纹也颇具特点，其整体造型风格严谨，高冠圆眼，尖喙长颈，张嘴衔丹，腿长爪细，翅膀与尾部有长翎，弧形张开如孔雀开屏，无论是曲足后仰，还是站立昂首，多作飞鸣起舞状，表现了“凤飞鸣则天下太平”的含义。其实物如南昌西汉海昏侯刘贺墓出土汉代马车错金银当卢纹饰中的凤鸟纹（图 5-2-10）。该当卢正面上部纹饰为一只奔跑的白虎，代表的是北冥天空。其下有两圆，右圆内的凤鸟代表太阳；左圆内的玉兔、蟾蜍代表月亮。当卢下部由两条交龙贯穿，盘屈为二环：上环中凤鸟口含琅玕，展翅作歌舞状，翅、尾有花翎；下环中有一鱼。下环之下有一敛翅回首的鸾鸟。按《庄子·逍遥游》中记有“北冥有鱼，其名为鲲。鲲之大，不知其几千里也。化而为鸟，其名为鹏。鹏之背，不知其几千里也。怒而飞，其翼若垂天之云。是鸟也，海运则将徙于南冥。南冥者，天池也。”据此推测，交龙二环等描写的是从北冥到南冥的景象，也就是凤鸟—鱼—鸾鸟的相互转化。该纹样亦可作为卫衣图案进行文化衍生设计（图 5-2-11）。

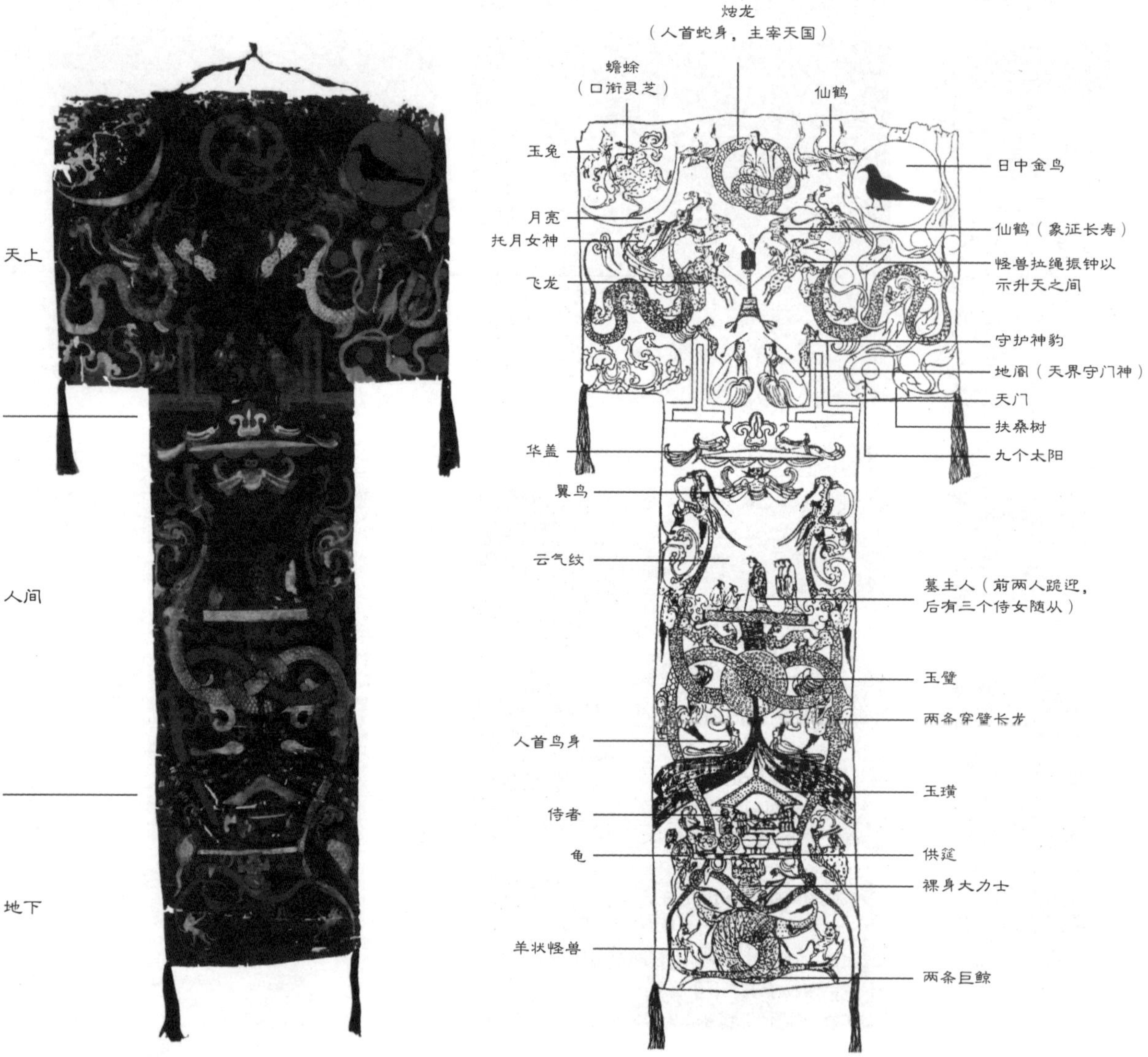

图 5-2-12　帛画（湖南长沙马王堆西汉一号墓出土）

湖南长沙马王堆西汉一号墓出土帛画纹样（图 5-2-12），长 205 厘米，上宽 92 厘米，下宽 47.7 厘米，为 T 字形，自上而下分段描绘了天上、人间和地下的景象。上段顶端正中有蛇缠立人像，鹤立其左右，左上部有内立金乌的太阳，下方是翼龙、扶桑树，右上部描绘了一女子飞翔仰身擎托一弯新月，月牙拱围着蟾蜍与玉兔，其下有翼龙与云气，体现三界神对墓主人的眷顾；蛇缠立人像下方有骑兽怪物与悬铎，铎下并立对称的门状物，两豹攀腾其上，两人拱手对坐，描绘的是天门之景。中段的华盖与翼鸟之下，是一位拄杖妇人像，其前有两人跪迎，后有三个侍女随从。下段有两条穿璧相环的长龙，玉璧上下有对称的豹与人首鸟身像，玉璧系着张扬的帷幔和大块玉璜；玉璜之下摆着鼎、壶和成叠耳杯，两侧共有七人伫立，是为祭祀墓主而设的供筵；这一场面由站在互绕的两条巨鲸上的裸身力士擎托着，长蛇、大龟、鸱、羊状怪兽分布周围。

三、服制开端

秦朝以政治专制代替文化建设，因其国祚短促，故服制建设尚不完善。秦嬴政，自称始皇，弃周之六冕不用，郊祀之服，皆以袀玄。袀玄是“玄衣绛裳”的式样。秦始皇最先将“五德终始”说运用于政治统治，他自命以水德王，改黄河为“德水”，定黑色为正色，秦朝的衣服、旌旗等皆为黑色。据《史记》卷六《秦始皇帝本纪》记载：“始皇推终始五德之传，以为周得火德，秦代周德，从所不胜。方今水德之始，改年始，朝贺皆自十月朔。衣服、旄旌、节旗皆上黑。”所谓“五德终始”，为战国邹衍始创，他将阴阳与五行相结合运用到政治上，以五行顺序周而复始解释朝代的更替运行。在西汉建立之初，由于方纲纪，大基，庶事草创，车马、服饰等全都承袭秦代制度，仅对祭祀穿袀玄做了明确规定，凡斋戒等都着玄衣、绛缘领袖、绛裤袜等。

随着政权的日趋稳定，汉政府开始尝试惩秦弊端，逐步探索建构统治意识形态之路。汉高祖刘邦采纳董仲舒的建议作仪礼制度。自景帝（公元前157年）以后，汉代官服服制日趋规范。汉武帝时，汉朝政府罢黜百家，独尊儒术，与法家相佐，杂糅阴阳五行，发展出外儒内法的治国原则。为了抬高君权，儒家学说突出了“五行”和“五方”中“土居中央”的观点，把土说成是一切元素的根本（表5-3-1，图5-3-1）。汉武帝始改汉从土德，又因中央集权制，所以土位中，故汉代尚黄。武帝元封七年（公元前104年），西汉政权确定了黄色的尊崇地位。

《后汉书·舆服志》载：“孝明皇帝永平二年（公元59年），初诏有司采《周官》《礼记》《尚书·皋陶篇》，乘舆服从欧阳氏说，公卿以下从大小夏侯氏说。”当年正月，祀光武帝明堂位时，明帝及公卿诸侯首次穿着冠冕衣裳举行祭礼，成为中国封建社会以皇权地位为中心的儒家学说衣冠制度在中国得以全面贯彻执行的开端。尽管汉代服饰制度还没有采用周代帝王的六

表5-3-1　颜色、味道、声音与五行的关系

五行	金	木	水	火	土
五色	白	青	黑	赤	黄
五味	辛	酸	咸	苦	甘
五声	商	角	羽	徵	宫

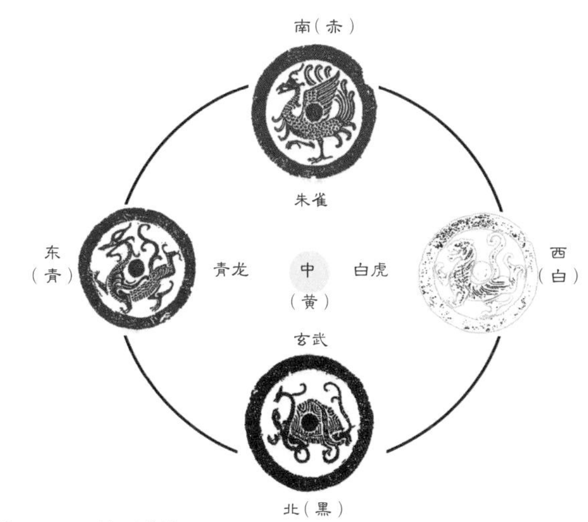

图5-3-1　五行五色图

孟春青色

孟夏赤色

季夏黄色

孟秋白色

孟冬黑色

图5-4-1　汉代彩绘陶俑

图 5-5-1　河南打虎亭汉墓壁画中头戴大手结、步摇、花钿的女性形象

图 5-5-2　帛画中女主人和侍者（湖南长沙马王堆西汉一号墓出土）

冕六服那样繁缛的服制，天子以下都以衮冕充当一切祭服，以冕旒和章纹数的递减区分贵贱，这对后世的服制建设产生了重要影响。

四、五时之色

据《后汉书·舆服志》规定，汉代皇帝服饰有祭服和常服两种。皇帝在祭祀天地明堂时，头戴冕冠，身穿有十二章纹装饰的玄色上衣和纁色下裳。当皇帝祀宗庙诸祀时，头戴长冠，外穿玄色绀缯深衣，绛缘领袖的中衣和绛色绔袜。当皇帝头戴通天冠时，身穿深衣形式的袍服，其色彩随季节变化，时称“五时色”，即“孟春穿青色，孟夏穿赤色，季夏穿黄色，孟秋穿白色，孟冬穿黑色”（图 5-4-1），一年五次更换官服服色。五行五色观念源自中国先民在长期农耕生活中，需要对自然方位做出识别和选择。将其应用于服色制度，是“天人合一”观念在服饰文化上的显现。这使中国古人在心理上与客观自然建立了相互对应的内在联系。

五、命妇礼服

据《后汉书·舆服志》记载，汉代命妇朝、祭同服，即自二千石夫人以上至皇后的朝服都用助蚕时的服饰。其形制皆为深衣制的袍服，并在领、袖的部位饰以锦缘边，即所谓“隐领袖，缘以绦”。太皇太后、皇太后入庙穿绀（深青中有赤色）上皂下的深衣制袍服；助蚕穿青上缥下的袍服。蔮粍帼，即以蔮粍为廓匡，覆于假结之上。头上横簪，以安帼结。簪以橶瑁为擿，长一尺，其一端为华胜，上有以翡翠为毛羽的凤凰，凤凰嘴衔垂白珠，垂黄金镊左右各一个。此外，头上还有耳珰垂珠的珥。

皇后谒庙、助蚕的服饰与前者相同。惟用假结和步摇、簪珥。步摇以黄金为山题，贯白珠为桂枝相缪。一爵九华，熊、虎、赤罴、天禄（头上一角者）、辟邪（头上二角者）、南山丰大特（即南山丰水之大牛）六兽，即《周礼》中所谓的“副笄六珈”。黄金为山题，为白珠珰绕，以翡翠为华云。诸爵兽皆以翡翠为毛羽。

贵夫人助蚕，穿纯上缥（淡青色）下的深衣制袍服。大手结，墨橶瑁，又加簪珥。

长公主见会衣服，加步摇，公主大手结，皆有簪珥，衣服同制。所谓“大手结”应是指绾发成髻，“簪珥”是发笄之类。其形象应与河南打虎亭汉墓壁画中的女性头饰相类似（图 5-5-1）。

自公主封君以上皆带绶，以采组为绲带，各如其绶色。黄金辟邪，首为带鐍，饰以白珠。公、卿、列侯中二千石、二千石夫人，绀缯帼，黄金龙首衔白珠，鱼须擿，长一尺，为簪珥。入庙助祭，皂绢上下；助蚕，缥绢上下，皆深衣制，缘。

公主、贵人、妃以上，嫁娶得服锦绮罗縠缯，采十二色，重缘袍。此时，衣襟绕襟层数又有所增加，下摆部分肥大，腰裹得很紧，衣襟角处缝一根绸带系在腰或臀部，如湖南长沙西汉马王堆一号墓出土帛画中女主人服装形象（图 5–5–2）。

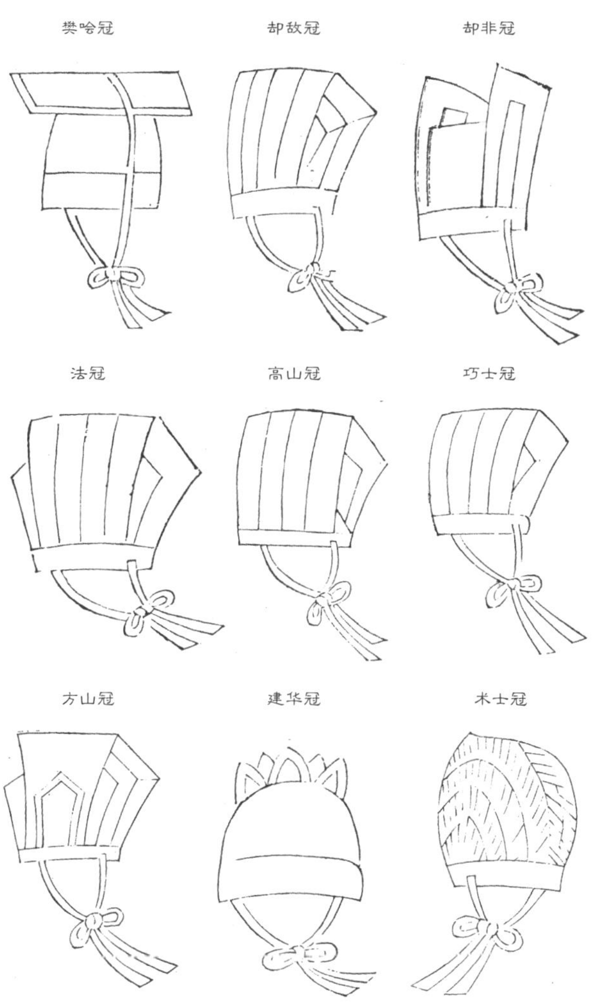

图 5–6–1　明代《三才图会》中汉代部分冠帽式样

六、冠帽制度

汉代时期，官员服饰上的等级差别标识主要为冠帽和佩绶。前者主要以职务区分为主，后者主要以官阶等级区分为主。

冠帽是汉代官服等级区分的主要标志。在汉代的首服制度中，有冕冠、长冠、委貌冠、皮弁冠、爵弁冠、建华冠、方山冠、巧士冠、通天冠、远游冠、高山冠、进贤冠、法冠、武冠、却非冠、却敌冠、樊哙冠、术氏冠、鹖冠十九种之多。明代《三才图会》中有汉代部分冠帽式样（图 5–6–1）。

在汉代冠帽制度中，从冕冠至巧士冠属祭服类，从通天冠至术士冠属朝服类。汉朝政府根据不同的用途和等级分赐给官员，如文官戴进贤冠，武官戴武弁大冠，中外官、谒者、仆射戴高山冠，御史、廷尉戴法冠，宫殿门吏仆射戴却非冠，卫士戴却敌冠。因此，人们可以通过所戴冠帽清楚地辨识其社会身份，戴不属于自己等级身份的冠无疑是严重违反礼规的行为。汉昭帝时，昌邑王刘贺让奴仆戴高山冠，被认为是“暴尊”的不祥行为。

长冠，又称“斋冠”“刘氏冠”“鹊尾冠”“竹皮冠”，高七寸，广三寸，以竹为里（图 5–6–2）。因其为汉高祖刘邦地位卑微时所创之冠，故在祀宗庙戴此冠，以示对汉高祖的尊敬。因其外形与鹊尾相似，民间又有“鹊尾冠”之称。它是汉代最具时代特点的冠式，意大利时装品牌乔治 · 阿玛尼

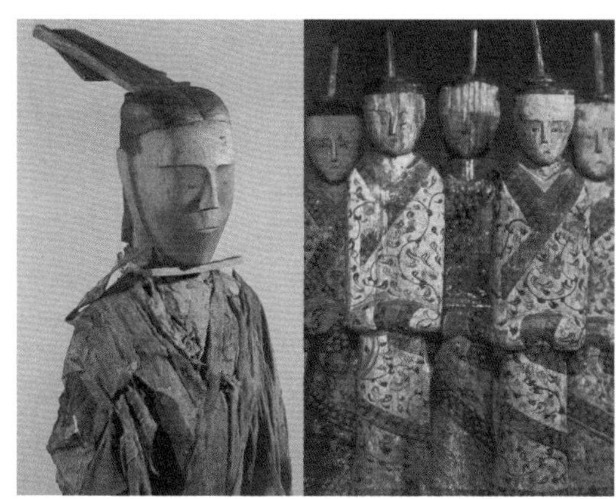

图 5–6–2　头戴长冠的彩绘木俑（湖南长沙马王堆西汉墓出土）

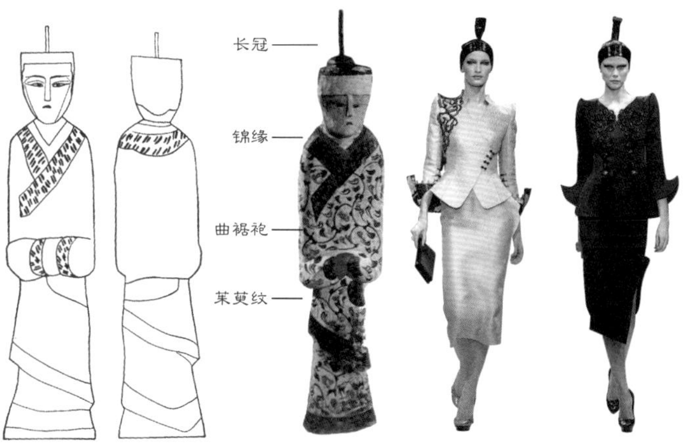

图 5–6–3　Giorgio Armani 2009 春夏高级定制服装（模特头部造型模仿西汉马王堆彩绘木俑头部长冠）

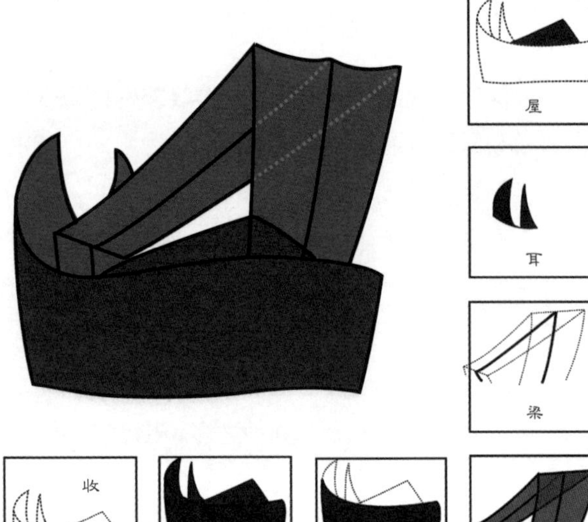

图 5-6-4 汉代进贤冠示意图（贾玺增绘制）

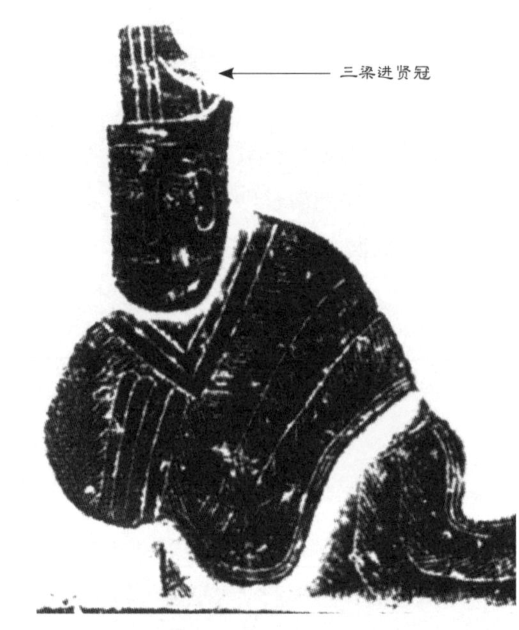

图 5-6-5 东汉画像石中头戴三梁进贤冠形象

（Giorgio Armani）2009 春夏高级女装中就有以此为发式造型的设计（图 5-6-3）。

进贤冠（图 5-6-4），自汉代开始，进贤冠历南北朝、隋唐，迄宋、明（明代不用进贤之名而改称梁冠），沿用不衰。进贤冠，不仅是“群臣冠也”，也是古代文儒圣贤的一种标志，因古代文职官吏，有向朝廷荐引能人贤士的责任，故以“进贤”名之。西汉时进贤冠只是侧面透空、无帻衬托的“之”字形或“三角”形的“持发”的工具。汉元帝始，戴帻渐成风气，进而进贤冠被衬托在介帻上，两者结合成为整体（图 5-6-5）。不同的官职，所戴进贤冠的梁数有所区别，即“梁数随贵贱”。西晋时，进贤冠后部的耳变得很高，其式样如 1958 年湖南长沙金盆岭九号晋墓出土文官陶俑的进贤冠（图 5-6-6）。

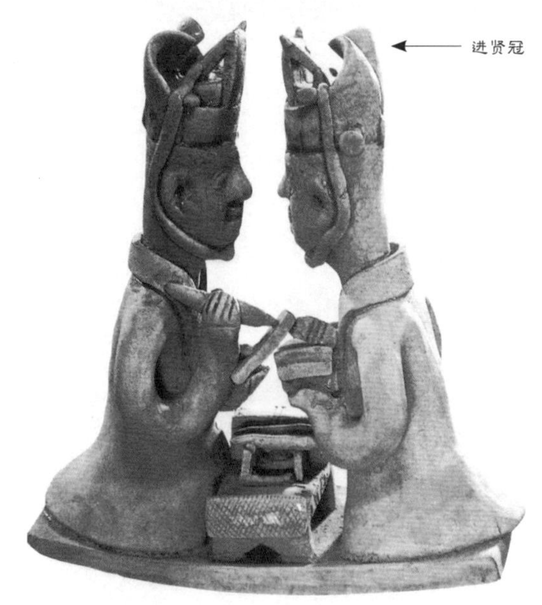

图 5-6-6 陶俑之进贤冠（湖南长沙金盆岭九号晋墓出土）

委貌冠，以皂绢为之，与皮弁应是同形，只是一为制以皂绢，一为制以鹿皮。

建华冠，外形应为上丰下狭之状。

方山冠，形似进贤，以五彩縠做成。祭祀宗庙《大予》《八佾》《四时》《五行》乐人服之。

巧士冠，前高七寸，要后相通，直竖。在汉代，该冠为黄门侍从官等在郊天之仪，或为帝王卤簿车前侍卫所用。

高山冠，亦称侧注、仄注冠，与通天冠相似，为中外官、谒者、仆射的冠帽。该冠为战国时期齐王所用。秦灭齐以后，以其君冠赐近臣谒者服之。

法冠，亦称柱后，是执法近臣御史所戴之冠，模拟獬豸的形象为冠，在战国时已经出现。秦始皇建立秦国后，收而用之。汉代承袭秦制，赐执法者服之。

却非冠，据《后汉书·舆服志》载：“制似长冠，下促。宫殿门吏仆射冠之。负赤幡，青翅燕尾，诸仆射幡皆如之。”其冠与长冠相似，冠体下部狭小。冠后有“赤幡”呈“青翅燕尾”，即冠后饰红色飘带两条，一左一右，两旁分列，如燕尾状。

却敌冠，据《后汉书·舆服志》载：“前高一寸，通长四寸，后高三寸，制似进贤，卫士服之。”其冠只言形制，未言材质，应与进贤冠相似，为一倒梯形之状，上博下狭之状，覆于戴者头上。

樊哙冠，据《后汉书·舆服志》载：“广九寸，高七寸，前后出各四寸，制似冕。司马殿门大难，卫士服之。”似冕，略宽二寸，无旒。史载为汉将樊哙以铁楯裹布所创。

七、被体深邃

汉代服装主要有深衣、襜褕、袍、禅衣、褠、襦、衫等款式。其中深衣、襜褕、袍、衣均属男女同服、上下分裁的一体式服装。它们在继承了自商周以来形成的交领、右衽、缘饰、衿带等基本结构外，还具有多层穿衣，即“三重衣”的时代特征（图5-7-1）。第一层是外衣，也称表衣；第二层是中衣，隋唐后称中单；第三层是内衣，也称小衣。这三层袍服的彩色缘边分别在领口、袖口等处逐层显露，形成了丰富的层次对比。

男式深衣至东汉时已经罕见，代之而兴的是直裾长衣，也叫“襜褕”。襜褕较肥大，更合身一些的称“袍”，在东汉时已流行。《后汉书·舆服志》载：“今下至贱更小吏，皆通制袍。”

东汉以前，袍服只是燕居时穿的一种日常便装。到了正式场合，汉人要在袍服外加罩表衣（深衣或襜褕）。到了东汉，袍服的地位逐渐上升，由内衣演变成外衣，并最终取代了深衣和襜褕，在一些隆重场合，如朝会、礼见时也可穿用。因为穿在外面，所以制作工艺讲究了许多。其领、袖、襟、裾等处多以丝绸缘边，即“衣作绣，锦为缘”，如西汉马王堆就有身穿曲裾缘边袍服的木俑出土。此外，一些贵族妇女还在袍服的边缘处施以重彩，绣上各种各样的花纹。袍服缘饰称“纯”“缘”或“禩”。其原因在于中国古代袍服衣身宽大、材料轻薄，加锦缘不仅可以起到装饰作用，还能作为服装的骨架，使衣摆不至裹缠身体，妨碍行动（图5-7-2）。

为了御寒，袍服多有夹层。如果夹层是新丝绵称为“茧”，若是絮头或细碎枲麻等，则称为“缊”。汉代袍服的袖身多宽大，由袖身向袖口呈弧状逐渐上收。袖口窄小的边缘部分被称为“祛”；袖身宽的部分被称为“袂”，又因其形状与牛颈部相似，

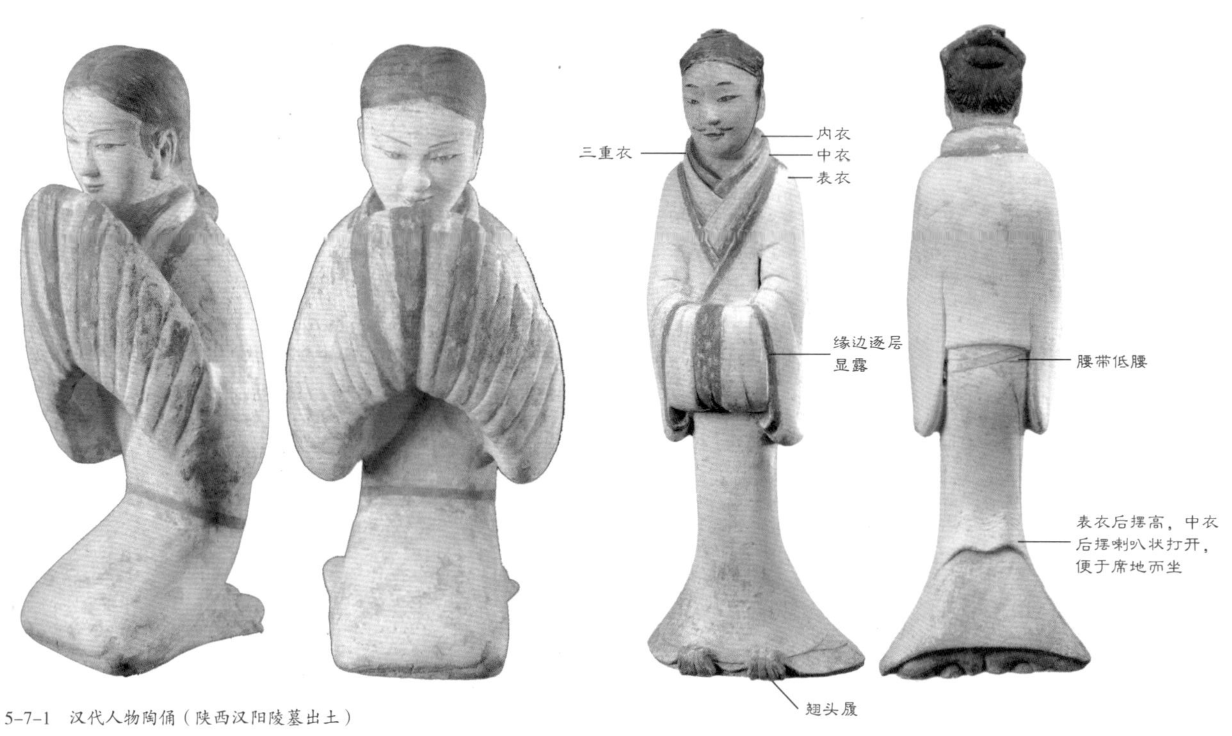

图 5-7-1　汉代人物陶俑（陕西汉阳陵墓出土）

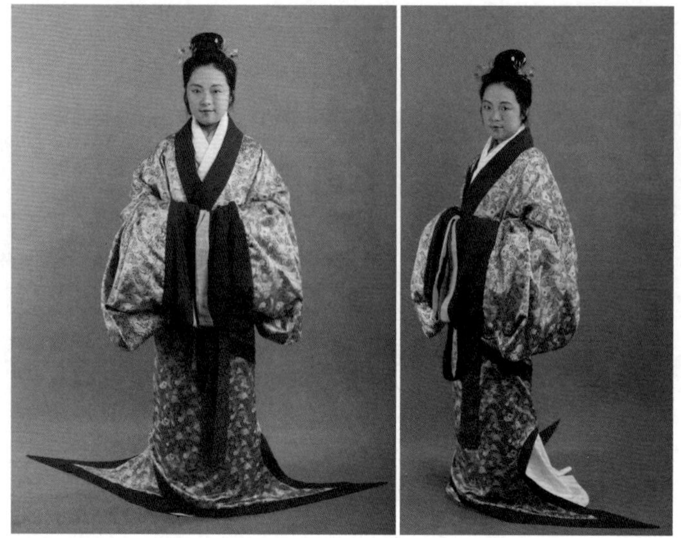

图 5-7-2　曲裾袍复原（琥璟明）

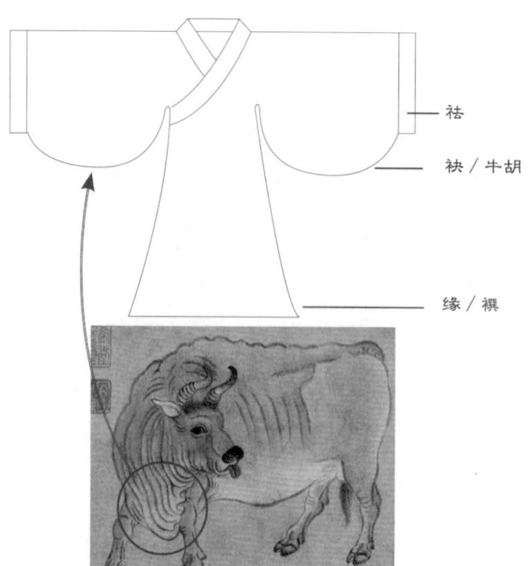

袪
袂／牛胡
缘／禩
图 5-7-3　汉代袍服袖身部位名称

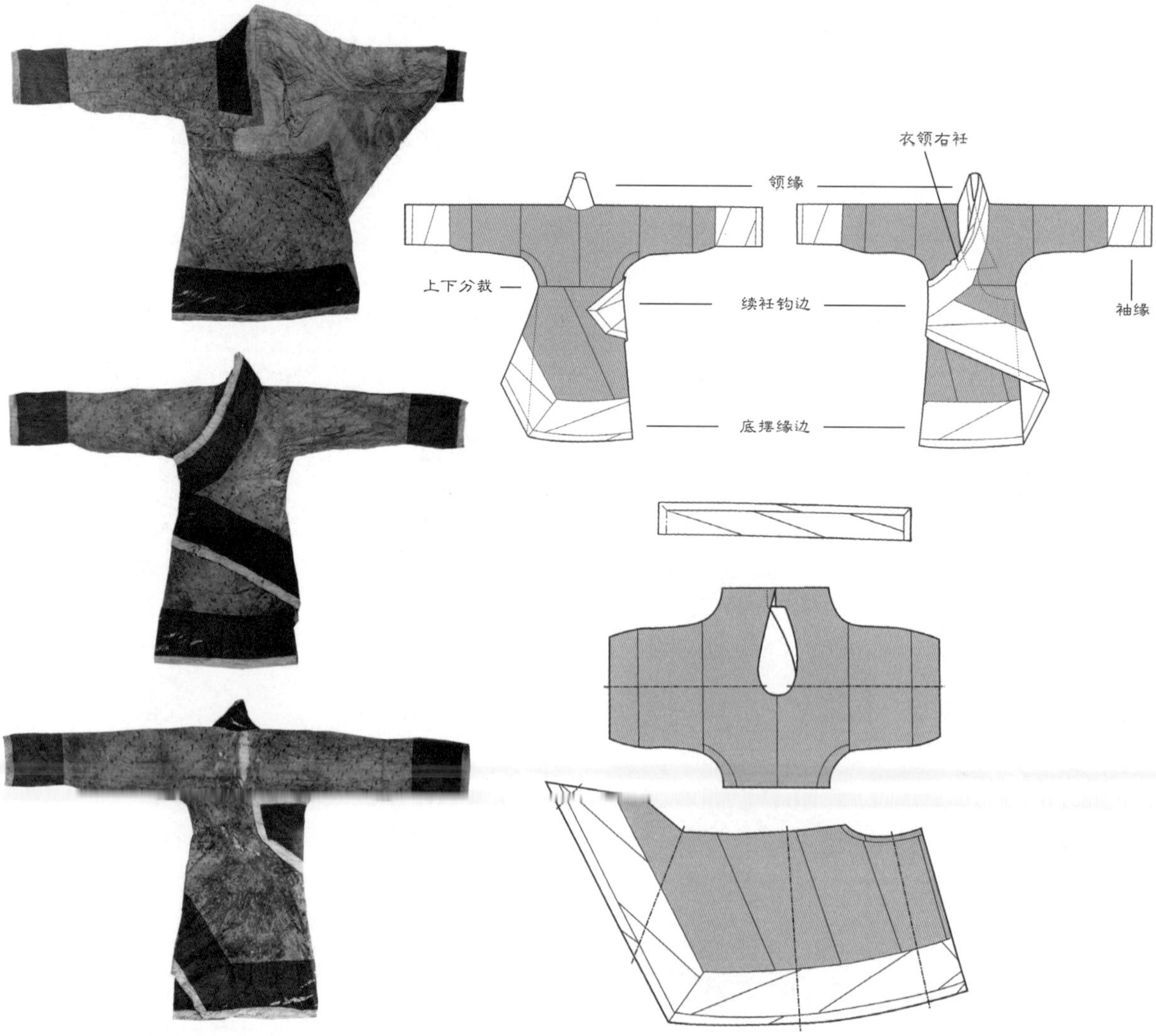

衣领右衽
领缘
上下分裁
续衽钩边
袖缘
底摆缘边
图 5-7-4　“信期绣”褐罗绮绵曲裾袍及结构图（湖南长沙马王堆西汉墓出土）

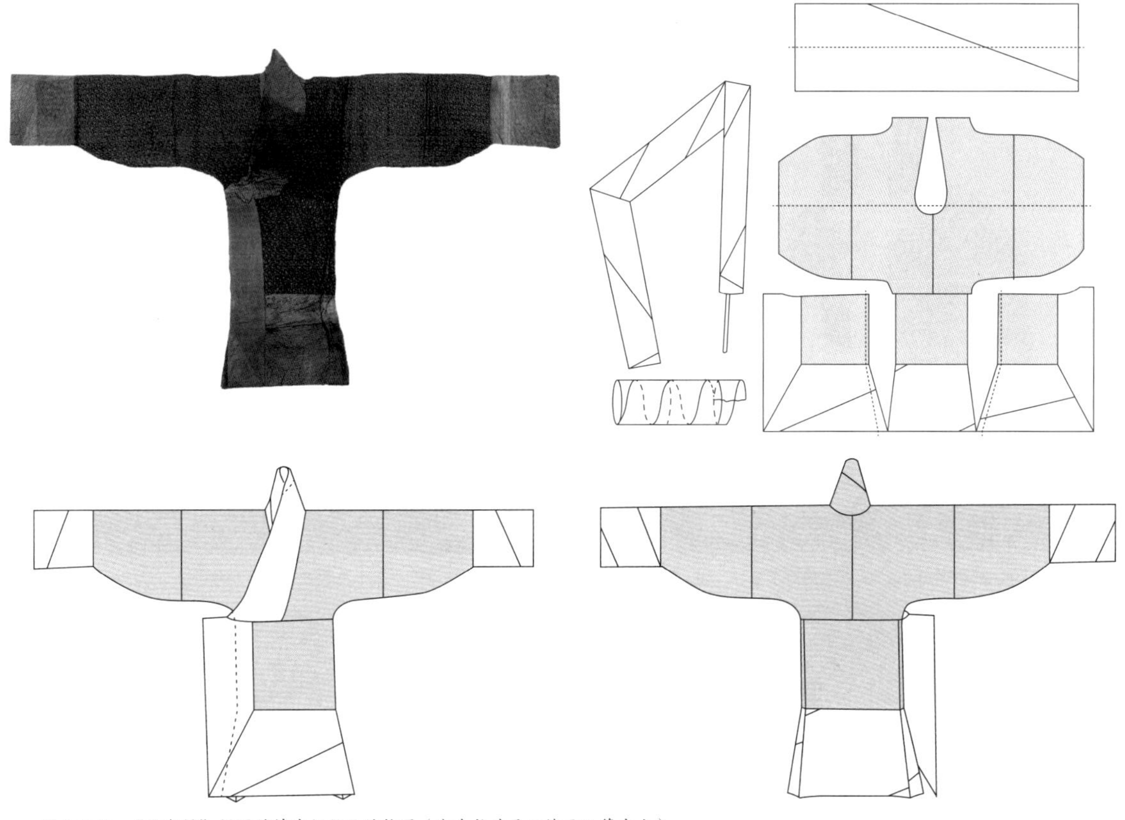

图 5-7-5 “信期绣”褐罗绮绵直裾袍及结构图（湖南长沙马王堆西汉墓出土）

故又被称为“牛胡”（图 5-7-3）。牛胡本指牛颈部下垂的部分，引申指衣袖肘部宽博之处。其式样如湖南长沙马王堆西汉墓出土的曲裾袍和直裾袍。

曲裾袍的上衣为正裁六片，身部两片宽各一幅，两袖各二片，内一片宽一幅，一片宽半幅，六片拼合后，再将腋下缝起，即所谓“衣务”。领口挖成琵琶形。袖口宽 28 厘米，袖筒较肥大，下垂呈弧状。下裳部分斜裁共四片，各宽一幅，按背缝计，斜度角为 25°。底边略做弧形。里襟底角为 85°，穿时掩入左侧身后。外襟底角为 115°，上端长出 60°衽角，穿时裹于胸前，将衽角折往右侧腋后。袍领、襟、袖均用绒圈锦斜裁拼接镶缘，再在外沿镶绢条窄边（图 5-7-4）。

直裾袍上衣部分正裁共四片，身部两片，两袖各一片，宽均一幅。四片拼合后，将腋下缝起。领口挖成琵琶形，领缘斜裁两片拼成，袖口宽 25 厘米，袖筒较肥大，下垂呈弧状。其展开内部结构式样以“信期绣”褐罗绮绵袍为例（图 5-7-5）。袖缘宽与袖口略等，用半幅白纱直条，斜卷成筒状，往里折为里面两层，因而袖口无缝。下裳部分正裁，后身和里外襟均用一片，宽各一幅。长与宽相仿。下部和外襟侧面镶白纱缘，斜裁，后襟底缘向外放宽成梯形，底角成 85°，前襟底缘右侧偏宽。

八、佩绶制度

绶，又称“绂”和“组（组绶）”，是指以丝缕编成的带子。组是官印上的绦带，绶是用彩丝织成的长条形饰物，盖住装印的鞶囊或系于腹前及腰侧，故又称“印绶”。古代服饰中，绶既具有实用意义，又具有装饰功能。山东汉代画像砖《齐王赠绶钟离春》中的齐王手中托举的就是绶带（图 5-8-1）。丑女钟离春是战国时代齐国无盐人氏，奇丑无比，年四十未嫁，但德才兼备，一心关心国家大事。齐宣王自恃其强，耽于酒色，使得齐国走向衰败。钟离春为了拯救国家，进谏齐宣王，陈述齐国危难四点，为宣王采纳，拆渐台，罢女乐，退谄谀，进直言，选兵马，实府库，齐国大安。后齐宣王立钟离春为王后。

从绶的起源来看，最初是作为连结玉器的实用物品，后来才逐渐演变成附属于祭服、朝服等礼服

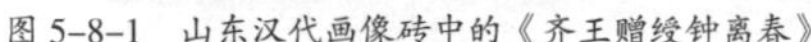
图 5-8-1　山东汉代画像砖中的《齐王赠绶钟离春》

图 5-8-3　尼雅组带围巾（胭脂刀作品）

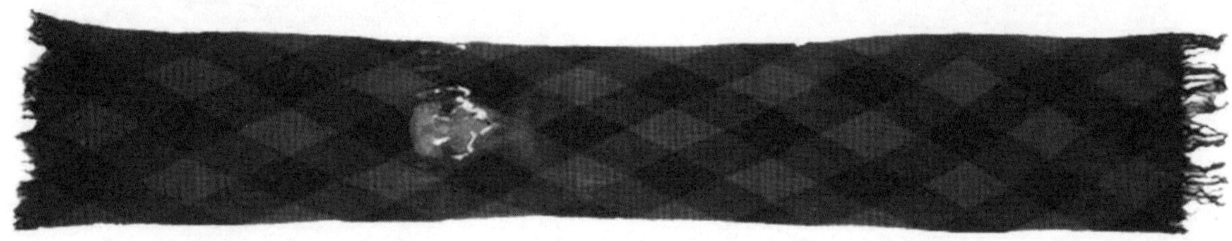
图 5-8-2　1995 年新疆民丰县尼雅遗址发掘的组带

上的装饰品。在演变过程中，无论其功能还是形状，都发生了极大的变化。

汉代在基本沿承了秦代绶制的同时，绶的用途却有所扩大，不仅连结佩玉，而且作为佩刀、双印之饰。《后汉书·舆服志》载："汉承秦制，用而弗改，故加之以双印佩刀之饰。"汉代佩绶制度明确，其颜色、长度、密度都有严格的身份区别。地位越高，绶带越长，颜色越繁丽，织品的质地也越紧密（表 5-8-1）。其实物在尼雅遗址发掘的组带，每 1 厘米宽度平均约为 38.4 根线，该实物为 25 厘米宽度，约有 960 根线表里互相交织着双层组织（图 5-8-2）。中国服饰文创品牌胭脂刀以文创围巾的形式展现了尼雅组带（图 5-8-3）。

表 5-8-1　汉绶制度

身份	绶					縌	玉环
	名称	文彩	长度	密度	幅		
皇帝、太皇太后、皇太后、皇后	黄赤绶	四彩：黄赤缥绀；淳黄圭	二丈九尺九寸：690.7 厘米	500 首：10000 糸	一尺六寸：37 厘米	三尺二寸：73.9 厘米；与绶同彩而首半之。幅度同绶	有
诸侯王、长公主、天子贵人	赤绶	四彩：赤黄缥绀；淳赤圭	二丈一尺：485.1 厘米	300 首：6000 糸			有
诸国贵人、相国	绿绶	三彩：绿紫绀；淳绿圭		240 首：4800 糸			有
公、侯、将军、公主封君	紫绶	二彩：紫白；淳紫圭	丈七尺：392.7 厘米	180 首：3600 糸			有
九卿、中二千石、二千石	青绶	三彩：青白红；淳青圭		120 首：2400 糸			无
千石、六百石	黑绶	三彩：青赤绀；淳青圭	丈六尺：369.6 厘米	80 首：1600 糸		一尺二 23.1 厘米；与绶同彩而首半之。幅度同绶	无
四百石、三百石	黄绶	一彩：（黄）		60 首：1200 糸			无
二百石	黄绶	一彩：淳黄圭	丈五尺：346.5 厘米	60 首：1200 糸			无
百石	青绀纶	一彩：宛转缪织	丈二尺：277.2 厘米	—		无	无

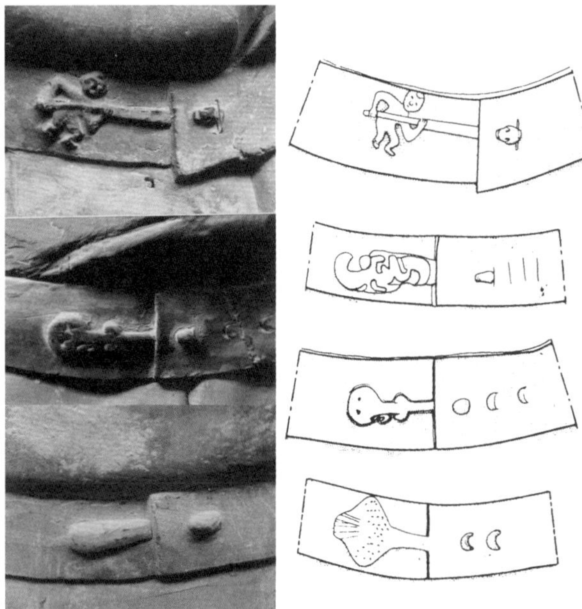
图 5-9-1 陕西西安秦始皇兵马俑的带钩

图 5-9-2 青铜鄂尔多斯虎首带钩

图 5-9-3 猿形银带钩（山东曲阜鲁故城出土）

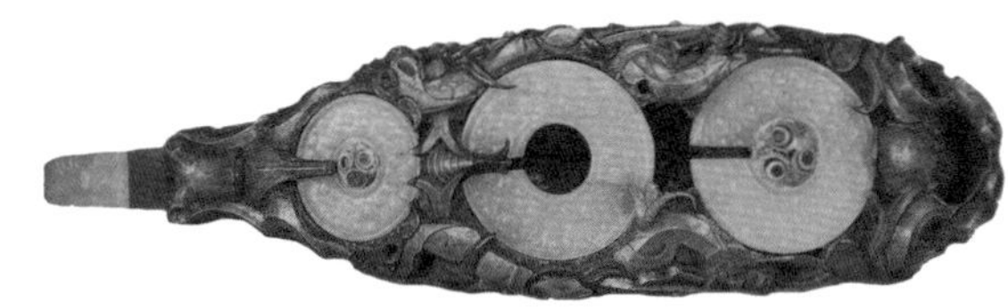
图 5-9-4 战国鎏金嵌玉镶琉璃银带钩

九、革带带钩

在秦汉以前，革带主要用于男装，妇女一般多系丝带，即《说文·革部》所载："男子革鞶，妇人带丝。"革带中最具特点的应属带钩。带钩的使用顺序是先将铜钮插入皮带一端的钮孔，钩背朝外，钩弦与腰带的弧度贴合。带钩的钩头钩住皮带另一端的钩孔即可。带钩的作用，除装在革带的顶端用以束腰外，小的带钩也可用作衣襟的挂钩，还可装在腰侧用以佩刀、佩剑，钩挂镜囊、印章、刀剑、钱币等杂物。

带钩最初多用于甲胄类戎服。后因带钩结扎比绅带更方便，故转用到贵族王公的袍服上。由于要露在外面，所以带钩造型就颇受重视（图 5-9-1），制作也自然精良，成为一种互相攀比的时尚，以至《淮南子·说林训》中有："满堂之坐，视钩各异"的记载。汉代人称带钩为"师比"或"犀毗"。它是微屈的长条形或琵琶形，钩钮连体，长短不一，一般约为 10 厘米。战国时期的带钩，长短不一，最长约半米，如湖北江陵望山一号墓出土的错金铁带钩弧长达 46.2 厘米、宽达 6.5 厘米，最小仅 2 厘米。

中国古代带钩的造型可分为琵琶形、曲棒形、反勺形、耜形和鸟兽形五种。其中，鸟兽形如青铜鄂尔多斯虎首带钩（图 5-9-2）、山东曲阜鲁故城出土的猿形银带钩（图 5-9-3）。后者通长 16.7 厘米，猿作振臂回首状，身微拱，目嵌蓝色料珠，通体贴金，背有一圆钮。工艺更复杂的是战国鎏金嵌玉镶琉璃银带钩（图 5-9-4），白银铸造，通体鎏金，整体长 18.4 厘米，宽 4.9 厘米，钩身铸出浮雕式的兽首和长尾鸟，兽首分列钩身前后两端，作相背的对称排列，形似牛首，而双耳作扁环状，长尾鸟居钩身左右两侧，体修长呈 S 形，钩身正面嵌饰白玉三枚，表面线刻谷纹，中心嵌一粒"蜻蜓眼"玻璃彩珠，钩身前端又镶入用白玉制成鸿雁首形的弯钩作钩首，其上用阳线雕出鸿雁的口、眼等细部。

南北朝以后，一种新型的腰带"蹀躞带"（铰具、带扣）代替了钩络带，带钩逐渐消失，出土明显减少。

十、联结裙幅

汉代妇女除穿着襜褕、禅衣、袍、襦等袍服饰外，日常多为上衣下裙的形式，如《后汉书》记载明德马皇后常着大练（大帛）裙。

汉代以后，人们把裳的前后两个衣片连缀起来，这就是人们所说的“裙”。“裙”是“群”的同源派生词，意思是将多（群）幅布帛连缀到一起，成一个筒状，故刘熙《释名》释“裙”为“联结群幅也”。湖南长沙马王堆西汉墓出土的女裙正与此相互印证（图 5-10-1）。湖南长沙马王堆西汉墓出土女裙两件（图 5-10-2），长 87 厘米，腰宽 145 厘米，下摆宽 193 厘米，接腰宽 3 厘米，均用宽一幅的绢四片缝制而成。四片绢均为上窄下宽，居中的两片宽度相同，稍窄；两侧的两片宽度相同，稍宽。上部另加裙腰，两端延长成为裙带。考察陕西西安秦始皇兵马俑可知，男性也可将这种形制的短裙当作内衣穿着（图 5-10-3）。

从形成的时间上看，裳在前，裙在后。“裙”字是汉代才出现的字。两者可能有一段短暂的并行时期，但东汉以后，穿裙的妇女日益增多，裙子的款式也日新月异，如《飞燕外传》中记载飞燕下身穿南越献贡的云英紫裙，后宫效仿其裙而襞裙为绉，称为“留仙裙”。裙和襦、袄组合起来，成为中国古代妇女服装中最为普遍的一种形式，与袍、衫等服相容并蓄，流行了十几个世纪。

十一、长袖交横

楚国宫廷尚长袖舞，汉人继承楚人艺术，使得长袖舞更为盛行。舞女多是长袖细腰，有的腰身蜷曲，能使背后蜷成环状。汉人傅毅《舞赋》所载“华袿飞髾，长袖交横，体若游龙，袖如素霓”，就是形容长袖细腰的舞女体如游龙，袖如素霓。汉代刘邦妃子戚夫人的翘袖折腰之舞正是这种舞姿的体现。

汉乐府《娇女诗》记载：“从容好赵舞，延袖象飞翮。”“延袖”就是指长袖。汉代长袖乐舞女子形象如 1983 年广东省象岗南越王墓出土的西汉玉雕舞女像（图 5-11-1），头右侧梳螺髻，身穿长袖衣，扭腰合膝呈跪姿，舒展广袖，作长袖曼舞状。此类形象又如私人收藏汉代玉雕舞女像（图 5-11-2）。玉雕舞女像是汉代颇具特色的佩饰之一，它在佩戴时往往与其他玉饰一同组成串饰，挂佩于腰间或胸前。其外形飘飘欲仙，迎合了汉人神仙漂游翱翔的思想。

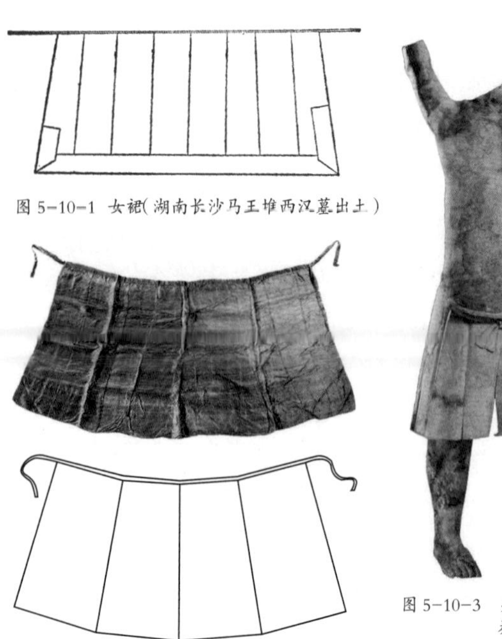

图 5-10-1　女裙（湖南长沙马王堆西汉墓出土）

图 5-10-2　女裙（湖南长沙马王堆西汉墓出土）

图 5-10-3　身穿裙式内衣的秦始皇兵马俑人俑

图 5-11-1　西汉玉雕舞女像（广州象岗南越王墓出土）

图 5-11-2 汉代玉雕舞女像

图 5-12-1 素纱禅衣（湖南长沙马王堆西汉墓出土）

十二、与子同泽

中国古人在燕居独处时穿的贴身便服被称为亵衣，即《说文》所载“亵，私服也。”亵衣也称“小衣”或“肋衣”。因是私下所穿，所以不能穿于大庭广众场合，故《礼记·檀弓下》记载：“季麋子之母死，陈亵衣。敬姜曰：‘妇人不饰，不敢见舅姑，将有四方之宾来，亵衣何为陈于斯？’”又因其贴身穿着，有吸汗的作用，故也称“泽”，如《诗经·秦风·无衣》所载“岂曰无衣，与子同泽。”汉代人称之为“汗衣”或“汗衫”。

在汉代，还有一种内穿的禅衣，刘熙《释名·释衣服》载：“襌衣言无里也。有里曰复，无里曰禅。”又，许慎《说文》载：“襌衣不重。”有时，禅衣也简写作单衣，《后汉书·马援传》载：“公孙述更为援制都布单衣。”在 1972 年湖南长沙马王堆西汉墓出土的文物中，就有三件薄如蝉翼、轻若烟雾，仅重 49 克的单层长衣，出土遣册记为“素纱禅衣”（图 5-12-1）。其上衣部分为正裁四片，宽各一幅，下裳部分也是正裁四片，宽各大半幅。两袖无胡，袖缘和领缘均较窄，底边无缘。此外，白绢单衣的裁缝方法，与曲裾绵袍大体相同。面为单层，缘为夹层，但外襟下侧和底边的缘内，絮有一层薄丝绵，以使单衣的下摆挺直。禅衣轻薄，一般适用夏季，服用时贴身吸汗，透气、凉爽。

中国古代内衣，简单者只以一块布帕裹腹，名曰“帕腹”，在其两侧缀以系带可称“抱腹”，再加以肩带的则称“心衣”。南北朝时有一种称作“袜”的女用内衣。隋炀帝杨广在《喜春游歌》中有“锦袖淮南舞，宝袜楚宫腰”的诗句，咏的就是这种内衣。唐代流行一种束于胸部的无带女用内衣即“诃子”。

十三、最亲身者

文献记载，汉人下身穿胫衣或开裆裤（时称“袴”），如湖北江陵马山一号楚墓中出土的开裆绵裤（图 5-13-1）。素绢为裹，中间薄絮丝绵。面料两片，合缝后以丝带压缝为饰。下端襞积为裥，收接于条纹锦紧口袴缘。袴总长 116 厘米，宽 95 厘米，由袴腰、袴腿和口缘三部分组成。袴腰高 45 厘米，全长 123 厘米，用四片等宽的本色绢横连，后腰开口不闭合。袴腿以朱绢为面，上绣凤鸟串枝花样。上部、外侧接袴腰，内侧（即后身半幅的四片）上沿略低，绲边无袴腰，而在近裆处留缝嵌入一方长 12 厘米、宽 10 厘米的绢片，折叠后形成一个向中轴线斜伸的三角形分裆。制作时，可能在两袴腿完成之后，再将前腰中缝调整并合。虽然是开裆裤，但在实际穿着时，裤腰能够重叠交合，闭合性好，还减少了交叠的厚度，是非常好的设计。

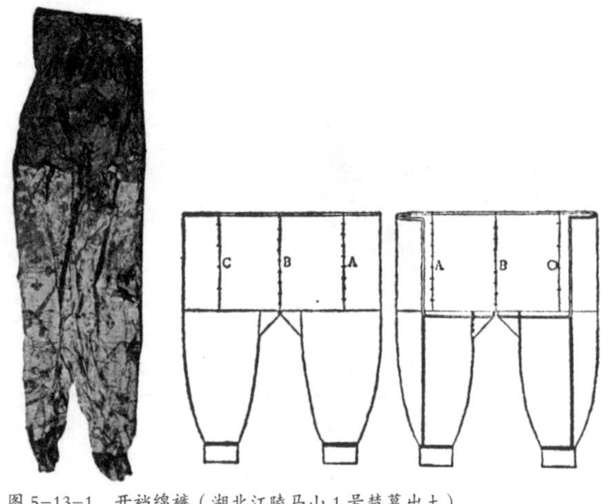

图 5-13-1　开裆绵裤（湖北江陵马山 1 号楚墓出土）

图 5-13-2　西汉空心砖上穿穷绔和短褠武士形象

图 5-13-3　身穿合裆裤的汉代击鼓说唱陶俑

图 5-13-4　鎏金铜饰扣上的舞蹈人物（云南晋宁石寨山出土）

图 5-13-5　百褶裤（新疆营盘出土）

汉代人一般短襦搭配穷绔，其形象如西汉空心砖上的武士像（图 5-13-2）。为了御寒，有的裈内絮绵、麻等物，时称"复裈"。汉代击鼓说唱陶俑就穿着复裈（图 5-13-3）。在一些少数民族地区，裤子也比较流行，如云南晋宁石寨山出土的鎏金双人盘舞铜饰扣上的舞蹈人物就穿着裤子翩翩起舞（图 5-13-4）。此外，新疆营盘出土的百褶裤（图 5-13-5）、新疆尼雅遗址出土的东汉"王侯合婚锦"男裤（图 5-13-6）和"长乐大明光"锦女裤（图 5-13-7）都属于外穿之裤。

除了长裤，汉人还穿一种叫"犊鼻裈"的贴身短裤。对于汉代礼仪，在公众场合穿"犊鼻裈"是一种极失身份的行为。《史记·司马相如列传》记载："文君夜亡奔相如，相如乃与驰归成都。家居徒四壁立……相如与俱之临邛，尽卖其车骑，买一酒舍酤酒，而令文君当垆。相如身自著犊鼻裈，与保庸

图 5-13-6　东汉"王侯合婚锦"男裤（新疆尼雅遗址出土）

图 5-13-7　"长乐大明光"锦女裤（新疆尼雅遗址出土）

杂作，涤器于市中。”司马相如身穿短裤在街市上忙碌，除了方便干活之外，还有让岳父卓王孙难堪的目的。最终，卓王孙受不了闺女和女婿如此抛头露面，给了他们一大笔钱。《集解》引三国韦昭《汉书注》：“犊鼻裈三尺布作，形如犊鼻。”根据韦昭的解释，这种短裤上宽下狭，两头有孔，以使承受双股的贯串，与犊鼻之形十分相似，故称犊鼻裈。明代医学家李时珍则认为“犊鼻”是人体上的一个穴位，正处于腿上，因为这种短裤穿在身上，其长度恰巧至此，故以得名。山东嘉祥洪山汉墓、山东临沂沂南汉墓出土的画像石上就有穿“犊鼻裈”耕作的农夫形象。至宋明时期，其制仍存。在元代赵孟頫绘《浴马图卷》中也有身穿犊鼻裈的人物形象（图 5-13-8）。

图 5-13-8　赵孟頫《浴马图卷》中身穿犊鼻裈的人物形象

十四、席地而坐

唐代以前，中国古人一直席地而坐。室内地面铺设“筵”和“席”。筵是竹席，形制较大，是为了隔开土地，使地面清洁而铺设的，故只铺一层。“席”一般用蒲草编制，呈长方形，置于筵上，是为了防潮而垫在身下的，故可铺几重（图 5-14-1、图 5-14-2）。《礼记·礼器》说：“天子之席五重”，而诸侯用三重，大夫两重。贫苦人家可以无席铺垫，但对于贵族来说，居必有席，否则就是违礼。

座席也有许多讲究，《礼记》规定：“父子不同席”“男女不同席”“有丧者专席而坐”。已经坐在席上，对后来的尊者自表谦卑就要让席。一个有礼貌的人应该“毋踏席”，也就是当坐时必须由下而升，应该两手提裳之前，徐徐向席的下角，从下面升。当从席上下来时，则由前方下席。客人进室时，主人要先将席放好，然后出迎客人进室。如果客人来此谈话，就要把主、客所坐席相对陈铺，当中留有间隔，以便于指画对谈。一般同席读书，多系挚友，但也有因志趣不同而分开的。《世说新语》中有一则关于管宁和华歆的故事，两人同席读书，“有乘轩冕过门者，宁读如故，歆废书出看。宁割席分坐曰：‘子非吾友也。’”另外，还要求

图 5-14-1　文翁讲学图

图 5-14-2　墓主夫妇宴饮图

“席不正不坐”，是指席子的四边应与墙壁平行。古代一席坐四人，共坐时，席端为尊者之位；独坐时，则以中为尊，故卑贱者不能居中，既为人子（即尚未自立门户者），即使独坐也只能靠边。如果有五人以上相聚，则应把长者安置于另外的席上，称为“异席”。

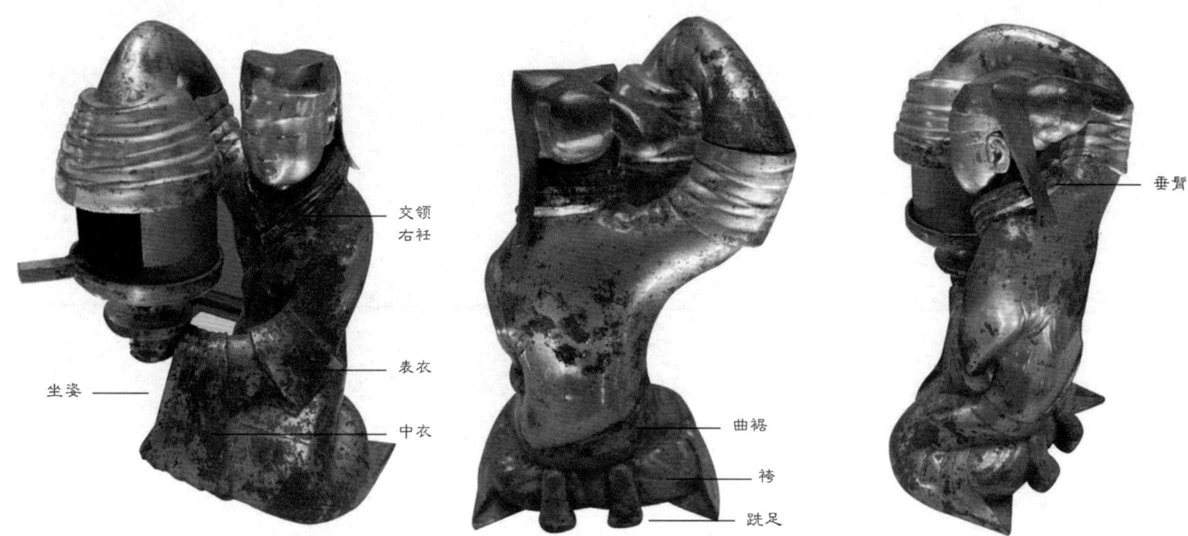

图 5-14-3 "长信宫灯"梳髻跣足侍女跪坐铜人像（河北满城汉墓出土）

古人坐的姿势是两膝着地，两脚脚背朝下，臀部落在脚踵上，如河北满城汉墓出土的"长信宫灯"梳髻跣足侍女跪坐铜人像（图 5-14-3）。如果臀部抬起、上身挺直叫跽，又称长跪，是将要站起来的准备姿势，也是对别人尊敬的表示。还有一种极随便的坐法，叫"箕踞"，其姿势为两腿分开平伸，上身与腿成直角，形似簸箕。如有他人在场而取箕踞的坐姿，是对对方的极不尊重。

十五、履袜礼节

为了避免踩踏筵席，古人有进室脱鞋的礼节，人人如此，君王也不例外。《左传·宣公十四年》记载，楚庄王闻知宋人杀死聘于齐的楚使申舟，气得"投袂而起，履及于室皇。"因为在室内不穿鞋，所以楚王气得冲出室外时，不及纳履，从者送展到前庭（即室皇）才追及。由于进室脱履，就形成了许多礼节，如《礼记·曲礼》载"侍坐于长者，屦不上于堂。解屦不敢当阶。就履，跪而举之，屏于侧。乡长者而展，跪而迁履；俯而纳屦。"

由于进室脱屦，因而就形成了与其相关的许多礼节，例如侍坐于长者，履不上于堂，解屦不敢当阶。另外，看到门外有两个人的屦，如果听不到屋内谈话的声音就不能进去，那是因为两个人小声说话不让人听见，自有隐私之事，而知道人家的私事是不礼貌的。

汉代人如果穿着曳地长袍，脚下多穿鞋尖上翘的足服，上翘的鞋尖从前面将长袍的衣摆兜起，使行走方便。其式样如湖南长沙马王堆西汉墓（共出土四双丝履）中出土的青丝岐头履（图 5-15-1），长 26 厘米，头宽 7 厘米。该双层丝履，头部呈弧形凹陷，两端昂起分叉小尖角。考察四川广汉三星堆遗址出土的青铜立人像和河南安阳殷墟墓出土的圆石雕人像，可知中国古人最初的下裳不仅并不及地，而且为了行走方便，还被做成了前短后长的式样。汉代士兵的袍摆也是如此。衣摆下降是为了增强服饰的礼仪性，而鞋尖上翘则是出于服饰的功能性需要。

魏晋时期，男女鞋履质料更加讲究，有"丝履""锦履"和"皮履"等。履的颜色也有一定制度，

图 5-15-1 青丝岐头履（湖南长沙马王堆西汉墓出土）

图 5-15-2　东晋富且昌宜侯王天延命长织成履

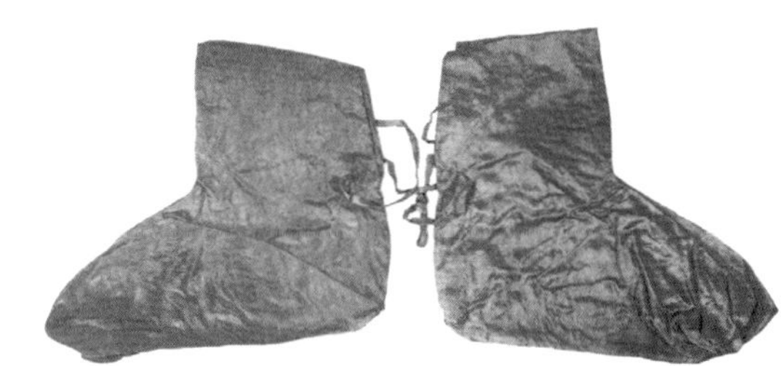

图 5-15-3　女袜（湖南长沙马王堆西汉墓出土）

图 5-15-4　红罽绣花锦袜（新疆民丰汉墓出土）

士卒百工服绿、青、白；奴婢侍服红、青。东晋织成履尤其精美，如晋人沈约诗云“锦履立花纹。”新疆吐鲁番阿斯塔那墓出土一双东晋富且昌宜侯王天延命长织成履（图 5-15-2），长 24 厘米，宽 8.5 厘米，高 4.5 厘米。圆口，呈椭圆形。履尖部织有对称夔纹。其出土时色泽如新，用红、褐、白、黑、蓝、黄、绿等多彩丝线，以“通经断纬”方法在鞋面上织隶体汉字“富且昌宜侯王天延命长”，以及瑞兽纹、散花式小菱形花纹、倒山纹、忍冬纹。鞋底用麻线编织，耐用而轻巧。

袜是足衣，又写作“韈”“韤”。现存汉代时期的袜子实物，其质料多为罗、绢、麻及织锦等。西汉时期的袜子还比较质朴，如湖南长沙马王堆西汉墓出土的两双夹绢袜（图 5-15-3），齐头，跟后开口，开口处有结系用的袜带，以双层素绢缝成，袜面用绢较细，袜里用绢稍粗。除了素色，讲究者以锦为之，如新疆民丰汉墓出土的红罽绣花锦袜（图 5-15-4），面料主体花纹是神态不一的双脚兽，平行排列在以忍冬藤蔓与花蕾变换的六列间隔之中，并填以小禽兽，还间有用绛色、白色、浅驼、浅橙和宝蓝等颜色织出“延年益寿长葆子孙”的隶书，袜口部分有一道金边，那是利用织锦本身的缘边制成，整双袜子给人以富贵、华丽之感。纹样中的动物虽已图案化，但仍然活泼可爱，有跳跃之感，这是当时织物纹样的特色之一。

古人上殿面君须脱履赤足，除非得到皇帝恩赐，如汉高祖刘邦称帝后，论功行赏，赐萧何“剑履上殿，入朝不趋”，否则将是极为失礼的行为。据《左传·哀公二十五年》记载：“卫侯为灵台于藉圃，与诸大夫饮酒焉，褚师声子袜而登席，公怒。”褚师声子解释称其脚有病，恐卫侯厌恶，因此不敢脱袜。卫侯仍以为不可，“公戟其手，曰：‘必断而足。’”直到隋代，中国古人还认为“极敬之所，莫不皆跣”（《隋书·礼仪志》）。

十六、金缕玉衣

汉代人认为玉是“山岳精英”，将金玉置于人的九窍，人的精气不会外泄，就能使尸骨不腐，可求来世再生。皇帝及部分近臣的玉衣用金线缕结，称为“金缕玉衣”，其他贵族则使用银、铜线缀编，称为“银缕玉衣”“铜缕玉衣”。

金缕玉衣，也叫“玉匣”“玉押”，是汉代皇帝和高级贵族死时穿用的殓服。玉衣结构造型与人体形状相同，是将玉石打磨成片，四角穿孔，以金线或银线、铜线连接，层层叠叠，可将尸骨严密包合。

金缕玉衣的起源可以追溯到东周的“缀玉覆面”，如1992年山西曲沃晋侯墓地31号墓出土的实物（图5-16-1），面部自上而下为眉、额、鼻、目、耳、脸颊、嘴、腮、下颌。又如1968年河北满城陵山2号墓出土的金缕玉衣（图5-16-2），由2 400多片玉片以及1 000多克金丝制成头罩、上身、袖子、手套、裤筒和鞋六个部分。玉衣内头部有玉眼盖、鼻塞、耳塞、口琀，下腹部有生殖器罩盒和肛门塞。周缘以红色织物锁边，裤筒处裹以铁条锁边，使其加固成型。脸盖上刻画眼、鼻、嘴形，胸背部宽阔，臀腹部鼓突，完全似人之体型。

图5-16-1　缀玉覆面（晋侯墓地31号墓出土）

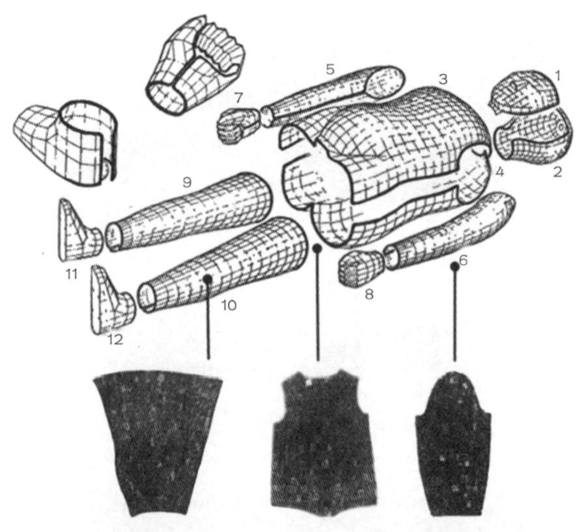

汉代政府设立了专门从事玉衣制作的“东园”。玉衣的制作包括选料、钻孔、抛光等十多道工序。玉片成衣后，玉片排列整齐，对缝严密，表面平整，反映了汉代制玉技艺的精湛。同时，每件玉衣耗用玉片、金丝巨多，也是汉代统治阶层奢侈生活的一个写照。实际上，用金缕玉衣作葬服不仅没有实现王侯贵族们保持尸骨不坏的心愿，反而招来盗墓毁尸的厄运，许多汉王帝陵往往因此而多次被盗。到三国时期，魏文

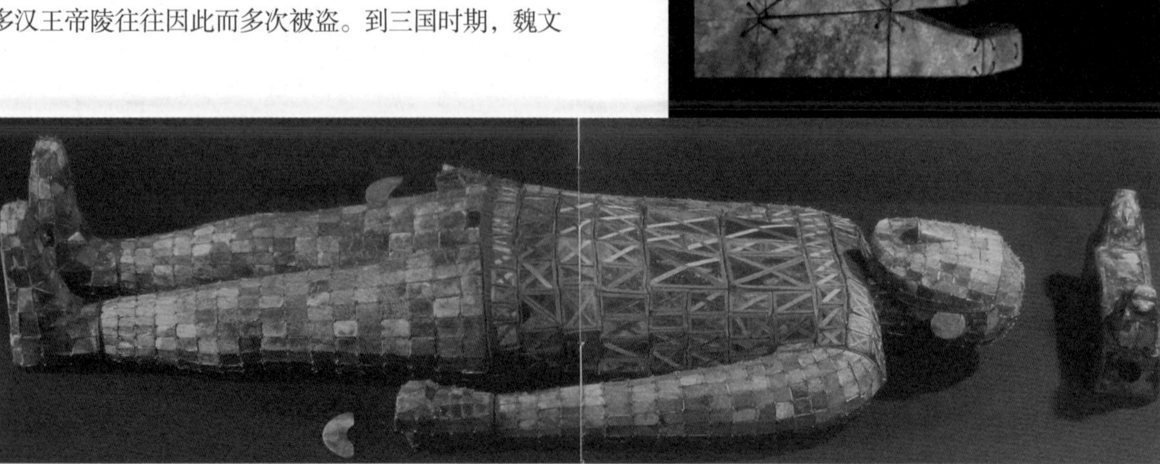

图5-16-2　金缕玉衣（河北满城陵山2号墓出土）

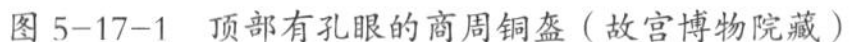

图 5-17-1　顶部有孔眼的商周铜盔（故宫博物院藏）

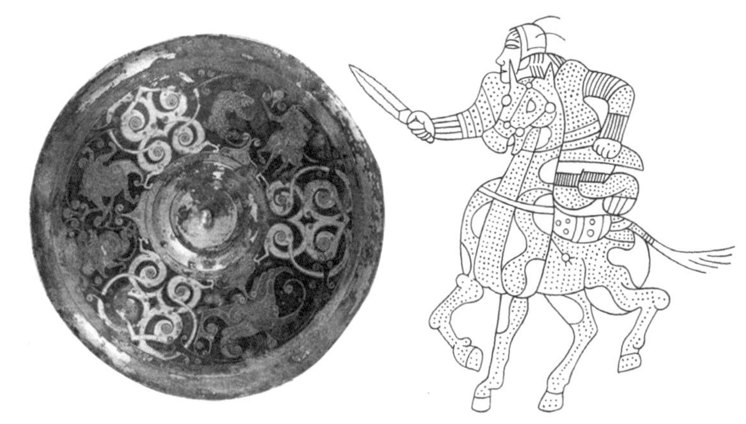

图 5-17-2　战国错金银刺虎镜上的骑士纹（传河南洛阳金村出土）

帝曹丕下令禁止使用玉衣，从此玉衣在中国历史上消失了。

十七、犀甲盔帽

中国古代盔帽最先是以皮革缝制。当青铜冶炼技术兴起以后，出现了铜盔。在商周出土的考古实物中就有很多用青铜制作的头盔。其顶部还有插羽毛的孔眼。中国古人在头盔上安插羽毛，应是出于装饰和图腾的目的（图 5-17-1）。

战国时期，华夏民族传统服装是长袍宽袖，不便于骑马射箭。地处胡人和华夏民族交汇处的北方赵国，虽以农耕为主，却频繁接触游牧习俗，通过抗击胡骑袭扰而体会到其“来如飞鸟，去如绝弦”的优势。目睹过胡人穿短衣长裤而骑射便捷的赵武灵王，决心改变几百年相传的军制，实行由车战向骑战的转变。他首先建立了华夏民族最早的骑兵队伍，并于公元前 307 年下达易服令，让军队改穿胡人式的紧袖短衣和长裤。传河南洛阳金村出土的战国错金银刺虎镜上就有骑士纹，这也可作为了解战国戎服的参考资料（图 5-17-2）。

据《周礼・冬官・考工记》记载，周代制甲业已取得一定经验，并设有“司甲”的官员掌管甲衣的生产。

周代的革甲由甲身、甲袖和甲裙组成。革甲穿在身上，以腰为界分上下两部分，重量相等。周代的革甲分犀甲、兕（野牛）甲和合甲三种，其质地非常坚硬。犀甲用犀革制造，将犀革分割成长方块横排，以带绦穿连，分别串接成与胸、背、肩部宽度相适应的甲片单元，每一单元称为“一属”，然后将甲片单元一属接一属地排叠，以带绦穿连成甲衣，横向均左片压右片，纵向均为下排压上排。犀甲用七属即够甲衣的长度；兕甲比犀甲坚固，切块较犀甲大，用六属即够；合甲，用两重犀或兕之皮相合而制成的坚固铠甲，因特别坚固，割切困难，故切块又比兕甲更大，用五属即可。周代革甲形式如西安秦始皇兵马俑身上所穿的甲胄。

除了铠甲外（均为红色甲带，褐色铠甲片），秦国军队没有统一的服装颜色，这是由于秦兵服装大多都是自备的。秦俑的上衣、下衣、护腿、围领、袖口均显示出不同的色彩（图 5-17-3）。根据考古情况可见，当时秦人的服装颜色以绿、红、紫、蓝为主，尤其偏爱绿色。色彩搭配极为讲究：绿色的上衣，一般配有粉紫，或朱红色边沿，下衣为天蓝色或紫色，甚至是红色；而红色的上衣，一般领口、袖口均为绿、紫、天蓝等色，下身着绿色的裤子。从目前研究看，尚未得出秦朝官长和士兵衣服颜色的等级区别。

就目前掌握资料看，国际相关研究以美国《国家地理杂志》和华盛顿大学做过的一次整体色彩复原为代表（图 5-17-4），国内相关研究以秦始皇兵

图 5-17-3 彩色秦俑实物照片

图 5-17-4 美国《国家地理杂志》和美国华盛顿大学复原秦俑色彩

图 5-17-5 秦始皇兵马俑博物馆和德国巴伐利亚州文物保护局、慕尼黑科技大学合作开展的秦俑彩绘保护技术研究工作成果（引自微博梓 wang、动脉影）

图 5-17-6 秦始皇兵马俑

图 5-17-7 秦始皇中级军吏俑所穿甲胄背部织带图案复原（南京天赋工作室）

马俑博物馆和德国巴伐利亚州文物保护局、慕尼黑科技大学合作开展的秦俑彩绘保护技术研究工作为代表（图 5–17–5）。秦俑彩绘由褐色有机底层和彩色颜料层构成。褐色有机底层的主要成分为中国生漆，而陶俑身上残存的彩绘颜色，主要有红（朱砂，铅丹）、绿（石绿）、蓝（石青）、紫（紫色硅酸铜钡）、黄（密陀僧）、黑（炭黑）、白（磷灰石，铅白）等，多为天然矿物质材料。以上研究秦俑色彩复原，只有紫色和过去使用的色料不一样。当时的紫色很特别，现在称为中国紫或是汉紫，现已经无法找到。此外，南京天赋工作室还做过秦俑（图 5–17–6）局部色彩和秦始皇中级军吏俑所穿甲胄背部织带图案复原工作（图 5–17–7）。由于保护技术无法完成，绝大多数秦俑在出土接触氧气后，颜色迅速氧化、脱落，致使秦俑都失去了原有色彩（图 5–17–8 ～图 5–17–10）。

图 5-17-8　秦始皇兵马俑跪射俑

图 5-17-9　秦始皇兵马俑将军站立俑

图 5-17-10　秦始皇兵马俑站立俑背面

图 5-17-11　武士俑彩绘铠甲

图 5-17-12　武士俑彩绘左手持盾铠甲

图 5-17-13　汉代武士俑彩绘铠甲复原（沐风国甲工作室作品）

汉代是我国武官制度初步形成的时期。西汉铠甲多以锻铁制成。汉代戎服与秦代相似，军中不分尊卑，大多头戴平巾帻外罩武弁，身穿绵袍，腰束革带，下身套裤，足蹬圆头平底、月牙形头靴或履。1965 年，陕西咸阳渭城区杨家湾西汉大臣周勃、周亚夫父子的墓地出土的武士俑彩绘铠甲 2500 余件（图 5-17-11、图 5-17-12），塑造了西汉皇家卫队的形象。沐风国甲工作室梁启靖、琥璟明研究并复原了汉代武士俑铠甲（图 5-17-13、图 5-17-14）。

图 5-17-14　汉代武士俑铠甲复原（沐风国甲工作室作品）

作为第一批中国世界文化遗产，秦始皇兵马俑被世界各国人们广泛关注和喜爱。中国设计师马可在 1994 年以椰壳、麻、棕榈为材质创作了“秦俑”系列作品（图 5-17-15），通过艺术化的材质搭配

图 5-17-15　马可创作的“秦俑”系列作品

再现古代秦俑朴拙而威武的风采，将中国的传统内涵转换成现今的创意精神，作品具有张力，且浑厚、质朴、博大，荣获第二届“兄弟杯”金奖。2019 年，李雨山、周俊的设计师品牌珀琅汐（Pronounce）在 2020 春夏“新挖掘”（A Fresh Dig）系列中，以兵马俑作为灵感进行时装呈现（图 5-16-16），兼具珠绣、苏绣编织的细腻与蒙古族艺人手工针织大孔网衫的粗犷，带来独特的冲突美学。

除了时装品牌之外，中国知名的李宁品牌也较早运用了中国铠甲元素进行时装设计。在 2005 年，李宁品牌就推出了“东方武士，飞甲篮球鞋”（图 5-17-17），这是一款对于李宁品牌而言具有跨时代意义的篮球鞋。该设计运用了中国古代铠甲和钟鼎构造特征，将中国古老的文化以时尚的方式非常直观地表现出来。全银色的鞋面上有突出的甲片压纹，还有一条可以更换，贯穿整个鞋身的可拆卸搭扣，设计有青铜器图案的魔术绑带，将传统的中国文化带到了世界最高水平的篮球赛场。飞甲篮球鞋以秦俑铠甲为设计灵感，饕餮纹、铭文元素的运用

图 5-17-16　2020 春夏“A Fresh Dig”系列作品（Pronounce 品牌）

图 5-17-17 “东方武士，飞甲篮球鞋”（李宁品牌）

图 5-17-18 Air Jordan 13 Low“兵马俑”（CLOT 品牌和 Jordan Brand 品牌联名）

图 5-17-19 考斯动漫玩偶兵马俑潮牌公仔

充满了神秘的东方韵味，开启了球鞋中国风的设计先河，并在相当长的一段时期内指引了李宁高端篮球鞋的设计方向。“飞甲”更是在当年一举获得了著名的德国 IF（Industrie Forum Design）设计大奖，这也是国内球鞋首次获得这一权威奖项。飞甲、驭帅、驭水，也将中国球鞋设计带进一个黄金时代，并让世界开始慢慢了解中国球鞋。

2018 年凝结集团旗下潮流服装品牌（CLOT）和飞人乔丹（Jordan Brand）品牌联名推出 Air Jordan 13 Low“兵马俑”（图 5-17-18），橘色、浅卡其色与浅灰色等麂皮材质打造鞋面，使得鞋款有一种“出土文物 ”的感觉。CLOT 创始人陈冠希将兵马俑的盔甲依附于鞋身设计之上，宣传照采用了考古挖掘的形式，“兵马俑”成了从秦朝穿越而来的文物。该设计最大亮点在于鞋面以格状纹理呈现，让人联想到金缕玉衣或兵马俑这些极具中国特色的文化元素，官方原鞋盒内附兵马俑联名卡片。后跟的不对称设计具有设计感，采用不同颜色打造而成，麂皮材质摸起来手感非常好，在外侧还有 CLOT 标志的点缀。街头艺术家考斯（Haws）也创作了动漫玩偶兵马俑潮牌公仔（图 5-17-19）。

为了便于在战争中识别身份，周代至汉代时期的军服上还要有徽识。《说文》载：“卒，衣有题识者。”卒，即士兵，由于衣上带有徽识而得名。《战国策·齐策》记齐、秦交战，齐将章子命齐军“变其徽章以杂秦军”，可见这种做法通行于列国。

图 5-18-1　刀俎俑（四川新都马家山东汉崖墓群出土）

图 5-18-2　击鼓说唱俑（四川省成都天回山汉墓出土）

图 5-18-3　白地云气人物锦帽（新疆民丰尼雅出土）

汉代的徽识，主要有章、幡和负羽三种。章是士卒及其他参战的平民皆应佩带的徽识。相对而言，章的级别较低，主要为士卒所佩带，章上一般要注明佩带者的身份、姓名和所属部队，以便作战牺牲后识别。陕西咸阳杨家湾西汉大墓陪葬坑出土的陶士卒俑背后佩带的长方形徽识即为章。幡的等级比章要高一些，在汉代，一般为武官所佩带，为右肩上斜披着帛做成的类似披肩的饰物。负羽则军官和士卒都可使用。此外，人们还在甲上加漆，髹其甲体。骑兵在汉末有了进一步的发展，这主要归功于马鞍、马镫的发明。

十八、黔首苍头

古时平民不能戴冠，多是在发髻上覆以巾。在劳动生产之时又兼作擦汗之布，可谓一物两用。通常以缣帛为之，裁为方形，长宽与布幅相等，使用时包裹发髻，系结于颅后或额前。其色以青、黑为主。秦代称庶民为“黔首”，汉代称仆隶为“苍头”，均根据头巾颜色而言。

在汉代，普通男子主要首服有帻和巾。男子 20 岁成人后，“卑贱执事不冠者”戴帻。卑贱执事自是身份不高，但与平头百姓相比还应略胜一筹。帻似帕首的样子，开始只是把髻包裹，不使下垂。四川新都马家山东汉崖墓群出土有刀俎俑头戴的包头之帻（图 5-18-1）。古时庶人不具冠饰，直接用帻覆髻，位尊者则将其衬在冠下。关于帻之起源，《后汉书·舆服志》载：“元帝额有壮发，不欲使人见，始进帻服之。群臣皆随焉。然尚无巾，如今半帻而已。王莽无发乃施巾，故《语》曰：‘王莽秃，帻施屋。’”其后古人谈及此事，多引前言。早期的帻多用巾帕围勒而成，并无固定形制特征。汉文帝时期，对帻的形制作出了明确规定。因帻是一种贵贱、文武皆服的首服，所以帻的使用必须借于一定的形制辨别等级。根据制度，文官戴长耳的“介帻”，衬于进贤冠之下；武官戴短耳的“平上帻”，衬于惠文冠之内（武弁大冠）。据《释名·释首饰》载：“二十成人，士冠，庶人巾。”对于普通劳动者而言，则用布包头。由于多为下层百姓所戴，故地域不同，叫法也甚多，如络头、幧头。河南邓县长冢店汉墓所出画像石中之牵犬人及四川成都天回山汉墓所出说唱俑头上系结之物，即为幧头之类（图 5–18–2）。

东汉民族交流增加，帽逐渐被中原地区人民所接受。特别是汉灵帝本人的喜好，加速了胡服的盛行，甚至成了京都贵戚皆为之的时尚之物。新疆民丰尼雅出土一件白地云气人物锦帽（图 5–18–3），锦面绢里，后缀两条蓝色绢带，图案中有人物和云气形象，并织有“河生山内安”及“德”“子”等铭文。

十九、为髻如椎

受到儒家思想对发肤观念的影响，“身体发肤，受之父母，不敢毁伤，孝之始也”，中国古代汉人有蓄发传统。汉代男子在戴冠或帻、巾之类的首服时，需将发髻束于首服内。而不戴冠的时候，男子则将头发挽在后脑部。

虽然汉代画像石人物形象中有一些戴冠的女性形象，如山东嘉祥武梁祠石刻丑女钟离春像。但是按照汉代服饰礼仪制度，汉代女性是不能戴冠的，即便是身份很高的贵族女性，尤其是唐以前。这是封建社会男性贵族特权的身份标识。从考古实物看，汉代女性多垂椎髻于颈后。《后汉书·梁鸿传》载：“乃更为椎髻，着布衣，操作而前。”所谓椎髻，如一锥形或拖于肩背，或紧贴脑后。《汉书·西南夷传》颜注云：“为髻如椎之形也。”同书《陆贾传》颜注云：“椎髻者，一撮之髻，其形如椎。”

人们在发式后垂发辫，分段束缚，又有作双环者，如同心髻（图 5–19–1）；作单环者，如垂云髻；还有在下垂发髻底部琯结作圆锤形，还垂下一撮长长的头发梢，其名曰“垂髾”。垂髾长者可达腰部，如陕西汉阳陵墓中的女侍俑（图 5–19–2）。直到魏晋之际，仍有梳这种发式的。

在汉代，贵族女性发髻也流行一种歪在头部一侧的高垂髻，时称堕马髻。据传，堕马髻为梁冀之妻孙寿发明的一种发式。《梁冀传》李贤注引《风俗通》曰：“堕马髻者，侧在一边，始自冀家所为，京师翕然，皆效之。”另外，在汉代还有一种与堕马髻相似的倭堕髻。汉乐府《陌上桑》叙述了一个官员调戏采桑女子而严遭拒绝的故事。诗形容采桑女子罗敷的形象为“头上倭堕髻，耳中明月珠。”据说梳这种发髻，再加之愁眉、啼妆等妆容，能增加妇女的妩媚之态。为配合此种发髻形式，梳堕马髻的妇女走路也有特殊的姿势，名为“折腰步”。这种偏于一侧的发髻造型早在春秋战国时期已有，如战国晚期包山二号墓出土的人擎铜灯发髻式样(图 5–19–3）。

图 5–19–1　青铜储贝器盖饰人物（云南晋宁石寨山甲区一号墓出土）

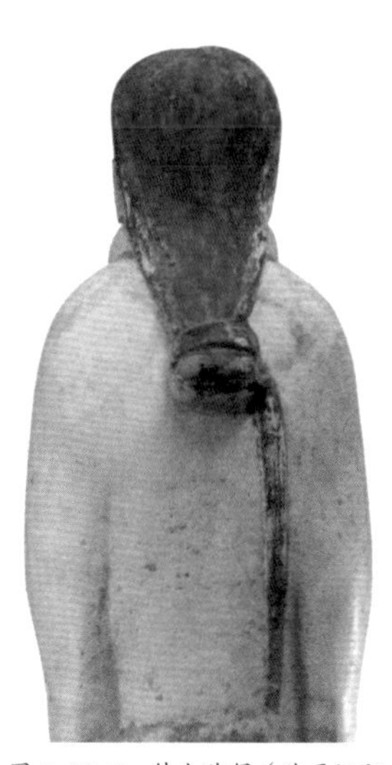
图 5–19–2　侍女陶俑（陕西汉阳陵墓出土）

图 5–19–3　人擎铜灯（战国晚期包山二号墓出土）

图 5–19–4　北朝双鬟髻陶女俑（河北景县封氏墓群出土）

受神仙术士文化的影响，汉晋时期妇女还流行梳凌云髻、望仙九鬟髻、参鸾髻、神仙髻、瑶台髻、缕鹿髻、迎春髻、盘桓髻、双鬟髻（图5-19-4）等发式。从绘画作品看，这些发式应是尺寸相对矮小的一种发式，还没有形成像唐代贵族女性那样高大的发髻式样。

二十、明月耳珰

秦汉时期，中国先民还戴耳珰。汉刘熙《释名》卷四《释首饰》中说："穿耳施珠曰珰。"耳珰的材料有金、玉、银、玻璃、骨、象牙、玛瑙、琥珀、水晶等不同质料。其中玻璃（也称琉璃）耳珰在当时最为普遍，其实物如广西昭平县北陀镇东汉墓出土的蓝色琉璃耳珰（图5-20-1）、重庆六朝墓出土的琉璃耳珰(图5-20-2)。古代人们称玻璃为"琉璃"，《汉书·西域传》注："琉璃色泽光润，逾于众玉。"五光十色的琉璃，比玉还要光亮美观。因此两汉南北朝文学作品中，多次提到明月珰，如《孔雀东南飞》的刘兰芝"腰若流纨素，耳著明月珰"。晋傅玄《有女篇·艳歌行》载："头安金步摇，耳系明月珰。"诗中的"明月珰"即为琉璃耳珰。

春秋战国时期，耳珰是男女共用的佩饰。《诗经》之《国风·齐风·著》载："俟我于著乎而，充耳以素乎而，尚之以琼华乎而"，文中描述的是一位戴充耳的男子。其形制主要分为无孔珰和有孔珰两种。无孔珰，两端大，中腰细，一端呈圆锥形，另一端呈鼓起的圆珠状（图5-20-3）。戴的时候，以圆锥状细端插入人耳垂的穿孔中。其实际使用如广州动物园汉墓出土的东汉着长袖衣女陶俑（图5-20-4）、徐展堂旧藏的西晋青瓷人俑(图5-20-5)。有孔珰，中间有纵贯的穿孔，用以穿线系坠饰，坠饰多为玻璃珠、玑、小铃之类。

魏晋南北朝之后，耳珰不再流行，并逐渐退出了历史舞台。

图5-20-1　蓝色琉璃耳珰（广西昭平县北陀镇东汉墓出土）

图5-20-2　琉璃耳珰（四川重庆六朝墓出土）

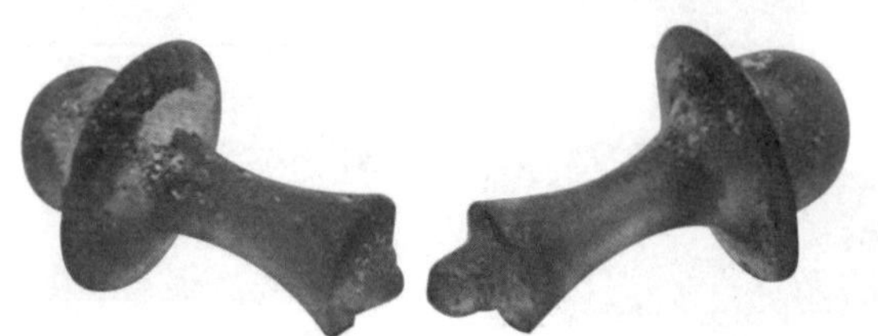

图5-20-3　汉代琉璃耳珰

图5-20-4　东汉着长袖衣女陶俑（广东广州动物园汉墓出土）

图5-20-5　西晋青瓷人俑（徐展堂旧藏）

第六章 魏晋南北朝

三国：220—265 年
西晋：265—317 年
十六国：304—439 年
东晋：317—420 年
南朝：420—589 年
北朝：386—581 年

一、绪论

魏晋南北朝历经 300 多年，战乱频繁，是中国古代历史上最为动荡分裂的时代。该时期先为魏、蜀、吴的三足鼎立，继而三国归晋（司马氏），在经过短暂的全国统一后，又分为西、东二晋，国内局势又趋纷乱。东晋之后南方是宋、齐、梁、陈，北方由北魏统一，后来分为西魏、东魏、北齐、北周，由此统称南北朝。

图 6-1-1　南北朝青瓷莲花尊

在这个特殊时期，中原地区政权的不稳定，为北方游牧民族进入中原地区带来了便利条件。匈奴、羯、鲜卑、藏系游牧民族羌、氐等北方游牧民族先后进入中原，建立了十多个小王朝，即历史上所称的“五胡十六国”。战争和民族大迁徙，促进了胡汉杂居，南北交融，本土玄学、道教和外来佛教也趁势兴起（图 6-1-1、图 6-1-2）。这使得汉族农耕文化、草原游牧文明和异域外来文化相互碰撞交融，形成了以农耕文明的礼仪服饰为主体，融合游牧文明的实用、便捷的日常服饰形式。

图 6-1-2　北朝进香图浮雕（美国费城大学博物馆藏）

在中原地区以北方游牧民族袴褶、裲裆为尚的同时，农耕服饰文明也被醉心于汉文化的北方少数民族上层统治者所倾慕。其中最有代表性的是北魏孝文帝服饰改革。鲜卑人希望掌握汉民族文化，以进一步维持鲜卑政权在中原地区的统治。孝文帝于公元 495 年左右，自平城迁都洛阳后，为全面推行汉化政策而实施了包括服饰制度在内的“孝文改制”（图 6-1-3），并最终推行了“群臣皆服汉魏衣冠”的制度。河南洛阳龙门石窟宾阳中洞东壁《礼佛图》中的皇帝就应是指孝文帝。此图中君臣的衣着与东晋顾恺之《洛神赋图》中帝王的服饰基本一致，可见孝文帝服装改革的彻底。

图 6-1-3　传东晋顾恺之《洛神赋图》中的帝王形象

汉明帝时，织花机已开始使用。三国魏明帝时期，马钧将当时五十综五十蹑或六十综六十蹑的提花织机改为十二综十二蹑，使得织机的织造效率大大提高。此时，蜀锦产量很大，畅销各地，闻名全国。三国时代孙吴割据江山，提倡种桑养蚕，官营纺织手工业规模也迅速扩大。魏国的曹操也极力经营纺织手工业中心襄邑、洛阳等地的织物，并设有官营纺织手工业，织造官练。自两晋以来的政府都在中央机构中设置少府，并在其下设平准（官职名），以掌织染，同时扩充官营纺织手工业，大力鼓励丝织等物的生产。

图 6-2-1 “王侯合昏千秋万岁宜子孙”锦枕（新疆民丰尼雅遗址古墓出土）

二、火树银花

魏晋南北朝时期，玄学和佛教盛行，造型艺术从重视形似发展到重视神似。由于社会动荡不安，佛教文化的兴起，佛教艺术也兴旺起来。汉代丝绸之路的开通和佛教思想传入，促进了中国与西方世界的贸易和文化交流。前代的动物、云气纹样，发生了空前变化。汉代云气纹统摄全局的流动感和生机勃勃的气息，在魏晋南北朝时期演变成穿插禽鸟瑞兽、吉祥文字的博山纹（也有学者称山式云纹，如图 6-2-1 所示），使魏晋南北朝的装饰空间呈现风起云涌、情驰神纵的生动气象。一位华裔女演员在 2015 年“詹姆士帝国电影奖”时身穿一件魏晋纹样风格印花时装（图 6-2-2）。动物纹样以对称式为主，形态安静，动感不强。圆形或方形对称图形中填充动物或植物纹样的图案十分普遍。

图 6-2-2 魏晋纹样风格印花时装

图 6-2-3 汉代蜀地“五星出东方利中国”护臂织锦（新疆民丰尼雅遗址古墓出土）

当时，来自印度、波斯和希腊的大量异域纹饰，如狮子纹、忍冬纹、八宝纹、莲花纹、玉鸟纹、鹿纹、飞天纹、禽兽纹、璎珞纹和圣树纹等与佛经有关的纹样，随着民族交融、商旅活动、佛教传播而传入中原，丰富了中华传统纹样题材和内容，使中国纹样艺术呈现出前所未有的蓬勃发展的新局面。在当时文献中有许多关于织锦纹样的记载，如晋人陆翙《邺中记》记载：“织锦署在中尚方，锦有大登高、小登高、大明光、小明光、大博山、小博山、大茱萸、小茱萸、大交龙、小交龙、蒲桃文锦、斑文锦、

图 6-2-4 北朝绿地对鸟对羊灯树纹锦（新疆阿斯塔那墓出土）

凤凰朱雀锦、韬文锦、桃核文锦或青绨，或白绨、或黄绨、或绿绨、或紫绨、或蜀绨，工巧百数，不可尽名也。”此外，《拾遗记》记载：“云昆锦……列堞锦……杂珠锦……篆文锦……列明锦”。《三国志·魏志·东夷传》记载：“绛地交龙锦……绀地句文锦”。《北齐书·祖珽传》记载：“连珠孔雀罗”。《太平御览》记载：“如意虎头连壁锦”等。

新疆和田地区民丰县尼雅遗址古墓出土的“五星出东方利中国”护臂织锦（图 6–2–3），织锦右侧保留幅边。纹样从右侧开始是一对牝牡珍禽，雄鸟站在云纹底部，昂首挺立，头顶是汉隶“五”字，胸部左云纹上悬挂茱萸花纹。雌鸟站在云纹上垂首面向雄鸟，其颈上方是一白色圆形纹象征“太阴”，背上方是一个“星”字，尾部下方有一个茱萸纹。与“星”字间隔一个茱萸花纹的是“出”字。“东”字在两个云纹间隙之上。“东”字的左下方、一个云纹之上是一红色圆形纹象征“太阳”。其左下侧是一倒悬云纹，云纹内凹处，一独角瑞兽张口伸舌、昂首嗥叫，背生双翅，尾部下垂。兽角上方为“方”字。“利”字下方云纹的左侧是一个身着竖条斑纹、豹眼圆睁的虎形动物，后右足踩在云纹上，举步向右行，尾部高耸，刚劲有力。其尾部右侧是“中”字，左侧是“国”字。

新疆阿斯塔那墓出土的北朝绿地对鸟对羊灯树纹锦（图 6–2–4），长 24 厘米，宽 21 厘米，颜色主要由大红色、白色和橘黄色组成，图案以灯树纹为主，树有台座，塔形枝叶，六盏灯分三层布于树叶间。树的边缘织出放射线，像夜晚树上的花灯放出耀眼的光芒。灯树台座两侧是对跪的大角羊，灯树梢和花树间有相对的鸡纹。图案以唐宋流行的上元灯节（即元宵节）为题，说明北朝已有此风俗。因鸡、羊谐音“吉祥”，故又称“火树银花”。

1968 年，新疆吐鲁番阿斯塔那墓地北区 M99 出土的北朝方格兽纹锦（图 6–2–5），长 18 厘米，宽 13.5 厘米。此锦有别于汉代传统织锦纹样构图法则，兼具规整庄重和灵动自由的特点，以长方格构成织物图案框架，格内填饰牛、狮、象、人物和伞盖等图案。织物以白、青、红、棕黄、绿为色，织造时将几色分别组成彩带，既显得画面丰富多彩，又具有大方的美感。此件方格兽纹锦为二重经锦，织造工艺精湛，是北朝至隋朝时期最具代表性的织锦实物。

图 6–2–5　北朝方格兽纹锦（新疆吐鲁番阿斯塔那墓出土）

图 6–2–6　北朝胡王联珠纹锦（新疆吐鲁番阿斯塔那墓出土）

新疆吐鲁番阿斯塔那 18 号墓出土北朝胡王联珠纹锦（图 6–2–6），长 13 厘米，宽 14 厘米，以黄色为底，用红、绿等色经线显花。联珠纹圈内织有正、倒相对的两组“执鞭牵驼图”：牵驼胡人身穿紧袖束腰长衣，手执短鞭，正牵着一匹双峰骆驼，行进在清澈的溪水之中，驼峰间铺有花毯，人与驼

图 6-3-1　南京西善桥东晋墓拼镶砖画《竹林七贤与荣启期图》

之间织有“胡王”二字。溪水倒映出人、驼身影，也倒映出“胡王”二字。“胡”是当时的中国人对北方各族人的称呼，联珠纹是具有萨珊波斯风格的装饰图案。此锦产于中国，吸取了西北少数民族以及中、西亚的织造技法和装饰纹样，织出了往来于丝绸之路上的牵驼商人形象，从一个侧面反映了南北朝时期中西方贸易与文化交流的盛况。

三、魏晋风骨

魏晋南北朝时期的服饰演变也是各种思想相互碰撞、影响下的产物。由于中原汉族王权的削弱，加之政治的腐败、“礼教”和经学的繁琐，使“独尊儒术”的信仰发生了动摇，玄学、道教及佛教禅宗思想盛行一时。

受这些主张的影响，一大批游离于世俗，试图突破旧礼教的文人士大夫阶层，除沉迷于饮酒、奏乐、吞丹、谈玄之外，也在服装上寻求发泄，以傲世为荣，因此，“晋末皆冠小而衣裳博大，风流相放，舆台成俗”成为风尚。所谓冠小，是指晋式平上帻；衣裳博大则是指大袖衫。南京西善桥东晋墓拼镶砖画《竹林七贤与荣启期图》中刘伶、嵇康、阮籍等人着装就是此类“魏晋风骨”的体现（图 6-3-1）。此画像由 200 多块墓砖组成，人物形象皆作线雕而凸现在画面上。南壁为嵇康、阮籍、山涛、王戎四人，北壁为向秀、刘伶、阮咸、荣启期四人。人物之间以银杏、垂柳、松槐相隔。八人均席地而坐，但各以一种最能体现自己个性的姿态来表现，有的抚琴啸歌，有的颔首倾听，有的高谈玄理，有的舞弄如意，人人宽衣博带，孤傲高雅，崇尚老庄之情，追求个性之心，溢于画面。

图 6-3-2　传东晋顾恺之所绘《洛神赋图》局部

在魏晋南北朝时期，中原地区汉族服装以大袖衫为尚。衫为单衣，对襟系带，衣袖宽大，袖口宽大无袪（收口缘边），如传东晋顾恺之所绘《洛神赋图》（宋摹）中的男性贵族服装（图 6-3-2）。此图取材于曹植的《洛神赋》，主要讲述了主人公从帝京回东藩的途中，经过洛水，遇到洛水女神宓妃的故事。原文讲述了主人公虽然对宓妃充满爱恋，但最终却不得不离去的故事，表现了曹植在现实中的伤感与无奈。绘者顾恺之在这幅画里将原诗的伤感结局做了修改，以主人公与宓妃有情人终成眷属而告终。故事以连环画的形式将人物形象在同一画幅的不同场景中展开，将一个传说中的爱情故事表现得浪漫感人。

魏晋时期大袖衫实物如中国丝绸博物馆收藏的新疆营盘出土的北朝绞缬绢衣衫（图 6-3-3），这是目前中国所能见到的最早的大袖衫实物，具有极其重要的研究价值。《宋书·周郎传》记载："凡一袖之大，足断为两，一裾之长，可分为二。"与这段文献对应的是河北磁县湾漳北朝墓出土的大袖衫人物陶俑（图 6-3-4 ～图 6-3-6）和河南洛阳永宁寺塔遗址出土的北魏人物坐像（图 6-3-7）。英国设计师亚历山大·麦昆（Alexander McQueen）曾在 2008 春夏高级成衣系列中推出了中国风格的大袖时装设计作品（图 6-3-8）。此外，清华大学美术学院硕士研究生王胜楠也设计过具有夸张大袖造型的时装作品（图 6-3-9）。

图 6-3-3　北朝绞缬绢大袖衫（新疆营盘出土）

图 6-3-4　人物陶俑线描（河北磁县湾漳北朝墓出土）

图 6-3-5　身穿大袖衫人物陶俑（河北磁县湾漳北朝墓出土）

图 6-3-6　人物陶俑（河北磁县湾漳北朝墓出土）

图 6-3-7　北魏人物坐像（河南洛阳永宁寺塔遗址出土）

图 6-3-8　Alexander McQueen 2008 春夏高级成衣

图 6-3-9　王胜楠时装作品

从资料来看，衫可能在东汉末年产生，流行于魏晋。衫的出现和普及与当时魏晋时期老庄学说的流行有关。衫与袍相比，不仅衣袖宽博，而且采用的是对襟，自然更具有“放浪形骸”的姿态。此外，大袖衫的流行还与当时服用五石散的风气有关。五石散自汉代出现，至魏晋时因玄学宗师之一何晏的服食而大行于世。五石散对年迈体虚、阳气偏衰者，有一定的助阳强体作用，但许多人借此妄图达到虚幻的神仙梦而长期服用，造成了很大的身体伤害。当人食用了五石散后，人体经常会发热，衣衫宽松，利于散热。服食五石散是当时有钱人的时髦，许多吃不起药的人也会躺在路旁假装药性发作以摆阔气，一副生怕不服食就跟不上时代的样子。

除了流行小冠，魏晋时期，巾的地位有了显著变化，逐渐成为士大夫阶层的常服。汉魏时期的头巾有两大特点：一是选用的材料丰富，有葛、缣、縠、疏、缟、鞹、纱和鸟羽等；二是款式多样，富于变化，其中主要有幅巾、葛巾、解巾、角巾、菱角巾、乌纱巾等。此时期的头巾多是率先被折叠成型，用时直接戴在头上，无须系扎。相传诸葛亮当年在渭滨与司马懿交战，不着甲胄，仅以纶巾束首，指挥三军。上述头巾，大多是一幅布帛，使用时顶覆在头部，临时系扎。

四、袴褶裲裆

魏晋南北朝在继承汉式峨冠博带、宽衣大袖的法定祭祀礼仪服饰之外，受北方游牧民族的影响，使得袴褶服也成为当时最为常见的装束。这一服装除了用于家居闲处外，有时还用于礼见朝会。袴褶服是一种由上褶和下袴组成的二部式服装。

据《急就篇》记载：“褶谓衣之最在上者也，其形若袍，短身而广袖，一曰左衽之袍也。”又《资治通鉴·陈宣帝太建十四年》载有“以其褶袖缚之”，元胡三省注：“褶，音习，布褶衣也，今之宽袖。”由此可知，褶是衣身较短、袖子宽大的上衣。褶始为西北少数民族的骑服，故初为左衽，在盛行于南北朝后，按汉族传统变为右衽。

袴褶的裤是一种外穿的合裆散口裤(图6–4–1)。它与内穿的汉式胫衣、无裆袴和连裆裈在穿用场合区别迥然。《魏志·崔琰传》记载，魏文帝为皇太子时，穿袴褶出去打猎，有人劝谏他不要穿这种异族的服饰。稍后，上至皇帝，下至平民百姓都以穿袴褶为尚。东晋诸侍官戎行之时，不服朱衣而悉着袴褶从。到了后魏，袴褶可以用作常服和朝服。南朝时的袴褶、衣袖和裤管更宽大，即广褶衣、大口裤。因为裤口肥大，为了利于活动，人们在裤腿的膝盖

图6–4–1 河南邓州彩色画像砖上的头戴卷檐帽、身穿襦衣、缚口裤的乐伎仪仗人物像

下用丝带扎束，这种形式的裤子称为“缚袴”。

隋承北周旧俗，袴褶的使用更为广泛，不仅为皇帝田猎、皇太子从猎之服，也可作官员的公服、武官侍从之服和卤薄乐舞之服。到了唐代，袴褶成为正式场合穿的朝见之服。至唐末，袴褶之制始渐废弃。

与袴褶相配的还有裲裆。裲裆，亦作“两当”“两裆”，其长仅至腰，无袖，只有前后襟以蔽胸背。《释名·释衣服》载：“裲裆，其一当胸，其一当背，因以名之也。”裲裆最初由古代北方少数民族军服的裲裆甲演变而来，在魏晋南北朝时期用作戎服和常服（图 6–4–2），至隋唐时期也用于朝服。裲裆既可保持躯干温度，还不增加衣袖厚度，男女都可穿着。最初，妇女把裲裆都穿里面，如《玉台新咏·吴歌》所载：“新衫绣裲裆，连置罗裙里。”后来流行加彩绣装饰，裲裆日趋华丽，如晋无名氏《上声歌》所载：“裲裆与郎著，反绣持贮里。”

大多数情况下，裲裆被穿在交领衣衫之外，《晋书·舆服志》记载：“元康末，妇人衣裲裆，加乎交领之上。”这种穿在外面的裲裆，一般用罗、绢及织锦等材料做成，再施以彩绣（图 6–4–3）。新疆吐鲁番阿斯塔那晋墓出土的“丹绣裲裆”，在红绢地上用黑、绿、黄三色丝线绣成蔓草纹、圆点纹及金钟花纹，四周另以素绢镶边，衬里则用素绢，两层之间纳以丝绵。

五、上俭下丰

到了魏晋时期，汉代流行的“三重衣”特征已经不明显了。女性着装流行衣裳分离的“上襦下裙”的搭配形式，确切地讲是“短襦长裙”的襦裙形制与先前流行的连衣裳而纯之以采、长及足踝的深衣形成对比并同时流行。干宝《晋纪》和《晋书·五行志》称此时女装“上俭下丰”。上下一体式女袍的腰线已经由胯部提升至腋下，用腰带系束，袍摆很大，拖地成椭圆状，如晋代顾恺之所绘《列女仁智图》（图 6–5–1）、《女史箴图》中

图 6–4–2　身着袴褶、外套裲裆的人物陶俑（河北磁县湾漳北朝墓出土）

图 6–4–3　唐彩绘着裲裆甲文官俑（陕西礼泉县郑仁泰墓出土）

图 6-5-1 晋代顾恺之所绘《列女仁智图》

图 6-5-2 晋代顾恺之绘《女史箴图》中女性“垂髯”发式

图 6-5-3 魏晋人物陶俑（奥缶斋收藏）

的女性形象（图 6-5-2）；上下分体式的襦裙女装也是上衣合体窄小，裙多褶裥肥大，裙摆及地（图 6-5-3）。曹植《洛神赋》载：“秾纤得衷，修短合度。肩若削成，腰如约素。”南梁庾肩吾《南苑看人还诗》云：“细腰宜窄衣，长钗巧挟鬟。”这些诗句都在咏赞魏晋时期女性的窄式衣装之美。其形象如江苏南京出土的东晋女陶俑（图 6-5-4）、陕西西安草场坡出土的长裙妇女彩绘俑（图 6-5-5）。

六、袿衣杂裾

袿衣是魏晋时期贵妇的常服。汉代刘熙《释名·释衣服》载：“妇人上服曰袿，其下垂者，上广下狭，如刀圭也。”袿衣是一种长襦，以缯为缘饰，曲裾绕襟，底部有裾，形成上宽下窄、呈刀圭形的两尖角，如陕西咸阳杨家湾墓地出土的西汉彩绘骑兵俑的背面下摆处（图 6-6-1）。女子穿袿衣时，里面一般穿裙子，如传顾恺之所绘《洛神赋图》中的神女形象。

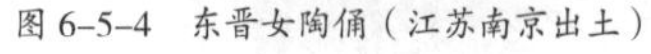

图 6-5-4　东晋女陶俑（江苏南京出土）

图 6-5-5　长裙妇女彩绘俑（陕西西安草场坡出土）

图 6-6-1　西汉彩绘骑兵俑（陕西咸阳杨家湾墓地出土）

袿衣可追溯到战国时期，《楚辞》曰："玄鸟兮辞归，飞翔兮灵丘。修余兮袿衣，骑霓兮南上。"东汉经学家郑玄认为翟衣就是袿衣，所谓"杂裾垂髾"是也。袿衣在南朝演变为袆衣。隋朝皇后谒庙服亦袿襹大衣，祠郊禖以褕狄，该样式逐渐被神化为神仙服饰。

在《洛神赋图》、山西大同北魏司马金龙墓出土的彩绘人物故事图《列女古贤图》漆屏中《周室三母》等绘画图像中，可以明显看到，袿衣的裙摆长且大，裙裾拖坠在地面，堆叠如云。

七、飞襳垂髾

魏晋时期，女性袍服衣襟边缘流行缀以尖角（襳）和飘带（髾），即傅毅《舞赋》之"华带飞髾而杂襳罗"，显得异常华丽。在女裙的腹前还会垂系一片近似围裙的"蔽膝"，也就是一块下端为椭圆形的复裙，其两侧装饰多条飘带，穿衣人身的周围有数条飘带拖曳逶迤，显现出天衣飞扬和乘风登仙的气韵。因为，这些三角形的飘带随风飘动时如燕子飞舞，故有"华带飞髾""扬轻袿之猗靡兮"的描写。传顾恺之所绘《洛神赋图》中的神女服饰（图 6-7-1），即曹植《洛神赋》中所描述的"披罗衣之璀璨兮，珥瑶碧之华琚。戴金翠之首饰，缀明珠以耀躯，践远游之文履，曳雾绡之轻裾。"曹植《美女篇》中也称："罗衣何飘飘，轻裾随风还。"

图 6-7-1　传顾恺之所绘《洛神赋图》中的神女形象

此外，为与"杂裾垂髾"相配，东汉至魏晋时期的女性还在盘成的双髻和高髻后垂下一撮头发，被称之"垂髾"或"分髾"。山西大同北魏司马金

图 6-7-2 彩绘《列女古贤图》漆屏中《周室三母》（山西大同北魏司马金龙墓出土）

图 6-7-3 彩绘木俑（湖北江陵凤凰山 168 号汉墓出土）

龙墓出土的彩绘人物故事图漆屏中有头插步摇花钗，着大袖衣裙，系蔽膝衣带飞扬的女性形象（图 6-7-2）。其实物形象如湖北江陵凤凰山 168 号汉墓出土的彩绘木俑的发髻（图 6-7-3）。上海装束复原小组复原了此种发髻（图 6-7-4），东北虎时装品牌在时装发布时也采用过“垂髾”发式作为模特造型（图 6-7-5）。南北朝之后，杂裾与垂髾逐渐消失。

八、锦履木屐

魏晋时期，男女鞋履质料更加讲究，有“丝履”“锦履”和“皮履”之分。履的颜色也有一定制度，士卒百工服绿、青、白；奴婢侍服红、青。东晋织成履尤其精美。有诗云：“锦履立花纹，绣带同心苣。”

这一时期男子的足服，除采用前代丝履之外，特别盛行木屐。《颜氏家训》讲：“梁朝全盛之时，贵游子弟……无不熏衣剃面，傅粉施朱，驾长檐车，跟高齿屐。”唐代诗人李白《梦游天姥吟留别》中“脚著谢公屐”，即源于此意。《急救篇》颜师古注：“屐者，以木为之，而施两齿，可以践泥。”颜师古谓两齿，在屐底前与后，且是活动的，穿时可以根据需要而灵活调节（图 6-8-1、图 6-8-2）。

图 6-7-4 魏晋南北朝人物形象复原（上海装束作品）

图 6-7-5 东北虎时装品牌作品

出外旅行，尤其是爬山，上山去前齿，下山去后齿（图 6-8-3）。谢灵运就常穿这种木屐游山。

还有一种不装齿的屐，称为“平底屐”。《晋书·宣帝本纪》载：“关中多蒺藜，帝使军士二千人著软材平底木屐前行。”

木屐的形制有所区别，男女屐头初有方圆之别，后即混同。《晋书·五行志》云：“初作屐者，妇人头圆，男子头方。圆者顺之义，所以别男女也。至太康初，妇人屐头乃头方，与男子无别。”又说屣齿上扁而达，形状如“卯”字，故称“露卯”。后也有不到底的，被称为“阴卯”。屐齿是指鞋底脚掌和鞋跟部位的木质横栏。汉代的岐头履，发展至魏晋南北朝时期，已演变成头部高翘、形似笏板的“笏头履”。妇女的足服通常在鞋面上绣花，然后再嵌珠描色。其鞋头样式，有凤头、聚云、五朵、重台、笏头、鸠头等。到了唐代，上耸一片的通称“高墙履”，上部再加重叠山状的则叫“重台履”。无论何种式样，鞋头露于衫裙之外，既可免前襟挡脚，又可作为装饰，可谓一举两得。

古代着履和着屐，在礼节上有所区别。魏晋六朝因循古仪，着履表示尊重，着屐以图轻便。凡在重要场合，如访友、宴会等，均需穿履，不得穿屐，否则被认为“仪容轻慢”。在日本，木屐一直沿用至今，并且在重大的传统节日着和服、穿木屐成为其特色文化（图6-8-4）。

图6-8-2　双齿木屐（江西南昌东吴高荣夫妇墓出土）

图6-8-3　南宋马远《寒山子像图页》中穿木屐的形象

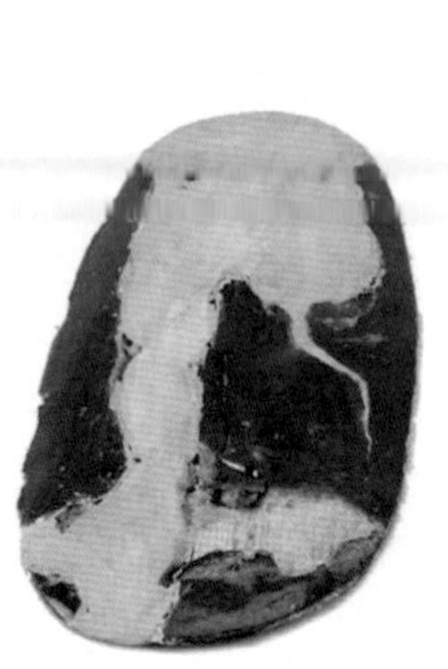

图6-8-1　漆木屐（安徽马鞍山三国朱然墓出土）

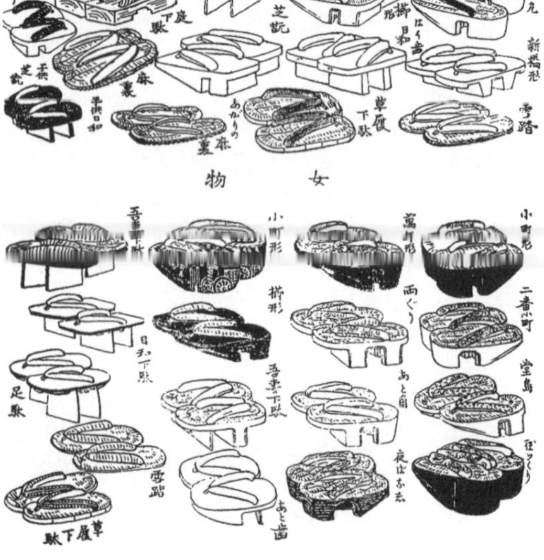

图6-8-4　日本传统木屐

九、金蝉金珰

在经历了数百年的战乱之后，汉朝初期的国土可谓是满目疮痍，国民期望休养生息，统治者欲求长治久安，再加上楚文化强有力的影响，从而产生了充满幻想的精神世界。各种神话传说成为文学艺术表现的主题。

在这样的背景下，人们对非现实的世界展开了富有浪漫色彩的想象，在装饰艺术方面也因此而形成了琳琅满目的世界。神话传说与真实的历史故事、非现实的神与现实中的人交织并列，形成汉晋艺术的时代特色。汉晋时期，皇帝近臣（如常伯、侍中、中常侍）戴冠时多插饰附有金箔镂空为蝉形的黄金珰。

在中国传统文化中，蝉取意为高洁、清虚。晋代陆云的《寒蝉赋》认为："昔人称鸡有五德，而作者赋焉。至于寒蝉，才齐其美，独未之思，而莫斯述。夫头上有緌，则其文也。含气饮露，则其清也。"

在汉代，人们相信虽然死亡是无法改变的事实，可是精神可以经由锻炼而达不灭之境界。这一过程也常常以"蝉蜕"这个自然现象来做比喻。美国人劳佛（Barthold Laufer）在其谈论中国古玉的两本专著中，采用了蝉之再生说，以此来解释汉人使逝者口含玉蝉的原因。蝉之一生经过蜕变、再生，劳佛以为汉人正是借此期盼逝者生还。蝉蜕象征幻化，就是在这种以之作比喻的情况下形成的。

除了象征幻化外，蝉还代表着高洁。《史记·屈原贾生列传》载："蝉蜕于浊秽，以浮游尘埃之外，不获世之滋垢。"其中，除了明言蝉去掉旧躯壳后生命有变化外，还意味着变化后不再与旧环境为伍而入清新之境。而《后汉书·舆服志》则清楚说明冠上的蝉"居高饮洁"及"取其清高饮露而不食"的缘故。中国古人使用蝉时，置玉蝉于死者口中以求其精神不死；佩带玉蝉以求永生或时时以高洁自勉。

比金珰上的蝉纹早许多，蝉形玉器在新石器时代就已出现，如湖北文化厅藏新石器时代玉蝉（图6–9–1）。商代至战国墓葬中常有玉蝉，此时大多是悬挂佩戴用和口含之用。商周玉蝉用于日常佩戴，形制古朴，雕刻粗放，蝉身用简单的阴线刻画象征身体部位。两汉玉蝉多用新疆白玉（图6–9–2）、青玉雕成，质地很好。蝉身雕成正菱形，形象简明概括，头翼腹用粗阴线刻画，寥寥数刀即成，时称"汉八刀"。直至宋代，玉蝉雕刻仍有流行（图6–9–3）。

东晋以后几乎见不到玉蝉了，且金珰上的蝉纹也镂刻得非常抽象而不易辨认，如南京大学北园东晋墓和南京东晋温峤次子温式之墓中都有山形雕镂蝉纹。1998年在江苏南京仙鹤观东晋名臣高悝墓出

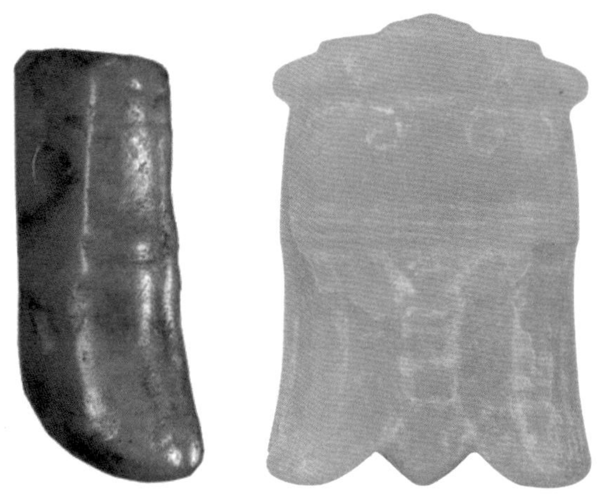

图6–9–1 新石器时代玉蝉（湖北文化厅藏）

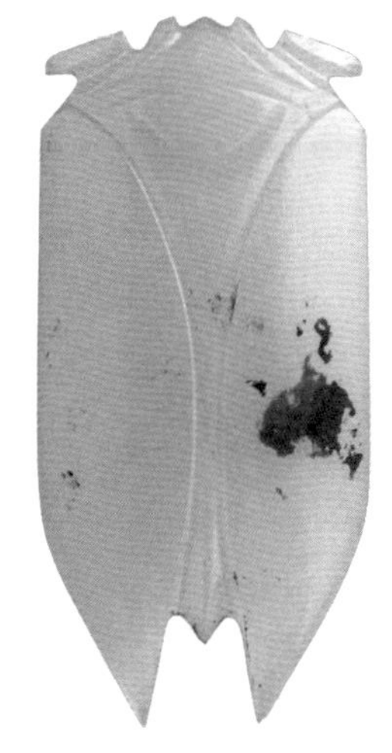

图6–9–2 汉代玉蝉

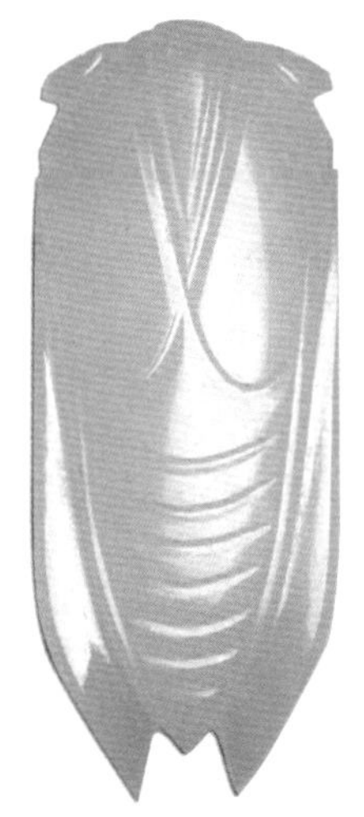

图6–9–3 宋代玉蝉

土一枚蝉纹金牌（图 6–9–4），蝉的六足在头上部，蝉翼在下，中间镂出一蝉，双眼突起，形象完整，线条饱满。这种“附蝉为饰”的金珰构思奇特，制作精致，为六朝时期不可多得的艺术精品。

蝉纹圭形金珰在北方墓葬中也有出土，如甘肃敦煌新店台东晋升平十三年（369 年）墓、1965 年辽宁北票西官营子北燕冯素弗墓都有蝉纹黄金铛出土（图 6–9–5）。此金蝉纹饰后附衬一块大小相同的素面金片（图 6–9–6），应为金铛，原是与镂空主饰片缝缀在一起。

魏晋之后，在笼冠上饰蝉纹金珰的习惯一直延续至唐代，如 1998 年陕西蒲城坡头乡唐惠庄太子李㧑墓壁画中所绘执笏进谒的文臣像中，就有一人所戴笼冠前圭形铛上饰蝉纹。在唐代，蝉纹金珰不再仅限于宦官所戴的笼冠。唐代亲王的进贤冠上也饰金蝉，如《旧唐书·舆服志》载：“远游三梁冠，黑介帻，青緌，皆诸王服之，亲王则加金附蝉。”此外，隋、赵宋、辽、金皇太子远游冠上亦有金蝉，自唐至明代天子的通天冠也都有所谓的金蝉十二。宋代除了天子通天冠“二十四梁，加金博山，附蝉十二”以及“博山，政和中，加附蝉”，另有貂蝉冠（笼巾）之名，只不过其冠上不饰金蝉而代以玳瑁蝉而已。据《艺林汇考·服饰篇》卷一载：“今蝉有三等，国公玉，侯金，伯玳瑁”。可见，古代冠上饰蝉的材质并非一成不变的，在不同时期会根据官职的不同而有所区别。

十、步摇花钗

与簪戴真花的历史相比，中国女性使用花形首饰的历史似乎更早。楚人宋玉在《风赋》中已写出“垂珠步摇”的诗句。汉末刘熙《释名·释首饰》载：“步摇上有垂珠，步则摇动也。”可知，因其上缀垂珠之饰，人动则摇曳，故名“步摇”。

汉代步摇是属命妇礼服范畴的首饰。在汉代，男女服基本同形，而男子戴冠、女子插笄是此时性别差异的标志。据《后汉书·舆服志》载，皇后谒庙、助蚕时，头戴“步摇以黄金为山题，贯白珠为桂枝相缪，一爵九华，熊、虎、赤熊、天鹿、辟邪、南山丰大特六兽，《诗》所谓“副笄六珈”者。在河南洛阳东北郊朱村东汉晚期墓壁画中，就有在发髻上插“副笄六珈”的女性。按照文献记载，步摇应是在金博山状的基座上安装的桂枝，枝上悬挂有白珠，并饰以鸟雀和花朵，或再辅以叶片。湖南长沙马王堆西汉墓出土的帛画中有头戴步摇的女主人。其实物如甘肃武威西晋墓出土的金步摇（图 6–10–1），在一个四枚披垂的花叶基座上捧出了一簇八根弯曲的细枝，除中间一茎立一只小鸟外，其余枝条顶端或结花朵，或结花蕾。这与湖南长沙马王堆西汉墓帛画中墓主人头戴首饰颇为相似。

魏晋南北朝时，传统审美观念受到挑战，妆饰趋于奢侈，发髻崇尚高大，《晋书·五行志》载：“太元中，公主妇女必缓鬓倾髻，以为盛饰。”髻上插有诸多饰件，其数目多寡成为区分尊卑身份的象征。步摇不再局限于贵族礼服，日常生活中也可簪戴，于是便有了南朝梁沈满愿《戏萧娘诗》中“清

图 6–9–4　蝉纹黄金铛（江苏南京仙鹤观东晋 M6 幕出土）

图 6–9–5　蝉纹黄金铛（辽宁北票西官营子北燕冯素弗墓出土）

图 6–9–6　蝉纹黄金铛背衬（辽宁北票西官营子北燕冯素弗墓出土）

晨插步摇，向晚解罗衣”的诗句。北魏司马金龙墓出土的彩绘《列女古贤图》漆屏中《周室三母》（见图 6–7–2）和《有虞二妃》中就有魏晋时期“插花美女”的形象。图中女性梳大十字髻，头顶发髻上插三朵花、二枝叶。其实物如比利时吉赛尔（Gisele Froes）在巴黎举办展览上的北齐时期嵌红琉璃金步摇（图 6–10–2）。

传晋代顾恺之《列女图》（图 6–10–3）是据刘向《列女传》而绘。今日所见《列女图》中的女子，九人中有六人可以明确是戴有步摇的。她们所戴的步摇有两种形制，一种与《女史箴图》中所见相仿（见图 6–5–2），在许穆夫人、卫灵公夫人和晋羊叔姬发髻上簪插的是有两支团花枝干步摇。辽宁北票房身、朝阳王坟山、姚金沟、袁台子与西团山等七座鲜卑墓中均出土的有金步摇冠。1989 年辽宁朝阳田草沟晋墓出土的金步摇冠两件（图 6–10–4）。此类步摇冠再后来又有发现，都是在金博山上起金枝，如 1981 年内蒙古乌兰察布盟达茂旗西河子窖藏出土的金步摇冠（图 6–10–5）和牛头鹿角金步摇冠。马头额部原镶嵌料石，现已脱落，眉梢上端另加一对圆圈纹，每个枝梢挂桃形金叶一片。沈满愿《咏步摇花》说：“剪荷不似制，为花如自生。”卫懿公夫人额头上方的步摇，便恰似一朵荷花。这种发簪的簪脚很长，穿过发髻露出长长的簪脚，与此时女性发髻鬓角流行的“垂髾”或“分髾”相互呼应。

十一、五兵佩钗

魏晋南北朝时长期的战争环境，不仅在人们的心中留下了创伤，也在女性服饰上留下了痕迹。

晋代流行斧钺形的“五兵佩”发簪，《晋书》卷二十七《五行志》载：“惠帝元康中，妇人之饰有五兵佩，又以金银玳瑁之属，为斧钺戈戟，当以笄。”其实物如贵州平坝马场东晋墓出土的一的组 20 余件发簪（图 6–11–1），发簪簪首式样丰富，有斧、钺、戈、戟之形。

图 6–10–1　金步摇（甘肃武威市晋墓出土）

图 6–10–3　传顾恺之《列女图》宋摹本之《许穆夫人》清宫旧藏（故宫博物院藏）

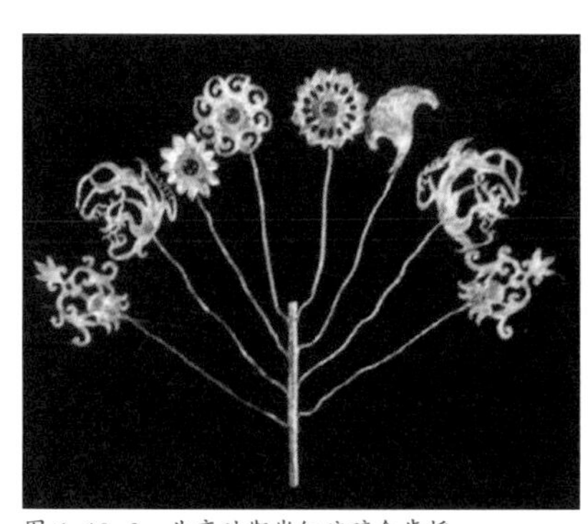

图 6–10–2　北齐时期嵌红琉璃金步摇

图 6–10–4　小金步摇（辽宁朝阳田草沟晋墓出土）

图 6–10–5　金步摇冠（内蒙古乌兰察布盟达茂旗西河子窖藏出土）

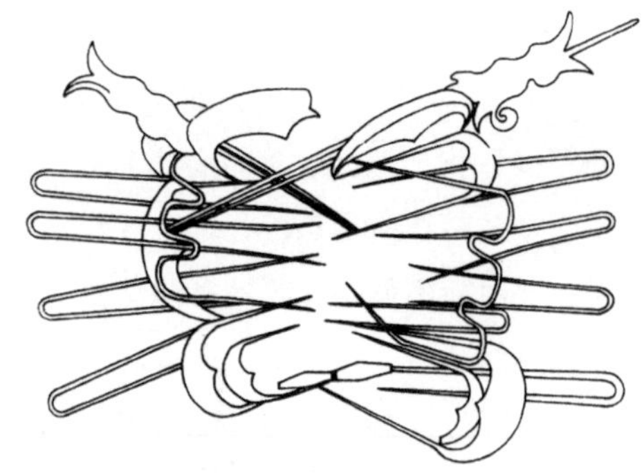

图 6–11–1　一组 20 余件发簪（贵州平坝马场东晋墓出土）

五兵佩源于印度，在魏晋时期传入中国。1981 年内蒙古乌兰察布达尔罕茂明安联合旗西南西河子一处窖藏出土五兵佩实物一件（图 6–11–2），两端装有龙头的金链，上缀五枚小兵器模型和两枚小梳子模型。这种项链集斯基泰、波斯、古希腊、印度风格于一身，上面的斧、盾、戟形的坠饰与小乘佛教的护法之物类似，在小乘佛教礼佛的装饰物和项链等饰品中都可以找到类似的形象。

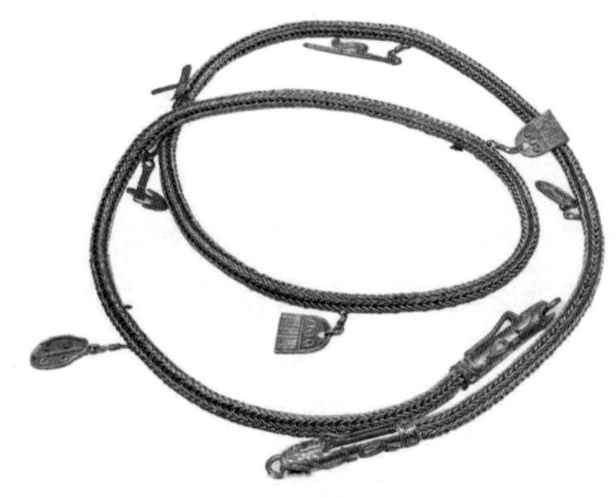

图 6–11–2　五兵佩（内蒙古乌兰察布达尔罕茂明安联合旗西南西河子）
图片引自微博 @ 沉汰

在六朝出土文物中，除五兵佩外，还发现了兵器形状的发簪，如江苏南京仙鹤观东晋 M2 墓出土的三件金簪，其中两件簪首为球状，一件簪首为斧钺形（图 6–11–3）。南京象山东晋 9 号墓出土了一支钺形金簪（图 6–11–4），而这座墓是东晋振威将军王建之及其妻刘媚子的合葬墓。一位将军的妻子头戴钺形金簪，还是合乎情理的。

图 6–11–3　斧钺形金簪（江苏南京仙鹤观东晋 M2 墓出土）

图 6–11–4　钺形金簪（江苏南京象山东晋 9 号墓出土）

清末民初福州妇女发髻上流行簪戴“三把刀”头饰（图 6 11–5）。其形式与魏晋时期流行的五兵佩颇相似。“三把刀”头饰，多呈刀剑形，银质，长约 22 厘米，插戴在妇女的发髻上，左右两刀横插，刀尖朝外，相互对称，如双翼展开于头部两侧；中间顶簪直插，刀尖朝下，刀柄向上直指苍穹。直到 20 世纪 20 年代，福州妇女“三把刀”头饰的装扮还能见到。到了民国十九年（1930 年），福建省政府以“三把刀”为“蛮俗”，下令严禁，强制执行。后随着烫发等多样发式的流行，“三把刀”头饰渐渐淡出了人们的生活。

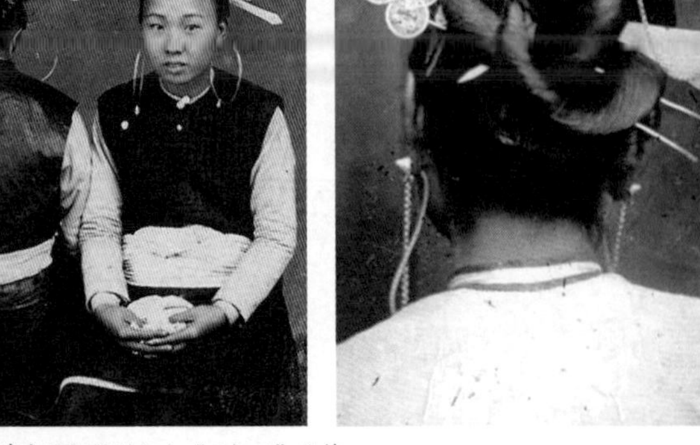
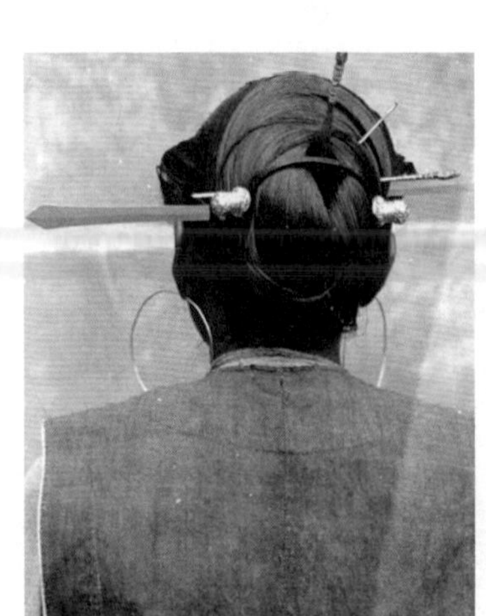
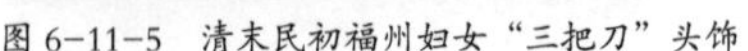

图 6–11–5　清末民初福州妇女“三把刀”头饰

第七章 隋唐

隋：581—618 年
唐：618—907 年
五代：907—960 年

一、绪论

581 年，隋文帝杨坚建立隋朝，结束了东晋以来中原地区长期混乱、分裂的局面。由于统治阶层纵情享乐，导致隋政权仅维持了三十余年，昙花一现，成为大唐盛世的前奏。

618 年，李渊（图 7–1–1）建立了大唐王朝。李世民（图 7–1–2），唐高祖李渊次子，唐朝第二位皇帝。唐朝国力强盛，军事强大，周边强国全被大唐征服，军事力量威震欧亚。京城长安不仅是国内政治、经济、文化中心，也是当时颇具影响力的国际性大都市。

唐朝是我国封建社会历史阶段中最为光彩夺目的时期，政治昌明，文化包容，社会开放。唐代服饰亦反映了封建盛世的繁荣与光辉，并对周边地区、国家以及后世产生了巨大而深远的影响。当时与唐朝政府有过往来的国家和地区曾达 300 多个，正如诗人王维在《和贾至舍人早朝大明宫之作》中所描绘的“万国衣冠拜冕旒”的盛况，每年有大批的留学生、外交使节、客商、僧人、歌舞艺人往来于长安。这使得包括胡服、胡乐、胡食、胡用器皿在内的异域文化成为京城风尚。其中，西域乐舞经过唐代艺人的创造，用陶塑表现得活灵活现。陕西西安东郊豁口磨唐金乡县主墓出土一套 5 件男装骑马女乐俑（图 7–1–3），身着圆领袖长袍，体态丰腴，神情专注，骑于马上作演奏状，分别手持箜篌、琵琶、腰鼓、筚篥、铜钹演奏。1957 年陕西西安唐右领军卫大将军鲜于庭诲墓出土三彩骆驼载乐俑（图 7–1–4）。骆驼背驮载的平台上载有一绿袍高歌欢唱、合乐而舞的胡人，周围坐有四位神情专注地演奏乐器的乐俑。其作品题材新颖，风格独特，型体高大，体现了盛唐社会风俗及高超艺术成就。

图 7–1–1 明人绘《唐高祖李渊像》

图 7–1–2 明人绘《唐太宗李世民像》

图 7–1–3 男装骑马女乐俑（陕西西安唐金乡县主墓出土）

图 7–1–4 三彩骆驼载乐俑（陕西西安唐右领军卫大将军鲜于庭诲墓出土）

唐代国力鼎盛，丝绸之路畅通繁荣，促进了东西文化与经济的交流融合，将敦煌莫高窟推向了历史最高峰。敦煌既是丝绸之路的重镇，也是古代中华文明的文化符号。20世纪50年代，中央工艺美术学院院长常沙娜先生借鉴了敦煌石窟唐代藻井装饰风格的“反植荷渠”艺术样式，设计了人民大会堂宴会厅顶部天花板（图7-1-5）和入口处装饰（图7-1-6）。时至今日，更是有许多时装设计师以敦煌为灵感进行时尚设计与艺术创作，如纽约华裔设计师谭燕玉（Vivienne Tam）2014秋冬秀场推出了以敦煌壁画为主题的设计，延续了上一季的中国风设计（图7-1-7），精美的印花让人着迷。美国时尚品牌安娜·苏（Anna Sui）2015秋冬推出了敦煌壁画图案时装设计作品（图7-1-8）。中国金顶奖设计师曾凤飞（图7-1-9）、中国时装设计师劳伦斯·许都曾推出敦煌主题时装设计。尤其是劳伦

图7-1-5　人民大会堂宴会厅顶部天花板装饰（常沙娜先生设计作品）

图7-1-8　Anna Sui 2015秋冬敦煌壁画图案时装设计

图7-1-6　人民大会堂宴会厅入口处装饰（常沙娜先生设计作品）

图7-1-7　Vivienne Tam 2014秋冬时装设计

图 7-1-9　曾凤飞的敦煌主题时装设计

图 7-1-10　Laurance Xu 敦煌主题时装设计

图 7-1-11　Laurance Xu 敦煌主题时装发布会以敦煌壁画华盖为原型的请帖设计

图 7-1-12　凌美圣诞大礼包（鲁奇舫作品）

图 7-1-13　敦煌九色鹿插画（鲁奇舫作品）

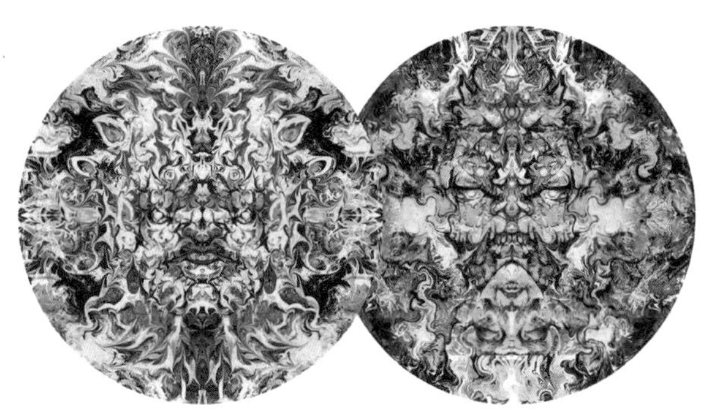

图 7-1-14　李季“自在敦煌”展数字绘画与装置作品

斯·许（Laurance Xu）2015 年以“敦煌”为主题在巴黎时装周发布了 28 套融合敦煌艺术元素的定制礼服（图 7-1-10）。该主题分为北魏和盛唐两个部分，灵感来自敦煌莫高窟壁画，全系列作品均以敦煌色彩为基调。甚至，发布会请帖亦是以敦煌壁画中的华盖为灵感（图 7-1-11）。

欧洲钢笔品牌凌美（LAMY），将敦煌壁画九色鹿图案与圣诞主题融合，创作了圣诞大礼包插画（图 7-1-12）。其插图作者鲁奇舫亦曾创作过敦煌九色鹿插画（图 7-1-13）。青年艺术家李季个人艺术项目“自在敦煌”展，以敦煌为主题元素创作数字绘画与装置作品（图 7-1-14），引入数字媒体，实现传统艺术语言的转型。画面中的五路财神等传统敦煌密宗形象被重新塑造成具有视觉冲击的新图像，再现了敦煌文化的经典。

图 7-1-15　彩绘胡人骑卧双峰驼俑
（陕西西安大唐西市博物馆藏）

图 7-1-16　单峰驼俑（新疆阿斯塔那古墓出土）

图 7-1-17　唐代胡人骑单峰驼铸铁塑像

图 7-1-18　非洲单峰驼

唐代陶塑中马和骆驼形象较多。辽阔的欧亚大陆上有着古人难以逾越的高山、峡谷、沙漠、草原，但这些地理障碍并没有阻碍东西方文明之间的交流。在交通工具尚不完善的古代，骆驼是丝绸之路上最重要的交通工具，对东西方文化交流、经济贸易发展，功不可没。西汉时期，昭君出塞时与匈奴首领和亲的队伍中，就有珍贵的白骆驼。北朝民歌《木兰诗》中有"愿借明驼千金足，送儿还故乡。"的诗句。特别是唐代，张籍《凉州词》"无数铃声遥过碛，应驮白练到安西。"，更是形象地反映了驼队的壮观和繁忙。

自汉代开始，已经有了摆供骆驼雕像的习俗。到了唐代，一些皇亲国戚、达官显贵，还将骆驼俑作为随葬品入葬。陕西西安大唐西市博物馆收藏的彩绘胡人骑卧双峰驼俑（图 7-1-15）。该俑为一胡人跨坐于四腿曲卧的驼峰之间，头戴毡帽，昂头侧视，双手成持缰控驼状，似乎用力拉缰，吆喝驼起。

除了双峰驼，在唐代塑像中还有数量极少的单峰驼形象，如在新疆阿斯塔那古墓群出土的单峰驼俑（图 7-1-16）、中国私人收藏家收藏的唐代胡人骑单峰驼铸铁塑像（图 7-1-17），该实物中人体和骆驼比例恰当，造型生动，动静相宜，很好地反映了唐代雕塑的水平。中国出土的单峰驼俑极少，这是因为中国及中亚细亚温带荒漠地区的骆驼均为双峰驼，而单峰驼主要生活在北非洲、西亚洲和印度等热带区域（图 7-1-18）。单峰驼原产自北非和亚洲西部及南部，比双峰驼略高，颈部无毛，躯体也较双峰驼细瘦，腿更细长，也更适合在沙漠中行走和运货，是中西文化交流的见证，说明了唐代政府与域外国家的物质和文化交流。

二、汉式礼服

隋唐时期，中国在政治上又一次南北统一，但服装却分成两类：一类继承了中原地区农耕文明传统的汉式冠冕衣裳，用作祭服、朝服和较朝服简化的公服；另一类则吸取了北方游牧民族的特点，使用便捷实用的幞头、圆领缺骻袍和乌皮靴，用作平日的常服。需要说明的是，隋唐以前，中国历代政府所制定的各种服饰制度多针对朝服和祭服。隋唐以后，公服和常服也纳入了服饰制度的范围，从而补充和完善了中国古代服饰制度。农耕文明和游牧民族服饰的双轨制形成，适应了中国古代社会礼仪制度和日常生活的实际需要。

唐朝冠服，在继承隋制的基础上有所损益。唐高祖武德四年（621 年）定《衣服令》，皇帝冠服有大裘冕、衮冕、鷩冕、毳冕、絺冕、玄冕、通天冠、缁布冠、武弁、弁服、黑介帻、白纱帽、平巾帻、白帢共十四种；皇太子冠服有衮冕、远游冠、乌纱帽、弁服、平巾帻、进德冠共六种；群臣之首服有衮冕、鷩冕、毳冕、絺冕、玄冕、平冕、爵弁、武弁、弁服、进贤冠、远游冠、法冠、高山冠、委貌冠、却非冠、平巾帻、黑介帻、介帻共十八种。

唐代皇帝衮冕服式样如敦煌莫高窟第 220 窟唐贞观时期（627—649 年）壁画《维摩诘经变》中文殊菩萨下端身穿冕服的帝王像（图 7-2-1）。图中帝王头戴冕冠，垂白珠十有二旒，青衣纁裳，肩绘日月，腹前蔽膝，仪态万千，器宇轩昂。群臣礼服形象如陕西乾县唐章怀太子李贤墓墓道东壁壁画唐景云二年（711 年）《礼宾图》（图 7-2-2）中人物头戴漆纱笼冠，身穿交领大袖衫和下裳，腰系大带，革带挂蔽膝，足蹬岐头履。武弁服如甘肃庆城

图 7-2-1　唐贞观时期壁画《维摩诘说法图》中身穿冕服的唐代帝王像（敦煌莫高窟第 220 窟）

图 7-2-2 唐景云二年《礼宾图》（陕西乾县唐章怀太子李贤墓墓道东壁壁画）

县赵子沟村穆泰墓出土的彩绘武官俑（见图 7-5-1），进贤冠如陕西咸阳礼泉县唐代三彩文官俑（见图 7-5-2）。

唐代沿袭汉代服饰制度，官员在袍服外要佩挂绶带。其式样如章怀太子李贤墓《礼宾图》中背向人物身后悬挂的绶带。绶带即为钱起《送河南陆少府》中“云间陆生美且奇，银章朱绶映金羁。”中的“绶”。五品以上官员朝服佩双绶，唐代刘禹锡《奉和淮南李相公早秋即事，寄成都武相公》载：“步嫌双绶重，梦入九城偏。”元稹《酬乐天喜邻郡》载：“蹇驴瘦马尘中伴，紫绶朱衣梦里身。”

绶是用彩丝织成的长条形饰物，系于腹前及腰侧。最初，绶只是作为联结玉器的实用物品，后来演变成祭服、朝服等礼服上用来区分等级作用的饰品（详见第五章第八节）。

三、圆领常服

尽管服饰礼制完备，然则《衣服令》颁布不久，据《旧唐书·舆服志》记载，唐太宗“朔望视朝以常服及白练裙、襦通著之。”传唐代阎立本绘《步辇图》中的唐太宗就是穿着圆领袍（图 7-3-1）。开元十一年（723 年），玄宗又废大裘冕，皇帝的服装只用衮冕服、通天冠服和幞头常服三种。自中晚唐时，礼服的角色已逐渐让位于常服，常服受朝已成为惯例。将常服纳入服色制度，一方面，使服色制度更趋严密，并扩大了其适用范围；另一方面，正是由于常服的各种规定渐趋严整，使得在日常生活中穿着的常服逐步取代了朝服、公服的地位。至文宗元正朝会时，“常服御宣政殿”接受朝贺，使得祭服，朝服与礼服制度备而不用，仅成具文。

图 7-3-1 传阎立本绘《步辇图》

唐代常服为幞头、圆领袍、銙带、乌皮靴。

圆领袍，亦称团领袍、盘领袍，是指右襟需固定于左肩之上，然后顺左肩向腋下掩盖（图 7-3-2）。其领部正适合纽扣闭合，而圆领袍属于胡服，是隋唐时期士庶、官宦男子，在祭祀、典礼等礼仪场合之外的日常服装。因为圆领衫在唐代属于常服，所以各阶层都可穿着。其式样为圆领窄袖，下摆掩至小腿中部，两侧不开衩，膝下加襕。新疆阿斯塔那古墓群 206 号墓西州张雄夫妇墓出土的木俑身穿的也是黄绢圆领袍（图 7-3-3）。意大利设计师乔治·阿玛尼（Giorgio Armani）2005 年春夏高级成衣设计中就有以圆领和幞头为灵感的设计（图 7-3-4）。

四、锦袍纹样

在传阎立本绘《步辇图》中左侧三人中间穿锦袍者是吐蕃使者禄东赞（图 7-4-1），他的服饰展示了波斯、河中等地人民以锦制袍的风尚。以锦制袍，名曰“锦袍”，唐代诗人温庭筠的《醉歌》中就有：“锦袍公子陈杯觞，拨醅百瓮春酒香。”的诗句。唐代《初学记》将锦与金银、珠玉等并置，统署“宝器部”。在唐诗中，涉及锦的内容很多，如徐凝《春雨》载：“昨日春风源上路，可怜红锦枉抛泥。”杜甫《白丝行》载：“缫丝须长不须白，越罗蜀锦金粟尺。”罗隐《绣》载：“蜀锦谩夸声自贵，越绫虚说价功高。”

锦是用两种以上彩色丝线纺织而成的显花多重织物。在隋唐时期，锦的组织结构为平纹纬显花与斜纹纬显花，这种工艺来自中亚、西亚，与中国传统的经显花织锦（经锦）有很大不同，克服了经锦花色单调、显花质量不稳定的缺点。唐朝政府为了保证“锦袍”消费的巨大需求，在少府监所辖织染署专设了织锦作坊，甚至还将模仿域外样式的“蕃客锦袍”列为扬州广陵郡的“土贡”。

锦袍在唐代诗词中出现频率极高，如王昌龄《春

图 7-3-4 Giorgio Armani 2005 春夏高级成衣

图 7-3-2 传阎立本绘《步辇图》中的圆领袍

图 7-3-3 圆领袍木俑（新疆阿斯塔那古墓群 206 号墓西州张雄夫妇墓出土）

图 7-4-1 传阎立本绘《步辇图》中吐蕃使者

宫曲》载："平阳歌舞新承宠，帘外春寒赐锦袍。"考察实物可知，与《步辇图》中吐蕃使者禄东赞的锦袍并不相同，唐诗中的锦袍很可能只是一种在领、襟、袖等处缘边装饰织锦的圆领或翻领袍。这是唐代中原地区男服吸收、融合异域文化的例证，其式样如甘肃庆城县赵子沟村穆泰墓出土的彩绘陶胡人俑身上所穿的联珠纹锦缘边圆领袍（图 7–4–2）。该人物头戴尖顶翻檐胡帽，眼睛一睁一闭，朱唇白牙，张嘴露齿，表情诙谐，生动自然。此外，该墓出土的彩绘陶胡人俑也身穿翻领锦袍（图 7–4–3）。

受波斯文化影响，隋唐纺织品流行联珠纹纹样。联珠纹是以圆形为骨架，边圈饰联珠，内填四骑猎狮（图 7–4–4）、鹿（图 7–4–5）、雁（图 7–4–6）、野猪（图 7–4–7）、狮、象、鹰、天马、羚羊、骆驼等装饰纹样。在波斯萨珊时期，祆教流行，占星学也在当时备受推崇。在联珠纹中，众多小圆珠排列成圆环，联珠圈在祆教星相学中象征着日月星辰的天，而小圆珠可以说是寓意着一种星相学层面的神圣之光，其中填饰各种与天、神相关的纹饰。这些纹样多是萨珊艺术热衷表现的主题，反映了萨珊贵族狩猎和宫廷聚会的生活方式。野猪纹是波斯祆教崇尚的战神韦雷斯拉格纳的化身之一。

联珠圈内纹样构图方式主要有单独和对称两种。前者是萨珊联珠纹锦的传统，对称纹样的文化来源复杂，中国因素固然不少，经粟特中介的拜占庭因素也不容忽视，其题材极丰富。唐人对联珠纹也进行了许多自己的本土化设计，如日本正仓院藏唐代联珠对龙纹绫（图 7–4–8），后世亦有许多以联珠纹为图案构成的玉雕作品，如元代玉透雕联珠龙纹带扣（图 7–4–9）。意大利品牌华伦天奴（Valentino）2014 春夏高级女装中也使用了联珠纹图案进行时装设计（图 7–4–10）。

宝相花也是广泛流行于唐代纺织品上的重要装饰纹样（图 7–4–11、图 7–4–12）。宝相花，又称宝仙花、宝莲花，纹样造型花蕾相间，正侧相叠，虚实结合，形态圆润华美，雍容优雅。它并不是一种写实性花卉，而是综合了印度莲花纹、长安牡丹纹、波斯石榴纹、古希腊忍冬纹和盛唐朵云纹等多种花卉和装饰元素的想象性图案。其构成元素为忍冬纹和石榴纹演化成的"侧卷瓣"、朵云纹演化成的"对勾瓣"和牡丹纹演化成的"云曲瓣"，轮廓型状采用"米"字形四向或多向对称放射状，数量大多为八瓣，作圆形、菱形、方形等适合图形，体现了中外文化的广泛交流与融合。清华大学硕士研究生王苒同学曾创作了宝相花时尚图案和时装设计（图 7–4–13、图 7–4–14）。"云思木想"时装品牌 2014 年推出了宝相花图案短裙（图 7–4–15）。此外，中国时装设计师劳伦斯·许（Laurance Xu）的敦煌主题时装设计中亦有宝相花纹样的礼服设计（图 7–4–16），美国华裔设计师谭燕玉（Vivienne Tam）2014 年秋冬时装设计中更是大量运用宝相花图案（图 7–4–17）。

图 7–4–2　身穿圆领袍的彩绘陶胡人俑（甘肃庆城县赵子沟村穆泰墓出土）

图 7–4–3　身穿翻领锦袍的彩绘陶胡人俑（甘肃庆城县赵子沟村穆泰墓出土）

图 7-4-4 唐代联珠四骑猎狮纹锦（日本京都法隆寺藏）

图 7-4-5 唐代联珠鹿纹锦

图 7-4-6 唐代联珠对雁纹锦

图 7-4-7 唐代联珠野猪纹锦

图 7-4-8 唐代联珠对龙纹绫（日本正仓院藏）

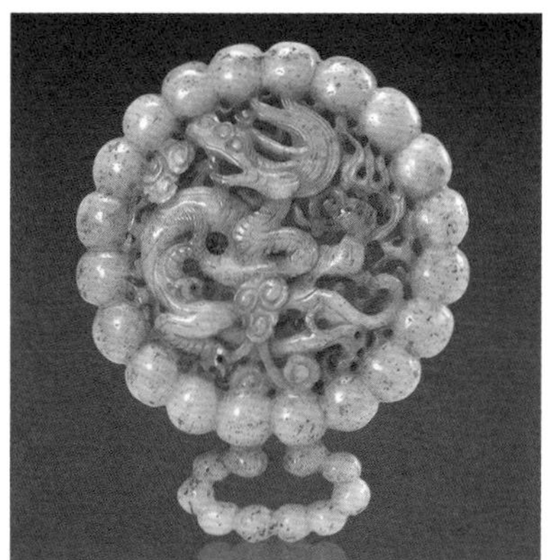
图 7-4-9 元代玉透雕联珠龙纹带扣

图 7-4-10 Valentino 2014 春夏高级女装

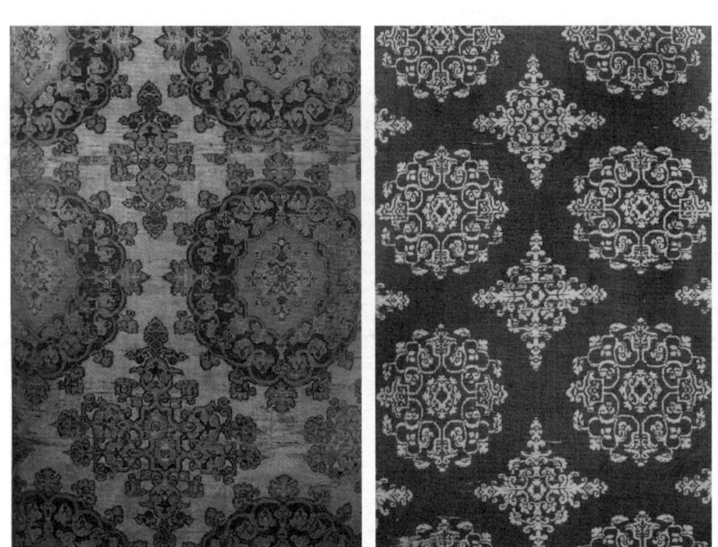
图 7-4-11　唐代宝相花纹样织锦（日本正仓院藏）

图 7-4-12　唐代宝相花琵琶锦袋（日本正仓院藏）

图 7-4-13　宝相花时尚图案（王苒作品）

图 7-4-15　云思木想 2014 年宝相花图案短裙

图 7-4-14　宝相花时装设计（王苒作品）

图 7-4-16　Laurance Xu 以敦煌为主题的时装设计

图 7-4-17　Vivienne Tam 2014 秋冬时装

五、服色等级

隋唐以后，标志官职身份的汉式冠帽被大力简化，无官职等级区分的常服使用普遍，促成了以不同服色区分身份贵贱、官位高低等序的“品色服”制度（表 7–5–1）。

隋代政府尚不禁黄，隋文帝听朝时着赭黄色文绫袍，与朝臣同服。唐制，流外官、庶人、部曲、奴婢服绸、絁、布，色用黄白。至唐代已确立赤黄色（即赭色）为皇权独有。王懋《野客丛书》载：“唐高祖武德初，用隋制，天子常服黄袍，遂禁士庶不得服，而服黄有禁自此始。”白居易《卖炭翁》载：“翩翩两骑来是谁？黄衣使者白衫儿。”这里的“黄衣”指唐代宫廷里品位高的宦官。

从宋开始，由于强调皇权的高度集中，正黄色进一步为皇室专用，僭用、滥用即获罪。明洪武三年（1370 年）规定，庶人戴“四方平定巾”，配染色盘领衣，不许用黄色。洪武五年（1372 年）令，民间妇人礼服不许用金绣，不许用大红、鸦青和黄色。清代政府将不同的黄色也分出等级尊卑，在《皇朝礼器图式》（清乾隆卅一年，即 1766 年）中，因穿者不同，对黄色的具体色泽也做出了明确的规定：皇帝、皇后龙袍用明黄色，皇太子、皇太子妃龙袍用杏黄色，皇贵妃龙袍用金黄色，嫔龙袍用香色。

据《隋书·礼仪志》记载，隋炀帝大业六年（610 年）明确规定：“五品以上，通著紫袍；六品以下，兼用绯绿。胥吏以青，庶人以白，屠商以皂，士卒以黄。”至唐上元元年（674 年），《旧唐书·高宗纪》记载高宗敕文：“文武官三品以上服紫，金玉带；四品深绯，五品浅绯，并金带；六品深绿，七品浅绿，并银带；八品深青，九品浅青。”九品职官服色各异，清楚地显示出穿者的身份等级、品序大小。白居易《琵琶行》中“坐中泣下谁最多？江州司马青衫湿。”和《初授秘监，拜赐金紫，闲吟小酌，偶写所怀》中“紫袍新秘监，白首旧书生。”的诗词，也表露了这种由政治地位变化而反映于服色变化的情况。

比青衫略高一级的是浅绿。元稹《寄刘颇二首》载：“无限公卿因战得，与君依旧绿衫行。”其如甘肃庆城县赵子沟村穆泰墓出土的彩绘武官俑所穿上衣颜色（图 7–5–1）。比绿色等级高的是绯色和紫色，如元稹《酬乐天喜邻郡》载：“蹇驴瘦马尘中伴，紫绶朱衣梦里身。”白居易《郡中春宴，因赠诸客》载：“暗澹绯衫故，斓斑白发新。”其如陕西咸阳礼泉县唐三彩文官俑身穿朱衣（图 7–5–2）。

自从“品色服”制度实施后，“青红皂白”便成了官服和民服用色的界限分野。唐代由于黄色成为帝王之色，紫、绯及香色又为达官贵人服饰所用，因此，这类颜色被封建统治者列为贵色而禁止使用。据《宋史·舆服志》记载：“庶人、商贾、伎术、不系官伶人，只许服皂、白衣、铁、角带，不得服紫。”至明代，官服使用的红色、青色也被禁服，如何孟春《馀冬序录》载：“庶人妻女……其大红、青、黄色悉禁勿用。”

表 7–5–1 唐代品官服色制度

品色	紫	深绯	浅绯	深绿	浅绿	深青	浅青
官级	三品以上	四品	五品	六品	七品	八品	九品

图 7–5–1 彩绘武官俑（甘肃庆城县赵子沟村穆泰墓出土）

图 7–5–2 唐三彩文官俑（陕西咸阳礼泉县出土）

六、幞头銙带

幞头是唐代男子常服系统中的首服。幞头在中国古代首服的使用中，不仅使用时间跨度长，使用范围也极其广泛。明代丘浚《大学衍义补》胡寅注："古者，宾、祭、丧、燕、戎事，冠各有宜。纱幞既行，诸冠尽废。"

关于幞头源起有两种说法，即幅巾说和风帽说。就发展而言，幞头是以幅巾为主，在鲜卑帽影响下演变而成。甘肃庆城县赵子沟村穆泰墓出土的彩绘陶胡人俑头上表现的就是幅巾覆头前后系结的幞头。

在隋朝，幞头呈现平顶，额前系结。因没有攀结发髻，所以该阶段的幞头式样还只是平顶外形。隋大业十年（614年），吏部尚书牛弘向朝廷上书，建议在幞头里面加一个木制的衬垫物，使用时扣覆在髻上，再用巾帕系裹。巾子也可称"山子""军容头"，可用桐木、斫木等材料。新疆吐鲁番阿斯塔那古墓出土的两件巾子实物均以丝葛类织物浸漆模压而成，顶部分瓣明显，表面布满菱格，左右两侧留有插笄的圆孔（图7–6–1）。其系裹方法是先使用布帕包头，前面的两角绕至颅后缚结，结带飘垂，后两角朝前包抄，系结于额，曲折附顶（图7–6–2）。

制作幞头的材料，以黑色丝织物居多，棉、麻织物较少，常用的材料有缯、绢等。有的时候，包头布帕还用透明的纱罗为材料（图7–6–3）。进入五代，幞头在硬裹、水裹的基础上，采用传统刷漆的工艺从而变硬，并最终脱离巾子独立成形。河北曲阳燕川村五代王处直墓壁画所绘一幅幞头壁画成为人们判断"漆纱幞头"的依据。该壁画所绘一长案上放置有帽架，上置有一顶黑色幞头，幞头略呈方形，分为两层，"前为一折，平施两脚"，与史籍所记完全相符。

隋唐时期，幞头只用于常服，各级品官礼见朝会则不得用之。从宋代起，幞头不仅用于常服，还用于公服，有时甚至还兼用于朝服。南宋周密《武林旧事》记载皇帝主持册封皇后大礼时"班定，皇帝自内服幞头红袍玉带靴入幄，更服通天冠、绛纱袍。"至于普通官吏，更将幞头用作盛服。

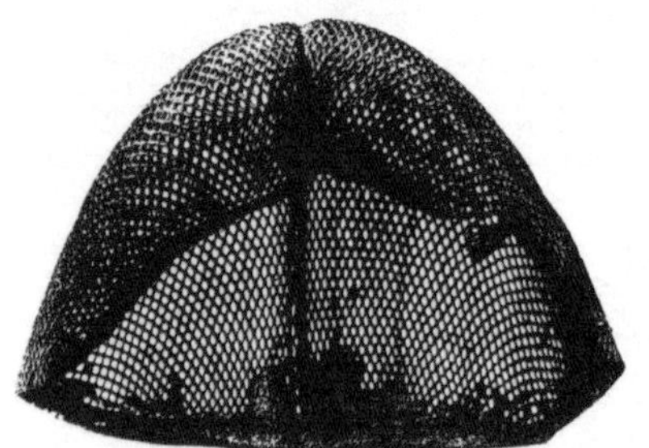

图7–6–1　巾子实物（新疆吐鲁番阿斯塔那古墓出土）

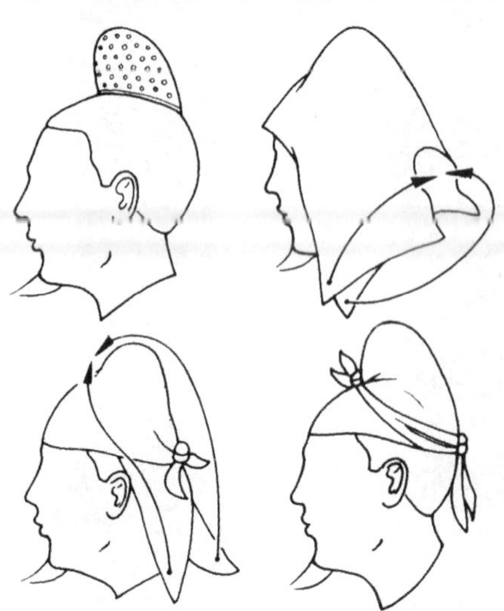

图7–6–2　唐代幞头系扎示意图

图7–6–3　彩绘骑马胡人带豹狩猎的陶俑（西安东郊唐金乡县主墓出土）

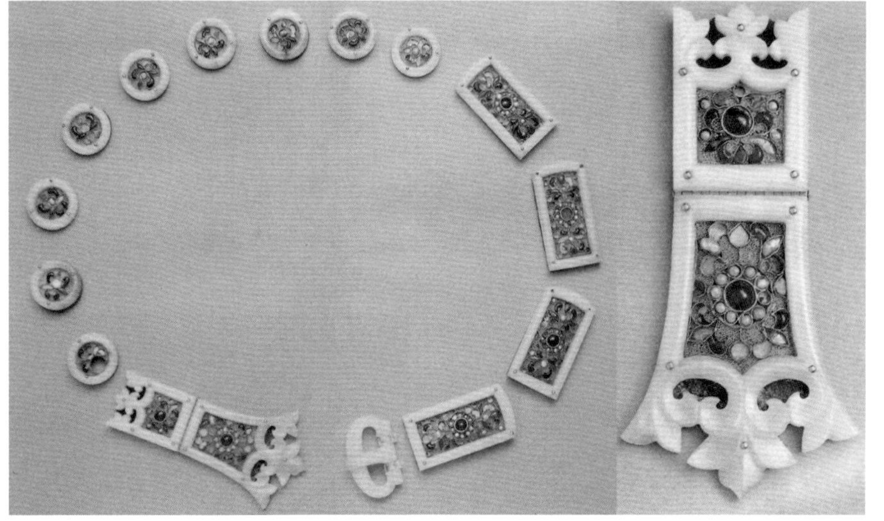

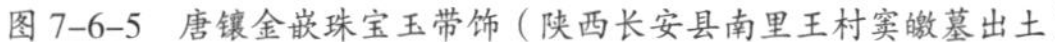
图 7-6-5 唐镶金嵌珠宝玉带饰（陕西长安县南里王村窦皦墓出土）

图 7-6-6 明人绘《岳飞画像》

如果说簪、钗、梳和步摇是唐代宫廷贵妇的首饰专属，那么，銙带则是唐代贵族男性的服制特色。銙带源自北方游牧民族的“蹀躞带”。它由带鞓、带銙、带头、带尾四部分组成（图 7-6-4）。带鞓是带的主体，由皮革做成，外面裹以红色或黑色绢。带銙是镶嵌在带鞓上的牌饰，是腰带等级区别的标志。《新唐书·舆服志》载：“一品、二品銙以金，六品以上以犀，九品以上以银，庶人以铁。”带头，即带扣。带尾，也称“铊尾”，腰带系束之后，带尾朝下，表示对朝廷的顺服。

唐人尚玉，如花蕊夫人《宫词》诗云：“罗衫玉带最风流，斜插银篦慢裹头。”因制作难度大，玉带只有少数皇亲国戚才能享用。甚至女效男装的太平公主也以束玉带为荣，《新唐书·五行志》载：“高宗尝内宴，太平公主紫衫、玉带、皂罗折上巾，具纷砺七事，歌舞于帝前。”陕西长安县南里王村窦皦墓出土的唐镶金嵌珠宝玉带饰（图 7-6-5），带头和带銙皆以玉为缘，内嵌珍珠及红、绿、蓝三色宝石，下衬金板，金板之下为铜板，三者以金铆钉铆合，精巧豪华，即王光庭《奉和圣制送张说巡边》中所载：“玉辗龙盘带，金装凤勒骢。”其工艺为金银错，将黄金镶嵌在和田白玉内，即“金镶玉”。

至宋明时期，男子銙带不仅等级更为繁复，制作工艺也更为精美（图 7-6-6）。

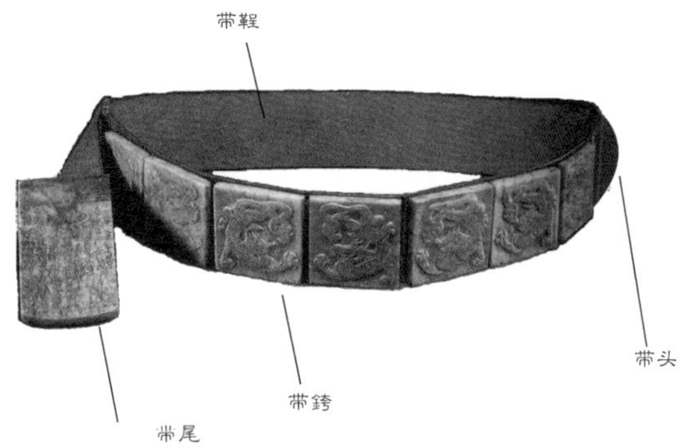

图 7-6-4 唐代銙带（四川成都前蜀王建墓出土）

七、袒胸裙装

中国传统封建礼教对女性要求严格，不仅约束其举止、桎梏其思想，还要将身体紧紧包裹起来，不许稍有裸露。但唐代国风开放，女子的社会地位得到极大提高，生活空间也更为广阔，着装风气也开先河，以袒颈露胸为时尚。袒胸装的流行与当时女性以身材丰腴健硕为佳，以皮肤白皙粉嫩、晶莹剔透为美的社会审美风气是分不开的。李洞《赠庞炼师女人》载：“两脸酒醺红杏妒，半胸酥嫩白云饶。”李群玉《同郑相并歌姬小饮戏赠》载：“胸前瑞雪灯斜照，眼底桃花酒半醺。”这些唐诗均是对这种风尚的描写。最初，袒胸装多在歌伎舞女中流行，后来宫中和社会上层妇女也引以为尚，纷纷效仿。传唐代周昉绘《簪花仕女图》中的仕女个个体态丰满，粉胸半掩，极具富贵之态（图 7-7-1）。

图 7-7-1　传唐周昉绘《簪花仕女图》

图 7-7-2　借鉴《簪花仕女图》中仕女元素设计的卫衣（贾玺增设计）

学术界对辽宁省博物馆馆藏《簪花仕女图》的创作年代看法不一，杨仁恺持中唐说、徐邦达持中晚唐说、谢稚柳持南唐说、沈从文则持宋代说。本书作者借鉴《簪花仕女图》中的仕女元素，结合现代流行元素进行了卫衣设计（图 7-7-2）。

唐代敦煌壁画、唐懿德太子墓石椁浅雕画中也都有袒胸装的形象。这种最初流行于宫中的时尚后来也流传到了民间，周濆《逢邻女》诗云："日高邻女笑相逢，慢束罗裙半露胸。莫向秋池照绿水，参差羞煞白芙蓉。"诗中正是对邻家女子身着袒胸装的美丽倩影进行了描绘。

唐代之后，纱、罗成为最受宋代女性欢迎的服装用料，轻衫薄裙的"透视装"继承并延伸了"袒胸装"的审美式样，成为赵宋王朝女性着装的新风尚。

八、掩乳长裙

唐代女性穿用最多的当属自汉末以来一直流行的短襦长裙。其形式如 1991 年陕西西安东郊唐金乡县主墓出土的彩绘陶女立俑（图 7-8-1）。孟浩然《春情》诗云："坐时衣带萦纤草，行即裙裾扫落梅。"衣裙之长可以用裙摆拖扫散落在地面的梅花，奢华且富有意境。唐文宗时，曾下令禁止。然而据《新唐书·舆服志》记载："诏下，人多怨者。京兆尹杜悰条易行者为宽限，而事遂不行。"可见，裙长的禁令无法真正实施。唐代女性，在身穿长裙时，多将裙腰提至胸口，形成了"高腰掩乳"的独特风貌。法国品牌菲凌（Feline），2008 春夏设计过一款高腰女裙（图 7-8-2）。

唐代女裙颜色绚丽，尤以红裙为尚，元稹《樱桃花》云："窣破锣裙红似火"、杜甫《陪诸贵公子丈八沟携妓纳凉晚际遇雨》载："越女红裙湿，燕姬翠黛愁。"这些描写都体现了唐代女性流行红裙。新疆吐鲁番阿斯塔那张礼臣墓出土的唐代舞女绢画

图 7-8-1 彩绘陶女立俑（陕西西安东郊唐金乡县主墓出土）

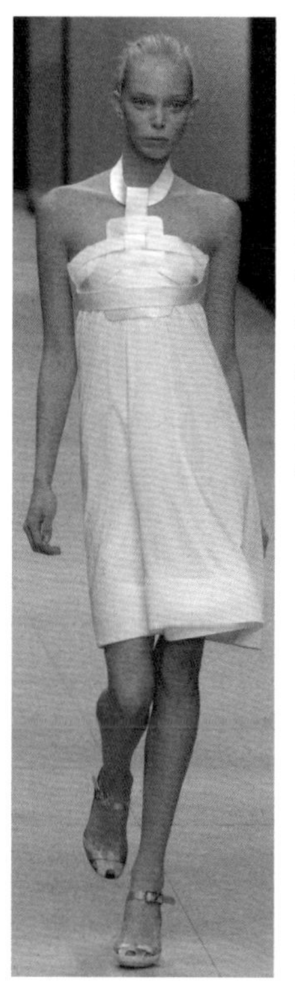

图 7-8-2 Feline 2008 春夏设计的高腰女裙

图 7-8-3 唐代舞女绢画（新疆吐鲁番阿斯塔那张礼臣墓出土）

（图 7-8-3）和昭陵唐墓壁画中的仕女（图 7-8-4）都有身穿红色长裙的唐代女性形象。此时，红裙又有“石榴裙”之称。这是因为古人染红裙一般是用石榴花。红裙与石榴花哪个更鲜艳，也堪称一争。万楚《五日观妓》：“红裙妒杀石榴花”，白居易《和春深二十首》：“裙妒石榴花”。关于唐代石榴裙的传说中，还有一个典故。据传天宝年间，文官众臣因唐明皇之令，凡见到杨贵妃须行跪拜礼，而杨贵妃平日又喜欢穿着石榴裙，于是“跪拜在石榴裙下”成了崇拜女性的俗语。

唐代还流行两色布帛相拼的“间色裙”。据《旧唐书·高宗本记》记载：“其异色绫锦，并花间裙衣等，靡费既广，俱害女工。天后，我之匹敌，常着七破间裙。”所谓“七破”，即指裙上被剖成七道，以间他色，拼缝而成。除了“七破”，奢侈者可达“十二破”之多。其实物如昭陵唐墓壁画仕女（图 7-8-5）、新疆吐鲁番阿斯塔那张雄夫妇墓出土的唐代女木俑（图 7-8-6）所穿的间色裙。

除了石榴裙外，由于红裙可用茜草浸染，故也称“茜裙”。此外，绿色之裙也深受妇女的青睐，时有“碧裙”“翠裙”或“翡翠裙”之称。其实物如新疆吐鲁番阿斯塔那墓出土的唐代宝相花夹缬褶绢裙（图 7-8-7），此裙与陕西西安王家坟出土的唐三彩女乐俑下身所穿的高腰十字瑞花纹绿色锦裙相互对比（图 7-8-8）。上海装束复原团队亦用此工艺复原了唐代女装（图 7-8-9）。

图 7-8-4 昭陵唐墓壁画中身穿红色长裙的唐代女性形象

图 7-8-5 昭陵唐墓壁画中身穿间色裙的唐代女性形象

图 7-8-6 唐代女木俑（新疆吐鲁番阿斯塔那张雄夫妇墓出土）

图 7-8-8 唐三彩女乐俑（陕西西安王家坟出土）

图 7-8-7 唐代宝相花夹缬褶绢裙（新疆吐鲁番阿斯塔那墓出土）

图 7-8-9 唐代女性着装复原（上海装束团队复原作品）

九、装花斑缬

夹缬是指利用雕版在绸棉织物上夹染出预定花样的印染工艺，为中国传统印染技艺"四缬"（夹缬、蜡缬、绞缬、灰缬，即今天所说的夹染、蜡染、扎染、蓝印花布）之一。夹缬上溯可达东汉，盛于唐宋。唐代白居易《赠皇甫郎中》诗云："成都新夹缬，梁汉碎胭脂。"敦煌莫高窟唐代彩塑菩萨身上的多是夹缬衣物。《唐语林》引《因语录》云："玄宗时柳婕妤有才学，上甚重之。婕妤妹适赵氏，性巧慧，因使工镂板为杂花，象之而为夹缬。因婕妤生日，献王皇后一匹。上见而赏之，因敕宫中依样制之。当时甚密，后渐出，遍于天下。"此语虽不足全信，但也说明早期夹缬工艺是扎根于民间并传到宫廷的。唐代张萱绘《捣练图》中蓝裙女子穿的小袖衫的纹样就颇似夹缬工艺（图 7-9-1）。陕西西安西郊纺织厂出土的唐代三彩釉陶女立俑所着无领尖的襦裙也是类似工艺效果（图 7-9-2）。美国纽约华裔设计师谭燕玉（Vivienne Tam）2012 春夏高级成衣亦使用了夹缬纹样的设计元素（图 7-9-3）。

到了宋代，朝廷指定复色夹缬为宫室专用，两度禁令民间流通，夹缬被迫趋向单色。洛阳贤相坊民间有著名的李姓印花刻板艺人，被称为“李装花”，刻工雕造花板，供给染工印染“斑缬”。《图书集成》卷六八一《苏州纺织物名目》讲到南宋嘉定年间（1208—1224 年），嘉定安亭镇有归姓者创制药斑布，“以布夹灰药而染青；候干，去灰药，则青白相间，有人物、花鸟、诗词各色，充衾幔之用。”元明时期流行灰缬，使得夹缬逐渐退出历史舞台。

图 7-9-1　唐代张萱绘《捣练图》局部

图 7-9-2　唐代三彩釉陶女立俑（陕西西安西郊纺织厂出土）

十、藕丝衫子

唐代贵妇上衣一般是对襟的大袖或窄袖衫。窄袖衫属于日常便服，衣袖短者至腕，长者掩手，穿时衣身下摆束于裙内，行动方便，无所羁绊。《挥扇仕女图》（图 7-10-1）、《调琴啜茗图》（图 7-10-2）和《内人双陆图》（图 7-10-3）中均绘有穿着窄袖衫的唐代女性形象。

唐代女子穿的大袖衫属礼服类服装，流行用纱罗等轻薄材料制成，衣摆长及膝下，大袖长者可垂至足面，衣裾翩翩，雍容富贵，引人注目，尤具时代特征。唐代诗词中有很多赞誉女衫的优美诗句，如张祜《感王将军柘枝妓殁》中“鸳鸯钿带抛何处，孔雀罗衫付阿谁。”唐代女子穿着大袖衫时，衣摆多披垂于裙身之外。透过薄纱，胸前风景自然若隐若现、若有若无。更为奢侈者，还会在薄纱上加饰金银彩绣，如王建《宫词》云：“罗衫叶叶绣重重，金凤银鹅各一丛。每遍舞时分两向，太平万岁字当中。”实物如 1981 年陕西宝鸡法门寺地宫出土的红罗地蹙金绣随捧真身菩萨佛衣模型。其中的红罗地蹙金绣半臂用绢做里，用绛色罗做面，上面均匀分布蹙金绣折枝花卉纹样。花朵外面衬花叶，每个花朵都留出一颗花蕊（图 7-10-4）。

图 7-9-3　Vivienne Tam 2012 春夏高级成衣

图 7-10-1　唐人绘《挥扇仕女图》局部

图 7-10-2　唐人绘《调琴啜茗图》

图 7-10-3　唐代周昉绘《内人双陆图》局部

图 7-10-4　红罗地蹙金绣半臂（1981 年陕西宝鸡法门寺地宫出土）

唐末五代，薄衫金缕成为风尚，如裴虔余《柳枝词·咏篙水溅妓衣》云："半额微黄金缕衣，玉搔头袅凤双飞。"

十一、胡服胡妆

唐朝政策开放，经济繁荣，文化昌盛，对外交往频繁，兼收并蓄异域文化。唐代女性的社会生活也呈现出一种开放态势。开元天宝年间（713—741年），西域文化大规模传入，妇女们或女效男装，着圆领袍，头裹幞头；或学胡服，多穿翻领窄袖袍，头戴胡帽。

唐中期，汉胡文化大融合，胡舞盛行。从对胡舞的崇尚，发展到对胡服的模仿，由此出现了元稹《和李校书新题乐府十二首·法曲》一诗中"女为胡妇学胡妆"的现象。贞观年间（627—649 年），长安金城坊富家被胡人劫持，案件经久未破。雍州长史杨纂提出将京城各坊市中的胡人都抓起来审讯，但是司法参军尹伊认为牵扯不宜太广，因为当时汉人胡服、胡人汉装的现象比较常见。唐代刘肃《大唐新语·从善》载："贼出万端，诈伪非一，亦有胡着汉帽，汉着胡帽，亦须汉里兼求，不得胡中直觅。"唐代女性穿的胡服集中表现在羃䍦、帷帽、胡帽和回鹘装的流行上。

羃䍦是一种可遮挡路上扬尘，以轻薄纱罗制成避障身体的大幅方巾。在隋朝西域地区，王公贵妇骑马远行，多会戴防遮风沙的羃䍦。《隋书·附国传》记附国之俗，"以皮为帽，形圆如钵，或带羃䍦。"同书《吐谷浑传》记当地"王公贵人，多戴羃䍦。"中原汉族女性尚未有遮面习俗，豫章郡的官僚地主家"多有数妇，暴面市廛，竞分铢以给其夫。"

唐初武德、贞观年间（618—649 年），中原女性已开始有戴羃䍦的风气了。据《旧唐书·舆服志》记载："武德、贞观之时，宫人骑马者，依齐、隋旧制，多着羃䍦。虽发自戎夷，而全身障蔽，不欲途路窥之。王公之家，亦同此制。"这正符合中国传统礼节中要求女性"出门掩面"的封建礼俗。

羃䍦在日本东京国立博物馆收藏的一幅唐人绘画《树下人物图》中有所反映（图 7-11-1），图中一位妇女，左手高举，正在脱卸头上的羃䍦。这种羃䍦用黑色布帛制成，长度大约至胸际，左右两

图 7-11-1 唐人绘《树下人物图》（日本东京国立博物馆藏）

图 7-11-2 唐三彩仕女俑（新疆吐鲁番阿斯塔那 187 号墓出土）

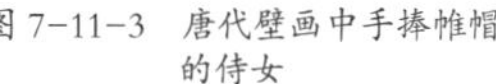

图 7-11-3 唐代壁画中手捧帷帽的侍女

图 7-11-4 唐代戴幂䍦男俑（陕西唐三彩艺术博物馆藏）

边各缀一根飘带，飘带下垂至腰间。在脸面部位，还开有一个圆形小孔，正好露出人的眼鼻，其余部分则被全部遮蔽。与此类似的人物形象还见于 1972 年在新疆吐鲁番阿斯塔那 187 号墓出土的唐三彩仕女俑（图 7-11-2），其中有一骑马女子，头上就戴有这种幂䍦。唐代壁画中还有手捧帷帽的侍女形象（图 7-11-3）。唐代男子也有戴幂䍦的习惯，如陕西唐三彩艺术博物馆收藏的唐代戴幂䍦的男俑即是一例（图 7-11-4）。

永徽年间（650—655 年），随着社会风气的开放，人们开始使用一种“拖裙到颈，渐为浅露”的帷帽，这是一种在席帽帽檐周围加缀一层网状面纱的改良首服。唐高宗认为这样有伤风化，于是下敕禁止。但至天宝年间（742—756 年），唐代妇女头戴帷帽已成为一时风尚。新疆吐鲁番阿斯塔那 187 号墓出土的彩绘陶俑中也有戴帷帽的妇女形象（图 7-11-5），其中一尊骑马女俑的帷帽用泥制，外表涂黑，以方孔纱作帷，帷裙垂至颈部。帽体高耸，呈方形，顶部拱起，底部周围平出帽檐。纱帷连于帽檐两侧及后部边檐。帷帽帽体用皮革、毛毡或竹藤编织，外覆黑色纱罗等物。幂䍦一直沿用至明代。亚历山大·麦昆（Alexander McQueen）2013 春夏女帽与唐代幂䍦极其相似（图 7-11-6），这是与蜜蜂设计主题相呼应的元素。

胡帽，又称“蕃帽”，主要是指唐代及之前由西北或北方传入并在中原地域流行的皮帽或毡帽。

图 7-11-5 戴帏帽彩陶女俑（新疆吐鲁番阿斯塔那唐墓 M187 号墓出土）

图 7-11-6 Alexander McQueen 2013 春夏高级成衣

图 7-11-7　乐舞屏风所绘女子像（新疆吐鲁番阿斯塔那高昌左卫张雄之孙张礼臣墓出土）

图 7-11-8　彩绘翻领胡装女俑（陕西咸阳边防村出土）

与羃䍦和帷帽相比，胡帽在中原地区流行的时间相对较晚。其特点是帽子顶部尖而中空，珠帽、绣帽、搭耳帽、浑脱帽、卷檐虚帽等都可归为胡帽。刘言史《王中丞宅夜观舞胡腾》诗云："石国胡儿人见少，蹲舞尊前急如鸟。织成蕃帽虚顶尖，细氎胡衫双袖小。"张祜《观杨瑗柘枝》诗称："促叠蛮鼍引柘枝，卷帘虚帽带交垂。紫罗衫宛蹲身处，红锦靴柔踏节时。"诗中所说的"卷帘虚帽"就是一种男女通用的胡帽，用锦、毡、皮缝合而成，顶部高耸，帽檐部分向上翻卷。其形象如新疆吐鲁番阿斯塔那高昌左卫张雄之孙张礼臣墓出土的乐舞屏风所绘女子像（图 7-11-7）、陕西咸阳边防村出土的彩绘翻领胡装女俑（图 7-11-8）、陕西咸阳礼泉县李贞墓出土的彩绘陶骑马女俑（图 7-11-9）头上戴的胡帽。比起"全身障蔽"的羃䍦和将面部"浅露"于外的帷帽，它更加"解放"，使得女性"靓妆露面，无复障蔽"。

十二、女效男装

唐代以前，男女之间在服饰和服制上有着不可逾越的界限。"女效男装"为社会制度和礼仪规范所不容。跨越传统着装界限的唐代女性，却以身着男装、跃马扬鞭为一时风尚。据《新唐书·五行志》记载："高宗尝内宴，太平公主紫衫、玉带、皂罗折上巾，具纷砺七事，歌舞于帝前。帝与武后笑曰：'女子不可为武官，何为此装束？'"可见，初唐时期的太平公主就曾身着男装。到了中晚唐，贵族妇女也常穿男装出行。据《旧唐书·舆服志》记载，开元年间（713—741 年），妇女多"有着丈夫衣服靴衫"的情况。陕西西安唐墓就出土了许多身穿圆领袍、腰系銙带的彩绘女俑（图 7-12-1、图 7-12-2）。

陕西西安昭陵唐墓壁画（图 7-12-3）、《虢国夫人游春图》和《挥扇仕女图》等中皆有这种头裹幞头、身穿圆领袍、靓妆露面，无复障蔽的女子。"女效男装"现象在唐诗中也多有褒奖，如李贺《十二月乐辞·三月》云："军妆宫妓扫蛾浅"，司空图《剑器》云："空教女子爱军装"。女子穿戎装，于秀美俏丽之中，别具一种英姿飒爽的气质。

图 7-11-9　彩绘陶戴胡帽骑马女俑（陕西咸阳礼泉县李贞墓出土）

图 7-12-1　彩绘陶男装女立俑（陕西西安郭家滩唐墓出土）

图 7-12-2　彩绘骑马弹箜篌女俑（陕西西安东郊唐金乡县主墓出土）

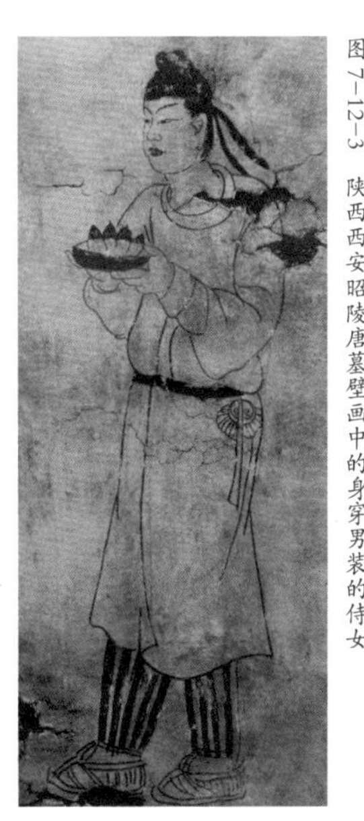

图 7-12-3　陕西西安昭陵唐墓壁画中的身穿男装的侍女

十三、巾舞披帛

唐代宫廷、贵族宅院和民间广泛流行“健舞”和“软舞”。前者动作雄健，节奏明快，气氛热烈；后者柔婉轻盈，节奏舒缓，情感细腻。这两类小型舞蹈，多为独舞或双人舞。“软舞”中又有“巾舞”各类。“巾舞”又称“公莫舞”，其特点是双手执长巾而舞，相传汉代已用于宴享，魏晋时仍流传。隋代将“巾舞”“鞞舞”“铎舞”“拂舞”并称“四舞”，与杂技一同在宴会上演出。出土文物及古壁画中能找到不少与巾舞有关的形象资料。例如，山西太原南郊金胜村唐墓出土的舞俑四人，头梳高髻，上身穿朱赭色开领短衣，腰系朱赭色拂地长裙，手执巾而舞。又如，1957 年陕西西安长安区郭杜镇执失奉节墓中的红衣舞女壁画（图 7-13-1），舞女头梳高髻，身穿敞胸窄袖衫，下着红白长褶裙，手执披帛，舒展双臂，缓步起舞。

图 7-13-1　陕西西安长安区郭杜镇执失奉节墓中的红衣舞女壁画

披帛，也称帔子，是唐代女性时尚最不可缺少的元素。唐代张鷟《游仙窟》诗云：“迎风帔子郁金香，照日裙裾石榴色。”帔一般用纱、罗等轻薄织物做成，而“罗帔掩丹虹。”就是指用罗做成的帔。又由于帔的颜色多为红色，故古人也称帔为“红帔”，如三彩釉陶女立俑，该俑梳单刀翻髻，身穿小袖衫、高腰裙，肩披帔子（图 7-13-2）。

据明代《三才图会》记载：“披帛始于秦，帔始于晋也。唐令三妃以下通服之。士庶女子在室搭披帛。”明人的记载难免有杜撰的嫌疑，实际上看，披帛的流行与佛教在唐代的传播有关。

图 7-13-2 三彩釉陶女立俑（陕西富平县唐节愍太子墓出土）

图 7-13-3 《捣练图》

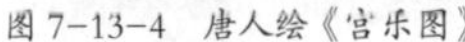
图 7-13-4 唐人绘《宫乐图》

图 7-13-5 《捣练图》图案元素时装设计作品（李迎军作品）

魏晋南北朝时期，儒学统治地位的动摇，为外来佛教的传播提供了空间。佛禅关注的是心性精神的境界升华，因而形成一种高度夸张、理想化的审美情趣，这促成了披帛的流行。梁简文帝《倡妇怨情诗十二韵》云："散诞披红帔，生情新约黄。"着有帔巾的人物形象在敦煌壁画中有大量反映，如敦煌莫高窟北魏壁画、第 285 窟西魏壁画等。这种现象与梁简文帝等人所作诗文的描绘基本一致。

帔子最初盛行于唐代宫中，并以绘绣花卉纹样区分佩戴者的身份等级。马缟《中华古今注》记载，玄宗开元年间，诏令后宫二十七世妇及宝林、御女、良人等人，在参加后廷宴会时，披有图案的披帛，也被称为"奉圣巾"或"续寿巾"。

通过分析图像资料可知，披帛最初并不长，到了唐代才开始变得越来越长，最终成为一条飘带。加之材料轻薄，便形成了造型婉转流畅、富有韵律动感的形态。白居易《闺妇》中"红绡带缓绿鬟低"以及元稹《会真诗》中"宝钗行彩凤，罗帔掩丹虹。"指的都是这种服饰。

据形象资料看，披帛的结构形制大约有两种：一种横幅较宽，但长度较短，使用时披于肩上，形成不同的造型；另一种披帛横幅较窄，但长度却达两米以上，妇女平时用时，多将其缠绕于双臂，走起路来，酷似两条飘带。

其穿戴方式主要有三种形式：

第一种，披在肩臂的带状披帛，使用时缠于手臂，走起路来，随风飘荡，如《簪花仕女图》《挥扇侍女图》《捣练图》（图 7-13-3）和《宫乐图》（图 7-13-4）中的人物。清华大学李迎军教授将《捣练图》中的人物以刺绣方法再现于时装作品（图 7-13-5）。

第二种，披帛布幅较宽，中部披在肩头，两端绕臂，经胸部垂于腹前，如 1952 年陕西西安出土的隋代彩绘女俑（图 7-13-6）、山西太原金胜村墓中的壁画侍女和传唐代阎立本绘《步辇图》中的侍女，其人物就是将披帛围搭于肩上，垂吊于肘内侧。

图 7-13-6 隋代彩绘女俑（陕西西安出土）

图 7-13-7 隋代彩绘戴帷帽女立俑（陕西西安郊区出土）

图 7-13-8 敦煌藏经洞绢画《唐代水月观音像》局部

图 7-13-9 唐代彩色罗披帛（新疆吐鲁番阿斯塔那张雄夫妇墓出土）

此外，陕西西安郊区出土的隋代彩绘戴帷帽女立俑（图 7-13-7），身材修长，梳单刀髻，头戴黑色帷帽，上身着长袖衫，下穿绛红色长裙。该女立俑也是肩披红色披帛，披帛一端缠绕右臂，双手握披帛两端于腹前部侍立。

第三种，到了晚唐五代，流行将披帛和大袖衣搭配，中间在身前，两端在身后或手臂外侧绕搭的形式。其形象如敦煌藏经洞绢画《唐代水月观音像》中头戴华丽发梳的贵妇二人（图 7-13-8）。

新疆吐鲁番阿斯塔那张雄夫妇墓有唐代彩色罗披帛出土（图 7-13-9）。考察阿斯塔那张雄夫妇墓出土实物可知，唐代帔子（披帛）两端不是纯方形，而是圆弧形状。除了这种素罗披帛，中晚唐时期还流行在披帛上装饰华丽纹样，即唐代小说文献中的“帔服鲜泽”“紫银泥罗帔子”。这是指以印花或泥金银工艺，在披帛上装饰精美繁丽的花卉禽鸟纹样。除了印花、泥金工艺外，还有刺绣、彩绘、夹缬、晕裥等多种装饰工艺。晚唐还常见“礼巾”“令巾”等同属帔子类服饰。

可以说，唐代披帛的流行体现了中国传统文化中的以虚代实、以动写静的着装审美法则。这与汉代舞女手中的长长延袖、魏晋女服飘逸的华带飞髾有着异曲同工之妙，都是用来美化、衬托中国古代女性身姿轻盈、体态婀娜的服饰道具。

十四、半臂裙襦

很多穿圆领袍的唐代陶俑，都在上臂处有一突出的折迹。比对故宫博物院所藏唐三彩女俑（图 7-14-1）和陕西西安东郊唐金乡县主墓出土的人物俑（图 7-14-2），可知这个突出的折迹就是圆领袍下所穿半臂短袖的痕迹。其形制可参考日本正仓院所藏的唐代红色织锦半臂、加缬罗半臂（图 7-14-3）

图 7-14-1 唐三彩女俑（故宫博物院藏）

图 7-14-2 人物俑（陕西西安东郊唐金乡县主墓出土）

图 7-14-4 陕西乾县永泰公主墓壁画中的侍女形象

图 7-14-3 唐代红色织锦半臂和加缬罗半臂（日本正仓院藏）

图 7-14-5 骑马仕女俑（新疆吐鲁番阿斯塔那墓出土）

和陕西西安法门寺地宫出土的红罗地蹙金绣随捧真身菩萨佛对襟半臂。

半臂，短袖上衣。汉代刘熙《释名·释衣服》载："半袖，其袂半，襦而袖袖也。"可知，半臂是短袖的襦服。唐人一般称之为"半袖"，如《新唐书·舆服志》载："半袖裙襦者，东宫女史常供奉之服也。"可见，"半袖裙襦"是当时明文规定的宫中女史的制服，如陕西咸阳乾县永泰公主墓壁画中的侍女形象（图 7-14-4），其地位当和女史相近，所着"半臂"长裙的套装也应当是符合当时宫中规定的。

隋、唐以前，半臂不能在正式场合穿用。魏明帝曾戴绣帽、披半袖接见大臣，被人指责不合礼仪。从隋代起，妇女穿半袖者日益增多，先为宫中内官、女史所服，至唐高祖李渊将长袖衣剪成短袖半臂，引得世人竞相穿着，半臂因此成为风尚。一度文官上朝时要加半臂于外，以示区别于武将，后逐渐由宫廷流传至民间，成了普通妇女的常服。韩琮《公子行》诗云："紫袖长衫色，银蝉半臂花。"

从出土实物看，唐代女子半臂一般长至腰间，式样与现代 T 恤衫相似，为紧身袒胸的套头式样；也有用小带子当胸结住的对襟翻领或无领的式样。前者如新疆吐鲁番阿斯塔那墓出土的骑马仕女俑（图 7-14-5），身穿 U 字领紧身半臂及窄袖小衫；后者带子打结复杂者多打成"同心结"。唐代女性在穿用半臂时，往往与襦和高腰长裙搭配穿着，而且多数情况下还习惯将半臂罩在衫、裙之外，如陕西乾县永泰公主墓室壁画中的女性形象。

唐代男子半臂长至腰部以下，在穿着时除了穿

图 7-14-6　袒右臂人物俑（陕西西安东郊唐金乡县主墓出土）

在衣服里面，也有将一只袖子脱下，露出右臂的情况，《旧唐书·韦坚传》载：“成甫又作歌词十首，白衣缺胯绿衫，锦半臂，偏袒膊……”文中“偏袒膊”，就是指露出一边的臂膀。又据《资治通鉴》记载，天宝二年“陕尉崔成甫着锦半臂，缺胯绿衫以裼之。”袒而有衣曰裼，本指脱左袖而露出里衣。在陕西西安东郊唐金乡县主墓中出土的陶俑有部分袒衣露半臂的人物俑形象（图 7-14-6）与记载相合。

到了中唐以后，半臂的穿用日趋少见。其原因在于初唐女装流行窄身小袖、紧贴身体的式样。这种造型正适合穿着半臂，而盛唐以后流行博衣大袖的式样，因而不再适合在大袖外面套窄小的半臂了。

十五、时世女妆

中晚唐时期，社会风气以奢侈享乐为尚，女性妆饰追求浓艳丰盈。德宗时长安妇女争妍斗艳已成生活大事，时世妆、椎髻、乌唇、八字眉等都曾风靡一时。

唐代妇女化妆大致分为八个步骤：一敷铅粉，二抹胭脂，三点画黛眉，四染额黄、贴花钿，五点面靥，六描斜红，七涂唇脂，八戴发饰。

唐初期女性画眉以阔与浓为尚，至开元、天宝年间（713—741 年）则尚细与淡，后来发展成细细的八字式低颦。李商隐《无题二首》诗云：“八岁偷照镜，长眉已能画。”可见当时画眉风气之盛。史载玄宗曾令画工画《十眉图》。

与描眉一样，点唇是中国古代女性化妆的重要内容。早在汉代，中国妇女已有点唇的风俗。古时点唇之物称“唇脂”。它主要是将矿物质颜料丹（即朱砂）加入动物油脂，制成黏稠糊状。由此制成的唇脂，既具备了防水的性能，又增添了色彩的光泽。西汉时期的唇脂实物，在湖南长沙、江苏扬州等地汉墓中曾被发现，出土时一般盛放在妆奁之中，尽管在地下沉睡了两千多年，但色泽仍很鲜艳。

唐人称唇脂为口脂。唐代小说《莺莺传》里记载，唐贞元年间（785—805 年），崔莺莺收到张生从京城捎来的妆饰物品，回信写道：“兼惠花胜一合，口脂五寸，致耀首膏唇之饰。” 从“口脂五寸”可知，当时的唇脂已做成管状。《唐书·百官志》记：“腊日，献口脂、面脂、头膏及衣香囊，赐北门学士，口脂盛以碧缕牙筒。”这里写到用雕花象牙筒来盛口脂。中国传统审美认为，女性嘴唇以小巧、红润为佳。口脂有较强的遮盖作用，可调整、改变口型，使之成为完美的樱唇。初唐女妆淡雅，往往以淡红口脂点唇，称之檀口，如陕西三原县唐李寿墓壁画中的仕女口唇。盛唐女妆趋于艳丽，多以大红点唇。陕西蒲城县唐李宪墓壁画中的仕女就是以大红色口脂为主，在艳如霞光的赭面妆中，唇色更是显得鲜红，娇艳欲滴。

唐代流行“花钿”的面部装饰，温庭筠《南歌子》诗云：“脸上金霞细，眉间翠钿深。”其形象如新疆吐鲁番阿斯塔那古墓群 206 号墓出土的唐代绢衣彩绘木俑（图 7-15-1）。唐代花钿是用金箔片、珍珠、鱼鳃骨、鱼鳞、茶油花饼、黑光纸、螺钿壳及云母等材料制成，还有许多用特殊材料制成，如五代后蜀张太华《葬后见形诗》云：“寻思往日椒房宠，泪湿衣襟损翠钿。”诗中的“翠钿”是用翠鸟的羽毛制成。宋代陶谷所著《清异录》中记载：“后

图 7–15–1 唐代绢衣彩绘木俑（新疆吐鲁番阿斯塔那古墓群 206 号墓出土）

图 7–16–1 湖南长沙西汉马王堆墓墓主人簪插发笄的发髻

图 7–16–2 木胎外涂黑漆的义髻（新疆吐鲁番阿斯塔那张雄夫妇墓出土）

图 7–16–3 唐代假髻（新疆地区出土）

图 7–16–4 唐代懿德太子石椁线刻侍女图

唐宫人或网获蜻蜓，爱其翠薄，遂以描金笔涂翅，作小折枝花子。”这是指用蜻蜓翅膀做的花钿。

十六、发髻高绾

唐代妇女发式主要由髻、鬟、鬓三大类构成。

髻是一种造型高大、花样翻新的实心发式。尤以假髻最具唐代特征。自汉代开始，中国古代女性已在头上装饰假髻，时称“髢”，如《诗经·鄘风·君子偕老》载：“鬒发如云，不屑髢也。”汉代女性使用发笄固定头发和假髻在湖南长沙西汉马王堆墓出土墓主人的发髻上就插有三枚发笄（图 7–16–1）。魏晋南北朝，女性头戴的假髻被称为“大手髻”，如《晋书·五行志》载：“太元中，公主妇女，必缓鬓倾髻以为盛饰，用发既多，不可恒戴，乃先于木及笼上装之，名曰假髻，或曰假发。”

唐代女性“假髻”实物如新疆吐鲁番阿斯塔那张雄夫妇墓中出土的木俑头部有漆木制成假发髻（图 7–16–2）。呈棕黑色，长 13.5 厘米，宽 6.5 厘米，以麻布为衬里，把棕毛缠绕在麻布上，制成一个造型，再经过染色处理制作而成，呈螺旋状盘成了一个很漂亮的发髻，发丝精细匀称。木制假髻直接就用金粉绘制图案（图 7–16–3）。呈棕黑色，本身就是装饰，不会再添加太多的头饰，其底部有小孔，可用于固定，簪钗也可以插在底部小孔内。造型如此高大的发髻多是假髻，甚至有用木胎或纸胎做的假髻。其实际装戴效果见唐代懿德太子石椁线刻侍女图（图 7–16–4）、新疆吐鲁番阿斯塔那张礼臣墓出土的唐代舞女绢画（见图 7–8–3）和陕西乾县永泰公主墓壁画中的侍女形象（见图 7–14–4）。陈诗宇曾复原了此时期女性妆容、发式和服饰（图 7–16–5）。

在假髻广泛使用的基础上，初唐女性发式大多做成朵云型。至太宗时，发髻渐高，样式日益丰富，有愁来髻、乐游髻、百合髻、归顺髻、盘亘髻、惊鹄髻、抛家髻、长乐髻、高髻、堕马髻、半翻髻、同心髻（图 7–16–6）等。半翻髻一般呈单片、双片刀型，直竖发顶。日本时装设计师山本耀司（Yohji Yamamoto，图 7–16–7）和美籍华裔时装设计师谭玉燕（Vivienne Tam，图 7–16–8）都推出了模仿唐代女性发髻的发式造型。

鬟是一种在脸旁靠近耳朵的环状中空的发髻，唐代杜牧《郡斋独酌》诗云：“前年鬓生雪，今年须带霜。”唐代女性耳旁鬟和头顶部不同发髻式样联系在一起，形成了独特的发式，如云鬟、高鬟、短鬟、双鬟、垂鬟和如神仙一般的“双环望仙髻”等。陕西长武县郭村唐张臣合墓出土的彩绘女舞俑头上梳的就是双环望仙髻（图 7–16–9）。该舞俑身材颀长，削肩蜂腰，头梳双环望仙髻，柳眉凤目，高鼻朱唇，颈戴项链。其身穿阔袖襦，外罩贡领翘肩半臂，下着曳地长裙，前腰佩绣花蔽膝，臂饰钏镯，双手抬举至胸前，食指伸出，神态虔诚。双鬟髻还有分开梳在头顶两侧，如唐代三彩釉陶双环髻提篮女俑（图 7–16–10），也有梳在头顶正中，如陕西咸阳乾县永泰公主墓出土的唐代三彩釉陶胡服骑马女俑（图 7–16–11）。其梳绾过程如图 7–16–12 所示。

图 7–16–5　唐代女性妆容服饰复原（服装：陈诗宇，梳妆：千叶）

图 7–16–6　唐代三彩釉陶两鬓抱面的同心髻女俑

图 7–16–7　Yohji Yamamoto 2008 春夏发式造型

图 7–16–8　Vivienne Tam 2007 春夏发式造型

图 7–16–9　彩绘双环望仙髻女舞俑（陕西长武县郭村唐张臣合墓出土）

图 7–16–10　唐代三彩釉陶双环髻提篮女俑

图 7–16–11　唐代三彩釉陶胡服骑马女俑（陕西乾县永泰公主墓出土）

图 7-16-12　唐代女性梳绾双环髻过程示意图

十七、花钗博鬓

与女性高髻相适应，唐代开始流行钗的长度可达 30 至 40 厘米，钗头錾刻、镂空成不同纹样花形的花钗。

钗是一种用来绾发的两根簪脚首饰。其安插有多种方法，有的横插，有的竖插，有的斜插，也有自下而上倒插的。所插数量也不尽一致，既可安插两支，左右各一支；也可插上数支，视发髻需要而定。通常，一副花钗纹样相同、两两相对，分别左右对称地插在发髻上。敦煌出土的绢画《引路菩萨》（图 7–17–1）中菩萨身前的贵族女子头梳高髻，高髻上有一金钿，白花红蕊为菊花状，旁边插有三个黄色金钗。两侧发髻上，还有金钗的簪脚。

唐代花钗作为地位等级的象征，佩戴的多寡有其定制。《旧唐书·舆服志》载：“内外命妇服花钗，施两博鬓，宝钿饰也”，“第一品花钿九树，翟九等。第二品花钿八树，翟八等。第三品花钿七树，翟七等。第四品花钿六树，翟六等。第五品花钿五树，翟五等。”又，《唐六典·尚书礼部》载：“凡外命妇之服，若花钗翟衣，外命妇受册、从蚕、朝会、婚嫁则服之。（第一品，花钗九树，翟九等；二品，花钗八树，翟八等；三品，花钗七树，翟七等；四品，花钗六树，翟六等；五品，花钗五树，翟五等。……）钿钗礼衣，外命妇朝参、辞见及礼会则服之。（品九钿，二品八钿，三品七钿，四品六钿，五品五钿，并通用杂色，制与翟衣同。……）凡婚嫁花钗礼衣，六品已下妻及女嫁则服之。其次花钗礼衣，庶人女嫁则服之。”可见此类发饰的使用遍及当时各个阶层，尤以宫中贵妇为甚。

唐代花钗钗首多制成鸟雀状，雀口衔珠，步行摇颤，倍增韵致。唐代诗人白居易《长恨歌》中写道：“花钿委地无人收，翠翘金雀玉搔头。”唐代诗人孟浩然《庭橘》诗云：“骨刺红罗被，香黏翠羽簪。”佩戴花钗者非贵即富，因而制作工艺极尽奢华。通常而言，一副花钗纹样相同，簪戴时左右相望地插于发髻两侧。在錾刻镂空纹样之前，匠人们要先绘制出粉本，再整体捶揲成型，通体鎏金，钗头采用錾刻、镂空工艺，形态与今天人们常见的皮影、剪纸中的雕镂部分十分相似。其实物如1952年陕西省博物馆收购的吴云樵旧藏唐代鎏金刻花摩羯纹莲叶纹银钗（图7–17–2）、唐代鎏金菊花纹银钗（图7–17–3）和浙江长兴唐墓出土的鎏金银花钗（图7–17–4）。鎏金菊花纹银钗的簪头镂空五朵盛开的菊花，花朵间枝叶缠绕。

图7–17–1　敦煌出土的绢画《引路菩萨》中菩萨身前的贵族女子

唐代末期，工匠们将步摇与花钗结合，创制出步摇花钗，如安徽合肥西郊南唐墓出土的唐代金镶玉四蝶银步摇花钗（图7–17–5），高23厘米，在鎏金钗股上，以金丝镶嵌玉片，制成一对展开的蝴蝶翅膀。蝶翼之下和钗梁顶端也有以银丝编成的缀饰，极其精巧别致。唐代步摇花钗的簪戴有四种方式。

第一种，插在发髻上面前端，如传唐周昉绘《簪花仕女图》中右边第二位贵妇及左边第一位贵妇（图7–17–6）。她们云髻顶端都簪插鲜花，前侧则簪插步摇花钗。又如，陕西乾县永泰公主墓出土石刻中也有发髻前面插步摇花钗的唐代侍女（图7–17–7）。陕西西安紫薇花园墓出土的凤鸟衔枝鎏

图7–17–2　唐代鎏金刻花摩羯纹莲叶纹银钗（陕西省博物馆藏）

图7–17–3　唐代鎏金菊花纹银钗（陕西省博物馆藏）

图7–17–4　鎏金银花钗（浙江长兴唐墓出土）

图7–17–5　南唐金镶玉四蝶银步摇花钗（安徽合肥西郊南唐墓出土）

金银簪（图 7-17-8），出土时钗杆垂直焊在钗头，插戴在墓主人发髻前方正中（图 7-17-9）。主题为对立起舞的一凤一凰，上下各有一朵盛开带莲蓬的莲花，其余为缠枝纹，凤凰与莲花的鎏金较厚，光彩熠熠，于陕西省考古研究院藏。

第二种，插在发髻的侧面，如陕西乾县永泰公主墓出土的永泰公主阴线仕女画拓片（图 7-17-10）、唐代吴道子绘《送子天王图》中王后（图 7-17-11）和敦煌莫高窟第 61 窟五代女供养人壁画的发髻侧面（图 7-17-12）。尤其是《簪花仕女图》中左边第二位仕女发髻侧下方簪的发钗与金镶玉步摇花钗颇为相似。

第三种，插在发髻的后面，如江苏邗江蔡庄五代墓出土的木俑的头后部还有簪插花钗的实物（图 7-17-13）。这与同墓出土的银鎏金花钗实物（图 7-17-14）极其相似。由此可见，每式花钗一式两件，花纹相同而方向相反，左右分插。

第四种，从发髻顶端往下簪插，如湖北武昌第 283 号唐墓出土的唐俑发髻顶部有插花钗花孔（图 7-17-15）。

唐代步摇花钗到了宋代演变成女性发髻两边展开的博鬓，如四川阆中双龙镇宋墓出土的金步摇（7-17-16），钗首由鏃镂打制纹样相同的两片金片扣合而成，两道连珠纹勾出卷草边框，镂刻芙蓉、牡丹和菊花等形，外镶框又饰荷叶和花果。下缘做出两相扣合的六个小系，系下各悬六枚带着叶子的小桃。南熏殿旧藏《宋宣祖杜皇后坐像》（图 7-17-17）和《宋高宗皇后像》（图 7-17-18）均有博鬓的形象。明代亦沿袭此式样花钗，如唐寅《吹箫仕女图》中的仕女图像（图 7-17-19）。《中东宫冠服》中"双凤翊龙冠"的两后侧也有博鬓，与之对应的是南熏殿旧藏《孝安皇后像》《孝贞纯皇后像》中的首服式样。

十八、鹖冠戎服

唐代武士所戴武弁有两种形式：第一种是沿着笼冠之制发展下来，李贤墓墓道东壁《客使图》中为首的三位官员所戴者可以为例；第二种是由战国鹖冠演变而来的三种式样的武士之冠。第一种式样，

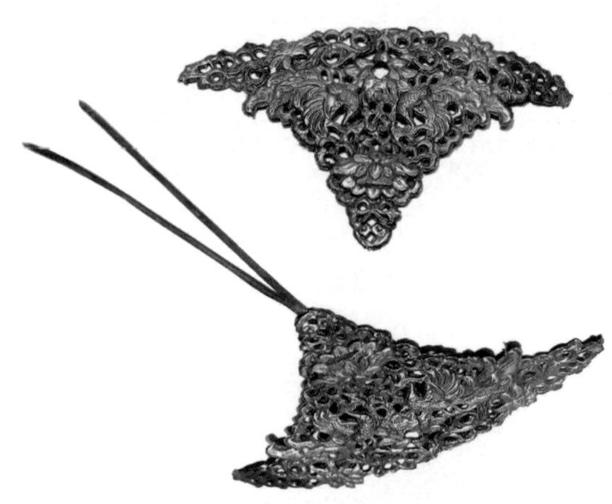

图 7-17-8　凤鸟衔枝鎏金银簪（陕西西安紫薇花园墓出土）（图片引自微博动脉影）

图 7-17-6　《簪花仕女图》局部

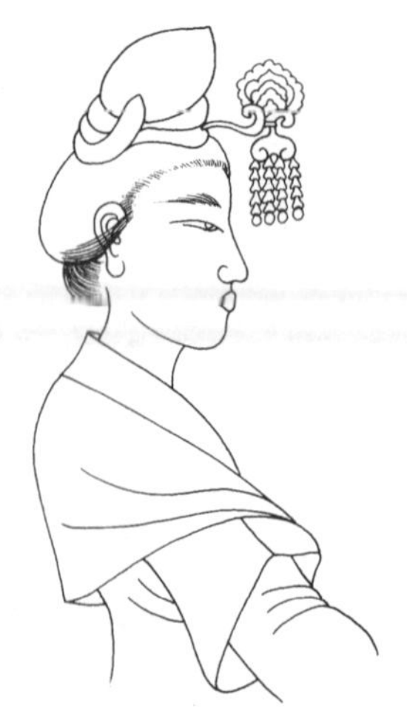

图 7-17-7　石刻发髻前插步摇花钗的唐代侍女（陕西乾县唐永泰公主墓出土）

图 7-17-9　墓主人发髻簪插示意图

图 7-17-10 阴线仕女画拓片（陕西乾县永泰公主墓出土）

图 7-17-11 唐代吴道子绘《送子天王图》局部

图 7-17-12 敦煌莫高窟第 61 窟五代女供养人壁画

图 7-17-13 木俑（江苏邗江蔡庄五代墓出土）

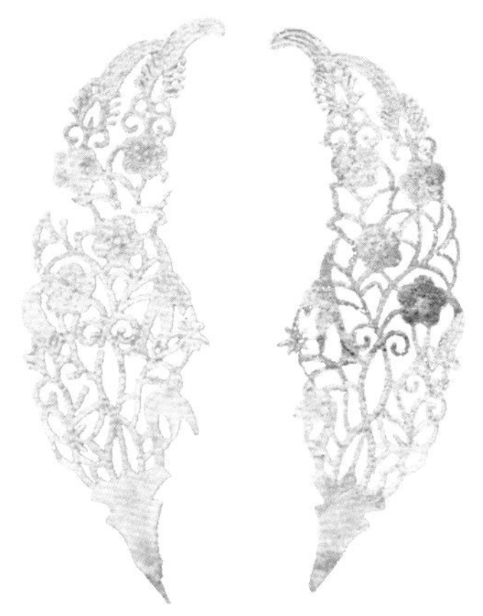
图 7-17-14 银鎏金花钗（江苏邗江蔡庄五代墓出土）

图 7-17-15 唐俑顶部的插花孔（湖北武昌第 283 号唐墓出土）

图 7-17-16 金步摇（四川阆中市双龙镇宋墓出土）

图 7-17-17 《宋宣祖杜皇后坐像》（南熏殿旧藏）

图 7-17-18 《宋高宗皇后像》（南熏殿旧藏）

图 7-17-19 明代唐寅《吹箫仕女图》

以鹖鸟为冠之主体者，式样如故宫博物院藏河南洛阳戴令言墓出土的天王俑（图 7–18–1）和陕西西安安西中堡村出土的唐三彩武士俑（图 7–18–2）；第二种式样，冠身正面饰鹖鸟者，如陕西咸阳礼泉县李绩墓出土的唐三彩武士俑（图 7–18–3）；第三种式样，唐中叶以后，冠身高大，两侧包叶上还画出鸟翼、卷草、云朵、联珠纹等纹样，顶上装饰二纽者，如上海博物馆所藏唐代着裲裆甲武官俑（图 7–18–4）。

隋代甲胄基本上承袭南北朝时的形制。到了唐代，军服在前代基础上有了很大改进，据《唐六典》载，唐代甲之制十有三："一曰明光甲，二曰光要甲，三曰细鳞甲，四曰山文甲，五曰乌锤甲，六曰白布甲，七曰皂绢甲，八曰布背甲，九曰步兵甲，十曰皮甲，十有一曰木甲，十有二曰锁子甲，十有三曰马甲。"除铁甲外，还有铜、牛皮、布和木甲等。其形象如唐代壁画中身穿甲胄的军人形象（图 7–18–5）。沐风国甲工作室的梁启靖、琥璟明复原了唐代戎服（图 7–18–6）。

图 7–18–1　天王俑（河南洛阳戴令言墓出土）（故宫博物院藏）

唐代戎服，需在铠甲内衬战袍或袄，即"将帅用袍，军士用袄"。武则天统治时期，又在将帅袍的胸背或肩袖部位绣以虎豹纹以示勇猛威武：三品以上、左右武威卫饰对虎，左右豹韬卫饰豹，左右鹰扬卫饰鹰，左右玉钤卫饰对鹘，左右金吾卫饰对豸。又诸王饰盘龙及鹿，宰相饰凤池，尚书饰对雁。后又规定千牛卫饰瑞牛，左右卫饰瑞马，骁卫饰虎，武卫饰鹰，威卫饰豹，领军卫饰白泽，金吾卫饰辟邪，监门卫饰狮子。唐太和六年（832 年）允许三品以上服鹘衔瑞草、雁衔绶带及对孔雀绫袄。雁衔绶带如五代顾闳中《韩熙载夜宴图》中的侍女袍服上的纹样（图 7–18–7）。其实物大致如内蒙古兴安盟科右中旗代钦塔拉苏木辽墓葬 M3 中出土的辽代雁衔绶带锦交领左衽袍（图 7–18–8）。

唐代铠甲一般分成若干零部件，头戴的金属头盔，谓之"兜鍪"；肩上加披膊，臂间戴臂韝；前胸和腹部加圆护；下肢各垂甲裳，胫间有吊腿，脚登革靴（图 7–18–9）。唐代军服色彩十分鲜艳夺目，大部分是以五彩漆在皮、木甲上，或是以金银鎏之于铜铁甲表层，甲色灿烂逼人。其形象如敦煌莫高窟第 156 窟晚唐敦煌壁画《张议潮统军出行图》中

图 7–18–2　唐三彩武士俑（陕西西安安西中堡村出土）

图 7–18–3　唐三彩武士俑（陕西咸阳礼泉县李绩墓出土）

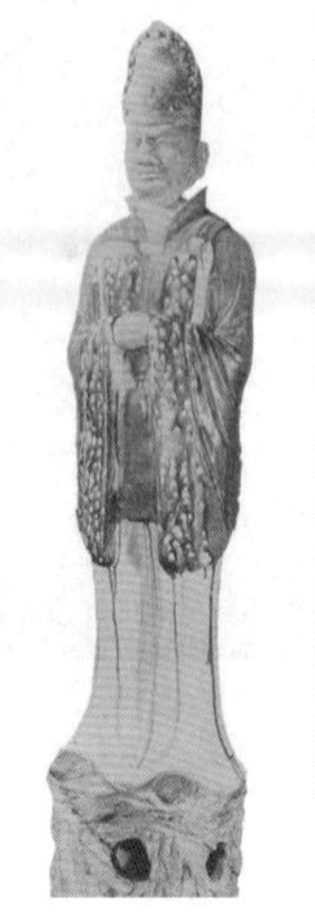
图 7–18–4　唐代着裲裆甲武官俑（上海博物馆藏）

图 7–18–5　唐代壁画中身穿甲胄的军人形象

图 7–18–6　唐代戎服复原（沐风国甲工作室梁启靖、琥璟明作品）

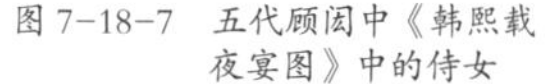

图 7-18-7　五代顾闳中《韩熙载夜宴图》中的侍女

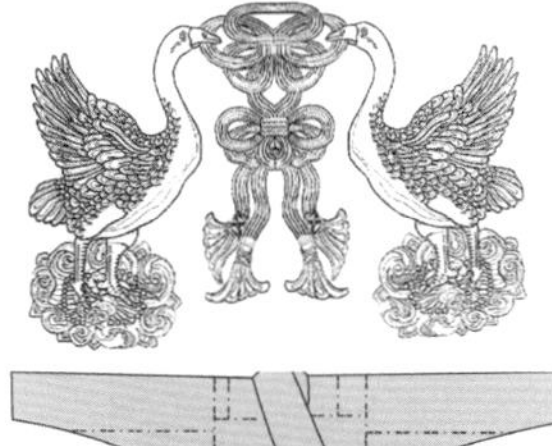
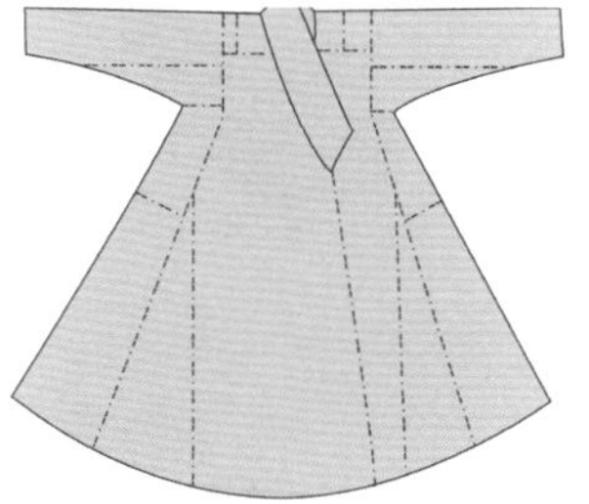

图 7-18-8　辽代雁衔绶带锦交领左衽袍（内蒙古兴安盟科右中旗代钦塔拉苏木辽墓出土）

图 7-18-9　唐代墓葬中身穿铠甲的陶俑

图 7-18-11　陕西乾县乾陵章怀太子墓东壁壁画中的男子戎服像

图 7-18-10　敦煌莫高窟第 156 窟晚唐敦煌壁画《张议潮统军出行图》中身穿铠甲的骑马军队

身穿铠甲的骑马军队（图 7-18-10），该图描绘的是唐朝敦煌地区最高统治者张议潮接受唐朝廷敕封为河西节度使后统军出行的浩大场面。

唐代后期，节度使晋见上级时须服“櫜鞬服”。唐玄宗开元年间（713—741 年），《开元礼》中记载：“金吾左右将军随仗入奏平安，合具戎服，被辟邪绣文袍，绛帕櫜鞬。”“櫜鞬”本是盛放弓箭的容器（櫜是盛箭之器、鞬是盛弓之器）。陕西乾县乾陵章怀太子墓东壁壁画中的男子身穿的就是櫜鞬服（图 7-18-11）。画中男子均是头裹红色抹额，身穿圆领袍，下身穿袴，足蹬乌皮靴，腰束蹀躞带，左手握刀，右边佩带箭房弓袋和豹尾。

十九、皮靴重台

中原传统汉服鞋类，多为低帮浅鞋。北方游牧民族则多穿高靴。秦时只有骑兵和少数铠甲扁髻步兵穿靴。大部分将军俑和兵俑都用行縢着履而没有着靴。南北朝以来，大量游牧民族涌入中原地区，北方服饰逐步被农耕文化所吸纳。至隋代，裤褶服着靴已成定制。唐承隋制，无论贵贱高低均可穿靴。

唐中期，上层社会女性流行穿软底镂空锦靴，与翻领、小袖袍服和条纹裤配套穿用，成为历史上最独特的“女效男装”风貌。《中华古今注》记载，唐代宗大历二年（767 年），曾令“宫人锦勒靴侍于左右”。歌舞者、乘骑妇女亦着靴，如李白《对酒》诗云：“吴姬十五细马驮，青黛画眉红锦靴。”唐墓壁画侍女图中也多有身穿男子袍、足登靴子的女子形象。唐靴实物如新疆尉犁县营盘出土彩绘刺绣靴（图 7–19–1），皮底麻面，内衬为柔软保暖的毛织物。唐代还流行线靴和线鞋，如新疆吐鲁番阿斯塔那墓出土的麻线鞋（图 7–19–2）。

唐代女子足服流行鞋尖上耸的高墙履和重台履，如元稹《梦游春七十韵》诗云：“丛梳百叶髻，金蹙重台屦。”重台履也称丛头鞋，唐代和凝《采桑子·蝤蛴领上诃梨子》词云：“丛头鞋子红编细，裙窣金丝。”形容的便是这重台履。其实物如新疆吐鲁番阿斯塔那墓出土的唐代棕色绣花高墙绢履(图 7–19–3）和蓝色高墙绢履（图 7–19–4）。

唐代还流行鞋尖相对平缓的云头履，王涯《宫词三十首》云：“春来新插翠云钗，尚著云头踏殿鞋。”新疆吐鲁番阿斯塔那 381 号墓出土的唐代变体宝相花纹云头锦履（图 7–19–5），该锦履面为浅棕色斜纹面，由棕、朱红、宝蓝色线起斜纹，变体宝相花处于鞋面中心位置，履首以同色锦扎起翻卷的云头，内蓄以棕草，鞋头高翘翻卷，形似卷云，极为绚丽。

鞋尖上翘不仅具有装饰功能，还具有一定的实用性。首先，鞋尖高翘，露于裙摆之外，既可以避免踩踏，便于行走，又可装饰，可谓一举两得。衣摆变长可增强服饰的礼仪性，鞋尖上翘则是出于功能性需要。其次，鞋尖起翘一般与鞋底相接，而鞋底牢度大大优于鞋面，可延长鞋的寿命。再次，鞋尖上翘或许与中国古人尊崇上天的信仰有关，亦可能与建筑的顶角上翘有相同的原因。

图 7–19–1　彩绘刺绣靴（新疆尉犁县营盘出土）

图 7–19–2　麻线鞋（新疆吐鲁番阿斯塔那墓出土）

图 7–19–3　唐代棕色绣花高墙绢履（新疆吐鲁番阿斯塔那墓出土）

图 7–19–4　唐代蓝色高墙绢履（新疆吐鲁番阿斯塔那墓出土）

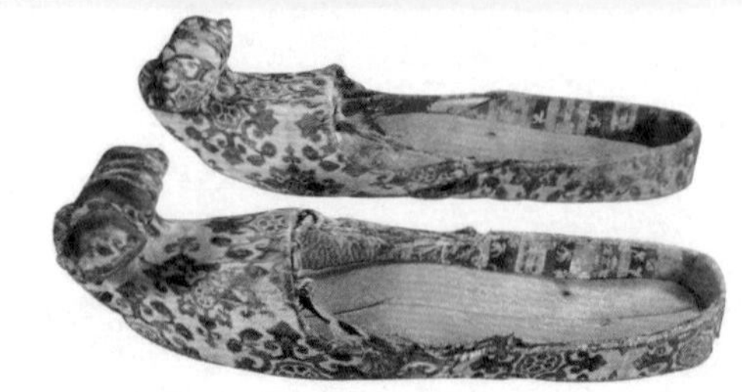

图 7–19–5　唐代变体宝相花纹云头锦履（新疆吐鲁番阿斯塔那墓出土）

第八章 宋代

北宋：960—1127 年
南宋：1127—1279 年

一、绪论

960 年，赵匡胤统一全国，建立宋朝，从而结束了晚唐五代的混乱局面。宋王朝立国 319 年，其间以 1127 年“靖康之耻”为界，分为前、后两个时期。此前为北宋，定都汴京（现河南开封）；此后为南宋，定都临安（现浙江杭州）。

北宋时期，为了建立一个高度集权专制的封建王朝，宋王朝吸取了唐末藩镇割据、节度使拥兵自重的教训，实行“修文偃武”的政策，进而削弱军人权势，转而大力推行科举制度，士大夫官僚阶层崛起而取代了士族豪门，形成了文人治国的格局。

宋代商品经济的繁盛和城市建设的发展，使宋人的物质生活和审美品位得到了极大的丰富和提升（图 8-1-1、图 8-1-2）。在中国文化史上，宋代具有极高的地位，宋代美学也是中国古典美学思想发展史上的高峰。道家“静为依归”“清极遁世”的理念，使宋代审美由唐朝的富丽华贵转向淡雅、单纯的极简美学（图 8-1-3）。中国时装品牌瑰丝·陈（Grace Chen）2016 年春夏高级定制礼服色彩与装饰风格即以此为灵感（图 8-1-4）。

图 8-1-2 宋代张择端《清明上河图》局部

图 8-1-1 宋徽宗《文会图》局部

图 8-1-3 北宋汝窑（台北故宫藏）

图 8-1-4 瑰丝·陈 2016 春夏高级定制礼服

宋王朝在加强中央集权保持社会稳定的同时，推行新政恢复生产，使中原的经济、文化得到了繁荣。城市里的食店、酒肆、茶坊、肉铺、鱼行、米铺、药店等商业铺户栉比鳞次，行人川流不息。城市的服务行业也管理有序——北宋东京有专门的“潜火队”（消防队），值更人员负责打铁板儿和木鱼儿报告时辰，四司（帐设司、厨司、茶酒司、台盘司）六局（果子局、蜜煎局、菜蔬局、油烛局、香药局、排办局）负责筹办市民的红白喜事、大小家务。

宋代从事纺织的作坊有官营和私营之分，广大农村的劳动妇女也都纺织布帛。北宋丝织以两浙、川蜀地区最为发达。开封设绫锦院，为皇室贵族织造高级织品（图 8–1–5）。北宋和南宋棉花种植和桑蚕业遍及各地，织机遍及城乡。当时，丝织品已达 100 多种，纱、罗、绢、锦、绮、绫等品类都出现了许多名品，如单州薄缣望之若雾，亳州轻纱更是有名（图 8–1–6），陆游《老学庵笔记》有所描绘：“亳州出轻纱，举之若无，裁以为衣，真若烟霞。”宋代织锦名品也达 100 多种，大多以产地命名，尤以蜀锦知名。清代陈元龙编撰的《格致镜原》记载：“五代蜀时制成十样锦，长安竹锦、天下乐锦、雕团锦、宜男锦、宝界地锦、方胜锦、狮团锦、象眼锦、八答晕锦、铁梗蘘荷锦，合称‘十样锦’。”

宋时的刺绣也很著名，缎丝染色技术均取得新的成就，色谱齐备。从出土的实物看，有印金、刺绣、彩绘等多种工艺手法。另外，两宋服装业和缝纫工具的发展也促进了服装的繁荣。据考证，宋时已形成服装作坊和服装行业，汴京（今开封）与服装有关的行业有衣行、帽行、穿珠行、接绦服、领抹行、钗朵行、纽扣行及修冠子、染梳儿、洗衣行等几十种之多。一些上层阶级甚至雇佣专业裁缝上门缝制服装。宋代缝纫工具，如剪刀、熨斗和制针等工具也都有所发展。据史书记载，汴京、临安均有制针作坊，而且数量很多，甚至远销南洋。济南有一家刘家铺制造的针细且精致，以白兔作为自己产品的商标（图 8–1–7），还特别标出“收买上等钢条，造工夫细针”等宣传用语。这类白兔捣药图形象被日本一家百年老字号的化妆品商标所借鉴（图 8–1–8）。

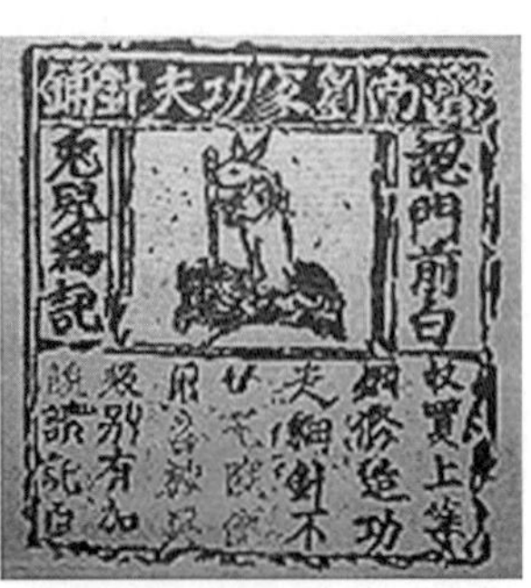

图 8–1–7　宋代白兔商标

图 8–1–8　日本化妆品企业商标

图 8–1–5　南宋《耕织图》局部

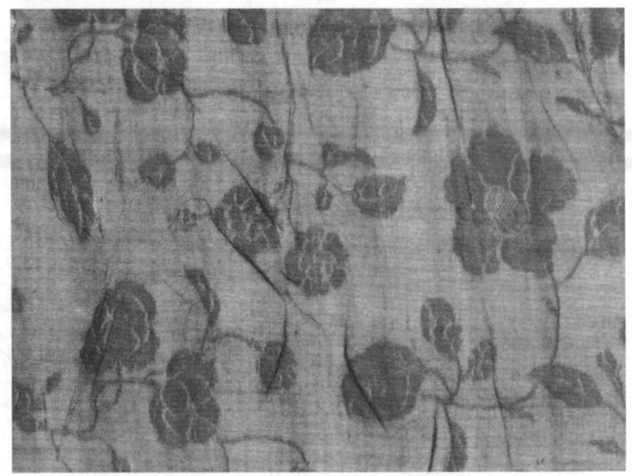
图 8–1–6　缠枝暗花纹纱罗面料（福建福州宋代黄昇墓出土）

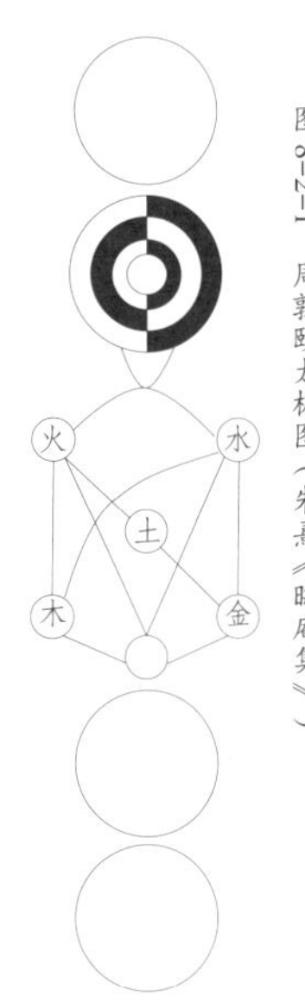

图 8-2-1 周敦颐太极图（朱熹《晦庵集》）

图 8-2-2 周翔宇 2018 秋冬伦敦发布会

图 8-2-3 程颢像和程颐像

二、理学昌盛

宋代是春秋战国以后中国哲学思想另一个繁荣的时代。理学是宋代哲学思想的最大成就。魏晋以来，传统儒学不断受到来自玄学、佛教的挑战。隋唐时期佛教和道教盛行。到了宋代，理学的开山鼻祖周敦颐将道家无为思想和儒家中庸思想加以融合，形成了理学的基本概念与思想体系。周敦颐太极图（图 8-2-1），亦称“周子太极图”，又称“无极图”。图中自上而下，分五层展示太极生成万物的衍化模式。中国设计师周翔宇（Zander Zhou）在 2018 年秋冬伦敦发布会中借鉴“阴阳鱼太极图”设计了时装作品（图 8-2-2）。

宋代主要以二程（程颢、程颐）（图 8-2-3）为代表的理学家们认为理是万事万物的本源，又将之称为天理，承认事物的变化，并表示这是理的神秘力量所至，阐述了天人关系等问题，坚持天人相与的命题。其在认识论上比较重视先验认识论，以格物致知为基本命题概念，讲求穷理。朱熹（图 8-2-4）是“二程”的三传弟子李侗的学生，与二程合称“程朱学派”。

其实，宋代所谓的“理”，不过是把三纲五常的封建统治无限地扩大到人们生活的各个领域，并以此来证明封建道德伦理的神圣地位。在“存天理、灭人欲”的思想支配下，人们的美学观点也相应变化。整个社会舆论主张服饰不宜过分华丽，尤其是妇女服饰“惟务洁净，不可异众”。宋朝政府也三令五申，要求服饰“务从简朴”“不得奢靡”。宋代衣冠服饰并没有承袭唐代女装的奢华风貌，给人以质朴、洁净和自然之感。与此同时，社会的进步和纺织业的发展，为权贵们追求享乐生活提供了物质基础，使得宋朝政府对服装的奢侈禁令很难维持到底，所以宋代服饰也有精美细致、绚丽多彩的一面。

图 8-2-4 《书翰文稿》中的朱熹像

三、以服为纲

宋初的服饰制度承袭五代旧规，后循唐制，涉及范围甚广，上自皇帝、皇太子、诸王以及各级品官，下及吏庶等。因议论繁多，宋政府曾多次更改和修订服饰制度。期间北宋初期太祖时期（960年—976年）及仁宗景祐二年（1035年）、神宗元丰四年（1081年）、徽宗大观四年（1110年）和政和年间（1111—1117年），及高宗绍兴四年（1134年）的制度较详。

根据宋代服制规定，官服可分为祭服、朝服、公服和时服等。除祭祀朝会之外，百官公服为袍衫，并以颜色区别等级。其色有紫、绯、朱、绿、青不等。与前代群臣冠服，大多采用“以冠统服”的模式不同，自宋代开始变为 “以服为纲” 的模式。

《宋史·舆服三》记载，宋代天子之服有七种，一曰大裘冕，二曰衮冕，三曰通天冠、绛纱袍，四曰履袍，五曰衫袍，六曰窄袍，七曰御阅服（戎服）。

大裘冕为皇帝祀日之时穿用。头戴冕冠，身穿黑羔皮裘衣，领袖以黑缯，纁裳朱绂而无章饰。佩白玉，玄组绶。革带，博二寸，玉钩（觼），以佩绂属之。素带，朱里，绛纯其外，上朱下绿。白纱中单，皂领，青褾、襈、裾。朱袜，赤舄，黑絇、繶、纯。这是宋代天子最高等级的礼服。遗憾的是，尚无可以查看当时着大裘冕的图像资料。

衮冕是皇帝祀日之时穿用。头戴冕冠，广一尺二寸，长二尺四寸，前后十二旒，二纩，并贯真珠。又有翠旒十二，碧凤御之，在珠旒外。冕版以龙鳞锦表，上缀玉为七星，旁施琥珀瓶、犀瓶各二十四，周缀金丝网，钿以真珠、杂宝玉，加紫云白鹤锦里。四柱饰以七宝，红绫里。金饰玉簪导，红丝绦组带。亦谓之平天冠。青衣八章，绘日、月、星辰、山、龙、华虫、火、宗彝；纁裳四章，绣藻、粉米、黼、黻。蔽膝随裳色，绣升龙二。白罗中单，皂褾、襈，红罗勒帛，青罗抹带。绯白罗大带，革带，白玉双佩。大绶六采，赤、黄、黑、白、缥、绿，小绶三色，如大绶，间施玉环三。朱袜，赤舄，缘以黄罗。其图形资料如南宋《孝经图卷》中帝王百官穿冕服场景（图 8-3-1）。

通天冠服为皇帝大祭祀致斋、正旦冬至五月朔大朝会、大册命、亲耕籍田时穿用。其形象如南薰殿旧藏《宋宣祖通天冠服像》（图8-3-2）、宋代《女孝经图》中的帝王像（图8-3-3）。首服通天冠，二十四梁，加金博山，附蝉十二，高广各一尺。青表朱里，首施珠翠，黑介帻，组缨翠緌，玉犀簪导。宋朝《衣服令》记载，通天冠二十四梁，为乘舆服，以应冕旒前后之数。宋代的通天冠也被称为卷云冠，为舞乐者所戴的一种彩冠。绛纱袍，

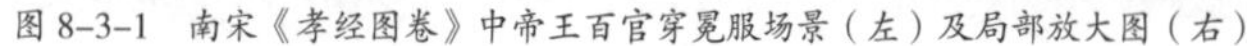

图 8-3-1　南宋《孝经图卷》中帝王百官穿冕服场景（左）及局部放大图（右）

图 8-3-2 《宋宣祖通天冠服像》（右）及局部放大图（左）（南薰殿旧藏）

图 8-3-3 宋代《女孝经图》中的帝王像

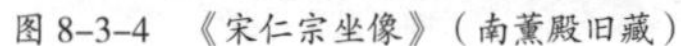
图 8-3-4 《宋仁宗坐像》（南薰殿旧藏）

图 8-3-5 《宋太祖赵匡胤像》（南薰殿旧藏）

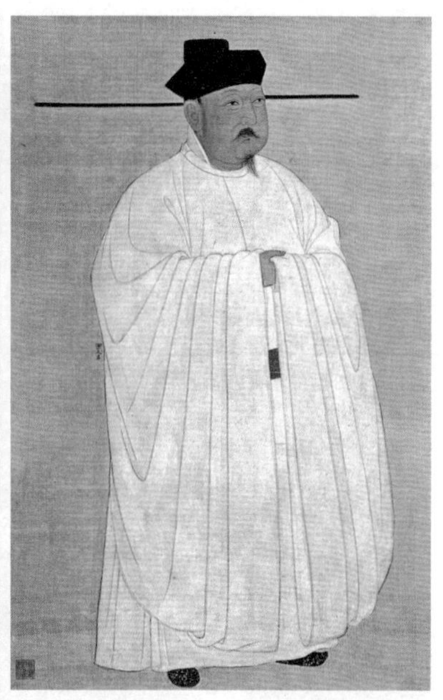
图 8-3-6 《宋太宗立像》（南薰殿旧藏）

以织成云龙红金条纱为之，红里，皂褾、襈、裾，绛纱裙，蔽膝如袍饰，并皂褾、襈。白纱中单，朱领、褾、襈、裾。白罗方心曲领。白袜，黑舄，佩绶如衮。

履袍为宋代皇帝郊祀、明堂，诣宫、宿庙、进膳、上寿两宫及端门肆赦时穿用。其整体搭配是头戴折上巾，身穿大袖圆领绛罗袍，腰系通犀金玉带。足穿黑色履时称“履袍”，穿黑色靴时则称“靴袍”。履、靴皆用黑革制成。南熏殿旧藏《宋仁宗坐像》（图 8-3-4）中宋仁宗脚下穿的就是黑色靴，故此图服装也称“靴袍”。

衫袍为皇帝大宴时穿用。头戴折上巾，身穿淡黄袍衫，玉装红束带，皂文鞾。自隋代始，天子常服为赤黄、浅黄袍衫、九还带、六合靴。宋代承袭，其式样如南薰殿旧藏《宋太祖赵匡胤像》（图 8-3-5）和《宋太宗立像》（图 8-3-6）。

窄袍为皇帝便坐视事时穿用。头戴皂纱折上巾或乌纱帽。身穿红袍或背子，系通犀金玉环带，圆领袍里面多穿交领袍。

宋代皇太子服有三种，一曰衮冕，二曰远游冠、朱明衣，三曰常服。

宋代诸臣礼服有祭服、朝服和公服三类。祭服有衮冕九旒，毳冕七旒，玄冕五旒，平冕无旒。其中，衮冕服青罗衣绣山、龙、雉、火、虎蜼五章，绯罗裳绣藻、粉米、黼、黻四章，绯蔽膝绣山、火二章，白花罗中单，玉装剑、佩，革带，晕锦绶，二玉环，绯白罗大带，绯罗袜、履。

中兴之后，宋代诸臣祭服定为四等：一曰鷩冕，八旒；二曰毳冕，六旒；三曰絺冕，四旒；四曰玄冕，无旒。其中，鷩冕衣以青黑罗，三章，华虫、火、虎蜼彝；裳以纁表罗里，缯七幅，绣四章，藻、粉米、黼、黻。大带，中单，佩以珉，贯以药珠，绶以绛锦、银环。韨上纰下纯，绘二章，山、火。革带，绯罗表，金涂银装。袜、舄并如旧制。

宋代诸臣朝服有三种式样，一曰进贤冠，二曰貂蝉冠，三曰獬豸冠，皆朱衣朱裳。

宋代诸臣朝服进贤冠以漆布为之，上缕纸为额花，金涂银铜饰，后有纳言。以梁数为差，凡七等，以罗为缨结之。宋代进贤冠式样与唐代变化较大，其冠体的前屋造型趋于饱满，且附梁于其上，后衬一横向山墙，从后面向前包，与汉代纳言式样成反例。其额前，又衬额花装饰（图 8-3-7）。其式样一直沿袭至明代。

自宋以降，进贤冠外面还罩有笼巾，改称“貂

图 8-3-7 头戴七梁冠翰林院侍讲（张宗子《越中三不朽图赞》）

图 8-3-8 头戴貂蝉冠的王阳明（张宗子《越中三不朽图赞》）

图 8-3-9 宋代范仲淹像中的貂蝉冠

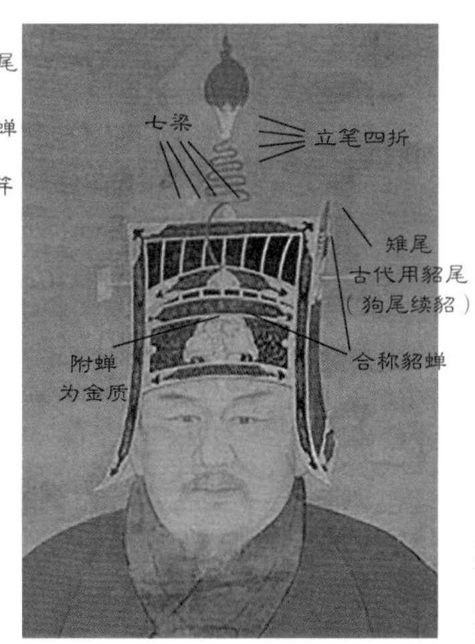

图 8-3-10 明代官员头戴貂蝉冠

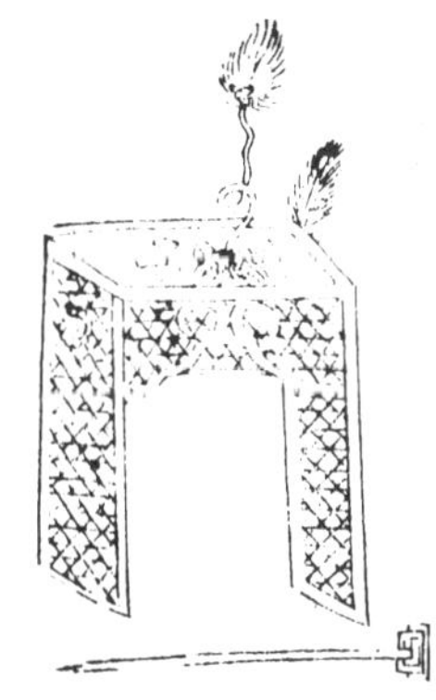

图 8-3-11 明代《三才图会》中的梁冠和笼巾

图 8-3-12 《瑞应图》中的宋代官员

蝉冠”。“貂蝉冠”，一名笼巾，织藤漆之，形正方，如平巾帻。饰以银，前有银花，上缀玳瑁蝉，左右各为三小蝉，御玉鼻，左插貂尾。三公、亲王侍祠大朝会，则加于进贤冠而服之。官品照等级于笼巾下附有不同卷梁装饰，耳侧或附一雉尾或貂尾。

獬豸冠即进贤冠的变体，其梁上刻木为獬豸角，碧粉涂之，梁数从本品。立笔，古人臣簪笔之遗像。其制削竹为干，裹以绯罗，以黄丝为毫，拓以银缕叶，插于冠后。旧令，文官七品以上服朝服者，簪白笔，武官则不簪。宋代文武皆簪白笔（图 8-3-8、图 8-3-9）。该冠式一直沿用至明代（图 8-3-10、图 8-3-11）。

在宋代，朝服被称为具服，公服从省，以圆领大袖常服代替。宋代时袍服形制日趋成熟，对后世袍服的发展产生了深远的影响。宋代官员所穿之服以袍衫为主，有朝服和公服之分。其形为圆领，有时袍下加襕、腰束带，有大袖宽身和小袖窄身两种形式。

宋代袍服色彩是区分等级的主要元素。宋因唐制，三品以上服紫，五品以上服朱（图 8-3-12），七品以上服绿，九品以上服青，而普通老百姓只能穿白色。孟元老在《东京梦华录》卷五记载，他于北宋末年在汴梁所见“士农工商诸行百户，衣装各有本色，不敢越外。”

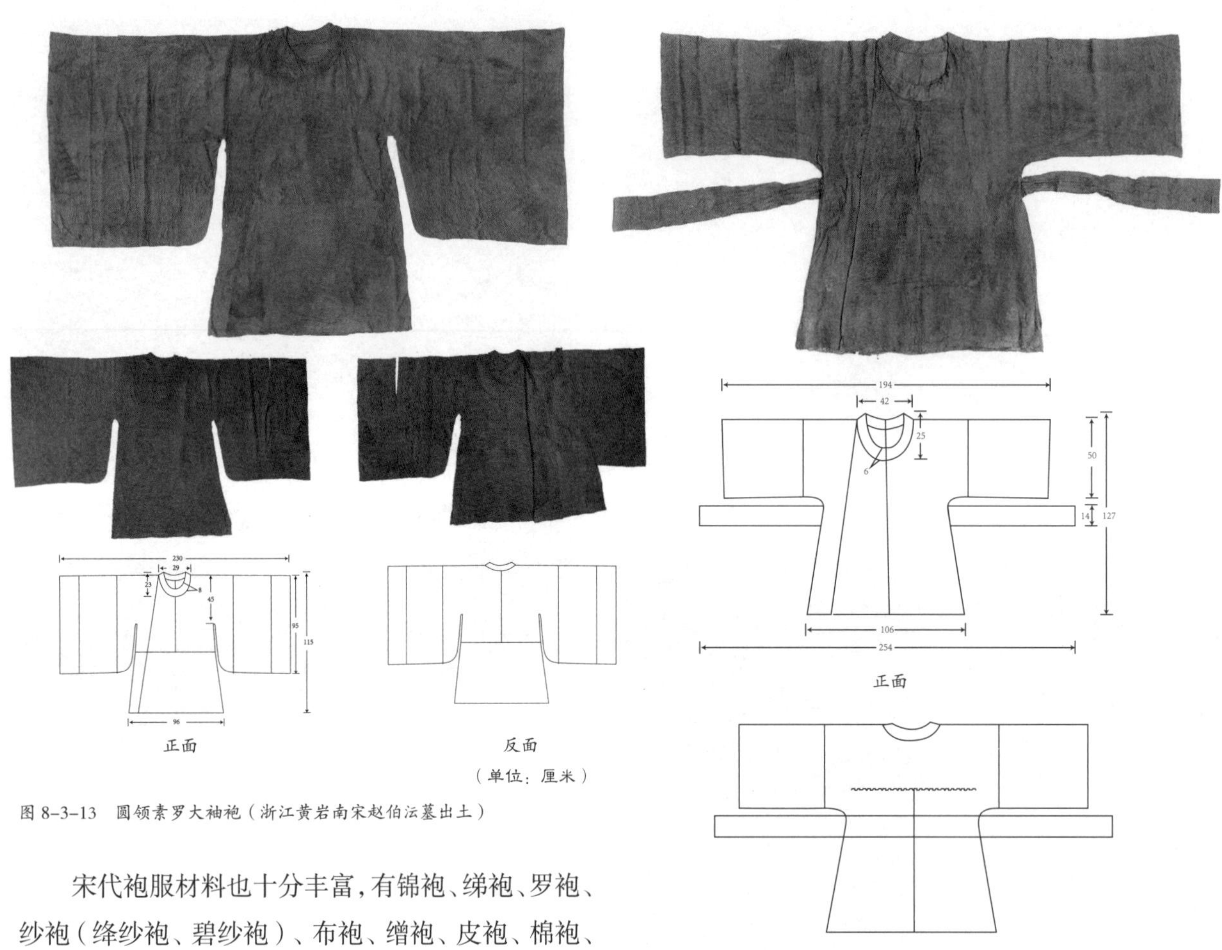

图 8-3-13　圆领素罗大袖袍（浙江黄岩南宋赵伯沄墓出土）

图 8-3-14　圆领梅花纹罗袍（浙江黄岩南宋赵伯沄墓出土）

宋代袍服材料也十分丰富，有锦袍、绨袍、罗袍、纱袍（绛纱袍、碧纱袍）、布袍、缯袍、皮袍、棉袍、绫袍等 20 余种，其中纱袍更是从以前的日常服饰变成正式的公服。其制，曲领大袖，下施横襕，束以革带，幞头，乌皮靴。自王公至一命之士，通服之。宋代官员圆领袍实物如浙江黄岩南宋赵伯沄墓出土的最外层圆领素罗大袖袍（图 8-3-13，赵伯沄随身穿着入殓），墓主赵伯沄乃宋太祖赵匡胤七世孙，衣长 115 厘米，通袖长 230 厘米，袖宽 95 厘米，袖根宽 45 厘米，胸宽 72 厘米，下摆宽 96 厘米，圆领右衽，袖身宽大，采用对幅式断腰裁剪，衣身分成上衣下裳再连属。肩部与腋下有扣和扣襻。其面料为四经绞罗，单层无衬里。从实物平铺可以明显看出，这是一件圆领大袖，下摆不开衩、拼接横襕的衣物，是延续唐代襕袍发展而来的。此外，浙江黄岩南宋赵伯沄墓也出土有圆领梅花纹罗袍（图 8-3-14，墓主所穿由外到内的第二层），衣长 127 厘米，通袖长 194 厘米，圆领，直袖，衣身左侧开衩，在后身内侧缀有素罗制作的类似内摆的结构。

唐时已用的銙带制度，至宋代不仅制作水平得到了极大提高，銙带等级也更为细致和繁复。五代以前，大臣之间也可互赠金带。北宋开始，赏赐金带的权力为皇帝独有。太平兴国三年（978 年），宋太宗设立了专门制造内用及赏赐用带服的文思院，随后，命翰林学士承旨李昉制定了宋代特有的官员腰带等级制度。据《宋史》记载，宋代官员带板"有玉、有金、有银、有犀，其下铜、铁、角、石、墨玉之类，各有等差。"此后真宗、仁宗各朝又对此制度加以补充，至宋神宗元丰改制之前，腰带制度已十分详细、严格。宋代銙带的等级标志除质地、数量、图案外，还有重量的精准规定。这样，同为金有花纹不同的区别，花纹同者则又有重量不一的区别。

图 8-3-15　北宋御仙花金带板（江西遂川枚江郭知章墓出土，江西省博物馆藏）

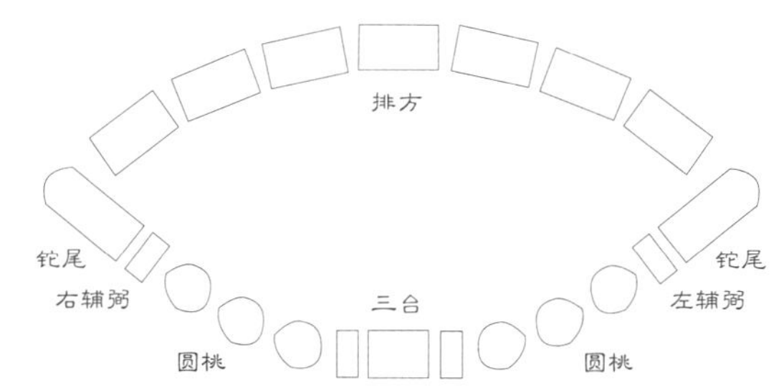

图 8-3-16　明代銙带示意图

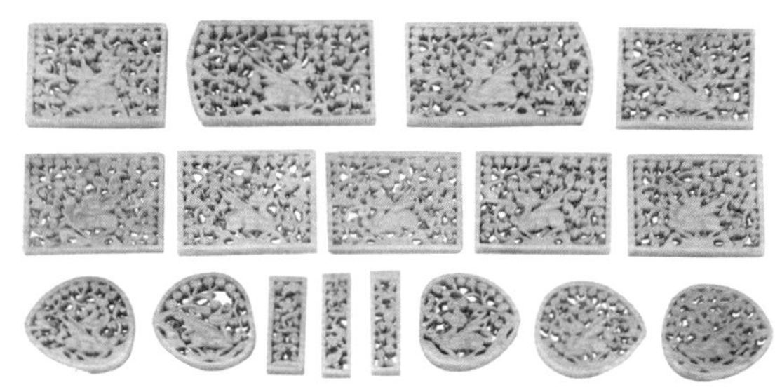

图 8-3-17　松树牡丹麒麟纹青玉带板（江西南城明代益定王夫妇墓次妃王氏棺内出土）

宋代腰带牌饰质料中，玉许施于公服，犀非品官不得用。铜、铁、角、石、黑玉之类，民郡县吏伎术等人皆可服用。牌饰形状有圆、有方、有椭圆、有鸡心，花饰图案主要有球路、御仙花、荔枝、师蛮、海捷、宝藏、天王、八仙、犀牛、宝瓶、双鹿、行虎、洼面、戏童、胡姜、凰子、宝相花、野马。其实物如 1978 年江西遂川枚江郭知章墓出土北宋御仙花金带板（图 8-3-15），共 13 块，其中方形銙 9 块、桃形銙 1 块、铊尾 1 块、带扣 2 块。带板以金为质，满面装饰高浮雕御仙花纹，表面錾刻细密凸点纹，形似荔枝，南宋时去枝叶仅存果，故又称"荔枝纹"。带板金色灿烂，形体宽大，纹样层次分明，立体感强，是目前所见等级最高、时代确切、物主清楚且最为精美的宋代金带板。

銙带制度发展至明代洪武十五年（1382 年）规定：一品官以上配玉带，标准型制为革带前合口处曰三台，左右排各 3 桃形。排方左右各一长方形鱼尾（铊尾），另有辅弼 2 小方。后有 7 枚方形带板，加上前面大小 13 枚，总共 20 枚（图 8-3-16）。明代公服、常服革带不再实束，正式场合虚束革带时多为前高后低。

明代革带的材质与品级对应见《明史・舆服志》记载："其带一品玉，二品花犀，三品金钑花，四品素金，五品银钑花，六品七品素银，八品九品乌角。"不同的材质也与不同的时节搭配，明人刘若愚《明宫史》记载："冬则光素，夏则玲珑，三月、九月则顶妆玉带也。"明人方以智《通雅》记载："今时革带，前合口曰三台，左右各排三圆桃。排方左右曰鱼尾，有辅弼二小方。后七枚，前大小十三枚。"明代革带实物如 1982 年江西南城益定王夫妇墓次妃王氏棺内出土的松树牡丹麒麟纹青玉带板（图 8-3-17)，带板现存 17 块，青玉质地，以双层透雕的技法雕松树牡丹麒麟纹。

五代以后，幞头变硬，两脚的形制也发生了很大的变化。宋代沈括《梦溪笔谈》中记载："本朝幞头直脚、局脚、交脚、朝天、顺风，凡五等。"另外还有牛耳幞头、簇花幞头及无脚幞头诸名目，散见于各种史籍。

宋代士大夫之服有五种，一曰深衣，二曰紫衫，三曰凉衫，四曰帽衫，五曰襕衫。

《宋史・舆服志》记载：淳熙中，朱熹又定祭祀、冠婚之服，特颁行之。凡士大夫家祭祀、冠婚，则具盛服。有官者幞头、带、靴、笏，进士则幞头、襕衫、带，处士则幞头、皂衫、带，无官者通用帽子、衫、带；又不能具，则或深衣，或凉衫。有官者亦通用帽子以下，但不为盛服。

四、方心曲领

方心曲领是宋代官员穿朝服时套在交领上的白罗项饰。它是宋代服装最显著的特征之一。据宋人卫湜《礼记集说》记载："今朝服有方心曲领，以白罗为之，方二寸许，缀于圆领之上，以系于颈后结之也。"可知，宋代方心曲领上为圆形，下缀二寸方框，意在附会"天圆地方"之说。其式样如宋代《女孝经图》中帝王所戴（见图8-3-3）、明代《三才图会》中方心曲领图示（图8-4-1）和本书著者绘宋代方心曲领（图8-4-2）。

虽然，宋人佩戴方心曲领意在遵古复古，但方心曲领很可能是宋人对古代文献中"曲袷""方领"和"曲领"的臆测之作。证以北宋陈祥道《礼书·深衣》云："深衣曲袷如矩，则其领方而已，郑氏谓如小儿衣领，服虔释《汉书》谓如小儿合袭衣，而后世遂制方心曲领加于衣上，非古制也。"

五、道家风骨

道袍本为释道之服，宋、明时期广泛穿着，流行度极高，上至皇帝、官员，下至士庶男子皆可穿着。

宋代道袍多以素布为之，交领右衽、两袖宽博，领、袖、襟、摆处有深色缘边，下长过膝，两侧没有开衩，形象如宋人刘松年《听琴图》（图8-5-1）、宋代赵佶《听琴图》（图8-5-2）、宋末元初赵孟頫《苏轼像》（图8-5-3）中的人物服装。明代《三才图会》中也有道袍图示（图8-5-4）。

明代士大夫阶层穿道袍的人更多，在明摹宋人《撵茶图》（图8-5-5）、明代《张翁像》（图8-5-6）和明代士人容像（图8-5-7）中的人物均穿道袍。明代范濂《云间据目抄》卷二讲男人衣服"隆万以来，皆用道袍。"其材料可以是绫，如明末冯梦龙《醒世恒言·陆五汉硬留合色鞋》载："（张荩）自己打扮起来，头戴一顶时样绉纱巾，身穿着银红吴绫道袍。"可以是绢，如《金瓶梅词话》第三十回载："翟管家出来，穿着凉鞋净袜，丝绢道袍。"可以是绒，如《云间据目抄·卷二·记风俗·服饰部分》载："儒童年少者，必穿浅红道袍。上海生员，冬必服绒道袍。"

据《酌中志》记载："道袍，如外廷道袍之制，惟加子领耳。"明后期道袍越发宽松，袖阔甚至可达脚面，用色以浅色为主，领极宽，通常还裰以等宽白色护领，如山东曲阜孔府旧藏明代蓝色暗花纱道袍（图8-5-8）。浙江杭州吉庐工作室复原了明

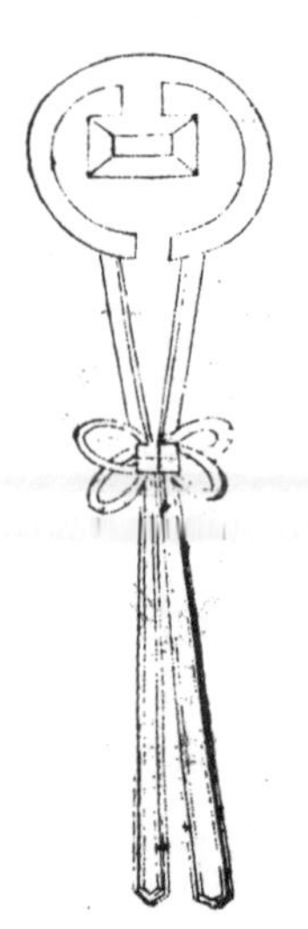
图8-4-1　《三才图会》中方心曲领

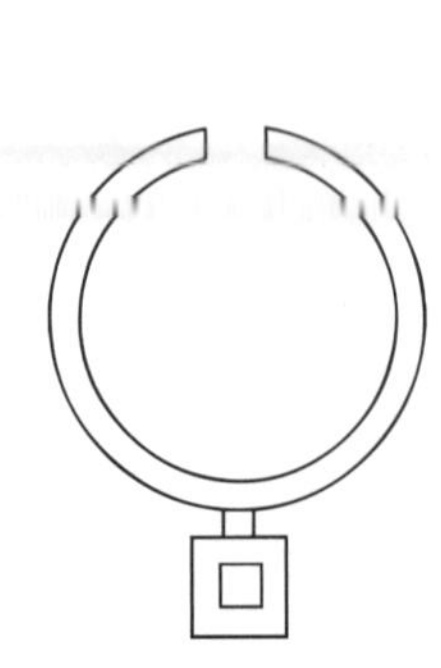
图8-4-2　宋代方心曲领（贯玺增绘制）

图8-5-1　刘松年《听琴图》中身穿道袍的人物形象

图8-5-2　宋代赵佶《听琴图》中身穿道袍的人物形象

图 8-5-3 赵孟頫《苏轼像》

图 8-5-4 明代《三才图会》中的道袍图示

图 8-5-5 明摹宋人《撵茶图》

图 8-5-6 明代《张翁像》

图 8-5-7 明代士人容像

图 8-5-8 明代蓝色暗花纱道袍（山东曲阜孔府旧藏）

图 8-5-9 明代道袍复原作品（浙江杭州吉庐工作室）

图 8-5-10 白布罩袍（湖北武穴明代义宰张懋夫妇合葬墓出土）

代道袍（图 8-5-9）。明代冯梦龙评《挂枝儿》中有一首《子弟》，描写了年轻人的时髦装束："白绸衫一色桃红裤，道袍儿大袖子，河豚鞋浅后根。"明末，袍服整体风气更是以大袖为尚，叶梦珠《阅世编》详细记录了衣身和衣袖的变化："公私之服，予幼见前辈长垂及履，袖小不过尺许，其后，衣渐短而袖渐大，短才过膝，裙拖袍外，袖至三尺，拱手而袖底及靴，揖则堆于靴上，表里皆然，履初深而口几及踊，后至极浅，不逾寸许。"

明代《三才图会》和明末清初《朱氏舜水谈绮》中所见道袍款式，仍有深色缘边。其实物如湖北武穴明代义宰张懋夫妇合葬墓出土的白布罩袍实物（图8-5-10）。

北京定陵出土的明代黄素绫大袖衬道袍已不见深色缘边（图 8-5-11）。其形式与曾鲸所绘《张卿子像》（图 8-5-12）和《王时敏像》（图 8-5-13）相同。此外，考察宁夏盐池明墓出土的缠枝牡丹纹绫袍（图 8-5-14）和私人收藏的明代道袍实物（图

8-5-15）可知，明代道袍多在两侧开衩，内接双摆，即在大襟左侧和小襟右侧分别接出一块暗摆折向后，钉在后身内侧，穿时暗摆遮掩开衩并便于行走。

清初，道袍由于剃发易服而不再流行，唯在戏装和僧道服中得到保留。

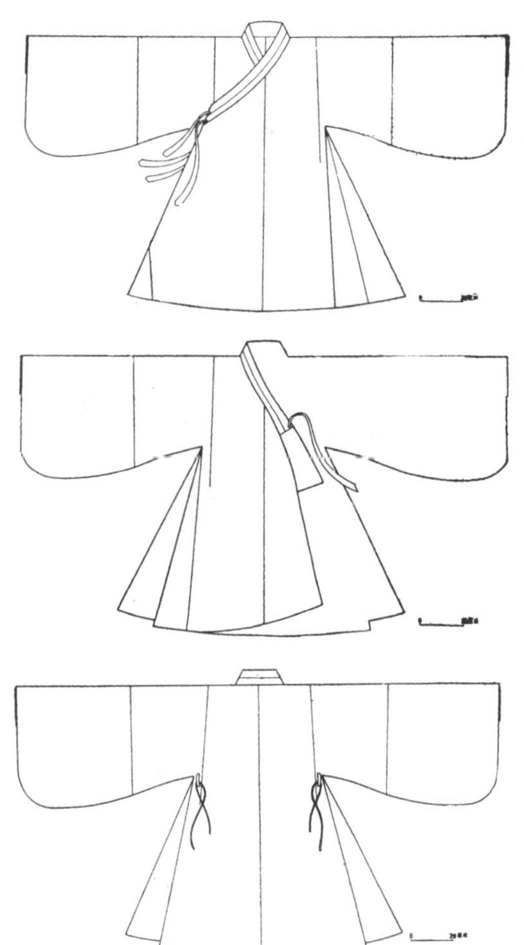

图 8-5-11　明代黄素绫大袖衬道袍线描图（北京定陵出土）

图 8-5-14　缠枝牡丹纹绫袍（宁夏盐池明墓出土）

图 8-5-12　曾鲸《张卿子像》

图 8-5-13　曾鲸《王时敏像》

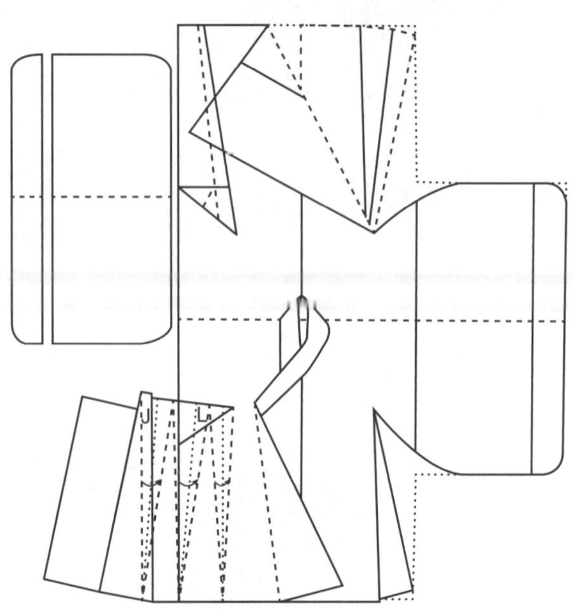

图 8-5-15　明代道袍实物和剪裁结构图

图 8-6-1 传阎立本绘《历代帝王图》中身穿裘衣的陈文帝

图 8-6-2 《睢阳五老图》中的毕世长像

图 8-6-3 宋代赵佶《听琴图》中身穿直裰的弹琴者形象

六、仙人鹤氅

鹤氅是中国古代隐士、仙人、道士或文人雅士所穿服装。

鹤氅在晋代已有记载，如《晋书·谢万传》载：“著白纶巾、鹤氅裘。”又如，记录魏晋名士逸闻轶事、玄言清谈的《世说新语》载：“（孟昶）尝见王恭乘高舆，被鹤氅裘。于时微雪，昶于篱间窥之，叹曰：‘此真神仙中人。’”文中所谓“鹤氅裘”可能是指以仙鹤羽毛或其他鸟羽合捻成线织成的大袖裘衣。中国自古就有以鸟羽作服的风尚。在许多史前岩画中，如云南沧源岩画中就有许多头插羽毛、身披羽饰的人物形象。这种风气一直延续到汉晋时期。在鸟羽中，鹤羽的等级应该是最高了。这是因为中国古人视鹤为仙禽，且有神人驾鹤飞升和“鹤寿千岁，以极其游”的说法。

“鹤氅裘”也可能是指传阎立本绘《历代帝王图》中陈文帝身穿的裘衣（图 8-6-1）。其式样与《睢阳五老图》中的毕世长（图 8-6-2）和《听琴图》（图 8-6-3）中的氅衣相同，即衣长至足踝处，大袖垂地，胸前衣襟处有衿带系束（图 8-6-4）。在日常穿着时，对襟的鹤氅内多搭交领中衣，这样可以形成很好的层次与搭配效果。

从文化象征上讲，鹤氅与道教文化密切联系。唐代杜荀鹤《献钱塘县罗著作判官》云：“猩袍懒著辞公宴，鹤氅闲披访道流。”唐代诗人权德舆在

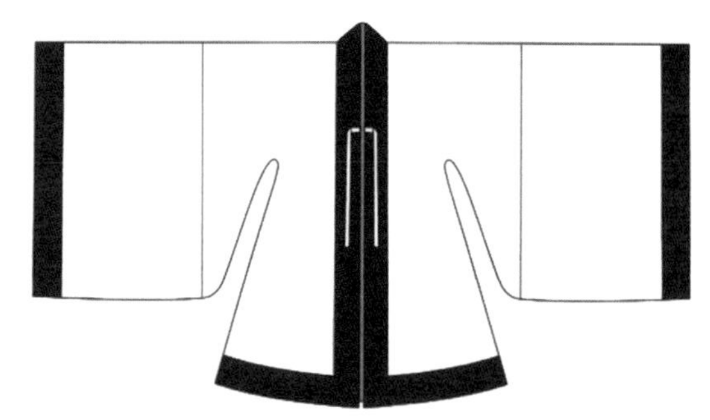

图 8-6-4 明代鹤氅款式图示

《和兵部李尚书东亭诗》中写到：“风流披鹤氅，操割佩龙泉。”因为宋代统治阶层笃信道教，从而导致文人雅士慕道之风盛行。北宋王禹偁《黄州新建小竹楼记》言：“公退之暇，被鹤氅衣，戴华阳巾，手执《周易》一卷，焚香默坐，消遣世虑。”鹤氅也成为模仿神仙道士的一个服饰符号。苏轼在《欧阳晦夫遗接琴枕戏作此诗谢之》写欧阳修的形象是“羽衣鹤氅古仙伯，岌岌两柱扶霜纨。”又在《临江仙·赠王友道》写给友人的词中称赞“瑶林终自隔风尘，试看披鹤氅，仍是谪仙人。”此外，陆游《八月九日晚赋》云：“薄晚悠然下草堂，纶巾鹤氅弄秋光。”可见，鹤氅也是标榜自在逍遥的绝佳道具。

宋代之后，文人服鹤氅的风气不衰。元代杂剧、散曲家乔吉《折桂令·自述》云：“华阳巾鹤氅蹁跹，铁笛吹云，竹杖撑天。”元末画家王蒙《稚川移居图》和《葛稚川移居图》中的葛洪（葛稚川）也均着对

襟大袖鹤氅。《稚川移居图》中的葛洪坐在牛背上，头戴小冠，身穿白色深缘鹤氅，双手执一展开手卷；《葛稚川移居图》中的葛洪站立桥上（图 8-6-5），也是头戴小冠，身穿浅蓝色深缘鹤氅，左手执羽扇，右手牵鹿。北京故宫博物院藏元代任仁发《张果老见明皇图》中张果老的外衣也是玄色老大袖鹤氅，一派仙风道骨的风貌（图 8-6-6）。

到了明代，除了传统深灰色和青色，还流行浅色衣身的鹤氅，领袖衣襟均施有深色边缘。《红楼梦》第四十九回言：“（黛玉）罩了一件大红羽纱面白狐狸里的鹤氅。”元代陈芝田《吴全节十四像并赞图》中的吴全节即穿着浅色鹤氅（图 8-6-7）。这与明代无名氏士人像（图 8-6-8）中的穿着极为相似。

图 8-6-5 元代王蒙《葛稚川移居图》局部

图 8-6-6 元代任仁发《张果老见明皇图》

图 8-6-7 元代陈芝田《吴全节十四像并赞图》

图 8-6-8 明代士人像

七、纱罗大衫

中国古人在不同季节所穿着服装材料的选择上，很早就形成了从极轻薄的葛、纱、罗到厚重的锦、绒、皮等材料的分类。随着四季气温的变化，大体上依照纱、罗、绸、缎，单、夹、棉、皮的次序更换不同材料、厚薄的服装。

宋人夏季服装面料以罗、纱等轻薄品类为主。例如，1975 年江苏常州金坛县南宋周瑀墓出土的矩纹纱对襟大衫（图 8-7-1）和矩纹纱交领大衫（图 8-7-2）：矩纹纱对襟大衫，对襟、大袖，衣长 135 厘米，通袖长 268 厘米，袖宽 52 厘米，袖口宽 58 厘米，腰宽 68 厘米，下摆宽 89 厘米，领缘宽 1.5 厘米，襟怀缘宽 4.6 厘米，袖缘宽 4.5 厘米。表、缘以驼色绞纱为地，绞纱经纬密度配置 18 × 22 根 / 厘米。平

图 8-7-1 矩纹纱对襟大衫（江苏常州金坛县南宋周瑀墓出土）

图 8-7-2 矩纹纱交领大衫（江苏常州金坛县南宋周瑀墓出土）

纹起花，花纹图案仿自铜器“矩纹”。缘里为同色平纹绢，绢经纬密度 37×28 根 / 厘米。重 126 克，轻柔飘逸，薄如蝉翼，图案与品种搭配合理。

矩纹纱交领大衫，长 135 厘米，袖通长 268 厘米，经密每厘米 15 根，纬密每厘米 21 根。交领、右衽、直裾式。大袖，衣长过膝。前襟交错有两组襻对系于左右腋下。质料为一种平纹薄型纱，是在绞经地组织上起平纹组织的织物，亦称亮地纱。该面料以透明轻薄渐长。

宋代大衫实物又如浙江黄岩南宋赵伯沄墓出土的对襟縠衫（图 8-7-3），袖口有破损，衣长 105 厘米，通袖长 260 厘米，袖宽 35 厘米，用料为丝线极细的縠。其着装形象与宋代刘松年《宫女图》中的白衣宫女颇为相似（图 8-7-4）。这类服装丝缕纤细、质地轻薄，不尽让人想起白居易《寄生衣与微之，因题封上》诗云：“浅色縠衫轻似雾，纺花纱袴薄于云。”

从穿衣习惯上讲，中国古人在锦袍外面罩上一层轻盈的禅衣，使得锦衣纹饰若隐若现，不仅增强衣饰的层次感，更衬托出锦衣的华美与尊贵。

《北齐校书图》中有几位雅士袒胸露背（图 8-7-5），席坐校书。图中雅士外衣的领口都大幅度地敞开，除了领口衬有一定厚度的深色织物外，披在身上的大衫轻薄透明。根据着装习惯，中国古人在穿着这些如烟似雾的薄纱衣裤时，一般还要穿上不透光的夏布或白细布用以抹胸或裹肚，以防裸露身体。清代佚名《燕寝怡情图册》中也有穿着纱罗之类的汗衫（图 8-7-6）。

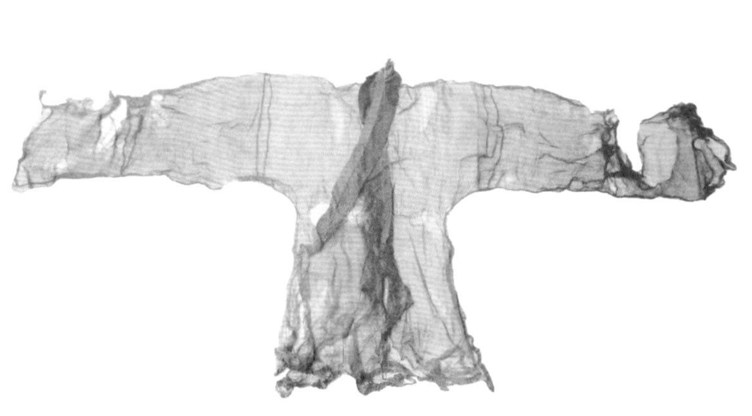

图 8-7-3　对襟縠衫（浙江黄岩南宋赵伯沄墓出土）

图 8-7-4　宋代刘松年《宫女图》

图 8-7-5　《北齐校书图》局部

图 8-7-6　清代佚名《燕寝怡情图册》中的人物

八、士人襕衫

襕衫乃古代士人之服，是一种圆领或交领、无缘饰（宋代）、有缘饰（明代）的长衫，下摆有一横襕（缝缀或织成的纹样），以示上衣下裳之旧制，属一体二部式服装。襕衫之制始于北周，兴起于唐代，流行于宋明。唐代襕衫式样如 1972 年新疆吐鲁番阿斯塔那墓出土的唐代彩绘文吏俑(图 8–8–1)。

据《宋史·舆服志》载："襕衫以白细布为之，圆领大袖，下施横襕为裳，腰间有襞积，进士、国子生、州县生服之。"宋代襕衫接近于官定服制，为仕者燕居、告老还乡或低级吏人服用。其款式同大袖常服形式相似，如《文苑图》（图 8–8–2）和宋代赵佶《听琴图》(图 8–8–3) 中男子所穿的服装。

明代襕衫是秀才、举人的公服，还可用于各地乡学祭孔六佾舞的礼生服饰。查看《三才图会》图示可知，明代襕衫增加了领襟袖摆处的深色缘边(图 8–8–4)。该服装与美国波士顿艺术博物馆藏宋代周季常、林庭硅绘《五百罗汉·应身观音》中人物着装形式非常相似(图 8–8–5)。因举子身穿白襕、头戴黑帽，故有人描写举子为"头乌身上白"，讥讽举人像头黑身白的米虫。

明代还出现了以蓝色布料制作、没有膝襕的"蓝衫"（图 8–8–6）。其下摆处有深色宽缘，以衣缘代替膝襕的象征意义。

中国古人最初在袍衫上加襕是为了复古汉代深衣之制，其方法是将袍之下摆裁断再缝合（抑或是两片面料缝合），这条缝线就是襕衫之襕。金代、元代也有以织金的形式，在袍身下摆处织出图案，形成膝襕，其目的在于装饰。直至明清时期，膝襕和袖襕成为定制，更大范围地出现在上层阶级的袍服上。

图 8–8–1 唐代彩绘文吏俑（新疆吐鲁番阿斯塔那墓出土）

图 8–8–2 《文苑图》局部

图 8–8–3 宋代赵佶《听琴图》中身穿襕袍的男子形象

图 8–8–4 明代《三才图会》中的襕衫

图 8–8–5 宋代周季常、林庭硅《五百罗汉·应身观音》中的人物（美国波士顿艺术博物馆藏）

图 8–8–6 穿蓝衫的明代士人画像

九、命妇礼服

宋代命妇服饰随男子官服而区分等级。内外命妇礼服有袆衣、褕翟、鞠衣、朱衣和钿钗礼衣。

皇后受册、朝会及诸大事服袆衣，亲蚕服鞠衣。妃及皇太子妃受册、朝会服褕翟。命妇朝谒皇帝及乘辇服朱衣，宴见宾客服钿钗礼衣。

袆衣，皇后受册、朝谒景灵宫服之。九龙四凤冠，饰大、小花各十二株。冠后左右各饰两博鬓（冠后旁垂饰的两叶状饰物，后世谓之掩鬓）。深青色袆衣，红色翟鸟纹，青纱中单，黼领，罗縠褾襈，蔽膝随裳色，以緅为领缘。大带随衣色，朱里，纰其外，上以朱锦，下以绿锦。革带以青衣之，白玉双佩，黑组，双大绶，小绶三，间施玉环三，青袜、舄，舄加金饰。其形象如南薰殿旧藏《历代帝后像》（图 8-9-1）中的皇后所穿服装。日本品牌高田贤三 2012 春夏时装设计（图 8-9-2）借鉴宋代皇后袆衣纹样（图 8-9-3）。

褕翟，皇后及皇太子妃受册服之。妃头戴九翚四凤冠，大、小花各九株。皇太子妃冠花株减少及无龙饰。青罗衣，绣翟鸟纹样。素纱中单，黼领，罗縠褾襈，蔽膝随裳色，以緅为领缘。大带随衣色，不朱里，纰其外，余仿皇后冠服之制。

鞠衣，皇后亲蚕服之。黄罗衣，蔽膝、大带、衣革带、舄随衣色，余同袆衣，唯无翟纹，其形象如南宋《女孝经图》中的皇后所穿服装（图 8-9-4）。

朱衣，命妇朝谒圣容及乘辇服之。绯罗衣，蔽膝、革带、佩绶、袜和金饰履，随裳色。

钿钗礼衣，命妇宴见宾客时服之。钿钗礼衣，服通用杂色，制同鞠衣，加双佩、小绶。

图 8-9-1 《历代帝后像》中的宋代皇后（南薰殿旧藏）

图 8-9-2 Kenzo 2012 春夏时装

图 8-9-3 五彩袆衣（钱小萍复原）

图 8-9-4 南宋《女孝经图》中的皇后形象（故宫博物院藏）

十、大袖衫

大袖衫是宋代皇后常服，也是命妇、仕宦人家女性的礼服。其使用非常广泛，《梦粱录》《西湖老人繁胜录》中可见“大袖”的记载。据《舆服志》记载，宋代皇后常服、命妇礼服为真红色大袖衣，以红罗生色为领，红罗长裙。红霞帔，药玉（即玻璃料器）为坠子。红罗背子，黄、红纱衫，白纱裆裤，服黄色裙，粉红色纱短衫。

真红色大袖衣实例如福建福州南宋黄昇墓出土的褐黄色罗镶花边大袖衣（图 8–10–1），身长 121 厘米，两袖通长 182 厘米，袖口宽 68 厘米，腰宽 55 厘米，下摆宽 61 厘米。对襟直领，不施衿纽，两侧开衩，身长过膝，领、襟、袖缘及下摆缘都缝花边一道，纹饰有彩绘鸾凤及印金蔷薇花等。江苏南京高淳花山乡宋墓（图 8–10–2）、江西德安南宋周氏墓（图 8–10–3）也都有大袖衫出土。

宋代人物绘画作品中表现身穿大袖衫的女性图像很多，如南薰殿旧藏《宋宣祖皇后坐像》中的昭宁皇后身穿大袖衣，肩披霞帔（图 8–10–4），与《宋史・舆服志》《文献通考》中的记载相符。此外，在内蒙古赤峰阿鲁科尔沁旗宝山辽代早期贵族壁画墓中的二号墓石房内北壁的《诵经图》中，盛装女子容貌丰润、发髻华丽，身上穿着对襟大袖衫（图 8–10–5）。

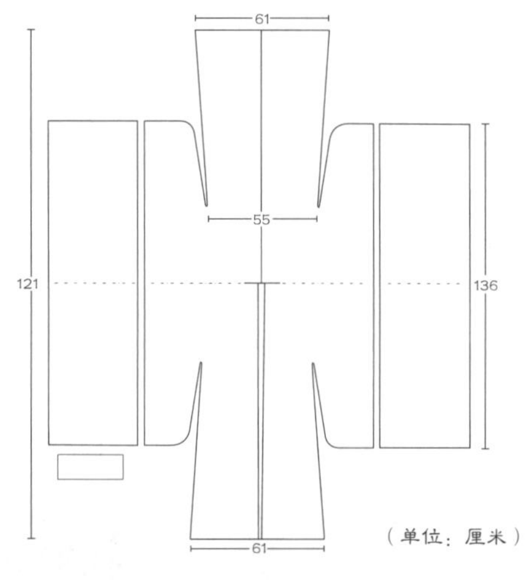

图 8–10–1　褐黄色罗镶花边大袖衣（福建福州南宋黄昇墓出土）

图 8–10–3　大袖衣（江西德安南宋周氏墓出土）

图 8–10–2　大袖衫（江苏南京高淳花山乡宋墓出土）

图 8-10-4 《宋宣祖皇后坐像》（南薰殿藏）

图 8-10-5 辽代《诵经图》壁画局部

图 8-11-1 罗绣花霞帔（福建福州南宋黄昇墓出土）

十一、霞帔坠子

到了宋代，唐代流行的世俗服饰披帛，演变成狭长带状披肩的新形式，并被列入礼服范畴，随命服品级高低而不同。其上无彩绣的叫“直帔”，有彩绣的叫“霞帔”。皇后“霞帔”绣龙凤纹，命妇绣禽鸟纹。穿戴时自领后绕至胸前披搭而下至小腿中部，下端则用金或玉制成的坠子悬挂固定。其实物如 1975 年福建福州南宋黄昇墓出土的罗绣花霞帔，以素罗制成，裁制成条状，左右各一飘带，通体绣以花纹（图 8-11-1）。在这件霞帔的下端，还系着一件鸡心形扁圆浮雕双凤金帔坠（图 8-11-2）。其佩戴形式应如《宋宣祖皇后坐像》中的式样。

图 8-11-2 扁圆浮雕双凤金帔坠（福建福州南宋黄昇墓出土）

霞帔坠子也有圆形的，如湖南临澧新合窖藏出土的元代圆形银霞帔坠子。帔坠式若做出子母口的圆盒，可开可合，盒边有环可系链，盒的两面图案一致。下为錾刻出水波纹的一方小池塘，水边一只小龟，一只仙鹤，池畔假山，山石边一丛竹，一只卧鹿在竹之左，一只回首顾盼的鹿立在竹之右。竹的上方为一株松，松叶、松果之间有一对鸟，周环安排灵芝、桃花与莲花。

如果霞帔没有下面的坠子，穿戴时要用双手托举在胸前，使其垂在身前，如江西景德镇舒家庄出土的宋代瓷俑（图 8-11-3）。

图 8-11-3 宋代瓷俑（江西景德镇舒家庄出土）

到了明代，霞帔的使用较为普遍。它的形状宛如一条长长的彩色挂带，每条霞帔宽三寸二分，长五尺七寸，穿戴时绕过脖颈，披挂在胸前，下端垂以金或玉石制成的坠子。

十二、窄袖褙子

褙子，也写作“背子”，是宋代上至皇后、贵妃、命妇，下至平民、待从、奴婢，以及优伶、乐人不分等级与尊卑的通用性服装款式。它是最具时代特征且流行度最高的常服，并与同期的命妇礼服大袖衫形成鲜明对比。

关于褙子的文献记载非常多，《宋史·舆服志》中有“女子在室者冠子、背子，众妾则假髻、背子”，又有“乾道七年定常服后妃大袖，生色领，长裙、霞帔、玉坠子。背子，生色领，皆用绛色，盖与臣下无异”，又如《济南先生师友谈记》中关于御宴记载太妃衣“衣黄背子”“衣红背子”。虽然有宋人认为褙子本是婢妾之服，而婢妾一般都立于主妇的背后，故称为“背子”。但实际情况是，上至皇后、贵妃、命妇、下至奴婢待从以至民女、优伶乐人之辈，尊卑都可穿着。

宋代褙子式样有三种：第一种，窄袖瘦身，两侧开衩，直领对襟，加缝生色领，且不施衿纽，穿时露出内衣（襦裙）；第二种，右衽盘领、两腋及背后也各垂双带为饰；第三种，仿中单斜领交裾，长至足踝，两侧开衩，两腋及背后各垂双带为饰，如 1993 年发掘的河南登封王上村元墓《奉酒图》中右边和中间女子所穿的长款服装。其两者外套的半臂短衣式样如安徽芜湖南陵县弋江镇奚滩铁拐村北宋墓出土的素罗半臂衣。第一种多为女性穿着，第二种和第三种多为男子穿着。

宋代女性褙子实物如福建福州南宋黄昇墓出土的紫灰色绉纱镶花边窄袖褙子（图 8–12–1、图 8–12–2），衣长 123 厘米，袖展长 147 厘米，衣料纹路清晰，图案精美，领、袖、下摆加缝印金填彩缘边。正裁法缝制，衣身及两半袖用两幅单料各剪裁成“凸”形对折，竖直合缝，两半袖端各接一块延伸成长袖，衣身前后裾长度相等。在宋词中，有许多描写女性着装形象的佳句，如黄机《浣溪沙》

图 8–12–1　紫灰色绉纱镶花边窄袖褙子（福建福州南宋黄昇墓出土）

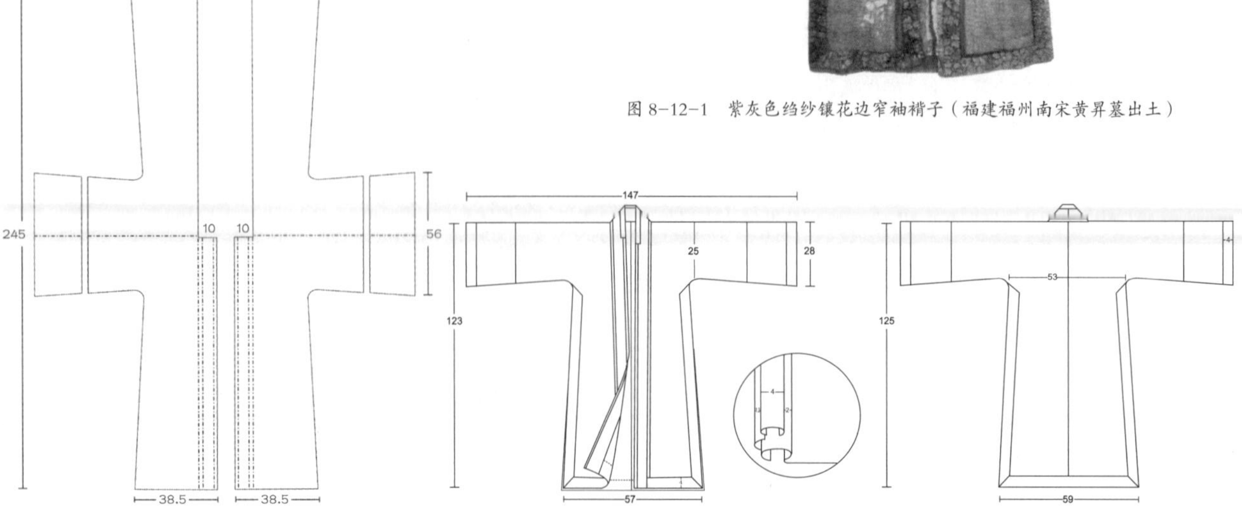

图 8–12–2　紫灰色绉纱镶花边窄袖褙子裁剪图

（单位：厘米）

中“墨绿衫儿窄窄裁”，张泌《江城子》中“窄罗衫子薄罗裙，小腰身，晚妆新。”一个“窄”字，形象地勾画出宋代女服“小腰身”的特点。这与唐朝女子骑马射猎、英姿飒爽的风格不同，宋朝女子追求的是一种朴素雅致、含而不露而又风情万种的小家碧玉之美。《荷亭戏婴图》（图 8-12-3）、《瑶台步月图》和《歌乐图》中均可见修长清秀的宋代美女。

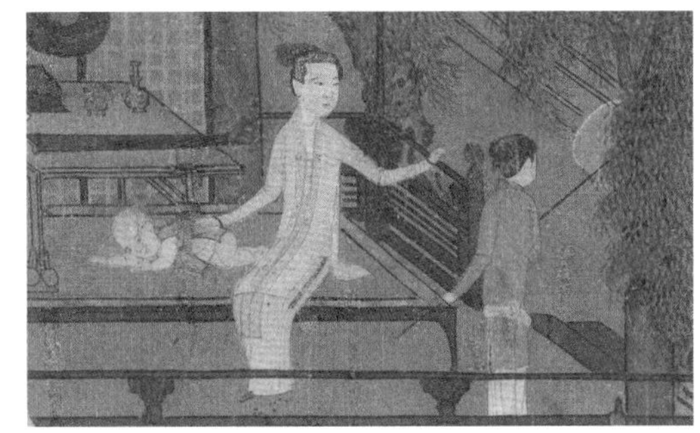

图 8-12-3 《荷亭戏婴图》局部

宋代褙子的前襟不施纽襻，两裾离异，谓之“不制衿”，且腋下侧缝缀有带子，垂而不结仅作装饰，意义是模仿古代中单交带的形式，有“好古存旧”之意。宋代褙子偶施衿纽，外观也极其隐蔽，如江西德安南宋周氏墓出土的印金罗襟折枝花纹罗褙子衣襟的纽扣（图 8-12-4）。发掘者称这是宋代褙子中对襟有纽扣的首次发现。一些研究者也以此为依据，将中国古人使用纽扣的上限定为宋代。日本学者田中千代称“至少在（公元）3—6 世纪，北方游牧民族统治中原地区时，已将纽扣传于汉族服饰，并影响到后来隋、唐的袍服。”

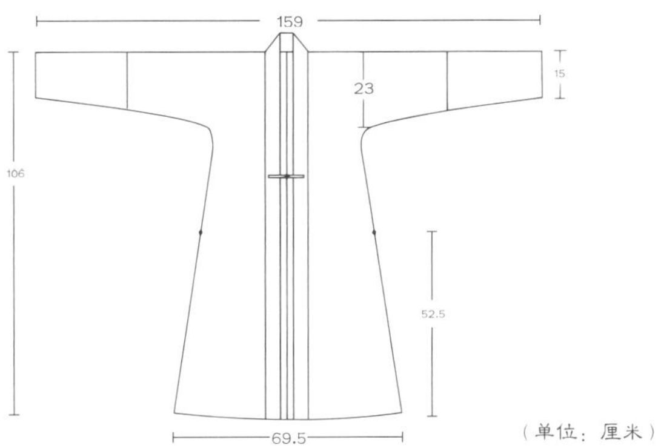

（单位：厘米）

图 8-12-4 印金罗襟折枝花纹罗衫实物及尺寸图（江西德安南宋周氏墓出土）

由于宋代女服风尚朴素，所以领口、袖口和两腋处的缘饰就成为宋代女服的“点睛之笔”。宋代词人也多有描绘。其中比较形象的一首当推赵长卿的《鹧鸪天》：“牙领番腾一线红，花儿新样喜相逢。薄纱衫子轻笼玉，削玉身材瘦怯风。……”词中“牙领”也称“领抹”（图8-12-5）。所谓“牙”，是指器物外沿或雕饰的突出部分。“牙”字精准文雅地点出了宋人缝制“领抹”的工艺特点。考察福建福州南宋黄昇墓实物，宋代褙子上的“领抹”都是将一块整布裁剪成长条形，两侧外边向内扣折后，用针线沿领抹外沿缝于领襟之上。

宋代领抹多以手工画绘花卉纹样，如宋代无名氏《阮郎归·端午》词中“画罗领抹缬裙儿”，也有印金、泥金等工艺，如杨炎正《柳梢青》中“生紫衫儿。影金领子”。其图案以写实花卉为主，也有鸟兽等吉祥图案，如福建福州南宋黄昇墓出土的印花彩绘山茶花花边、印金蔷薇花边和印花彩绘鸾凤花边（图 8-12-6）。

图 8-12-5 宋陈清波《瑶台步月图》局部

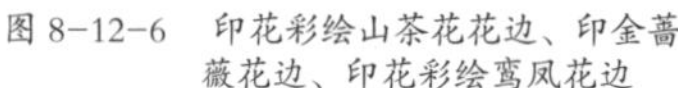

图 8-12-6　印花彩绘山茶花花边、印金蔷薇花边、印花彩绘鸾凤花边

图 8-12-7　南宋《歌乐图》（上）及放大局部（下）

图 8-12-8　南宋彩绘女陶俑（河南方城金汤寨范氏墓出土）

这些或画或绣、充满诗情画意的领边风景在素雅简洁的宋代女服中，可谓一个颇具传统且又有时代新意的特色符号。早在南朝，史学家沈约已用《领边绣》为题作诗：“纤手制新奇，刺作可怜仪。萦丝飞凤子，结缕坐花儿。……”“结缕坐花儿”一句说明，南北朝时期服装领抹上的那些漂亮精致的纹样很可能是直接在织机上织成的。因为宋代褙子都用花边装饰，所以市场需求量很大，这促成了宋代花边制作行业的兴盛。

除了素色纱罗，也有以销金材料做成的褙子。其形式如南宋《歌乐图》中身穿长至足面的红色褙子的歌舞艺人（图 8-12-7）。这种长褙子与河南方城金汤寨范氏墓出土的南宋女俑着装相似（图 8-12-8）。意大利时装品牌麦丝玛拉（MaxMara）的 2012 年作品“宋衣变新装”（图 8-12-9），以宋代褙子为灵感，设计了简洁修长的造型，既演绎出超大型（Oversize）的随性感，又不会使身材娇小的东方女性被衣服喧宾夺主。

不仅女子，宋代男子也穿褙子。宋代《宣和遗事》一书有载：“王孙、公子、才子、伎人、男子汉，都是了顶背带头巾，窄地长背子，宽口裤。”

发展至元代，褙子仍在穿用，只是穿者的身份发生了变化，元代褙子一度被用作女妓常服。元代杨景贤《马丹阳度脱刘行首》二折载：“则要你穿背子，戴冠梳，急煎煎，闹炒炒，柳陌花街将罪业招。”元代戴善夫《风光好》第四折载：“他许我夫人位次，妾除了烟花名字，再不曾披着带着‘官员祗候’褙子冠儿。”

明代褙子用途更加广泛。明初规定，褙子为皇室贵妇之常服，为普通命妇之礼服，乐伎穿黑褙子，

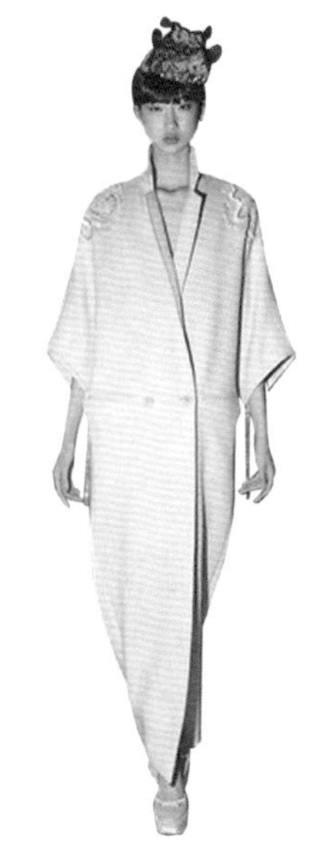

图 8-12-9 MaxMara 品牌 2012 “宋代变新装”

图 8-12-10 明代唐寅《王蜀宫妓图》

图 8-12-11 明代《中东宫冠服》绘绣团龙四褛袄子

教坊司妇人则不能穿褙子。褙子面料的纹样，也是区分命妇等级的标志，体现出穿着者的身份和地位。

明代褙子式样如唐寅《王蜀宫妓图》中的服饰形象（图 8-12-10）。《明史·舆服志》中说：“四褛袄子即褙子。”“褛”就是衣衩。可见，明代的褙子应为两边侧缝和背缝开衩。如果前襟扣上纽襻或系上绳带，下摆处也就类似开衩的样式，故名四褛袄子。其式样如明代《中东宫冠服》中的绘绣团龙四褛袄子（图 8-12-11）。

十三、紫衫薄裙

除了褙子、大袖衫，宋代女服还流行衣身较短的“紫衫”，即紫颜色的短衫，前后开衩，便于乘骑。隋时皇帝侍从穿用，唐代多用于武士，宋时为军校之服。据北宋袁文《瓮牖闲评》记载，南宋以后，被定为军校之服，皂隶走卒也多着之。及至南宋，战事频仍，文官士人竟着紫衫，以便从戎。

绍兴年间（1131—1162 年），宋朝曾下令禁止士庶穿着紫衫；至乾道初，又废除此禁，紫衫复成为宋人便服。在唐代，士大夫们私下穿一种与紫衫相类似的白衫。其式样没有身份上的区别，形制也与紫衫相同，只是用白色纻罗制成。宋时称白衫为凉衫。后因为凉衫与凶服相似，不甚吉利，所以凉衫逐渐被禁止穿用。同时，统治阶层对于紫衫的禁令也解除了。

南宋紫衫式样大体应如福建福州南宋黄昇墓出土的烟色梅花罗镶花边窄袖单衫（图 8-13-1），衣料用地四经绞、花二经绞罗，襟里用平纹纱。衣襟花边一条绣花，一条印金。衣式为对襟窄袖。此外，如 1986 年福建福州茶园山南宋墓出土的金线绣花边罗对襟上衣（图 8-13-2）、印金山茶梅花花边对襟烟色绉纱夹衣（图 8-13-3）和福建福州南宋黄昇墓出土的浅褐色绉纱镶花边窄袖衫（图 8-13-4）。

十四、生色花样

唐人对纺织色彩的热情，到了宋代已让位给对纺织面料纹样的追求。宋代文化强调深入观察和仔细品悟，也与唐代雍容华贵、大气奔放的风格有所不同。这促成了宋代纹样精细典雅、自然生动的特点，加之高超的缂丝与提花技术，成就了宋代花卉纹样栩栩如生的时代特色。

宋代丝织品上的花鸟纹样重写实，由唐代平列

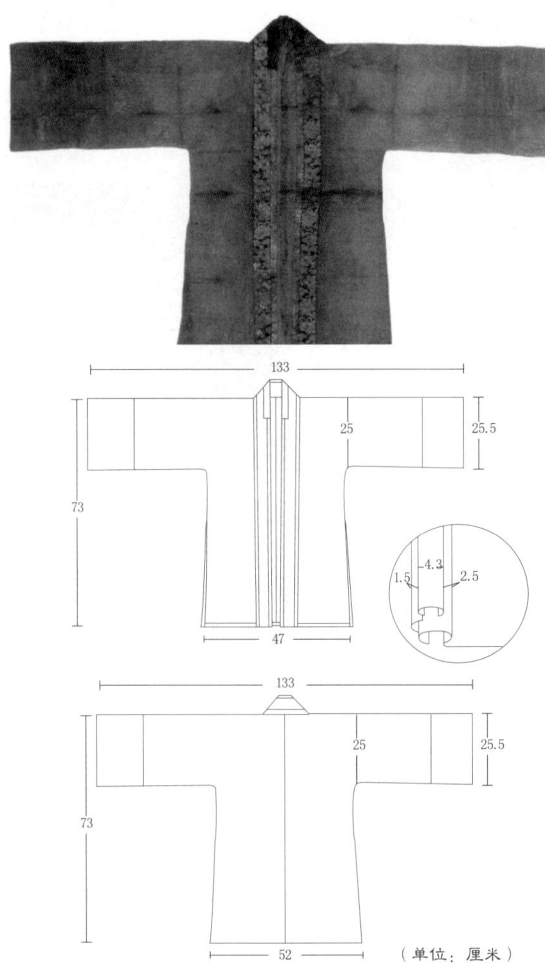

图 8-13-1　烟色梅花罗镶花边窄袖单衫（福建福州南宋黄昇墓出土）

图 8-13-2　金线绣花边罗对襟上衣（福建福州茶园山南宋墓出土）

图 8-13-3　印金山茶梅花花边对襟烟色绉纱夹衣（福建福州茶园山南宋墓出土）

图案式的布局，发展为写实折枝花和缠枝花，即所谓的“生色花”。“生色花”一词最早见于宋代。它的产生与发展得益于自唐代以来写实绘画的成熟，尤其是深受宋代花鸟画的影响。写生绘画在唐代已有记载，唐代李贺《秦宫诗》云：“桐英永巷骑新马，内屋深屏生色画。”其中，生色画意为形象生动的写生画。晚唐至宋元，受花鸟画的影响，植物纹饰渐趋写实。

为适应纺织品装饰性的需要，宋代纹样保留花鸟生动自然的外形特征和生长运动姿态，用点、线、面结合的方法，将其简化处理为平面形象。在构图形式上，宋代纺织纹样很少出现严格对称的形式，多采用绘画式的均衡构图，即支点两边形态不同而分量相等，因而富于变化，显得生动活泼。在一个平面上，两花对置，上下仰俯，盛开含苞，富于变化。其装饰手法有写实的、有夸张变形的，并采用了花中套花、叶中套花、果中套花等理想化的方式。

除了“生色花”，各式缠枝纹样也是宋代纺织品上最为常见的题材（图 8-14-1）。宋代缠枝花，花和枝叶穿插自然规整，纹样造型趋于写实，花有正反相背，叶有阴阳转侧，花与叶的形象互相呼应，花蕊、花瓣、花枝、叶片姿态各异，表现出纤巧典雅、清雅自然的韵味。其风格明显不同于唐代缠枝纹丰富饱满的构图风格。由一个中心图案向四方对称延续（离心式）和对称式的构图方式，也区别于元代缠枝纹圆润、结构严谨、疏朗大气的风格。美国设计师黛安·冯·芙丝汀宝（Diane von Furstenberg）在 2008 秋冬设计了白底黑花缠枝纹样的旗袍式礼服裙（图 8-14-2）。

图 8-13-4　浅褐色绉纱镶花边窄袖衫（福建福州南宋黄昇墓出土）

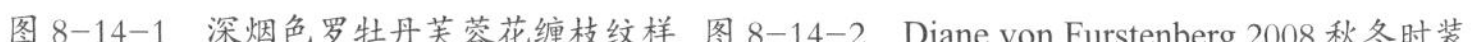

图 8-14-1 深烟色罗牡丹芙蓉花缠枝纹样 图 8-14-2 Diane von Furstenberg 2008 秋冬时装

图 8-15-2 北宋定窑白瓷男婴儿枕（台北故宫博物院藏）

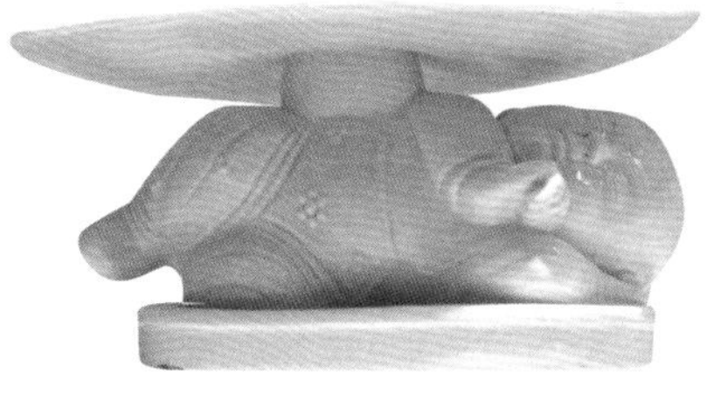

图 8-15-3 宋代定窑白瓷婴儿枕（成都博物馆藏）

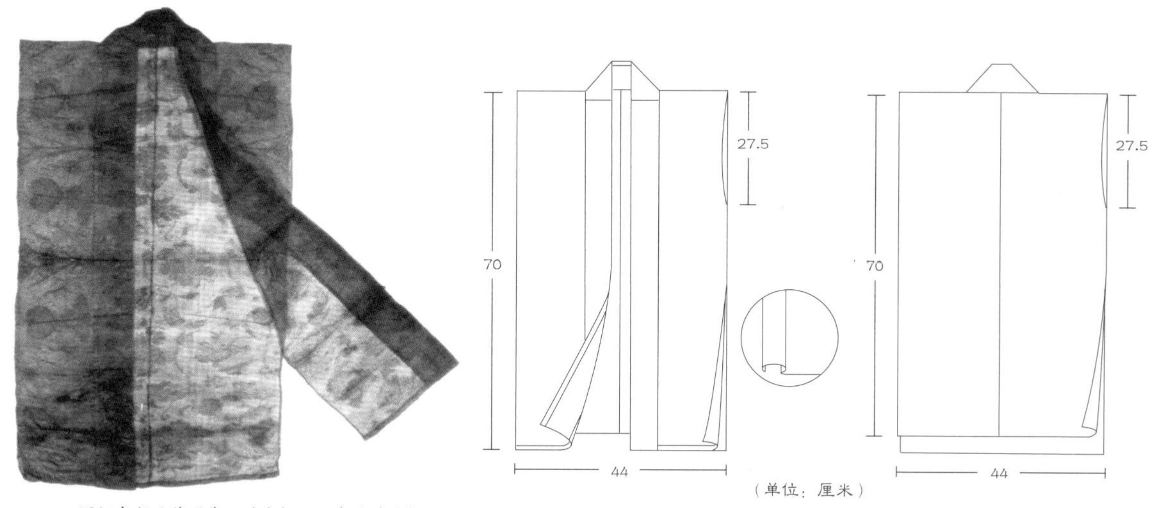

图 8-15-1 深烟色牡丹花罗背心（左）及尺寸图（右）

十五、花罗背心

宋代是背心的流行时期，男女不论尊卑均喜穿着。宋人绘《清明上河图》和《耕织图》中都有穿着背心的宋人形象。福建福州南宋黄昇墓出土背心8件。其中单层7件，夹层1件；以花罗制成者4件，素罗2件，绉纱1件，丝绢1件。这些背心的款式基本一致，以直线裁成，呈长方形，对襟直领，衣身长至腰际，下摆两侧各开一衩，两襟之间不用搭襻，也无纽扣，穿时任其敞开。具体尺寸以牡丹花罗背心为例（图 8-15-1）：其衣长70厘米，腰宽44厘米，袖口宽27.5厘米，领缘宽2.1厘米；下摆前后宽度不一，前宽38.5厘米，后宽45厘米。这件背心与台北故宫博物院藏北宋定窑白瓷婴儿枕（图 8-15-2）中身穿饰有缠枝牡丹纹的长背心相似，缠枝牡丹纹寓意富贵。此类宋代定窑白瓷婴儿枕在成都博物馆也有相似的收藏（图 8-15-3）。

十六、千褶女裙

宋代女裙流行打纵向褶，裙幅有六幅、八幅、十二幅之多，时称“千褶裙”。宋朝陶谷《清异录》卷下载：“同光年，上因暇日晚霁，登兴平阁，见霞彩可人，命染院做霞样纱，作千褶裙，分赐宫嫔，自后民间尚之。”言“千褶”者，为裙幅中施密褶女裙，如宋代词人吕渭老《千秋岁·宝香盈袖》词云：“约腕金条瘦，裙儿细裥如肩皱。”裙幅打密褶是为了给裙摆加放余量，使穿者在起坐、行动之时无所羁绊（图 8-16-1）。其实物如福建福州南宋黄昇墓出土的印圆点小团花褶裥罗裙（图 8-16-2），薄罗裁制，长 87 厘米，腰宽 69 厘米，裙身六幅，除两外侧裙幅不打褶，裙腰处满作细褶，裙摆散开后成扇状，宽达 158 厘米。南宋黄昇墓还出土一件褐色罗印花千褶裙（图 8-16-3）。

在裙上施细褶的做法由来已久。据汉代伶玄《赵飞燕外传》记载，“成帝于太液池作千人舟，号合宫之舟。后歌舞《归风》《送远》之曲，侍郎冯无方吹笙以倚后歌。中流，歌酣，风大起。后扬袖曰：‘仙乎，仙乎，去故而就新，宁忘怀乎？’帝令无方持后裙。风止，裙为之绉。他日，宫姝幸者，或襞裙为绉，号‘留仙裙’。”即：汉成帝与皇后赵飞燕同游太液池，飞燕起舞时，大风骤起，飞燕飘然如仙，成帝担心她被风吹走，特叫侍从拽住她的衣裙。风停之后，在飞燕的裙子上留下许多褶皱，其他宫女见后纷纷在裙子上折褶成裥，取名“留仙裙”。关于“留仙裙”的典故，曾载入诗词中，如宋代张炎《疏影·咏荷叶》云：“回首当年汉舞，怕飞去漫皱，留仙裙折。”又如，清代朱彝尊《风怀二百韵》云：“留仙裙易皱，堕马鬓交鬟。”

南宋女词人朱淑真在《生查子》一词中写自己在无望的等待中衣裙渐宽：“玉减翠裙交，病怯罗衣薄。不忍卷帘看，寂寞梨花落。”裙门襟对交于腹前，裙门相交减少，暗指穿者逐渐变瘦的身材。

宋代还有一种“前后开胯”的裙式，时称“旋裙”。据司马光记载，因便于乘骑，宋初流行于京都妓女之中，后影响至士庶间。宋理宗时，宫廷嫔妃时兴穿一种前后相掩（不缝合）、以带束之的拖地长裙，因走起路来裙裾扫地，也称“赶上裙”。其实物如福建福州南宋黄昇墓出土的褐色牡丹花罗镶花边裙（图 8-16-4）。因其前后都可开合，故被保守的人

图 8-16-1　宋代钱选《招凉仕女图》

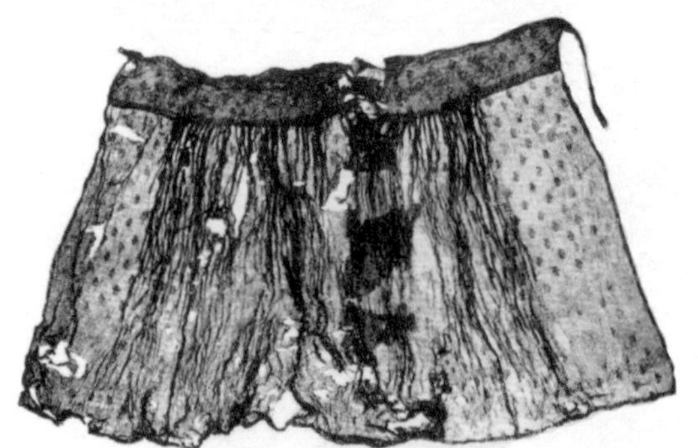
图 8-16-2　印圆点小团花褶裥罗裙（福建福州南宋黄昇墓出土）

图 8-16-3　褐色罗印花千褶裙（福建福州南宋黄昇墓出土）

图 8-16-4　褐色牡丹花罗镶花边裙（福建福州南宋黄昇墓出土）

士视为“服妖”。此种裙子在日常生活中穿着方便，在迈腿步伐稍大时，只需将两侧裙片轻轻向上提起，使前后门襟分开便可。例如，李清照《一剪梅·红藕香残玉簟秋》有云：“轻解罗裳，独上兰舟。”这里的“解”字便是分开裙幅的含义。因为裙子是用纱罗缝制，所以提裙时要“轻”。此外，从中国古代服装形制上讲，裳是前后两片的，裙是一整片的。赶上裙正合此特征，所以称其为“罗裳”更有古意。

宋代女裙中还有一种叫腰裙的短裙。其长者下不掩踝，短者不及膝盖。从文献记载看，短裙虽也有用于礼仪场合的时候，但一般多用于日常生活。短裙一般多用作衬里，俗谓“衬裙”。有的时候，贴身之裙也被称为“中裙”。例如，《史记·万石张叔列传》载：“（石建）取亲中裙厕窬，身自浣涤。”唐代司马贞索隐：“中裙，近身衣也。”因为遮蔽性相对较差，所以古人短裙内多穿裤子。例如，河南偃师酒流沟北宋墓画像砖上的女性人物就在裤外围一条短裙（见图 8–21–1）。又如，湖南省博物馆藏宋代铜镜背面浮雕足球纹人物（图 8–16–5），表现宋代男女蹴鞠游戏的场面。左侧女子在褙子下着短裙和长裤。传宋代李嵩绘《货郎图》中的两位农妇也在长裤外围系腰裙。

宋代妇女还常用腹围，即在腰间围腰的帛巾，以鹅黄色为尚，时称“腰上黄”。宋代岳珂《桯史》卷五《宣和服妖》载：“宣和之季，京师士庶竞以鹅黄为腹围，谓之腰上黄。”其形象如《宋人杂剧图》（图 8–16–6）中的样子。

十七、宫绦流苏

宋代赵彦端《菩萨蛮·佩环解处妆初了》有云：“佩环解处妆初了。翠娥玉面金钿小。”《菩萨蛮·绣罗裙上双鸳带》云：“绣罗裙上双鸳带。年年长系春心在。梅子别时青。如今浑已成。美人书幅幅。中有连环玉。不是只催归。要情无断时。”前引“佩环”和“连环玉”都是指宋代女子在裙子中间挂上一根用丝带编成的飘带，中间打环结，串一个玉制的圆环玉佩。其形象如山西太原晋祠彩塑仕女形象（图 8–17–1）。“玉环绶”的作用一个是美观，另外就是可以压住裙幅。当走路时有风吹来，不至于使裙子随风飘舞而有失雅观。

除了压裙幅，玉本身具有一种高雅、圣洁的美，是其他东西不能替代的。《礼记·玉藻》曰：“古之君子必佩玉，君子无故，玉不离身。”在中国的传统文化中，玉具有仁、知、义、乐、忠、信等美德，以象征君子之德。古人佩玉是需要时刻提醒自己，做人也要像玉一样清透而温润，品行举止要以玉为榜样，自始至终都怀有高尚的美德。

在当代中式服装中，玉环绶是比较常见的元素（图 8–17–2）。意大利品牌卡沃利（Just Cavalli）2013 秋冬推出了精美的翠环流苏项链（图 8–17–3）。美

图 8–16–5　宋代铜镜背面浮雕足球纹人物（湖南省博物馆藏）

图 8–16–6　宋人绘《杂剧图》

图 8-17-1　腰挂玉环绶的宋代女性（山西太原晋祠彩塑）

图 8-17-2　现代汉服的玉环绶

图 8-17-3　Just Cavalli 201 秋冬翠环流苏项链

图 8-17-4　僧人佛珠背后的挂穗燕尾

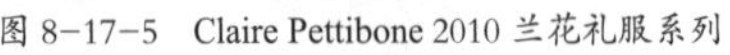

图 8-17-5　Claire Pettibone 2010 兰花礼服系列

国婚纱设计师克莱尔·佩蒂伯恩（Claire Pettibone）在 2010 年兰花礼服系列中就运用了玉环绶的元素。其设计轻盈飘逸，层次丰富分明。尤其是借鉴了僧人佛珠背后的挂穗燕尾（背云）的式样（图 8-17-4），勾勒出纤细优美的颈背线条，体现了石涛《墨兰》中："丰骨清清叶叶真，迎风向背美惊人"的风韵（图 8-17-5）。

除了佩环，有时还在大带外系宫绦。宫绦由细丝线编成，一般有3～5米，是为了多缠绕几圈使裙不至于滑落。其丝绳两端系有玉佩、金饰、骨雕、中国结等重物，尾端有流苏。《红楼梦》第四十九回描写湘云"腰里紧紧束着一条蝴蝶结子长穗五色宫绦"。第三回载："这个人打扮与众姑娘不同……裙边系着豆绿宫绦。"又，清代孔尚任《桃花扇·入道》载："列仙曹，叩请烈皇卜碧霄，舍煤山古树，解却宫绦。"

在中国传统文化中，长长的"流苏"又名"吉祥穗"，象征五谷丰登、吉祥如意。2009 年，迪奥品牌推出了龙纹版"迪奥小姐"（Lady Dior）手袋（图 8-17-6），红漆龙纹浮雕金属提手、红色流苏和包面上装饰的中国传统刺绣图案相得益彰。2016 年，北京鞋业非遗传承品牌内联升与寺库网（Secoo），名物联合推出祥云步步高升结千层底布鞋（图 8-17-7）。

图 8-17-6　2009 年 Dior 龙纹流苏版“Lady Dior”手袋

图 8-17-7　内联升与 Secoo 名物联合推出祥云步步高升结千层底布鞋

图 8-18-3　玉雕同心结

图 8-18-1　宋代金缕百事吉结子（浙江临安杨岭宋墓出土，临安博物馆藏）

图 8-18-2　宋代金缕百事吉结子复原文创作品（风陵渡和止语庭除复原）

图 8-18-4　“上海滩”品牌 2010 春夏“如意结”皮革小手提包

十八、百事吉结

宋人在系丝绦或玉环绶时以“同心结”最为普遍。中国古人佩戴同心结的传统可上溯至南北朝时，南朝梁武帝萧衍《有所思》诗云：“腰中双绮带，梦为同心结。”庾信《题结线袋子诗》云：“一寸同心缕，千年长命花。”唐朝教坊乐曲中也有“同心结”的词牌名。

宋人以同心结为基础，又演绎了“百事吉结子”新式样。“百事吉”源于秦汉占卜家语，后世变为吉语和祝颂。其实物如浙江临安杨岭宋墓出土宋代金缕百事吉结子（图 8-18-1），通长 16.5 厘米，宽 4.7 厘米，厚 1 厘米，通体做成一大一小两个相连的花结，既有黄金的富丽，又有丝绦的飘逸。大的一个带心结作一毬，毬表镂作簇六雪花，应是《营造法式》中所载的门窗格扇花中的“簇六雪花”。中国传统首饰品牌风陵渡与微博博主止语庭除联合推出了此件文物的复原文创产品（图 8-18-2）。

同心结除了以绳结系成，还被用在玉雕图案上

图 8-18-5　Dior“中国结”手包

图 8-18-6　Longchamp“中国结”缀装饰包

（图 8-18-3）。同时，同心结还是中国风格服饰设计的重要元素，如中国“上海滩”品牌 2010 年“如意结”皮革小手提包（图 8-18-4）。早在 2008 年奥运会期间，世界各大奢侈品牌纷纷推出与中国有关的新品，Dior 就发布了一系列“中国结”手包（图 8-18-5）。为中国消费者所熟知的法国品牌珑骧（Longchamp），将充满中国味道的“同心结”镶嵌在包面（图 8-18-6），并用粉色的皮革做装饰边，整体感觉充满线条感，又在精妙的点缀下体现出浓浓的中国味。

丝绦是丝编的带子或绳子，通常搭配道袍、围裙等衣物。明代义宰张懋夫妇合葬墓中还出土了一根丝绦实物。其长 3.05 厘米，直径 0.2 厘米，两端有木制小砣锤和丝须，挂在死者身上。这是宋明时期士人日常使用最多的系带。宋明时期人物画中有很多例子，如赵孟頫《苏轼像》（图 8–18–7）和清代顾见龙《吴伟业像》（图 8–18–8）中吴伟业腰部所束的丝带就是在腰部围绕两周，形成一个如意结。美国时装品牌安娜・苏（Anna Sui），2006 春夏高级成衣发布会中的模特腰部也系有打同心结的丝绦（图 8–18–9）。

十九、吊敦膝裤

唐宋时期，胫衣在社会各阶层人士中比较普遍。它是一种上至膝盖、下至足踝的筒状式样。除此之外，还有一种胫衣的上沿呈内低外高形态，与人体大腿根部形态吻合。其形象如唐代驯马人陶俑（图 8–19–1），驯马者上身穿半臂袍，下身穿胫衣。胫衣的上端呈带状，上束于腰带上。下部有一个蹬腿环带，套于足底部。其裤腿上部有长带，将其系于膝盖下部。

隋唐时期，也有将胫衣与袜子相连的式样，时称“裤袜”。《致虚杂俎》载唐玄宗时，“太真著鸳鸯并头莲锦裤袜，上戏曰：‘贵妃裤袜上乃真鸳鸯莲花也，……由是名裤袜为藕覆。注云，裤袜，今俗称膝裤。”由此可见，唐代服饰已有“裤袜”之制，其名又称“膝裤”。所谓“裤袜”是指一种只有两条裤管的内裤。这种内裤虽也是两条裤管，但其顶部相连，形成裤腰。宋代膝裤实物如 1975 年江苏常州金坛县南宋周瑀墓出土的裤袜（图 8–19–2），圆头长靿式，靿长 35 厘米，宽 19 厘米，靿后上开口，长 15 厘米，钉二条绢带，袜脚下缘缝有一周环绕的丝线，中间用一根丝线贯穿。袜脚长 24.5 厘米，深 6 厘米。足面为本料另裁，中间胫部

图 8–19–1　唐代驯马人陶俑

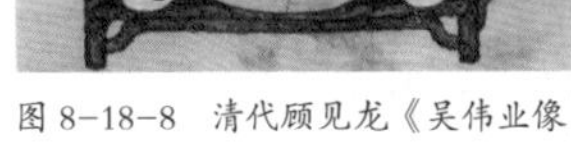

图 8–18–7　赵孟頫《苏轼像》

图 8–18–8　清代顾见龙《吴伟业像》

图 8–18–9　Anna Sui 2006 春夏女装

为一长方形本料缝片，在上沿前后部都有抽褶，后部抽褶较大，一直通到后脚跟部位。

虽然宋、辽两国敌对争斗，但彼此间文化交流和经济往来不断，中原地区与北方民族彼此间的服饰影响也日益加剧。北宋洛阳，有许多人穿契丹的服装式样。宋天圣三年（1025 年）和庆历八年（1048 年）曾下令禁止百姓穿契丹服，士庶不得穿黑褐地白花衣服及蓝、黄、紫地撮晕花样，妇女不得穿铜绿、兔褐之类，不得将白色、褐色毛缎，淡褐色匹帛做衣服，并禁穿吊敦（袜裤）。所谓吊敦，是一种只有两条裤管的内裤。吊敦上沿呈内低外高形态，与人体腿部形态吻合。其裤腿上部有长带，将其系于膝盖下部。黑龙江哈尔滨阿城金墓出土有黄地小杂花金锦夹吊敦实物（图 8–19–3）。

在黑龙江哈尔滨阿城金墓还有素绢高腰裤出土（图 8–19–4），该实物出土时穿于黄地小杂花金锦夹吊敦里层。裤腰以横幅料自裆口上接齐于胸腋部，通长 147 厘米，腰高 56 厘米、正面上边通宽约 79 厘米、裤腿下口宽 27 厘米。下口两侧钉脚蹬套带，带宽 6.5 厘米、长 17 厘米，穿时蹬套于足心部。裤腰背至后裆开口。其背口左右两边纵向依次钉三对系带。裤腰与腿口略杀，腰缓下前腹正面对称四对画褶收腰。穿着时左背侧系带贴身由前带孔穿出，右背侧系带由腰背外绕于前，两者对结于胸腰前部，裤腰背口随体交合，穿脱便利。下口套带横套在足底，外套素绢夹袜，在其裤裆部有补裆。与吊敦相同，在高腰裤的裤口处有宽约 6 厘米的踏脚。

据《老学庵笔记》记载，裤有绣者，白地白绣、鹅黄地鹅黄绣。福建福州南宋黄昇墓出土有合裆裤 8 件、开裆裤 15 件。这说明开裆裤与合裆裤在中国古代一直并行不悖。

福建福州南宋黄昇墓出土的一件烟色牡丹花罗开裆裤（图 8–19–5）的裤筒每边各用长方形单幅纵式折合，顶部每边各向内皱折两道，略呈弧状。两裤筒内侧加一三角形小裆，裆以下至裤管缝合，而裆以上至顶部未缝合。上接有腰，于背后正中开腰，两端系带。裤子的裁片主要由裤腿、裤裆和裤腰组成，都是整片，没有拼接。裤裆是一片长方形。裤腿为长方形，上端的一角被裁掉一个三角形，这相当于现代裤子对于裤腰的处理，使裤子更加贴合身体。裤子的每条裤腿由一块长方形的单幅纵式折叠而成，在内侧缝合，以长方形短边的二分之一点为侧缝线，前边有两个省，后边有一个省。元代也有类似式样的服装，如山东邹县元李裕庵墓出土的妇女开腰裤（图 8–19–6）。

宋代还有一种合裆但两侧开缝的裤子，如在浙江黄岩南宋赵伯沄墓出土的绢面合裆夹裤（图 8–19–7），长 77 厘米，腰宽 51 厘米，素绢为面，由前片、后片、裤腰、系带四部分构成。裤身前后片中线左右两侧约 4 厘米处各打两个向外侧开口的活褶，与裤腰缝合固定。裤腿两侧开口未缝合，中间合裆，裤脚呈三角形，形成人体实际穿着后臀及

图 8–19–2　裈袜（江苏常州金坛县南宋周瑀墓出土）

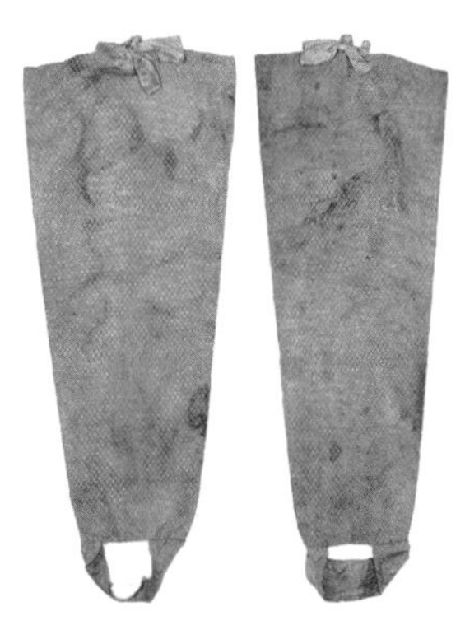

图 8–19–3　黄地小杂花金锦夹吊敦实物（黑龙江哈尔滨阿城金墓出土）

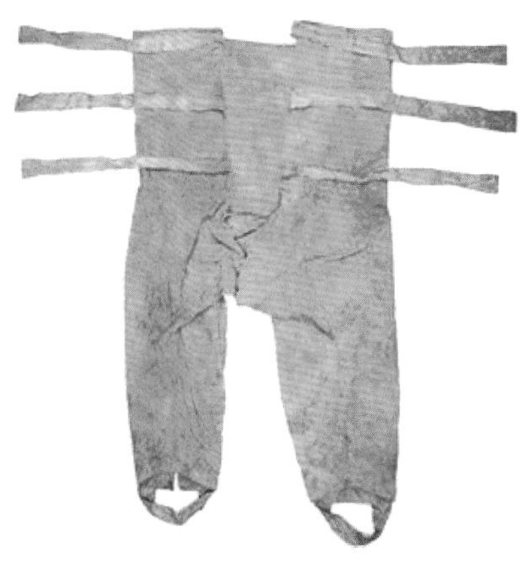

图 8–19–4　素绢高腰裤（黑龙江哈尔滨阿城金墓出土）

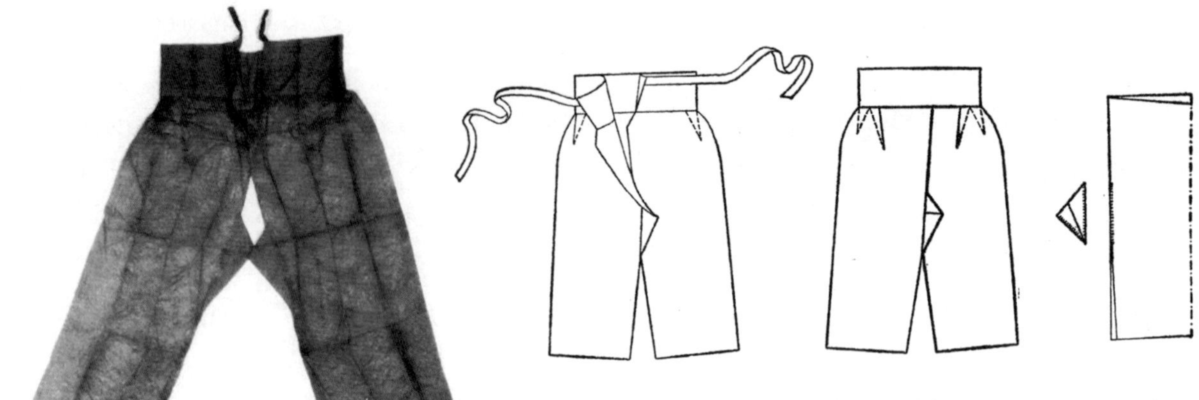

图 8-19-5　女用开裆裤及结构图（福建福州南宋黄昇墓出土）

图 8-19-6　元代妇女开腰裤（山东邹县元李裕庵墓出土）

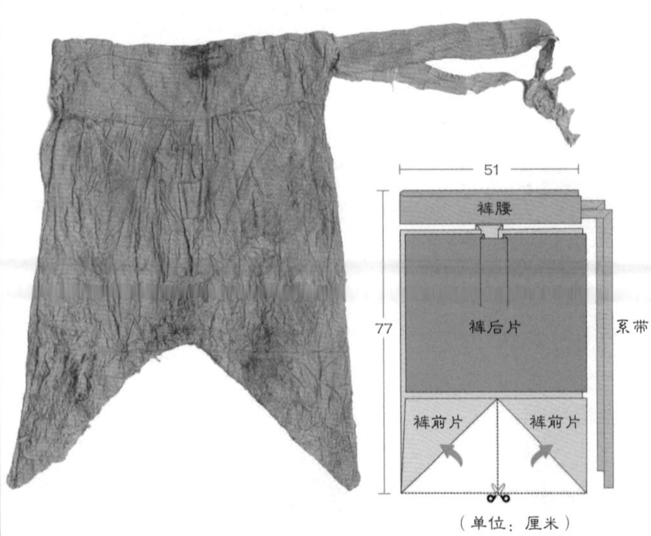

图 8-19-7　南宋绢面合裆夹裤（浙江黄岩南宋赵伯沄墓出土）

裆部完全包裹，大腿外前侧大部分裸露的状态。在晚唐五代时期敦煌壁画中，可以看到穿着此类服装的人物形象，同类裤子在内蒙古兴安盟代钦塔拉辽墓亦有出土。福建福州南宋黄昇墓还出土了一件黄褐色花罗两外侧开中缝合裆裤（图 8-19-8），通长 84 厘米，腰宽 70 厘米，腰高 13 厘米，裆深 32 厘米，裤腿宽 32 厘米，裤脚宽 34.5 厘米，脚缘宽 1 厘米，腰带长 71 厘米，腰带宽 3.5 厘米，腰带共两根，前后各一根。这款裤子的特别之处还在于裤脚的开衩。由以上实物可知，宋代裤子的结构已经趋于成熟。查看刘松年《斗茶图》（图 8-19-9）、宋代杂剧的《眼药酸》（图 8-19-10）、清宫旧藏南宋佚名《春游晚归图册页》（图 8-19-11），可见宋人所穿裤子的结构已非常成熟。《春游晚归图册页》绘一老臣骑马踏青回府，前后簇拥着十位侍从，或搬椅、或扛机、或挑担、或牵马，忙忙碌碌。其将外穿的圆领袍下摆束起于腰间，下身穿着白色的裤子。老臣持鞭回首，仿佛意犹未尽，表现了南宋官僚偏安江南时的悠闲生活。画中描绘有杌凳、交椅、扛箱、栅栏等宋代家具。

一些下层女性将裤子外穿推动了宋代裤子外衣化的进程。其形象如河南偃师酒流沟北宋墓画像砖上表现的一位正在束系冠子的女子，下身穿宽口裤，腰部自后向前围系一条掩裙，掩裙的裙裾裁成半月形。此外，宋代风俗画家王居正曾画《纺车图》（见图 8-20-6），图中怀抱婴儿坐在纺车前的少妇与撑线老妇，皆着束口长裈。所不同的是，老妇裤外有裙，或许是因为劳动时便利之需，因此将长裙卷至腰间。这种着装方式在非劳动阶层妇女中基本没有。

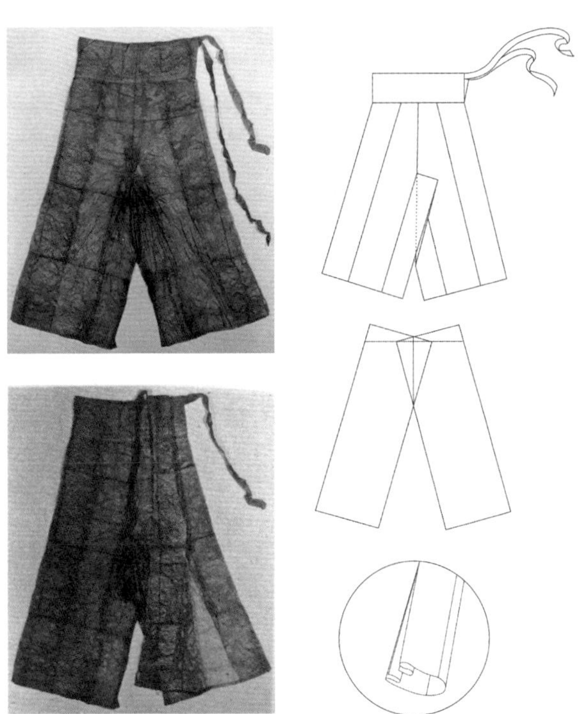

图 8-19-8 黄褐色花罗两外侧开中缝合裆裤（福建福州南宋黄昇墓出土）

图 8-19-10 宋代杂剧的《眼药酸》

图 8-19-9 刘松年《斗茶图》

图 8-19-11 南宋佚名《春游晚归图册页》

二十、乌靴金莲

自宋代始，中国古人称乌皮靴为朝靴。徽宗重和元年（1118 年）礼制局讨论冠服制度，议者以为“靴不当用之中国”，定公服去靴用履。南宋初公服仍用履，直至乾道七年（1171 年），“复改用靴，以黑革为之，底用麻再重、革一重”。里用素衲毡，高八寸。低级官吏、差役的靴则用料不一，或皮或帛（图 8-20-1）。

在被国家服饰制度认同后，最初源于游牧民族的靴子进入了官服体系，不仅被纳入宋代服饰制度的范畴，且有了等级区分。据《宋史 · 舆服志》载，宋代朝靴饰“有絇、繶、纯、綦，大夫以上具四饰，朝请、武功郎以下去繶，从义、宣教郎以下至将校、伎术官并去纯。……诸文武官通服之，惟以四饰为别。服绿者饰以绿，服绯、紫者饰亦如之，仿古随裳色之意。”

宋代公服配靴已经成为定制，且靴多和圆领配套使用。士人闲居之服及百姓日常用的交领袍衫基本上还是和传统低帮浅鞋进行搭配。其式样如宋人绘《槐荫消夏图》中的一双非常精致的云头鞋（图 8-20-2）。因此，便衣穿靴较为少见，且被时人讥以为怪。

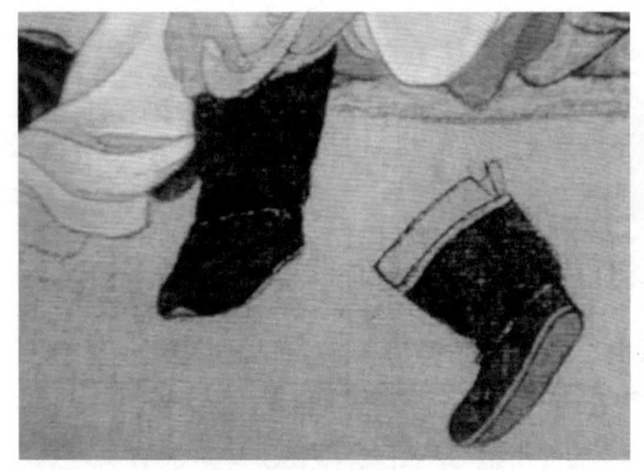
图 8-20-1　赵孟頫《洗马图》局部

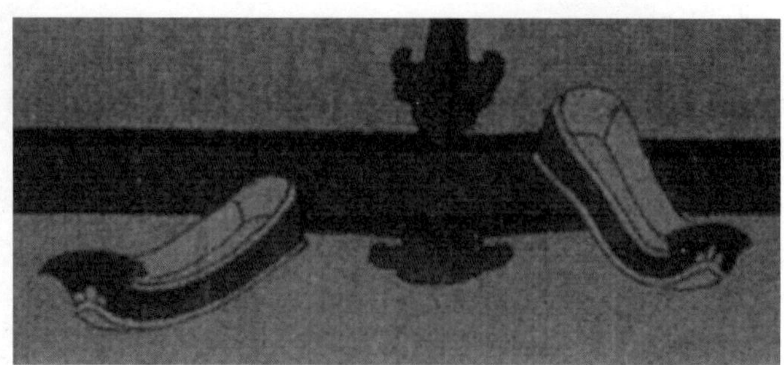
图 8-20-2　宋人绘《槐荫消夏图》中的云头鞋

宋代妇女穿靴者较少，只在宫廷中，一些女官在穿着公服时也可穿靴。宋代诗词中有许多关于“弓靴”的内容，如卢炳《菩萨蛮》中云：“石榴裙束纤腰袅，金莲稳衬弓靴小。”

五代以前男女的鞋子是同一形制。从宋代开始，中国女性流行用布帛把脚缠裹起来，使脚变成又小又尖的形状。据记载，南唐后主李煜，喜欢看其宠妃窅娘在“金制的莲花”上跳舞。由于金莲花太小，窅娘以帛缠足，作“红菱形”“新月形”，着素袜婀娜舞于莲中。时人竞相仿效，五代之后渐成风气。这种极为自虐的审美习惯，在当时的社会环境中，却得到了许多文人雅士的赞美之词，如“金莲”“香钩”等。宋代诗人苏东坡咏叹缠足，作词《菩萨蛮·涂香莫惜莲承步》：“涂香莫惜莲承步，长愁罗袜凌波去。……纤妙说应难，须从掌上看。”

宋代女性缠足与后世的三寸金莲有所区别。宋代缠足是把脚裹得“纤直”但不弓弯，时称“快上马”，如福建福州南宋黄昇墓出土的翘头绣花女鞋（图 8-20-3）、浙江兰溪南宋墓出土的翘头绣花女鞋（图 8-20-4）和湖北江陵县宋代墓出土的女鞋（图 8-20-5）。宋代女性所穿鞋子被称为“错到底”，其鞋底前尖，由两色合成。宋代风俗画家王居正的《纺车图》（图 8-20-6）和《宋人杂剧图》中也有着缠足形象。

图 8-20-3　翘头绣花女鞋（福建福州南宋黄昇墓出土）

图 8-20-4　翘头绣花女鞋（浙江兰溪南宋墓出土）

图 8-20-5　宋代女鞋（湖北江陵宋代墓出土）

图 8-20-6　宋代王居正《纺车图》

二十一、职业服装

无论是古代和现代、中国和西方，以服饰标明穿者的社会职业是一种普遍存在的现象。与个性表现的自由随意相比，职业服装的标识功能往往作为一种社会规范具有一定的强制性。早在汉代，就开始有以服饰标明职业的规定，如汉代平民男子头上所戴巾帻（汉代男子首服的一种）的色彩就是明显的职业标识——车夫戴红色，轿夫戴黄色，厨师为绿色，官奴为青色。

至宋代，由于城镇经济的繁荣，专门从事某一具体行业的人群日益增多，职业服装更显出服饰社会化的必要性。孟元老《东京梦华录》中清楚记载了当时士农工商诸行要穿着不同行业的服装，如卖药卖卦“皆具冠带”、香铺裹香人“顶帽披背”、质库掌事着“皂衫角带不顶帽”，甚至沿街行讨的乞丐也“亦有规格。稍有懈怠，众所不容”。此外，在北宋画家张择端《清明上河图》中处于街边巷口、酒家店铺从事各业的500余人，不仅年龄各不相同，衣服着装也迥然相异。

唐宋时期，有钱人家喜欢请女厨到家做宴饮餐食。《问奇类林》载，宋代太师蔡京有“厨婢数百人，庖子十五人”。中国历史博物馆收藏的四块厨事画像砖，描绘了厨娘从事烹调活动的几个侧面（图8–21–1）。她们有的在结发，预示厨事即将开始；有的在斫脍，有的在烹茶、涤器。砖刻所绘厨娘的服饰大体相同，都是头戴团冠，窄袖对襟衫，长裤外套短裙的形式。

二十二、刺绣缂丝

宋代刺绣工艺水平很高。当时的刺绣作品，受绘画影响很大，常以名家书画为粉本，且广泛运用了戗针、套针、网绣、盘金、钉线等各种针法。

在传承隋、唐、五代缂丝（也可写作“刻丝”）工艺的基础上，宋代缂丝技术大大提高，尤其以定州的缂丝业最为出色。据庄绰《鸡肋编》记载：“定州织缂丝，不用大机，以熟色丝经于木净上，随心所欲作花草禽兽状。以小梭织纬时，先留其处，方以杂色线缀于经纬之上。合以成文，若不相连，承空视之，如雕镂之象，故名刻丝。如妇人一衣，终岁可就。虽作百花，使不相类亦可，盖纬线非通梭所织也。”

缂丝机是缂丝的专用织机。缂织时，先在织机上安装好经线，经线下衬画稿或书稿，织工透过经丝，用毛笔将画样的彩色图案描绘在经丝面上，然后再分别用长约十厘米、装有各种丝线的舟形小梭依花纹图案分块缂织（图8–22–1）。同一种色彩的纬线不必穿过整个幅面，只需根据纹样的轮廓或画面色彩的变化，不断换梭（图8–22–2）。缂丝能自由变换色彩，因而特别适宜制作书画作品。缂丝织物的结构则遵循“细经粗纬”“白经彩纬”和“直

图8–21–1　河南偃师酒流沟北宋墓画像砖上穿褙子的宋代厨娘像

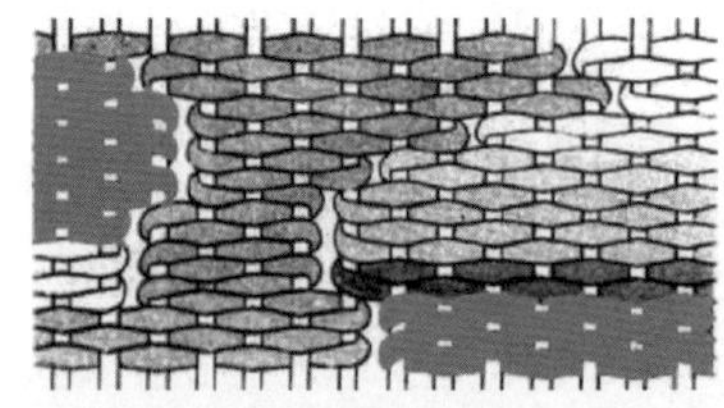

图 8-22-1 缂丝局部组织结构

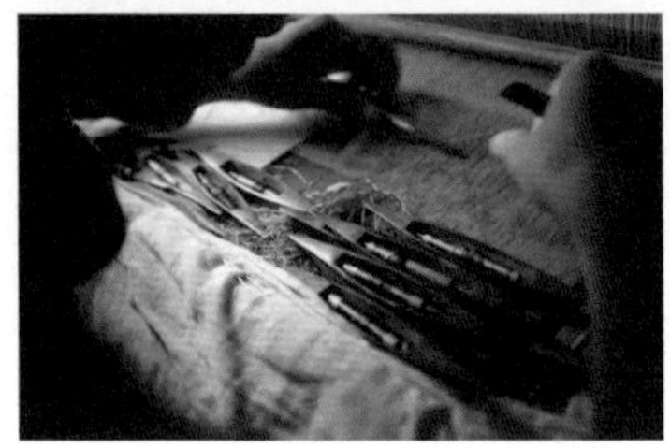

图 8-22-2 织造缂丝换梭

图 8-22-3 宋代朱克柔缂丝《牡丹图》

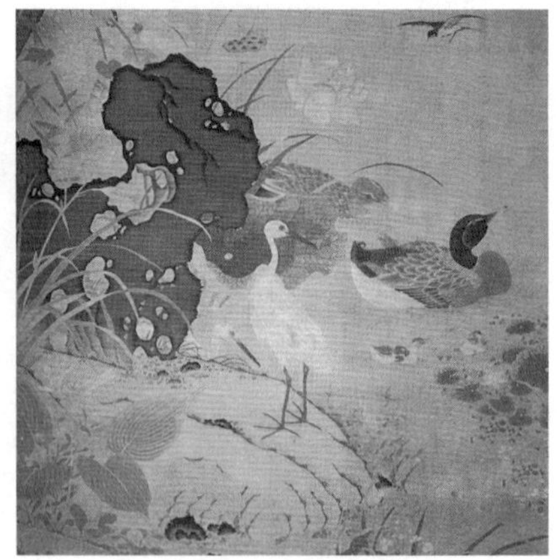

图 8-22-4 宋代朱克柔缂丝《莲塘乳鸭图》

图 8-22-5 缂丝作品《富贵牡丹》《凤穿牡丹》《凤衔牡丹》（美国大都会艺术博物馆藏）

经曲纬”等原则，即本色经细，彩色纬粗，以纬缂经，只显彩纬而不露经线等。由于彩纬充分覆盖于织物上部，织后不会因纬线收缩而影响画面花纹的效果。

织造时，艺人坐在木机前，按预先设计勾绘在经面上的图案，不停地换着梭子来回穿梭织纬，然后用拨子把纬线排紧。织造一幅作品，往往需要换数以万计的梭子，其花时之长，功夫之深，织造之精，可想而知。缂丝的工艺流程，一般有十六道工序：落经线、牵经线、套筘、弯结、嵌后轴经、拖经面、嵌前轴经、捎经面、挑交、打翻头、箸踏脚棒、扪经面、画样、配色线、摇线、修毛头。缂丝的织造技法为：结、掼、勾、戗、绕、盘梭、子母经、押样梭、押帘梭、芦菲片、笃门闩、削梭、木梳戗、包心戗、凤尾戗等，技法众多。

宋代缂丝名家朱克柔的《牡丹图》（图 8-22-3）和《莲塘乳鸭图》（图 8-22-4）为宋代缂丝精品。美国大都会艺术博物馆收藏了《富贵牡丹》《凤穿牡丹》《凤衔牡丹》（图 8-22-5）等宋代缂丝作品。本书著者贾玺增以“凤衔牡丹”为图案设计了圆领T恤衫（图 8-22-6）。比利时设计师德赖斯·范诺顿（Dries Van Noten）在 2012 秋冬也以宋代缂丝图案设计了时装（图 8-22-7）。

两宋出现了复合花的大胆创造，即花中有花、叶中有花的构图形式，如江苏常州金坛南宋周瑀墓出土的以两朵大牡丹花为主体的缠枝牡丹花罗，小花穿插枝头，摇曳多姿，叶内填饰梅花折枝，错落有致。宋代还流行四季花的主题纹样。南宋吴自牧《梦粱录》卷十三《诸色杂货》条记载，在临安市场上：“四时有扑带朵花，亦有卖成窠时花，插瓶把花、柏桂、罗汉叶。春扑带朵桃花、四香、瑞香、木香等花，夏扑金灯花、茉莉、葵花、榴花、栀子花，秋则扑茉莉、兰花、木樨、秋茶花，冬则扑木春花、梅花、瑞香、兰花、水仙花、腊梅花。”“四季花”是根植于农耕生活方式的应景文化。

图 8-22-6 “凤衔牡丹”图案 T 恤衫（贾玺增设计）

图 8-22-8 清代宫廷四季花卉图案坎肩

这种风尚一直演绎到清代宫廷服饰。在当时就有一个不成文的规定，后妃、公主至七品命妇所穿用便服织绣花卉纹样，一定要为应季花卉，即：春季为牡丹、绣球、山兰、万年青、探春、桃花、杏花、迎春花等；夏季为蜀葵、扶桑、牡丹、百合、万寿菊、蔷薇、虞美人、芍药、石竹子、石榴、凌霄、荷花、杜鹃花、玫瑰花等；秋季多为剑兰、桂花、菊花、秋海棠等；冬季为梅花、山茶花、水仙花等（图 8-22-8）。

图 8-22-7 Dries Van Noten 2012 秋冬作品

二十三、元夕闹蛾

宋代元宵节，每年都要在重要的殿、门、堂、台起立鳌山，灯品“凡数千百种”，其中苏州的五色琉璃灯有“径三四尺”。据《武林旧事》记载，在宋代元夕夜，“妇人皆戴珠翠、闹蛾、玉梅、雪柳、菩提叶、灯球、销金合、蝉貂袖、项帕，而衣多尚白，盖月下所宜也。云闹蛾者，即所谓蛾儿也。一作羞‘闹’蛾儿争要。”在宋人绘《大傩图》中就有簪戴闹蛾的人物形象（图 8-23-1）。隋唐时期，有钱人家会用金银锤鍱出花朵和蝶子形状簪钗戴于发髻上。其实物如陕西西安隋朝李静训墓中出土的闹蛾扑花金钗（图 8-23-2）和陕西历史博物馆收藏的唐代鎏金刻花银蝴蝶头饰（图 8-23-3）。后者为一只蝴蝶纹，边饰錾刻花卉图案，蝴蝶的髯须外张。

在宋代，每年正月十五的元夕夜解除宵禁，特许人们彻夜游玩。元夕夜里，妇女们可以穿戴整齐，一袭白衣走出闺门，赏灯看月，尽兴游玩。月光皎洁，会显得妇女们身穿的白衣更加素雅飘逸。宋时元夕夜穿白衣的风尚为后世所沿袭，明代《金瓶梅》第二十四回描写元夕节晚上，陈敬济带着妇女们出门放焰火、观灯、探亲，宋蕙莲“跟着众人走百病儿，月色之下，恍若仙娥，都是白绫袄儿，遍地金比甲，头上珠翠堆满，粉面朱唇。”

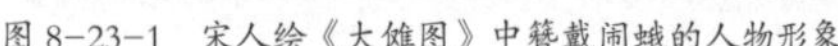
图 8-23-1　宋人绘《大傩图》中簪戴闹蛾的人物形象

图 8-23-2　闹蛾扑花金钗
（陕西西安隋朝李静训墓出土）

图 8-23-3　唐代鎏金刻花银蝴蝶头饰
（陕西历史博物馆藏）

作为应令的饰品，簪戴闹蛾在宋代已成为一种风气。宋代杨无咎《人月圆·月华灯影光相射》词云：“闹蛾斜插，轻衫乍试，闲趁尖耍。百年三万六千夜，愿长如今夜。”顾名思义，“闹蛾”是取蛾儿戏火之意。它正与元夕夜街上装点的各色灯笼相呼应。古人也多将闹蛾做成蝴蝶形，如宋代范成大《上元纪吴中节物俳谐体三十二韵》中有“花蝶夜蛾迎”一句，“花蝶”句下自注云“大白蛾花，无贵贱，悉戴之，亦以迎春物也。”

黑龙江哈尔滨阿城金墓中王妃头戴花株冠的下沿就有蓝地黄彩蝶妆花罗额带一条（图 8-23-4），带前额部宽 5.3 厘米，上印绘着四只形态各异的金彩蝴蝶纹，其上还保留有绘金的痕迹，每只蝴蝶长 8 厘米，宽 4.8 厘米，四只蝴蝶总长约 35 厘米。原系于花珠冠额沿部，带纽系结于冠后。在明代墓葬中，有很多蝴蝶饰品出土，如江苏南京太平门外岗子村明代吴忠墓出土的蝴蝶形金闹蛾（图 8-23-5），闹蛾长 7.3 厘米，先用锤鍱工艺做成蝴蝶形状，再用錾刻工艺作出蝶翅上细密的纹饰。蝶鬓用金丝缠绕，双目凸出。同类还有 1986 年江苏南京太平门外尧化门出土的一件蝴蝶形金闹蛾（图 8-23-6），锤鍱工艺制成蝴蝶展翅形状，并用细花丝作出蝴蝶的轮廓线后焊在金片上，蝴蝶的长鬓用金丝制成，蝶翅分为两层，富有立体感。

蝴蝶纹样也是西方时装设计师常用的设计元素，如英国设计师亚历山大·麦昆（Alexander McQueen）先后多次推出蝴蝶系列时装（图 8-23-7）。2013 年英国艺术家达明·赫斯特（Damien Hirst）与亚历山大·麦昆（Alexander McQueen）推出 30 款限量版纪念围巾，将达明·赫斯特（Damien Hirst）创作的昆虫系列与亚历山大·麦昆（Alexander McQueen）的经典骷髅头图案合二为一（图 8-23-8）。

图 8-23-4 王妃头戴花株冠下沿蓝地黄彩蝶妆花罗额
（黑龙江哈尔滨阿城金墓出土）

2008 春夏时装 2008 秋冬时装

2011 春夏时装

图 8-23-7 Alexander McQueen 设计组图

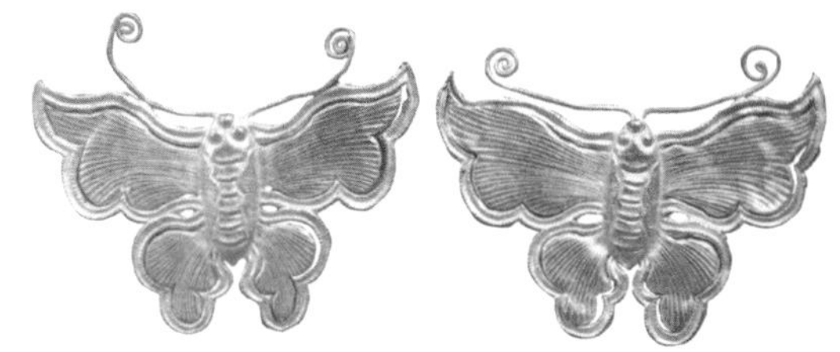

图 8-23-5 蝴蝶形金闹蛾（江苏南京太平门外岗子村明代吴忠墓出土）

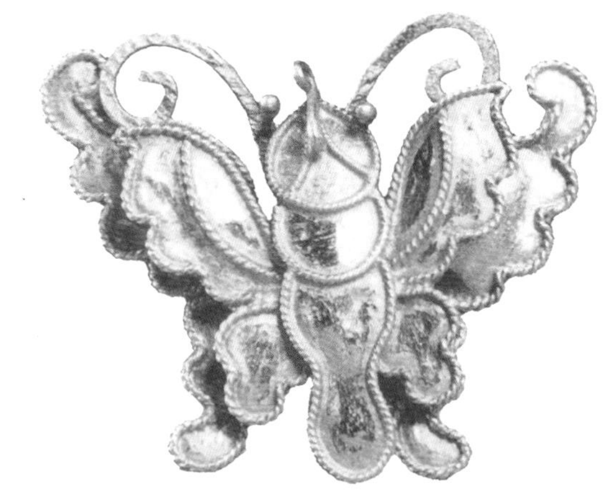

图 8-23-6 蝴蝶形金闹蛾（江苏南京太平门外尧化门出土）

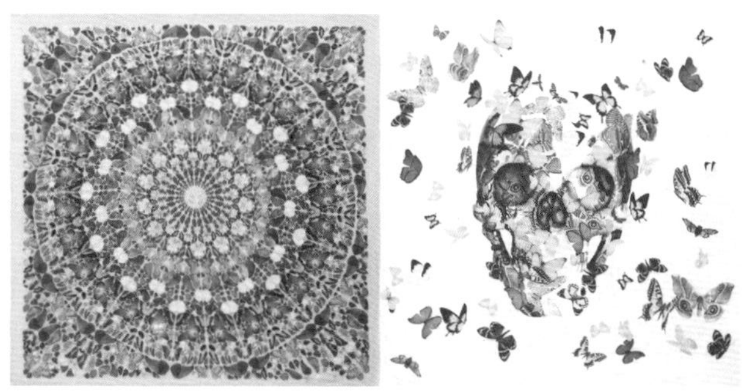

图 8-23-8 2013 年英国艺术家 Damien Hirst 与 Alexander McQueen 推出 30 款限量版纪念围巾

二十四、虎镇五毒

五月天气炎热，疾病易于流行，中国古人称其为“恶月”，五月五日为“恶日”。宋人周密《武林旧事》卷三《端午》记载，宋代宫廷每到端午节就“插食盘架设天师、艾虎，意思山子数十座，五色蒲丝、百草霜，以大合三层，饰以珠翠、葵、榴、艾花，蜈蚣、蛇、蝎、蜥蜴等，谓之‘毒虫’。”“毒虫”也称“五毒”，即蝎子、蜈蚣、蛇、蟾蜍、蜥蜴，是古代端午重要的节令主题。

端午辟邪祛恶，无非是使用“药物”和“镇物”。药物是指艾草、菖蒲和蟾酥等。蟾酥是用蟾蜍，俗称“癞蛤蟆”，身上的毒液制成。蟾蜍形象如台北故宫博物院藏镶宝石点翠艾叶蟾蜍金簪（图 8-24-1）。采捕蟾蜍为药，正好是化“污秽”为“力量”的信仰。镇物当然是指“五毒”和“钟馗”“天师”等物，这是基于“以毒攻毒，厌（古时‘厌’字与‘压’字形相近，意相通）而胜之”的民俗知识才得以成立的俗信。

每年的五月五日，中国古人会将“五毒图”贴在门上，儿童们不仅佩戴“五毒”饰物，如《元人夏景戏婴图》中有一儿童手执五毒宫扇（图 8-24-2），还要穿戴装饰着“五毒”纹样（图 8-24-3~图 8-24-5）的肚兜、鞋、帽等服饰。

钟馗的画像在民间流行，最初是作为年末驱鬼纳福的图符，与门神的作用相同。明代以后，钟馗又被加封为“五月石榴花之神”，兼司端午克制五毒之任。钟馗既能灭鬼，抵御五毒自然不在话下。传为元人所作《天中佳景》就是把怒目仗剑的钟馗和四道诡异的灵符并列，一起悬于蜀葵、石榴、菖蒲等五月花卉之上，表明这位可敬的神明正保佑着人们的平安。中国运动品牌李宁曾在 2007 年和美国 NBA 篮球明星奥尼尔合作李宁钟馗篮球鞋（图 8-24-6）。

宋代道教流行，民间普遍流行门上贴用朱砂笔在黄表纸上画的张天师像，陈元靓《岁时广记》引《岁时杂记》云：“端午，都人画天师像以卖。”

图 8-24-1 镶宝石点翠艾叶蟾蜍金簪（台北故宫博物院藏）

图 8-24-2 《元人夏景戏婴图》局部

图 8-24-3 青缎地平针绣虎镇五毒肚兜局部（清华大学艺术博物馆藏）

图 8-24-4 明代艾虎五毒纹方补（北京定陵出土）

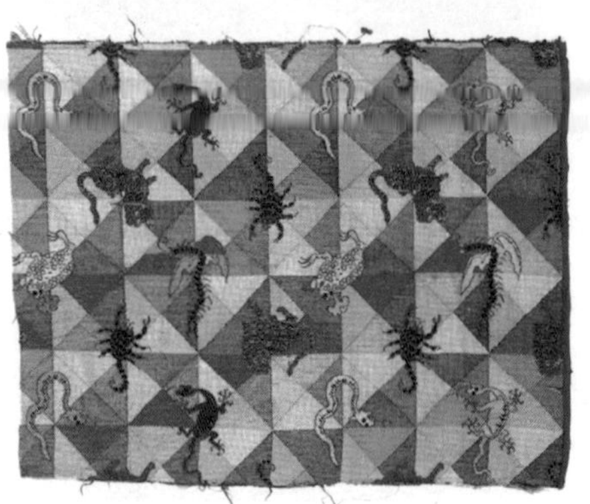

图 8-24-5 明代艾虎五毒纹回回锦童衣料

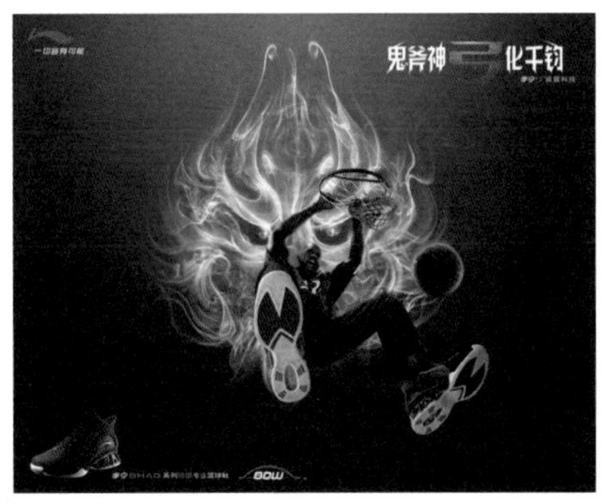

图 8-24-6 李宁钟馗篮球鞋

图 8-24-7 张天师骑虎五毒金掩鬓（江苏江阴青阳明代邹令人墓出土）

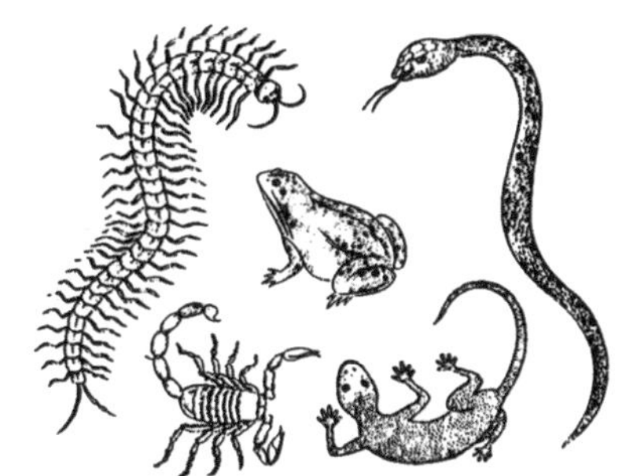

图 8-24-8 明代五毒图

图 8-24-10 明代“忍耐勤俭”文字戒指

图 8-24-11 借鉴明代“忍耐勤俭”文字戒指文字设计的“龙虎豹”文字戒指

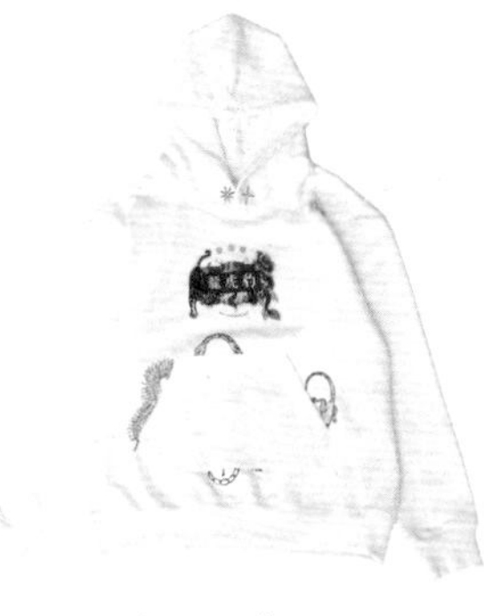

图 8-24-9 苏五口五毒卫衣

天师真名为张道陵（34—156 年），本名张陵，东汉沛国丰邑（今江苏丰县）人。据《后汉书·刘焉传》记载，张陵于汉顺帝时在四川鹤鸣山学道，造作符书，以惑百姓。元朝忽必烈册封其为第一代张天师，后被明太祖朱元璋废除并禁止使用其封号。

除了在门上张贴的天师像，也将其做成骑虎仗剑张天师的铜牌，或做成首饰上的主题纹样，如江苏江阴青阳明代邹令人墓出土的张天师骑虎五毒金掩鬓（图 8-24-7），用整块桃形金片锤鍱出仙人、老虎、三足蟾蜍、蜈蚣、蝎子、山石、青松等景物。嶙峋山石，依在右侧，山石上伏三足蟾蜍。青松枝叶，簇簇如云朵，映衬于上端。赤发跣足仙人，正身坐于卧虎背上，虎头扭转，面向前方，一副憨态可掬的样子。仙人肩披霞帔，左手执锄。锄以粗金丝为之，锄上端压在蝎子身上。仙人右手提花篮，左侧有千足蜈蚣一条。

时装品牌苏五口以明代五毒图案（图 8-24-8）设计了白色卫衣（图 8-24-9），借鉴明代“忍耐勤俭”文字戒指（图 8-24-10），做了“龙虎豹”文字戒指（图 8-24-11）。

二十五、发梳满头

唐代女性以盘高髻、插发梳为尚。最初，只在髻前单插一梳，梳上錾刻花朵纹样。之后发梳数量逐渐增加，以两梳为一组，上下对插。到了晚唐，妇女盛装时，要在髻前和两侧插三组，如唐代诗人王建《宫词》云：“玉蝉金雀三层插，翠髻高丛绿鬓虚。舞处春风吹落地，归来别赐一头梳”。元稹《妆恨成》中“满头行小梳，当面施圆靥”也形象地描绘出唐代女性发髻的优美造型，以及发髻上簪钗和发梳的复杂程度。其插戴方法在唐人张萱《捣练图》（图 8–25–1）、周昉《纨扇仕女图》、晚唐《唐人宫乐图》（图 8–25–2）和敦煌莫高窟唐代供养人壁画中均能看到。

唐末至宋代，中国女性插梳之风更盛，簪插的数量也更多，如敦煌莫高窟彩绘绢本《药师琉璃光佛》（图 8–25–3）、《法华经普门品变相图》（图 8–25–4）、《水月观音菩萨像》（图 8–25–5）中女性供养人都为盛装且满头插梳的形象，有的在发髻后方还插有一把雕花大梳。宋代女性仍流行在头上插梳，且梳子的奢华程度也达到了历史巅峰。宋代词人辛弃疾《鹧鸪天》中：“香喷瑞兽金三尺，人插云梳玉一弯”，描写的就是妇女插梳的形象。此外，宋代词人欧阳修《南歌子・凤髻金泥带》“龙纹玉掌梳”、李殉《浣溪沙》“镂玉梳斜云鬓腻” 等也都是描写梳子的美词。

唐代发梳实物如香港大学美术博物馆梦蝶轩藏唐代鎏金花卉纹银梳（图 8–25–6），高 8.2 厘米，宽 11 厘米；唐代鹦鹉牡丹纹银梳（图 8–25–7），高 8.6 厘米，宽 11.5 厘米。唐代还流行一种套于梳齿背面，手指大小的金梳背。其实物如陕西西安南郊出土的唐代金筐宝钿卷草纹金梳背（图 8–25–8），高 1.7 厘米，长 7.2 厘米，厚 0.05 厘米，重约 3 克。金梳背为半圆形，在指头大的梳背上，将细如发线的金丝掐制成卷草、梅花形状焊接在梳背的两面，周边还镶嵌一圈、如针尖般大小的金珠。无论是金丝，还是金珠，皆焊口平直，结实牢固，堪称中国古代掐丝和炸珠焊接工艺的伟大杰作。

宋代发梳的奢华程度达到了历史的巅峰。与唐式的半月形梳子不同，宋时梳子的形状已易作虹桥形，多半是由质地不同的梳背与梳柄套合而成。插在发髻上的梳篦，隆起的錾刻各式精美图案的梳背当属宋代女性发髻上最耀眼的饰物，如南宋吕胜已《鹧鸪天》词云：“垒金梳子双双要”“象牙白齿双梳子，驼骨红纹小棹篦。”

五代至宋朝延续唐人梳饰满头的风俗，五代不少画作如《父母恩重经变相妇人供养者像》《曹元忠夫人供养像》都描绘了盛装女子满头插梳，有的在发髻后方还插有一把雕花大梳。在约成于晚唐年间的绢本绘画《唐人宫乐图》（图 8–25–9）中，后宫女子都插上新月形梳。而不少宋词也有类似记载，如司马槱在《黄金缕・妾本钱塘江上住》中提及的“斜插犀梳”。可见这种梳子到了宋朝仍然流行。此时

图 8–25–1 张萱《捣练图》局部

图 8–25–2 晚唐《唐人宫乐图》局部

图 8–25–3 《药师琉璃光佛》（敦煌莫高窟彩绘绢本长 72.5 厘米，宽 55.5 厘米）

图 8–25–4 五代时期《法华经普门品变相图》

图 8-25-5 《水月观音菩萨像》

图 8-25-6 唐代鎏金花卉纹银梳

图 8-25-7 唐代鹦鹉牡丹纹银梳

图 8-25-9 《唐人宫乐图》中发髻插梳的女性形象

图 8-25-8 唐代金筐宝钿卷草纹金梳背（陕西西安南郊出土，陕西历史博物馆藏）

宋代宫中又出现以梳代冠的情况，称为“冠梳”。

据陆游《入蜀记》卷六记载，西南一带的妇女“未嫁者，率为同心髻，高二尺，插银钗至六支，后插大象牙梳，如手大。”这种大梳加步摇簪的形式被美誉为“冠梳”。因为象牙梳、白角梳质料易断，因此“接梳儿”盛行。据《武林旧事》卷六“小经济”条记载，当时象牙梳染色、重染和修补也成为一种常见的小本生意，称为“小梳儿”“染梳儿”“接补梳”。制梳也成为一门独立的行业，有着自己的名号。吴自牧《梦粱录》卷三“团行”条记中“官巷方梳行”，“铺席”条记中“官巷内飞家牙梳铺”，“诸色杂货”条记中“接梳儿”等，是当时临安梳子行当名和品名。如江西彭泽县南宋易氏墓出土的月形双狮戏毬纹银梳（图 8-25-10）就錾有“江州打造”“周小四记”字号。这种梳子齿薄如纸，很难插入发间，应当是作系结固定在发髻上，作压发、固定发髻或纯装饰之用。

2004 年江苏南京江宁区宋代古墓出土一对荷花卷草纹玉梳（图 8-25-11）和牡丹缠枝纹玉梳（图 8-25-12）。这对玉梳以和田玉制成，长 13.7 厘米，宽 5.1 厘米，厚 0.3 厘米，形状呈半月形。玉梳的梳齿制作规整，在仅 1 厘米宽的梳背上采用透雕工艺，精妙地雕琢出三朵盛开的牡丹和两朵含苞待放的花蕾。镂空最细处只有两三毫米，显示出南宋工匠高超的琢玉技巧。

宋代发梳的材质有象牙、兽角、玳瑁、木、银等。陆游《入蜀记》中载有“后插大象牙梳”，其插戴方式如江西景德镇舒家庄北宋墓出土的瓷妇人俑（图 8-25-13），在其同心髻后面，横插大梳一把，发髻间还有簪插发笄的小插孔。

高髻大冠的流行，使得奢靡之风日盛，宋太宗曾屡发禁令加以整肃。稍后，宋仁宗因厌恶宫中使用大冠梳的奢靡风气，下诏禁止以角为冠梳，并严令规定冠广不得过一尺，梳长不得过四寸，其质地也改用鱼头骨、象牙、玳瑁等。到南宋早期，大冠梳一般只用在礼仪场合，日常生活中已少见。

图 8-25-10　月形双狮戏毬纹银梳（江西彭泽南宋易氏墓出土）

图 8-25-11　荷花卷草纹玉梳（江苏南京江宁宋代古墓出土）

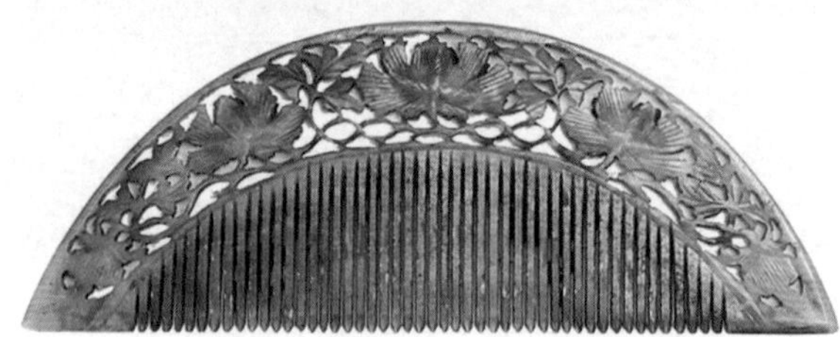

图 8-25-12　牡丹缠枝纹玉梳（江苏南京江宁宋代古墓出土）

图 8-25-13　瓷妇人俑（江西景德镇舒家庄北宋墓出土）

图 8-25-14　连珠纹金栉背木梳（湖南岳阳华容县城关油厂基建工地元墓出土）

图 8-25-15　元代刘贯道《消夏图》中一位侍女的背影

图 8-25-16　永乐宫元代壁画中的一位捧盒玉女

到了元代，大冠梳不再流行，取而代之的是那些造型精巧细长的梳型。其实物如 1988 年湖南岳阳华容县城关油厂基建工地元墓出土的连珠纹金栉背木梳（图 8-25-14）。元代刘贯道《消夏图》中的两位侍女，其中一位背影（图 8-25-15）上面正好可清楚看见红包髻下横插着一个长而弯的饰件。又如永乐宫元代壁画中的一位捧盒玉女（图 8-25-16），也是刻画一个清晰的后身，红包髻两侧对簪凤鸟，包髻下掩着一个边缘缀珠的半月形饰。时间流逝，江山换代，原本非显即贵的身份象征的冠梳转眼失去了奢华本色，反而成为娼妓身份的符号。元朝杨景贤《刘行首》第二折中就将“戴冠梳”称作妓女的装扮。从厅堂庙宇到风月小楼，其间的转场变身让人不解。

二十六、水晶冠子

宋代男子流行戴用水晶制成的小冠，李之仪《鹧鸪天·避暑佳人不著妆》云：“避暑佳人不著妆。水晶冠子薄罗裳。”水晶，古称水精、水玉、白附、千年冰、黎难，又称赤石英、紫石英、青石英，因其为透明晶体，故常呼之为水晶。虽然我国盛产水晶，但水晶制冠却依然稀有。一是因其属宝石，制冠用料较大，世人不舍用之。二是因其硬度大，为摩氏 7 度，如钢锉般坚硬，雕琢难、代价高，故将其雕琢为冠极为罕见。水晶冠实物如中国国家博物馆藏的明代水晶七梁束发冠(图8-26-1),长6厘米,宽4.4厘米,高4厘米,重106克。水晶呈白色透明,有絮状结晶体。顶雕琢七道梁纹,双层呈卷云状,冠沿下端左右各有一穿孔以插簪。

宋代词人张镃《菩萨蛮》云:“层层细剪冰花小,新随荔子云帆到。一露一番开,玉人催卖栽。爱花心未已。摘放冠儿里。轻浸水晶凉。”词中将洁白的荔枝肉形容为“冰花”,正与水晶冠儿的冰凉相互映衬,在赤热的暑夏里,给人丝丝凉意。

相对于水晶冠的罕见,水晶簪要普遍一些。褚载《送道子》有句:“鹿胎冠子水晶簪,长啸欹眠紫桂阴。”2008年,安徽寿县城南保庄圩考古发掘出土两根长约20厘米的圆柱形状、晶莹剔透的水晶发簪实物(图8-26-2)。1974年南京中华门外将军山南麓明代黔国公沐睿墓出土鹦鹉形水晶环和一支嵌水晶头金簪(图8-26-3),簪长11.2厘米,簪首直径2厘米。簪针一端呈长方形,末端为圆形。簪首做出八面形金托,上嵌水晶一块。水晶经磨面处理后形成形状不同的二十五个面。顶部有一平面,底层八面与金托一致。每面都有很好看的折射角度。

图8-26-1 明代水晶七梁束发冠(中国国家博物馆藏)

图8-26-2 圆柱形水晶发簪(安徽寿县城南保庄圩出土)

图8-26-3 嵌水晶头金簪(南京中华门外将军山南麓明代黔国公沐睿墓出土)

二十七、步人铁甲

晚唐之后,明光铠的使用日渐衰落,整体化的身甲逐步被札甲取代。又经过五代战乱的洗礼,宋代甲胄形成了较为成熟的制式。

宋代由于北方产马地区的丧失,导致宋朝极度缺乏战马,宋朝军队只能不断加厚士兵的铠甲用于对抗拥有大量骑兵的北方敌国。宋朝步人甲为宋代重步兵的主要装备。宋步人甲以唐步人甲为基础发展而来,是一种能覆盖全身的重型钢铁札甲。据宋绍兴四年(1134年)的规定,步人甲由1825枚甲叶组成,一般重量达58宋斤(一宋斤等于1.2市斤),同时可通过增加甲叶数量来提高防护力。步人甲与“铁浮屠”非常相似,结构都是成塔形一层一层地向上叠加。

据北宋曾公亮、丁度编纂的《武经总要》记载,宋代甲胄通常是由头鍪顿项(兜鍪)、身甲、披膊三部分组成(图8-27-1)。兜鍪呈圆形复钵形,后缀防护颈部的顿项。顶部突起,缀一丛长缨以壮威严;身甲上面为山字形,下面有左右两片膝裙(也称“护腿”);肩背腰部有固定用的绑带,甲上身缀披膊(掩膊)。甲叶也完全从方形大叶演变成了小叶的鱼鳞甲、山纹甲,防护更严密。在中国古代除了士兵的身体需要防御外,也有在马的身上加护铠甲的,名曰“马具装”(图8-27-2)。

与宋代同时期的北方金人“重装骑兵”被称为“铁浮屠”或“铁浮图”,浮屠是塔的意思。《宋史》记载,金军以皮绳将甲士铁骑相连,用以攻坚冲阵,所向无敌,后为宋将刘锜、岳飞以长刀、大斧所败。

在《梦溪笔谈》卷十九《器用》中记载,宋代铁甲用冷锻法制甲片联缀而成,在五十步外用强弩射之不能射穿。其形象如宋代《中兴瑞应图》(图8-27-3)中盔甲骑兵和《泥马渡康王图》(图8-27-4)中穿盔甲武士形象。南京天赋工作室复原了宋代铁甲(图8-27-5)。

图 8-27-1　《武经总要》中的宋代甲胄

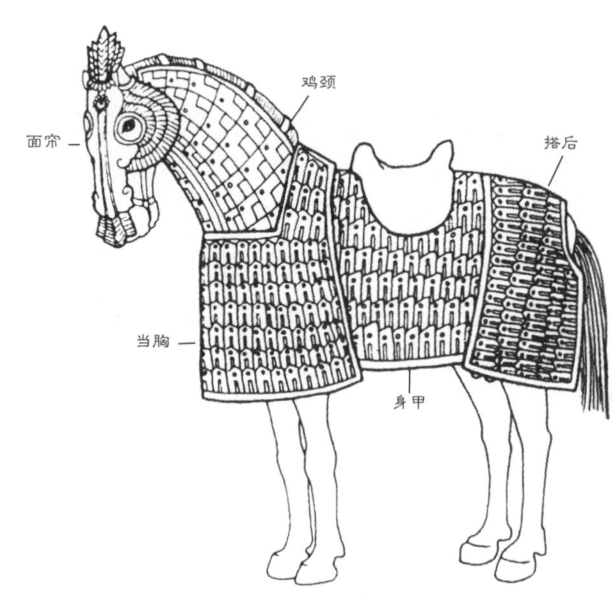

图 8-27-2　宋代马具装

图 8-27-3　《中兴瑞应图》中穿盔甲的骑兵

图 8-27-4　《泥马渡康王图》中穿盔甲的武士形象（天津博物馆藏）

图 8-27-5　宋代铁甲复原（南京天赋工作室）

据《武经总要》记载，宋甲材质有“铁、皮、纸”三种。可见宋朝军队有一部分盔甲是用纸制成的。纸甲的发明源自唐末，至宋明两代成为军队的标准甲式之一，曾有一次定制 3 万套的记载。其中优良者在轻便之余还兼备“劲矢不能洞”的坚固。

云南汉兴甲胄工作室对宋代甲胄进行了系统研究（图 8-27-6），完成了步人甲、亮银锁子甲配陷阵兜鍪（图 8-27-7）、黄金锁子甲配龙首凤翅兜鍪等一系列宋代盔甲复原作品。同时，推出了宋代盔甲纹样的文化衫设计（图 8-27-8）。

英国天才设计师品牌亚历山大·麦昆（Alexander McQueen）2010 秋冬男装系列推出了运用盔甲图案元素的成衣设计（图 8-27-9）。此外，纽约华裔设计师王大仁（Alexander Wang）也在其 2012 秋季女装高级成衣秀中运用盔甲图案元素（图 8-27-10）。创立于 1853 年的法国箱包品牌戈雅（Goyard）更是以其标志性“Y”字图案组合形成盔甲纹样的外观造型图案（图 8-27-11）。

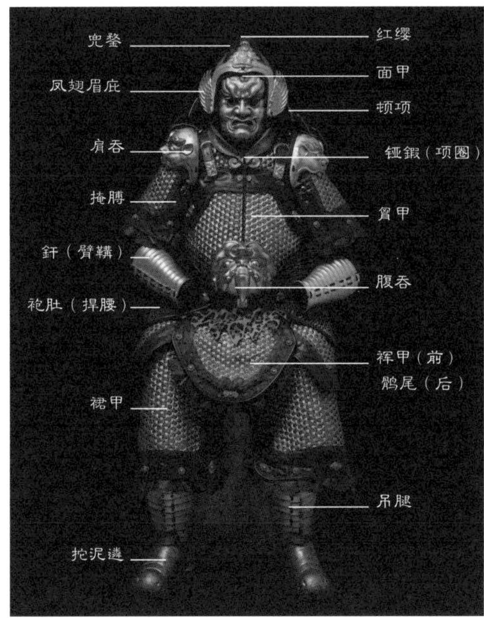

图 8-27-6　宋代甲胄各部位名称（云南汉兴甲胄工作室）

图 8-27-7　宋代亮银锁子甲配陷阵兜鍪复原作品（云南汉兴甲胄工作室）

图 8-27-9　Alexander McQueen 2010 秋冬男装系列

图 8-25-10　Alexander Wang 2012 秋季女装高级成衣秀

图 8-27-8　宋代盔甲纹样文化衫（云南汉兴甲胄工作室）

图 8-27-11　Goyard 箱包

二十八、博古纹样

博古纹是一种以中国古代鼎、瓶、书册、经卷、香炉等器物为设计题材的传统纹样。其名称源自宋徽宗敕撰并亲御翰墨，王黼编撰的《重修宣和博古图》（图 8-28-1）。该书共 30 卷，著录当时皇室在宣和殿所藏自商至唐代的青铜器 839 件。人们可以通过图画博览鉴赏古代器物，故名“博古”。

宋代之后，博古纹广泛使用在各种工艺品上。农耕生活孕育的以古为尚的文化气质使中国文人士大夫阶层喜好借博古怡情，标榜自己不流于庸俗、高洁清雅的品质，这带动了博古纹饰的兴起。明末万历、崇祯年间，博古纹多以花瓶、花架为主，构图简约，纹饰多变形夸张。清康乾时期，国家政通人和，社会经济发达，市民文化生活丰富活跃，从而导致了普通阶层对博古内涵审美需求的提升。这个阶段的博古纹讲究吉祥寓意，写实与写意两种风格并存，构图舒展，错落有致，线条流畅，设色柔和淡雅。

博古纹兴盛于清代。在清朝至民国的两百多年间的各类传世古器物上都可见到博古纹的存在，比如罐、碗、杯、盘、笔筒、花瓶、茶具、地毯（图 8-28-2）等。博古纹画面设计采取多种器物集中排布的方式，少则五六件，多则十余件，画面给人以琳琅满目、错落有致的感觉。清代纺织服饰，如石青色缎绣博古花蝶纹女褂（图 8-28-3）、月白色缎绣博古纹坎肩（图 8-28-4），博古纹中常被描绘的物件包括鼎、瓶、书册、经卷、香炉、盂、花几、如意、古琴、蕉叶、瑞草等，基本上都是文人喜爱的案头珍玩、祥瑞古雅之物。在瓶、鼎之间添加花卉、彩蝶、果品作为点缀，寓含“万事平和、安定为贵、富贵平安”之意。“瓶”谐音“平”，“鼎”谐音“定”。

2016 年，中国时装品牌东北虎“NE · TIGER 皮草华服秀”中亦有以博古纹中的花瓶和牡丹为纹样的蓝色礼服设计（图 8-28-5），彰显出传承与复兴华夏服饰文明的卓越气度。

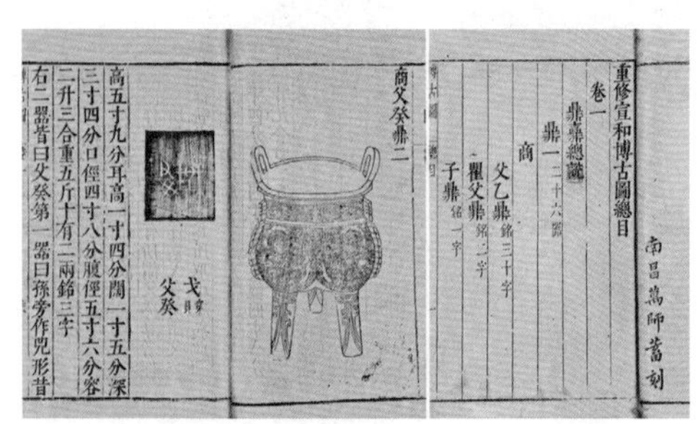
南昌萬師蕭刻
重修宣和博古圖總目
卷一
鼎鼒總說
鼎一 二十六器
商
父乙鼎 銘三十字
瞿父鼎 銘二字
子鼎 銘一字

商父癸鼎二

戈 父癸

高五寸九分耳高一寸四分闊一寸五分深
三寸四分口徑四寸八分腹徑五寸六分容
二升三合重五斤十有二兩銘三字
右二器皆曰父癸第一器曰孫旁作兕形昔

图 8-28-1　王黼编撰《重修宣和博古图》

图 8-28-4　清代月白色缎绣博古纹坎肩

图 8-28-2　蓝地博古纹地毯

图 8-28-3　清代石青色缎绣博古花蝶纹女褂

图 8-28-5　“NE·TIGER”蓝色博古纹礼服设计

第九章 辽金

辽代：907—1125 年
金代：1115—1234 年

五代十国以后，中国社会先后出现了辽、西夏、金、元等少数民族为主体的政权。这些民族崛起之后，在掌握政权的地区，衣冠服饰等虽然保存了一部分汉制，但更多地体现了少数民族的特点。

一、辽代绪论

辽代以契丹族为主。契丹族初期居于我国北方的朔漠，是生活在我国辽河和滦河上游的少数民族（图 9-1-1、图 9-1-2），至唐末始盛。五代时辽太宗（耶律德光）得后晋的北方十六州而拥有长城内外属地，从而逐渐强大起来。自太祖耶律阿保机称帝至天祚帝止，共有 200 多年。907 年建国，国号为契丹，到天祚帝（耶律延禧）保大五年（1125 年），先后共历 218 年。

据《辽史》所载，契丹人早年“网罟禽兽，食肉衣皮。以俪鹿韦掩前后，谓之韡。然后夏葛、冬裘之制兴焉”。至辽太宗（927—947 年）时，始定衣服之制，融契丹本族与中原服饰文化为一体，“一国两制”、官分南北，即“北班国制（辽制），南班汉制，各从其便。”辽主与南班汉官用汉服，太后与北班契丹臣僚用契丹服饰。自重熙（1032 年）以后，凡大礼都改用汉服。辽代文化表现出了游牧文化与高度发达的汉文化互相影响、互相吸收、相得益彰的特点（图 9-1-3）。

图 9-1-2　金代宫素然《明妃出塞图》

图 9-1-3　辽代三彩罗汉像（法国巴黎吉美博物馆藏）

图 9-1-1　辽代李赞华《东丹王出行图》

二、辽代男服

据《辽史》载，当时国服有 6 种：祭祀山川时服祭服；上朝时穿朝服；平时办公务时服公服；日常服常服；狩猎时穿田猎服；祭吊时服吊服。其中，祭服又因对象不同分为大祀和小祀。大祀戴金文金冠，穿白绫袍，红带悬鱼，络缝乌靴；小祀戴硬帽，红缂丝龟纹袍。朝服实里薛衮冠，络缝红袍，束犀玉带（太宗在 927 年改为锦袍金带），足蹬络缝靴。

辽主公服紫皂幅巾，紫窄袍，束玉带（图 9–2–1）或穿红袄。绿衣窄袍，中单多用红绿色。常服盘领，左衽绿衣窄袖袍。贵者紫里貂裘，貂以紫黑色为贵，青者次之。

辽主田猎服亦以幅巾而擐甲（卷袖出臂），侍御者皆服黑绿色之衣，其衣式皆左衽；丈夫裹绿巾，服绿窄袍。腰带蹀躞，佩挂有弓、剑、帉帨、算囊、刀、砺石等。士兵皆髡发露顶左衽。契丹及其从属部落百姓只能髡发，有钱人想戴巾子，需向官府缴纳大量钱财。

辽代北班服饰（契丹族的“国服”）以长袍为主，男女皆然，上下同制。服装特征，一般都是左衽、圆领、窄袖。袍上有疙瘩式纽襻，袍带于胸前系结，然后下垂至膝。长袍的颜色比较灰暗，有灰绿、灰蓝、赭黄、黑绿等几种，纹样也比较朴素。贵族阶层的长袍，大多比较精致，通体平绣花纹。

图 9–2–1　辽代李赞华《东丹王出行图》局部

图 9–3–1　《寄锦图》（内蒙古赤峰阿鲁科尔沁旗宝山辽墓壁画）

图 9–3–2　《颂经图》局部（内蒙古赤峰阿鲁科尔沁旗宝山辽墓壁画）

三、辽代女服

辽国皇后在祭祀时戴红帕，服络缝红袍，悬玉佩和双同心帕，足穿络缝乌靴。臣僚命妇服饰各从其本部族旗帜颜色。妇女上衣为黑、紫、绀等诸色直领和左衽团衫，前拂地，后长曳地尺余，双垂红黄带。

皇后常服有紫金百凤衫，杏黄金缕裙，梳百宝花髻，足穿红凤花靴，如内蒙古赤峰阿鲁科尔沁旗宝山辽墓壁画中的人物形象（图 9–3–1、图 9–3–2）。辽宁法库县叶茂台辽墓曾出土棕黄罗绣棉袍，领绣双龙，肩、腹、腰分绣簪花羽人骑凤及桃花鸟蝶纹。

辽代普通女性常服为上襦下裙。襦两侧开衩，裙长及地且绣绘各式花卉纹样。实物如中国丝绸博物馆藏辽代花卉纹锦裙（图 9-3-3），两侧开衩并有系带，腰部打褶，腰后开并有系带。裙料为菊花纹辽式纬锦，以黄、蓝、绿、白等色织出菊花，裙腰为联珠四鸟纹辽式纬锦，有唐代宝相花遗风。裙内穿长裤，长裤之内着套裤，契丹人称之为“吊敦”或“钓墩”，只有两条裤管，无裆无腰，如辽宁法库县叶茂台辽墓出土的契丹老年妇女长裤（有裆裤）和套裤（吊敦）。

四、辽代首服

契丹贵族和官员，尚金银雕镂图案的金银冠，如内蒙古通辽奈曼旗辽代陈国公主与驸马墓出土的卷云纹鎏金银冠（图 9-4-1）和外表錾刻凤鸟纹鎏金银冠（图 9-4-2）。

契丹蕃官戴毡笠，上以金华为饰，或用珠玉翠毛，服紫窄袍，以黄红色条裹革为带，并饰以金、玉、水晶、碧石。契丹平民多戴无附饰的毡冠，又称“毡笠”。查看内蒙古赤峰市巴林左旗炮楼山辽墓壁画和解放营子辽墓壁画中所绘的毡冠可知，契丹人的毡冠是圆顶或方顶，有缨系于颏下的式样。

契丹人还戴纺织品制成的类似于中原地区幅巾的首服，契丹人称之为“纱冠”“罗帽”。其式样不一，大体为无檐，不掩压双耳，额前缀金花，上结紫带，未缀珠或紫帛（图 9-4-3）。其形象如宣化辽墓壁画中头戴纱冠的契丹人物（图 9-4-4）。由于生活环境寒冷，风沙较大，所以契丹还尚戴风帽。

据《辽史》记载，东北契丹男子髡顶、额前垂一缕发于耳畔。例如，内蒙古赤峰巴林左旗滴水湖辽墓壁画中的契丹人形象（图 9-4-5）。这与我国东北地区的女真族、西北地区的回鹘族和吐蕃男子垂辫发的风俗不同。

辽代妇女的发式不如宋朝女性的发式丰富，一般束高髻、双髻式螺髻，未出嫁时髡首。披发这种最原始的发型在辽代亦存在，这是契丹族原始性的一种残留。

图 9-3-3 辽代花卉纹锦裙（中国丝绸博物馆藏）

图 9-4-1 辽代卷云纹鎏金银冠（内蒙古通辽奈曼旗辽代陈国公主与驸马墓出土）

图 9-4-2 辽代凤鸟纹鎏金银冠（内蒙古通辽奈曼旗辽代陈国公主与驸马墓出土）

图 9-4-3 辽代罗帽

图 9-4-4 宣化辽墓壁画中头戴纱冠的契丹人物

图 9-4-5 内蒙古赤峰巴林左旗滴水湖辽墓壁画中的契丹人形象

契丹妇女为护肤，以黄色括蒌（一种中药）将面部涂匀，面色金黄谓之“佛妆”。故宋人有诗云：“有女夭夭称细娘，珍珠落鬓面涂黄。南人见状疑为瘴，墨吏矜夸是佛妆。”

五、辽代服料

北宋末年，洪皓出使金国，著记载金国见闻的《松漠纪闻》一书，补遗中讲到辽金纺织品，耀段（缎）褐色，泾段白色，生丝为经，羊毛为纬，好看而不耐穿。丰段有白有褐，质量最好。驼毛段有褐有白，出河西用秋毛织造的，不蛀。冬间的落毛，选去粗者，取其茸毛，都用关西羊。毛织品中还有褐黑丝、褐里丝、门得丝、帕里阿等名称，从西夏国运输到辽国作为衣料。

六、金代绪论

金原为女真族，归属于辽 200 余年，自五代时始有女真之名。后避辽之讳改为女直，曾附属于辽。金自太祖（完颜阿骨打）收国元年（1115 年，宋徽宗政和五年）建国为金，至末帝（完颜承麟）天兴三年（1234 年，南宋理宗端平元年）灭亡，共历近 120 年。

到金、元之际，丝织物的生产，已由唐代色彩为主的艺术追求，转为用金色作主体装饰，这是我国织锦装饰和织锦生产的一个重大转变。中国古代加金纺织品，在金元两代得以真正流行。

女真族，别称女贞，汉至晋时期称挹娄，南北朝时期称勿吉，隋至唐时期称黑水靺鞨，辽朝时期称“女真”“女直”（避辽兴宗耶律宗真讳）。11 世纪向契丹称臣。辽末，以生女真完颜部为核心，逐渐统一了辽代女真各部。1115 年，完颜阿骨打统一女真各部，并摆脱契丹的统治，建立金朝，国号为“大金”。

据《金史》记载，生女真完颜部至四世绥可时，“遂定居按出虎水之侧矣”。按出虎水即今黑龙江省境内的阿什河。阿什河流域是金朝肇兴之地，在金初有“金源”之称。《金史》又记：“上京路即海古之地，金之旧土也。国言‘金’曰‘按出虎’，按出虎水源于此，故名金源，建国之号盖取诸此。”“按出虎”是女真语“金子”的意思，由此而产生了金朝的称号。另据《金史》称：“收国元年（1115 年）正月壬申朔，群臣奉上尊号，是日，即皇帝位。上曰‘辽以宾铁为号，取其坚也。宾铁虽坚，终亦变坏，惟金不变坏。金之色白，完颜部色尚白’。于是国号大金，改元收国。”这里也提出了金朝国号的由来。从上述两段文献中，可见关于金朝国号产生的记载有所不同，一是认为国号来源于完颜部肇兴之地所在河流的名称（国言金曰按出虎），另一种是认为国号来源于完颜部尚白的习俗（金之色白）。这两者之间似乎有所差别。但上述两种记载中有一点却是一致的，即女真，国号曰“金”确与金子有关。无论国号为何，女真族尚金确为史实。这种风气影响到当时的丝织工艺，也是很自然的事了。金代文武官服制度等级森严，常以官品大小规定衣服用金纹样及花头大小。在《大金集礼》中，有关服饰制度和其他使用织金丝织物的记载就比较多。

为了满足对丝织品的需求，金政府逐步设立专门机构，去管理、组织丝织生产。在织造技术上受到影响自不必说，北宋政权在北方原有的丝织生产基础也为金代织金锦的生产提供了便利条件，甚至，金政府还将北宋织局中的汉人工匠大量掳至上京。除了汉族织工，那些定居在秦川一带的西域回鹘锦绮工匠，也是金统治者掳夺的目标。当金统一北部中国时，除把一部分回鹘织工迁往西北甘肃地区外，还将部分织工迁徙到临近都城燕京以北的燕山一带，可能是为了便于都城内的封建统治。

据《大金集礼》记载，金代织金题材广泛而丰富。金代官员衣服上多采用牡丹、宝相、莲花等花纹。黑龙江哈尔滨阿城巨源乡城子村发现了一座金代齐国王完颜晏夫妇合葬墓。该墓出土了15件用金作装饰的丝织品服饰，有夔龙、云鹤、鸿雁（图9-6-1）、鸾凤（图9-6-2）、鸳鸯、飞鸟、牡丹、菊花、碧桃、卷草、栀子、朵梅、杂花等多种纹样。

七、金代男服

金代服饰，初不甚完备。自进入燕地（黄河流域）得宋朝半壁江山后，女真人承袭辽国分南、北官制，参酌宋制建立服饰礼仪制度。天眷二年（1139年），百官朝会始穿朝服，翌年制定冠服之制，上自皇帝冕服、朝服，皇后冠服，下及臣僚朝服、常服等，都一一定明。大定年间（1161—1189年），又补充了公服之制及庶民服制。

据《金史·熙宗本纪》记载，金皇帝冕服、通天冠、绛纱袍，皇太子远游冠，百官朝服、冠服，包括貂蝉笼巾、七梁冠、六梁冠、四梁冠、三梁冠、监察御史獬豸冠，大体与宋制相同。公服五品以上服紫、六品七品服绯、八品九品服绿，款式为盘领襕袍。文官佩金银鱼袋。金之卫士、仪仗戴幞头，形式有

图9-6-1　褐地翻鸿纹金锦交领开衩袍（黑龙江哈尔滨阿城巨源乡城子村金代齐国王墓出土）

图9-6-2　褐地朵梅鸾章金锦棉蔽膝及局部纹样（黑龙江哈尔滨阿城巨源乡城子村金代齐国王墓出土）

图 9-7-1　头戴双凤幞头的金代人物画像

图 9-7-2　南宋陈居中《文姬归汉图》中的穿盘领衣的胡人形象

图 9-7-3　金锦襕圆领开衩棉袍（图片来自赵评春、迟本毅著《金代服饰：金齐国王墓出土服饰研究》）

双凤幞头（图 9-7-1）、间金花交脚幞头、金花幞头、拳脚幞头、素幞头等。

据《金史·舆服志》记载："金人常服为四带巾，盘领衣，乌皮靴。"所谓"盘领衣"，款式为盘领、窄袖，腋下缝合，前后襟连接处作褶裥而不缺胯（图 9-7-2）。其实物如黑龙江哈尔滨阿城金代齐国王完颜晏夫妇合葬墓出土的金锦斓圆领开衩棉袍（图 9-7-3），在胸臆（膺）肩袖上饰以金绣花纹。金世宗时曾按官职尊卑定花朵大小，三品以上花大五寸，六品以上三寸，小官则穿芝麻罗。所绣内容，以春水秋山时的景物作纹饰：春水之服绣以鹘捕鹅，杂以花卉；秋山之服，绣熊鹿、山林。其衣长至中骭（即小腿胫骨），以便骑射。

金代官员首裹四带巾，即方顶之巾，以皂罗和纱为之，上结方顶，折垂于后顶的下面，两角各缀方罗，径二寸许，方罗之下各附带，长六七寸。在横额之上，或以缩褶裥为饰。显贵者于方顶部沿着十字缝饰以珠，其中必有大珠，谓之顶珠。带旁各垂络珠结绶，长度为带的二分之一。其实物如黑龙江哈尔滨阿城金墓出土的皂罗垂脚幞头（图 9-7-4），前额正面折叠钉角为开口三角形褶，背面以交叉叠角。上为平定折叠钉边对角，中穿一窄条为上顶垂脚，向左、右两侧后对称垂下。在其背面的底部边缘，左右侧各固定一枚透雕鹅衔荷叶形玉饰件，并用一条罗带通过两枚玉饰件上的穿孔，在脑后缠绕结扎，剩余部分从两边垂下。

腰带，金语称"陶罕"，以镶玉为上，金次之，犀角、象骨又次之。文官一品束玉带，二品笏头球文金带，三、四品荔枝或御仙花带，五品乌犀带。武官一、二品玉带，三、四品金带，五、六、七品乌犀带。腰带周围满饰带版，小的间置于前，大的置于后身，左右有双銙尾，带板多饰春水秋山纹。其形式对后代影响较大，如湖北钟祥明代梁庄王墓出土的白玉鹘捕鹅带（图 9-7-5）。

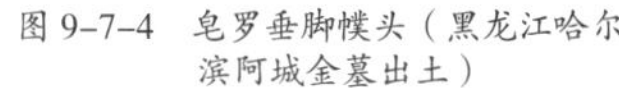
图 9-7-4 皂罗垂脚幞头（黑龙江哈尔滨阿城金墓出土）

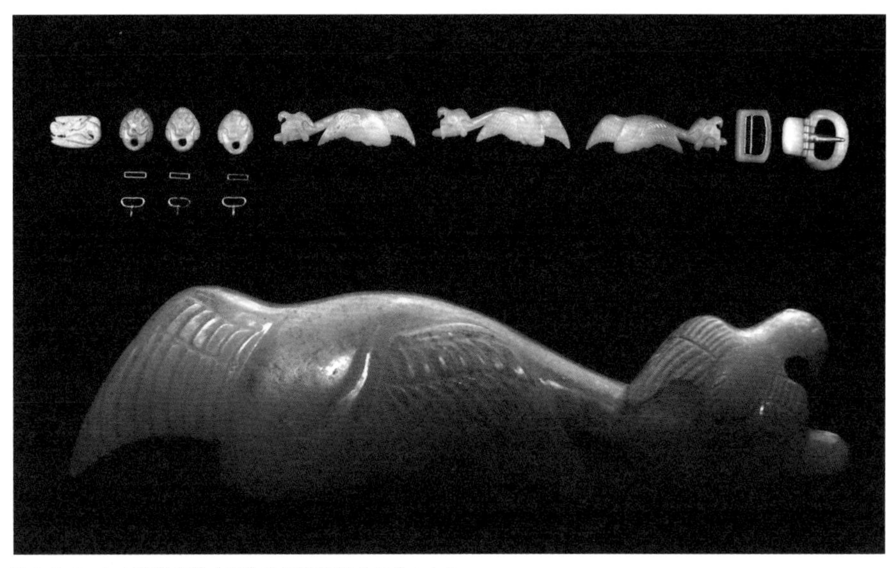
图 9-7-5 白玉鹘捕鹅带（湖北钟祥明代梁庄王墓出土）

八、春水秋山

鹘是辽金元时期倍受尊崇的一种猎鹰，它栖息在辽国境外的东海上，故称海东青。鹘捕鹅是在春天，辽人称其为“春水”，意思是在春天狩猎，鹘捕鹅主题的玉饰被称为“春水玉”。这件白玉鹘捕鹅带由 15 件带饰组成，主题为鹘捕天鹅，是迄今为止发现的唯一一条完整的鹘捕鹅玉带。它原本是金代或元代的作品，经历过改制和转赐，辗转为梁庄王所有。

金代玉器受到了宋代玉器的雕工影响，图案纹样却颇具少数民族风格。辽金时期的春水玉一般为圆形或椭圆形，通体镂空高浮雕玉图画，图案多为一只天鹅躲藏于茂密的水草丛中，缩头缩脑，企图逃避鹘锐利的眼睛，上方有一只鹘向天鹅俯冲而下；或雕刻一只鹘的双爪已经按住天鹅头，欲吞食天鹅，天鹅惊恐长鸣（图 9-8-1）。春水玉多描绘鹘攫天鹅的瞬间，鹘的凶悍，天鹅的惊恐哀鸣，均有生动表现。画面多加饰芦苇、水草、荷花、莲叶等纹饰，雕刻技法高超娴熟。

“秋山”是指每年初秋辽金皇室贵族要入山纳凉，带领群臣和兵士参加的大型狩猎活动和仪式。在北方的山林中狩猎熊、虎等猛兽，并用猎杀的第一个动物进行祭礼。秋山活动还有一个重要意义是操兵军演。当时的工匠们便将秋山中围猎的场景作为纹样，雕刻在玉器上，装饰在纺织品上。久而久之，这类题材被广泛用于一类具有沁染色彩的玉器上，主要用虎、鹿、猴、兔、熊、鹤等，辅以山石、灵芝和柞树等，虎多作伏卧状，鹿多作回首站立或奔跑状，表现人与兽共处于山林之间、相安无事的场景。采用巧作技法，保留玉皮的黄色，来表现出秋天树木和虎、鹿、熊金黄色的皮毛，将深秋北方草原天高地阔、禽兽驰骋的山林美景充分展现出来，让人感受到秋天山林美景的无穷魅力，体现出工匠对大自然以及美好生活的热爱和憧憬。其实物如金代玉雕“秋山”饰牌（图 9-8-2、图 9-8-3），青白玉，留有鲜艳红皮，扁方形，分别镂雕鹿和虎于柞树林中，站立回首，神情警觉。

春水秋山题材，在元代也非常流行，甚至有了一些演绎和变化。其实物如元代遗世实物缠枝牡丹绫地妆金鹰兔胸背袍（图 9-8-4）。纹样成四方形，

图 9-8-1　金代青玉鹘攫天鹅佩

图 9-8-2　金代玉雕秋山鹿饰牌

图 9-8-3　金代玉雕秋山虎饰牌

图 9-8-4　元代遗世实物缠枝牡丹绫地妆金鹰兔胸背袍

图 9-8-5　元代遗世实物缠枝牡丹绫地妆金鹰兔胸背袍胸前妆金纹样

中间拼接，拼接的左块纹样题材为一芦苇丛前有一只体型健硕的奔兔（图 9-8-5），兔耳朵曲线舒展，三瓣兔唇，身后的芦苇枝叶飞舞。兔爪下有一枝灵芝卷草藤蔓，头顶残存一只禽鸟的尾部。右边一块为一株芙蓉花，上端刻画一只凌空展翅的海东青，海东青身后飘动朵朵灵芝祥云，衬托出海东青飞翔的速度。

九、金代女服

受宋代影响，金代妇人也以长褙子为尚（图 9-9-1、图 9-9-2），裹逍遥巾或头巾。裳曰锦裙，裙去左右，各阙二尺许，以铁条为圈，裹以绣帛，上以单裙袭之。妇人衣曰大袄子，不加领子，如男子道服。山西大同金代道士阎德源墓出土一件鹤氅（图 9-9-3），整件服装用褐黄色罗为之，上绣工整规矩的仙鹤云纹；全长 237 厘米，宽 133 厘米，边宽 11.3 厘米。上端缀有纽扣，以备绾结。据同墓出土墓志记载，死者阎德源，生前为当地道士，入葬年代在金大定年间（1161—1189 年）。穿着鹤氅的道官形象，在宋代以后的人物画中也常有描绘。

据《大金国志》载："金俗好衣白，栎发（一作辫发）垂肩，与契丹异。垂金环，留颅后发系以

图 9-9-1　河南登封金代壁画中持盘、瓶的侍女

图 9-9-2　山西繁峙南关村金代墓壁画《仕途青云》图局部中的侍女形象

图 9-9-3　鹤氅（山西大同金代道士阎德源墓出土）

色丝，富人用金珠饰。妇人辫发盘髻，亦无冠。”据《金史·舆服志》记载，女真女子喜穿遍绣全枝花的黑紫色六裥襜裙。所谓襜裙就是前引《大金国志》所说用铁条圈架为衬，使裙摆扩张蓬起的裙子，虽与欧洲中世纪贵妇所穿铁架裙支衬的部位不同，但可以想见是很华丽的。在黑龙江哈尔滨阿城金墓出土的褐绿地全枝梅金锦绵襜裙（图 9-9-4），面料为全枝梅金锦，内絮丝绵。织地结构为平纹交织，裙腰用绿绢为面料，裙腰背后开口，由十七片斜裁面料拼接而成。此裙上窄下宽，前面三对叠褶，背面三对。襜裙形制由前后十二片组成，下摆呈放射状，满足人体下肢活动。腰部高56厘米，面料较厚实。裙身全枝梅花纹分为两种，一种是三朵正面梅花盛开与七朵蓓蕾组成的图案，另外一种由两朵正面、一朵侧面开放的梅花和七朵蓓蕾组成。二者上下交错排列，裙身左右两侧面料金锦共十一排花纹，全枝向上，梅开向下，组成连续图案。其织金纹样包括梅花的花、蕾、叶、枝，属于全枝花，故命名为“全枝梅”。

金代女性上衣喜穿黑紫、皂色、绀色直领左衽的团衫，前长拂地，后长拖地尺余，腰束红绿色带。许嫁女子穿褙子（称为绰子），对襟彩领，前长拂地，后拖地五寸，用红、褐等色片金锦制作。

金代妇女头上多辫发盘髻。侵入宋地后，女真妇女有裹逍遥巾的，即以黑纱笼髻，上缀五钿，年老者为多。其实物如黑龙江哈尔滨阿城巨源乡出土金代齐国王完颜晏与王妃墓出土的王妃头巾（图 9-9-5）。

金代妇女冬戴羔皮帽。皇后冠服与宋相仿，有九龙四凤冠、袆衣、腰带、蔽膝、大小绶、玉佩、青罗舄等。

贵族命妇披云肩。五品以上官员的母、妻许披霞帔。嫔妃戴云纱帽，穿紫四襕衫，束腰带，穿绿靴。贫富者冬季都穿皮毛，衣、帽、裤、袜皆是皮制品。富贵者衣料有纻丝、纳锦、绸、绢等。

图 9-9-4　褐绿地全枝梅金锦绵襜裙（黑龙江哈尔滨市阿城金墓出土）（图片引自赵评春、迟本毅著《金代服饰：金齐国王墓出土服饰研究》）

图 9-9-5　王妃头巾（黑龙江哈尔滨阿城巨源乡城子村金代齐国王完颜晏与王妃墓出土）（图片引自赵评春、迟本毅著《金代服饰：金齐国王墓出土服饰研究》）

十、金代服料

金人在进入中原后，纺织业有了较大的发展。金朝政府在真定、平阳、太原、河间、怀州等五处设置了绫锦院，派官员专门管理“织造常课匹段诸事”。除绫锦院外，各地还有许多私营的纺织作坊，其纺织品各具特色，如大名府的皱縠和绢、相州的“相缬”、河间府的“无缝锦”、河东南路平阳府的“卷子布”、东京路辽阳府的“师姑布”等。

在民间，女真人的纺织业主要是家庭手工业。《大金国志》记载女真人的习俗是“土产无桑蚕，惟多织布，贵贱以布之粗细为别。”所谓布就是以麻织布。

由于地处寒冷北方，非皮不可御寒，所以贵贱皆衣皮毛，便捷实用。富人春夏多以红色的纻丝、绵、绸、绢、细布为衫裳，间或用白细布为之。秋冬以貂鼠、青鼠、狐貉或羔皮，或作纻丝绸绢。贫者春夏所穿粗布衣衫，秋冬则衣牛、马、猪、羊、猫、犬、蛇之皮，或獐、鹿、麋皮为衫、裤（图 9-10-1），甚至金人所穿的袜都用皮做之。

图 9-10-1　南宋赵伯骕《番骑猎归图》

十一、辽金袍服

辽代契丹人，长期转居荐草之间，去邃古之风犹未远；金原为女真族，以渔猎为居，受契丹人影响较深。其袍服多为左衽，交领或圆领，窄袖，开衩或缺胯，宽摆或窄摆，下穿长裤和靴子。早在汉魏时期，契丹人的祖先东胡族就是以左衽服装为特点。

（一）宽摆袍

在辽、金时期，宽摆袍只限于少数贵族统治者服用。其式样如辽代雁衔绶带交领左衽锦袍（图9–11–1、图9–11–2）。衣长147厘米，通袖长188厘米，领宽15厘米，袖口宽16厘米，胸围约68厘米，下摆宽176厘米。外襟领下有一纽扣与左胸腋下纽襻相接，内襟领下的纽扣与右胸腋下内侧扣襻相接。背后无开衩。

虽然宽摆袍下摆宽大，不存在限制活动的问题，但有时也有开衩的实例，如黑龙江哈尔滨阿城金墓出土的金代紫地云鹤金锦绵袍（图9–11–3）。该袍出土于女墓主所穿外层。紫地云鹤纹金锦面，绛紫色绢衬里，内絮丝绵。织金图案为双仙鹤引颈展翅，衬有灵芝云朵，做双双鸣飞状。图案纹样单位纵53厘米，横29.3厘米，每个云鹤纹纵12厘米，横13厘米。其幅料面织金云鹤纵列成单行，横列成双，纵横错列对称。《金史·舆服志》载大定官制，文资五品以上官服紫，一品官服大独科花罗，径不过五寸。所谓“大独科花”即构成幅面图案之花纹单位。

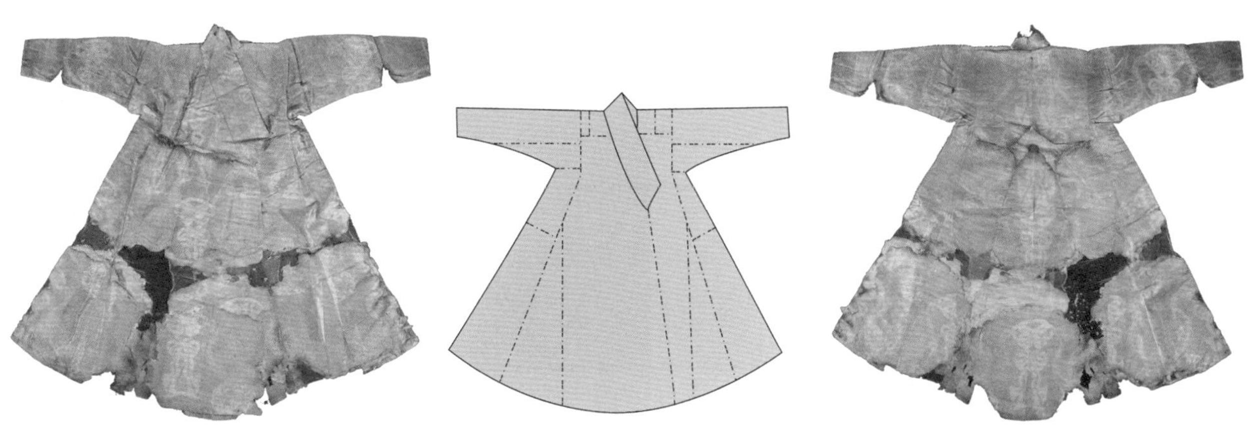

图9–11–1　辽代雁衔绶带交领左衽锦袍

图9–11–2　雁衔绶带纹样

图9–11–3　金代紫地云鹤金锦绵袍（黑龙江哈尔滨阿城金墓出土）

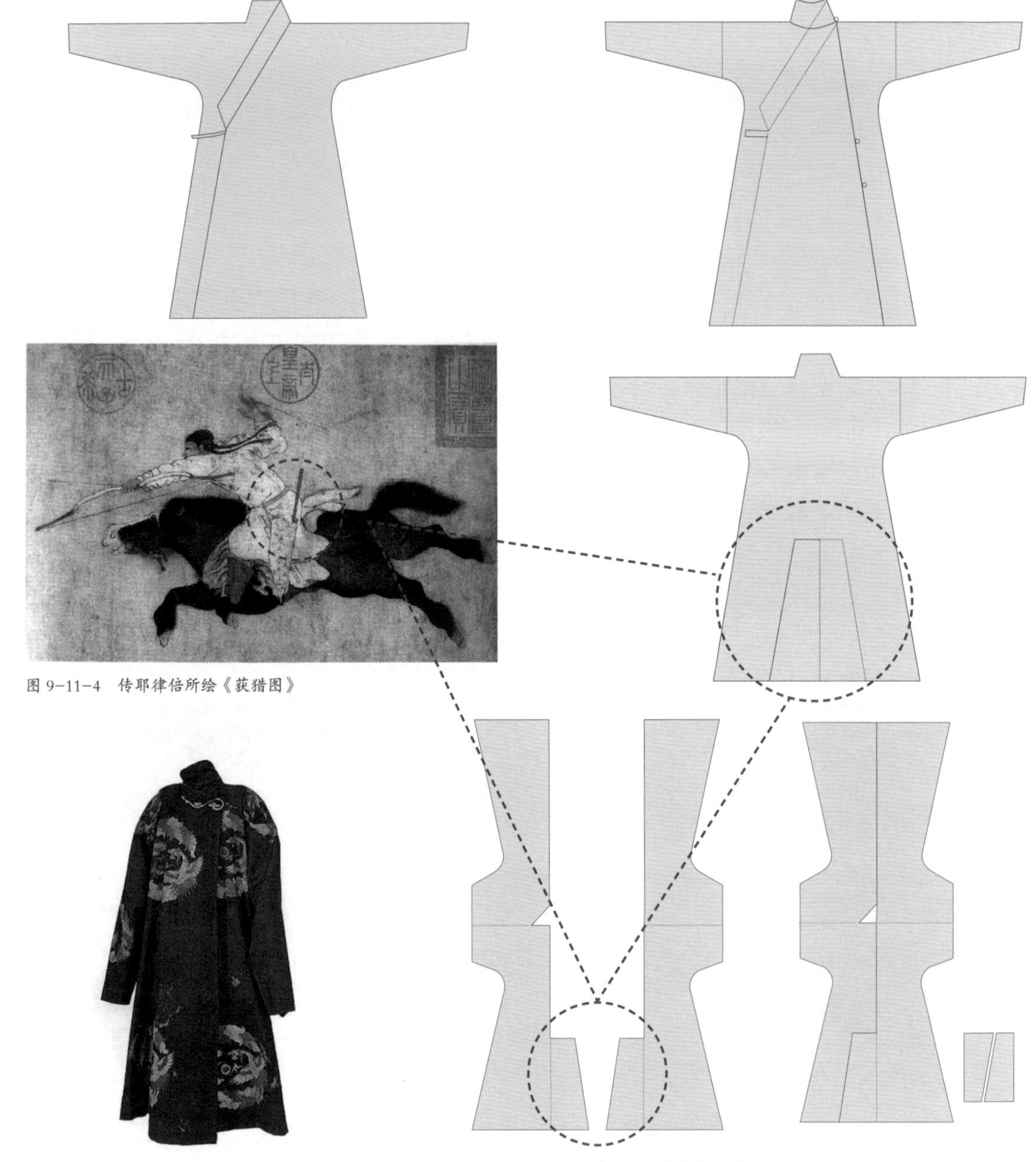

图 9-11-4　传耶律倍所绘《获猎图》

图 9-11-6　左衽紫罗圆领袍（辽代遗址出土）

图 9-11-5　辽代开衩袍结构线描图

（二）窄摆袍

相对于中原地区农耕服饰文化的博衣大袖，北方民族的服饰则以窄袖窄摆（出于保暖的需要）、在两侧或后中缝开衩（出于骑马射箭等活动的需要）的袍服最具特色，史料称这种袍服为窄袍。《辽史·仪卫志》中有"紫窄袍"和"绿花窄袍"等各类。该式样始于北朝时期，至唐代已见于史书。根据开衩部位不同，窄袍可分为开衩袍和缺胯袍两种。

开衩袍是指在袍服后身下摆中缝处有高约 80 厘米的开衩，如传耶律倍所绘《获猎图》中的骑马者所穿袍服（图 9-11-4）。开衩袍的衣长一般为 150 ～ 160 厘米，袖长一般为 110 ～ 120 厘米。在骑马射箭时，人们为了便于活动，多将袖子卷起。

考察实物可知，辽金时期开衩袍的开衩方式共有两种。第一种：在袍服后身左右衣片下摆开衩处，各向开衩里外侧补接缝缀 1 个梯形小衣片，从而起到遮盖作用；第二种：补接缝缀方式同第一种，但缝缀的衣片较之前者更大一些，从而在袍后身形成

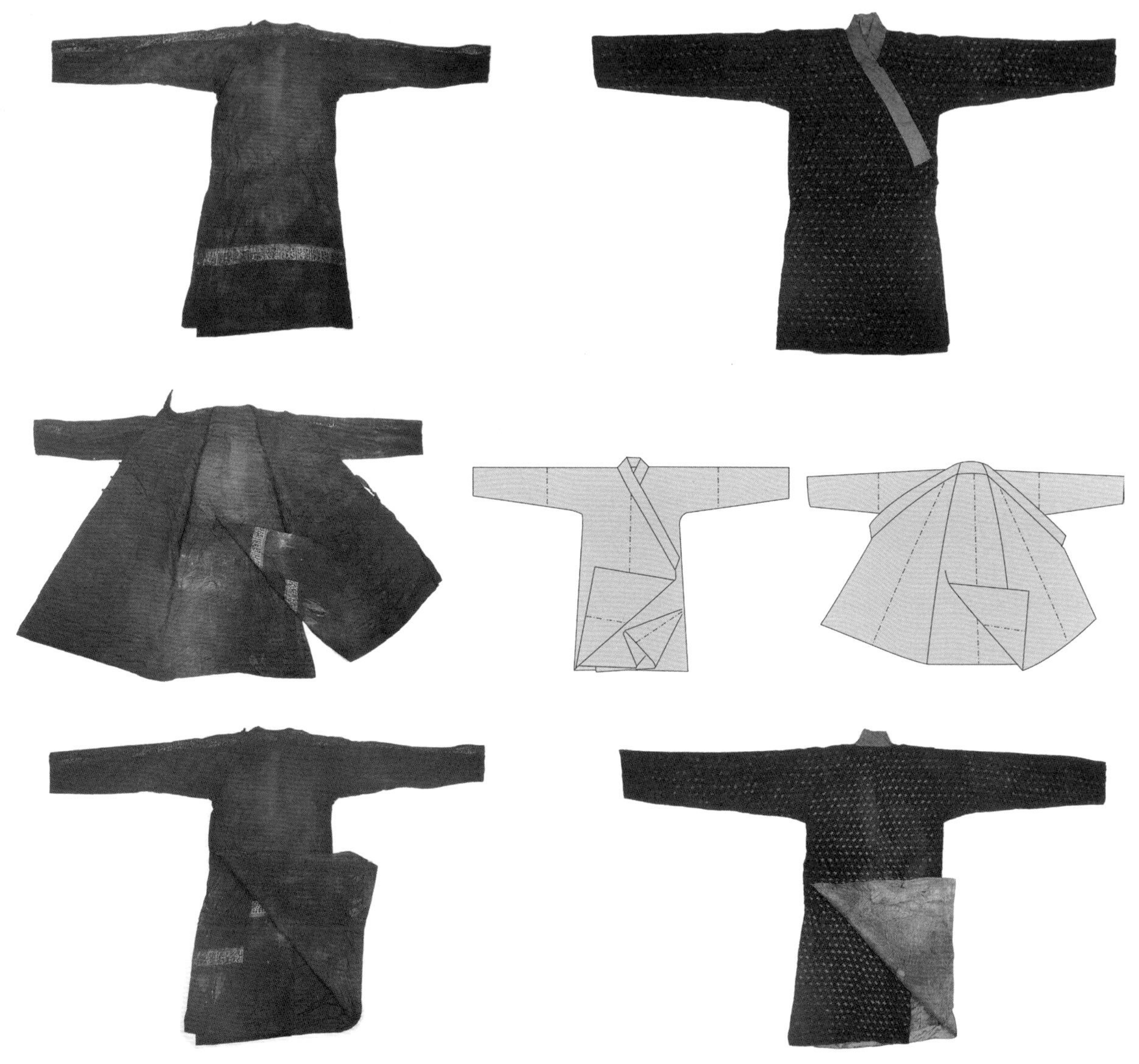

图 9-11-7　紫地金锦襕圆领开衩绵袍（黑龙江哈尔滨市阿城金墓出土）

图 9-11-8　褐地翻鸿金锦交领开衩袍（黑龙江哈尔滨阿城金墓出土）

里外两层下摆，内层开衩在右侧，外层开衩在左侧。

按领型不同，开衩袍可分为圆领（也称盘领）开衩袍和交领开衩袍两种。

圆领开衩袍：需要注意的是该式样袍服的内、外襟差异较大（图 9-11-5）。内襟为斜直领，用绢带系结固定于袍服外襟的里面；外襟为圆领，一般有 2 或 3 颗纽扣，分别位于圆领顶端和左胸前近腋的部位。其式样如辽代遗址出土的左衽紫罗圆领袍（图 9-11-6）、黑龙江哈尔滨阿城金墓男墓主外服紫地金锦襕圆领开衩绵袍（图 9-11-7），袍长 140 厘米，通袖长 221 厘米，胸宽 60 厘米，褶后下摆宽 78 厘米，襟内摆宽 74.5 厘米。两袖有通肩织金袖襕，下摆处有一只金膝襕。上下襕宽约 7 厘米。这是目前我们能见到的最早的膝襕装饰实物。元代开始，膝襕被广泛运用到贵族服装的装饰中，如美国纽约大都会艺术博物馆收藏的元代缂织帝后曼荼罗，就有身穿云龙膝襕蒙古长袍的元代帝后形象。直至明代，膝襕又大量出现在女裙上，并随着历史发展产生了高低、宽窄的时代变化。

交领开衩袍：交领开衩袍一般采用丝带系襻，不用纽扣固定。交领、系带的服装式样，本为中原地区农耕服饰文化的特征。可以说，交领开衩袍是农耕服饰文化与游牧服饰文化的混合体。其式样如黑龙江哈尔滨阿城金墓出土的褐地翻鸿金锦交领开衩袍（图 9–11–8）。该袍服内絮丝绵，左衽交领，袍后身左下摆开衩。其衣襟既无纽扣，也无带襻，只在腰间用帛带束系闭合。该袍身为通幅金锦材料缝制，上下交错排列着翻鸿纹（横约 2 厘米、纵约 1.5 厘米）。该纹样为两只长喙、引颈、展翅、短尾的飞鸟形象。其上者居前，振翅回首，下者偏后，亦展翅昂首。

在辽代服装中还有一种短袖左衽交领（图 9–11–9、图 9–11–10）和圆领开衩袍（图 9–11–11），袖通长约为 80 厘米，袖宽 30 ～ 35 厘米。此类短袖袍既可作内衣，也可用于外套。

所谓缺胯袍是指袍服后身下摆部缝合，在袍身两侧开衩的一种圆领窄袖袍。其开衩高视穿者身高而定（一般为 80 厘米左右）。从图像资料看，人们在服用缺胯袍时，为了行动方便会将其前襟下摆撩起，别束于腰带之上，如宣化辽代壁画中的人物形象（图 9–11–12）。考察实物和图像资料，缺胯袍的领形只有圆领一种。

图 9–11–12　宣化辽代壁画中身穿缺胯袍人物形象

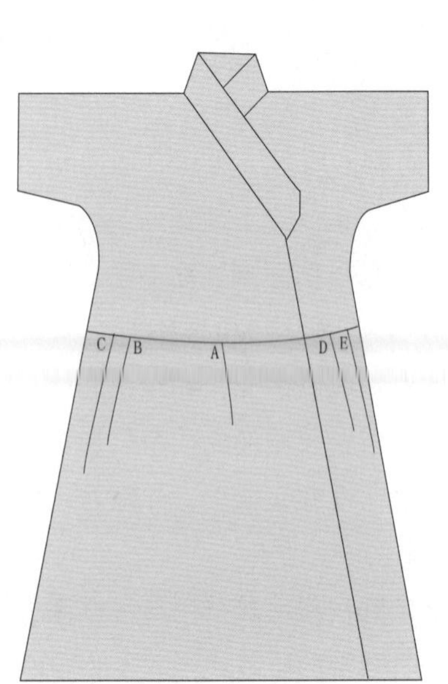

图 9–11–9　辽代短袖左衽交领开衩袍结构图

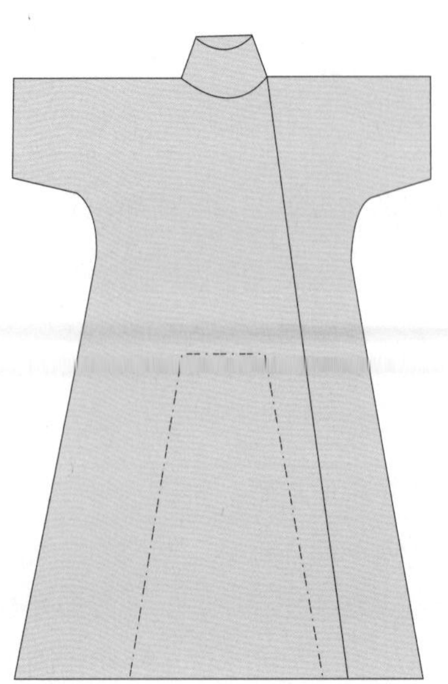
图 9–11–10　辽代开衩袍结构图

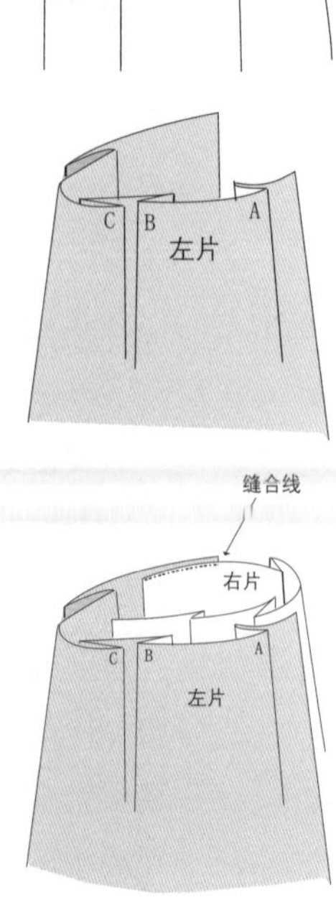

图 9–11–11　辽代开衩袍衣襟下摆结构示意图

第十章 元代

元代：1206—1368年

一、绪论

1206年，元太祖铁木真（尊称“成吉思汗”，图10-1-1）建国；1232年，窝阔台汗（图10-1-2）南下灭金；1260年，铁木真的孙子元世祖忽必烈登上汗位（图10-1-3）；1271年，迁都大都（现北京），改国号为元。随后，在经过了8年的努力后，于1279年灭南宋，结束了从五代到南宋370多年多政权并立的局面，建立了统一大帝国元朝。

元代版图非常大，横跨欧亚两大洲。蒙古在进入中原以前从事比较单纯的游牧和狩猎经济（图10-1-4），对汉族农业文明接触较少。建国以后，加强了欧亚大陆之间的贸易和文化交流活动，除汉文化外，还受到吐蕃喇嘛教文化、中亚伊斯兰文化，乃至欧洲基督教文化的影响。因此，元朝社会具有地域辽阔、种族混杂，农耕文化与草原文化、佛教文化与伊斯兰文化和欧洲基督教文化的相互融合特点。这就造成了元朝服饰文化的多样化。

元朝时期，印刷术、火药等发明在此期间逐渐西传，对西欧文艺复兴运动和后来的资产阶级革命起到间接的促进作用。孙思邈《千金要方》被译成波斯文广泛传播。

元朝统治者曾经把中国的各种技工集中起来，再安置在中国各省以及中国以外势力所及的地方。元初道士丘处机（1148—1227年）应成吉思汗的召唤，去中亚游历，途中曾经看见千百名汉人工匠在那里织造绫、罗、锦、绮。元代称织金锦为“纳石失”，可做衣服、帐篷等的用料。如果是全部用金线织，则称浑金缎。此外，元代还流行拍金、印金、描金、洒金等织后加金的工艺。

由于生长于草原环境，蒙古人所爱用的色彩，不论是建筑、衣服、绘画等，都偏重于浓重鲜艳，以打破自然色调上的沉寂。蒙元王朝，以白色和蓝色为贵，以红色为尚。帝王的旌旗、仪仗、帷幕、衣物以白色居多。蒙古族尚红与萨满教信仰“万事万物都是被火所净化”有关，尊崇火从而导致对红

图10-1-1 元太祖铁木真像

图10-1-2 元太宗窝阔台汗像

图10-1-3 元世祖忽必烈像

图 10-1-4　牵马俑（灰陶，俑高 34 厘米，马高 37 厘米，陕西户县元贺氏墓出土，陕西博物馆藏）

色的推崇。百官公服，只准五品以上服紫、七品以上服绯。汉族和尚不得衣红，只有吐蕃僧人才可，甚至规定除寺观、孔庙外，大门不准髹红色。

二、一色质孙

质孙，蒙语音译，亦作“只孙”“只逊”“济逊”和“直孙”，其含义为“一色服”“一色衣”。质孙服，本为便于乘骑的戎服，形制为上衣下裳相连的袍裙式样，衣身较紧窄，腰间有许多褶裥，后演变为元代宫廷举行盛宴时，皇帝和百官共同穿着的礼服。元代统治者每年要举行 13 次大朝会。每逢此时，帝王、大臣、亲信穿同一色的质孙服在大殿前用金杯按爵位、亲疏、辈分频频祝酒，气氛热烈，场面壮观（图 10-2-1）。

据《元史·舆服志》载，元天子质孙服：冬之服十有一等，服纳石失、金锦也。怯绵里，翦茸也。则冠金锦暖帽。服大红、桃红、紫蓝、绿宝里，服之有襕者也则冠七宝重顶冠。服红黄粉皮，则冠红金答子暖帽。服白粉皮，则冠白金答子暖帽。服银鼠，则冠银鼠暖帽，其上并加银鼠比肩。夏之服凡十有五等，服答纳都纳石矢，缀大珠于金锦。则冠宝顶金凤钹笠。服速不都纳石矢，缀小珠于金锦。则冠珠子卷云冠。服纳石矢，则帽亦如之。服大红珠宝里红毛子答纳，则冠绿边钹笠。服白毛子金丝宝里，则冠白藤宝贝帽。服驼褐毛子，则帽亦如之。服大红、绿、蓝、银褐、枣褐、金绣龙五色罗，则冠金凤顶笠，

图 10-2-1　元代绘画中的诈玛宴

各随其服之色。服金龙青罗，则冠金凤顶漆纱冠（表 10-2-1）。

百官的质孙服：冬服 9 种，夏服 14 种。

表 10-2-1 元代质孙服形制

身份	季节	衣			冠
		颜色及材料		备注	
皇帝	冬	大红	宝里	宝里，服之有襕者也	七宝重顶冠
		桃红			
		紫			
		蓝			
		绿			
	夏	大红珠宝里		–	绿边钹笠
		白毛子金丝宝里		–	白藤宝贝帽
		青速夫金丝阑子		速夫，回回毛布之精者也	七宝漆纱带后檐帽
百官	夏	聚绿宝里纳石矢		–	–
		大红官素带宝里		–	–

三、辫线袄子

辫线袍（袄），俗称“辫线袄子”，也称“腰线袄子”。辫线袍产生于金代，大规模使用则在元代。《元史·舆服志》载：“辫线袄，制如窄袖衫，腰作辫线细褶。”其式样为圆领、紧袖、下摆宽大有许多褶裥。在《事林广记》中，步射总法插图射箭人物身穿腰部缝以宽阔围腰的袍服（图10-3-1）。其实物如元代滴珠奔鹿纹纳石矢辫线袍（图10-3-2），辫线宽24.5厘米，5条紫色罗系带系缚，下摆较大，有224个褶裥，袍服上有一条宽为14.5厘米的伊斯兰风格的肩襕。面料为纳石矢织金锦，其上有晴花滴珠奔鹿纹。有的辫线袍还在腰部中央钉有纽扣（图10-3-3）。

辫线袍这种上下分裁的结构形式（图10-3-4）一直沿袭到明代，不仅没有随着明代大规模的服制变易淘汰，反而演变为裙袍式服装广为流行。

图10-3-2　元代滴珠奔鹿纹纳石矢辫线袍

图10-3-1　《事林广记》中步射总法插图射箭人物

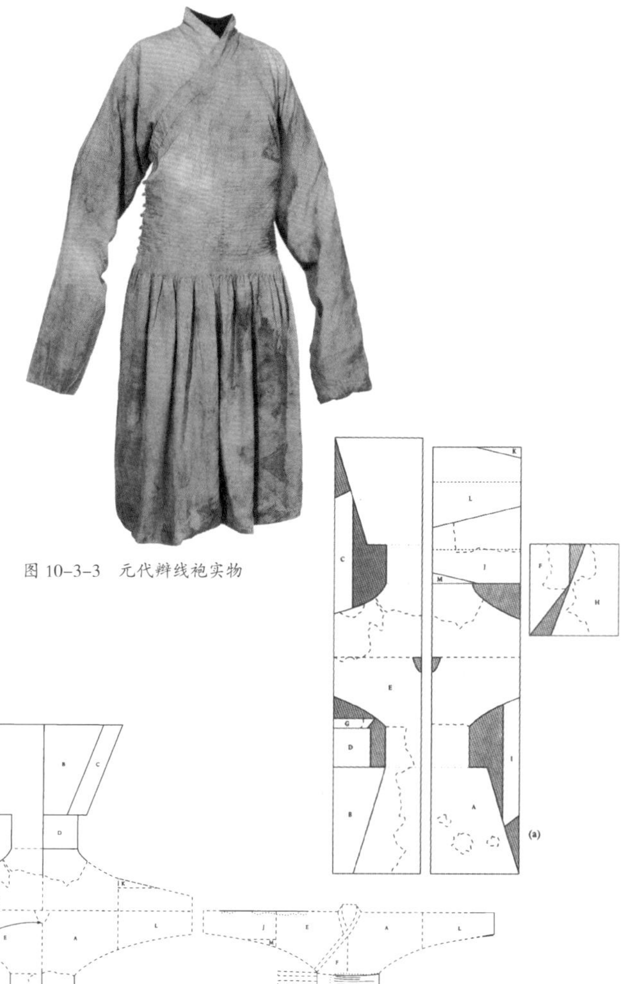

图10-3-3　元代辫线袍实物

图10-3-4　元代辫线袍残留实物及剪裁结构

图 10-3-5　元代刘贯道《元世祖出猎图》

贴里，又写作“天益”“天翼”“缀翼”和“裰翼”，是指腰部叠褶，然后把衣和裳缝合的衣服款式。

在蒙语中，下摆加襕之袍被称为“宝里”。据《元史·舆服志》记载，天子服大红、桃红、紫蓝、绿宝里；百官夏服聚线宝里纳石矢、大红官素带宝里、鸦青官素带宝里。其注云：“宝里，服之有襕者也。”其形象如《元世祖出猎图》（图 10-3-5）中的元世祖身上穿的红色袍服（图 10-3-6）。在元代，多数云肩式龙纹装饰的袍服，在肩袖和膝部都有一条带状纹样装饰，称为袖襕和膝襕，即蒙语所称的“宝里”。甚至在元代还有专门生产袖襕和膝襕妆花织物的特殊织机。

海青衣，是指大袖衣。因衣袖宽博，如海青（亦称“海东青”，一种大海鸟）展翅，故名。语出唐李白诗“翩翩舞广袖，似鸟海东来”，凡为大袖之衣，均可称之。其图像资料如《元世祖出猎图》中的人物形象（图 10-3-7），实物如菱地飞鸟纹绫海青衣（图 10-3-8），右衽交领，宽摆，袖略宽，肩部有一开口，手臂可从该处伸出。两袖离袖口 16 厘米处各有一个襻。两只长袖可在衣服背后离领子 14 厘米处的纽扣处反扣。袍服右襟的右边有 33 厘米开衩，便于骑乘。其左右肩用钉金高绣法刺绣葵花形和一个底边宽 24 厘米的缠枝莲花纹样。

图 10-3-6　元代刘贯道《元世祖出猎图》局部

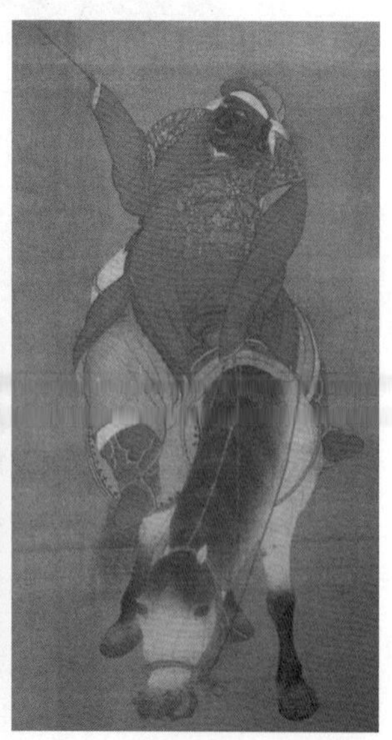

图 10-3-7　元代刘贯道《元世祖出猎图》中身穿海青衣的人物形象

图 10-3-8　元代菱地飞鸟纹绫海青衣

四、半袖褡胡

元代官员，常在袍服外套一种半袖衣（图10-4-1），汉语称“比肩”，蒙语称“褡胡”“搭护”“绰子”“答忽”“褡护”。其形象如美国纽约大都会艺术博物馆藏元代织御容中元代皇帝像和内蒙古赤峰元代墓葬壁画中端坐女子穿的外衣（图10-4-2）。元人武汉臣《生金阁》载：“孩儿吃下这杯酒去，由于你添了一件绵搭护么？”显然，褡胡不仅有单夹，亦有内絮丝绵的。《元史·舆服志》中，还有用银鼠皮制作的“比肩”。

蒙元被明朝取代后，虽然“诏复衣冠如唐制”，但仍有不少胡俗被沿袭，而褡胡便是其中之一。

图 10-4-2　元代墓葬壁画中身穿褡胡的女子坐像

五、无袖比甲

比甲，是没有领、袖，用襻系结的骑射服，类似后来的背心。马甲的长度仅至腰部，比甲下长至膝，有的离地不到一尺。

据《元史》载：“又制一衣，前有裳无衽，后长倍于前，亦去领袖，缀以两襻，名曰‘比甲’，以便弓马，时皆仿之。”元代比甲通常上窄下宽，如江苏无锡市郊元墓出土的花绸背心（图10-5-1），素绸和花绸制成，肩部狭窄而下摆宽阔，对襟领部镶宽阔缘边，两胁开衩，衣长 80 厘米，肩宽 54 厘米。

明代比甲大多为年轻妇女所穿，而且多流行在士庶妻女及奴婢之间。其实物如山东曲阜孔府收藏的月白暗花纱比甲（图 10-5-2），以月白色绮制成，上窄下宽，对襟圆领，腋下开衩。衣长 74 厘米，肩宽 27.5 厘米，下摆宽 79 厘米，袖口宽 32.5 厘米，领高 2.5 厘米，在领襟部分镶以红色缘边。其着装形式如山西平遥双林寺彩塑仕女着装（图10-5-3）。

到了清代，比甲更加流行。明末清初《燕寝怡情》中有身穿比甲的女性形象（图 10-5-4）。稍后，比甲缩短衣身，称为坎肩或马甲。后来的马甲就是在此基础上经过加工改制而成的。

图 10-4-1　元代褡胡实物

图 10-5-1　元代花绸背心（江苏无锡郊元墓出土）

图 10-5-2　明代月白暗花纱比甲（山东曲阜孔府藏）

图 10-5-3　山西平遥双林寺彩塑仕女着装

图 10-5-4 《燕寝怡情》中身穿比甲的女性形象

图 10-6-1 敦煌莫高窟第 332 窟中元代身穿袍服的女供养人

图 10-6-2 元代织御容皇后像（美国纽约大都会艺术博物馆藏）

六、女子服饰

元代命妇衣服，一品至三品服浑金，四品、五品服金答子，六品以下惟服销金，并金纱答子。首饰，一品至三品许用金珠宝玉，四品、五品用金玉真珠，六品以下用金，惟耳环用珠玉。同籍者不限亲疏，期亲虽别籍，并出嫁同。

元代上层女子大多穿貂鼠衣，一般女子则穿羊皮衣、毳毡衣。袍是元代女子衣服中的主类。袍式多宽大，长可及地，宽衣长袖，袖口处窄小，如敦煌莫高窟第 332 窟元代身穿袍服的供养人服装（图 10-6-1）、美国纽约大都会艺术博物馆藏元代织御容皇后像（图 10-6-2），其实物如元代团窠纹织金锦大袖袍（图 10-6-3）。《蒙鞑备录》记载：“又有大袖衣，如中国鹤氅，宽长曳地，行则两女奴拽之。”《析津志辑佚》也载：“其制极宽阔，袖口窄，以紫织金爪，袖口才五寸许，窄即大，其袖两腋摺下，有紫罗带拴合于背，腰上有紫枞系，但行时有女提袍，此袍谓之礼服。”前面两段文献都记载了元代女袍袍摆肥大，贵族妇女在外出行走时，需有侍女在后面提起袍摆，以便行走方便。这与游牧民族的着装风气已经相去甚远了。

图 10-6-3 团窠立鸟织金锦大袖袍

图 10-6-4 加彩女俑（陕西西安曲江元墓出土）

元代女子的袍主要有大红织锦、吉贝锦、蒙茸、琐里。这些也都是贵重的袍式，妃嫔常穿。色彩以红、黄、茶色、胭脂红、鸡冠紫为主。元代后妃侍从大

图 10-6-5　棕褐色四经绞素罗花鸟绣夹衫（内蒙古乌兰察布集宁路元代遗址出土）

图 10-6-6　元代印金罗长袖衫（中国丝绸博物馆藏）

图 10-6-7　元代印金罗短袖衫（中国丝绸博物馆藏）

多穿翻鸿兽锦袍、青丝缕金袍、琐里绿蒙衫，头上所戴的是与袍、衫相应的皮帽。元世祖皇后改造帽式，在帽上增加前檐，用以遮挡日光照射，以便骑射。这种有前檐的帽式便成定制。

元代女性有在长袖衫外套短袖的着装习惯，如陕西西安曲江元墓出土的加彩女俑着装（图 10-6-4）。元代短袖实物如内蒙古乌兰察布集宁路元代遗址出土的棕褐色四经绞素罗花鸟绣夹衫（图 10-6-5）。夹衫表面采用了平绣针法，结合打籽针、辫针、戗针、鱼鳞针等针法，刺绣 99 个 5 至 8 厘米的花纹图案。其题材有凤凰、野兔、双鱼、飞雁以及各种花卉纹样等。花型均为散点排列，时称为“散搭子”。其中，最大的花形分布在两肩及前胸部分，一鹤伫立于水中央，一鹤飞翔于祥云之间，相望而呼应。鹤旁衬以水波、荷叶以及野菊、水草、云朵等，显现出一片生机勃勃的景象。衣服上还有撑伞荡舟等人物故事图案。如此精致的服装堪称手工制作服装的典范，其高超的艺术性更是现代时装所无法比拟的。

除了刺绣工艺，元人还以印金工艺为尚，如中国丝绸博物馆藏的元代印金罗长袖衫（图 10-6-6）和印金罗短袖衫实物（图 10-6-7）。长袖衫的袖子部用金箔印有水波地麒麟纹样，领子和门襟处有方搭纹；短袖衫主体是小方搭纹，在其肩部和后背部分别有三角和方形装饰区，其内印有风穿牡丹纹样。该实物在发现时，半袖原套于长袖之外。

七、冬帽夏笠

元代男子公服多用幞头，平民百姓多用巾裹。元代首服有冬帽夏笠的说法。所谓冬帽，如《元世祖出猎图》中元世祖所戴的金答子暖帽。

蒙元时期男子尚戴圆顶的“笠子帽”和方顶的“瓦楞帽”。笠子帽（图 10-7-1 ~ 图 10-7-3）是用四个大小相同的梯形毡片缝成帽身，再加缝帽顶。其式样有三种：宽檐和半球形圆顶；窄檐；四边帽檐向上折起的毡帽 。瓦楞帽是用藤篾或牛马尾编结制成。因帽顶折叠形似瓦楞，因而得名（图 10-7-4）。笠子帽和瓦楞帽都是古代北方游牧民族的传统帽饰。嘉靖初生员戴之，后民间富者亦戴。此外，元明时期关于毡笠和缠棕大帽的使用也较为广泛，如明代《三才图会》中所绘该帽式样（图 10-7-5）。

元代称各类宝石为“回回石头”。元代皇室对镶嵌宝石的金银制品尤为喜好，而明代社会上层对珠宝的渴求更加狂热。《明史》提到嘉靖朝 “太仓之银，颇取入承运库，办金宝珍珠，于是猫儿睛、祖母绿、石绿、撒孛尼石、红剌石、北河洗石、金刚钻、朱蓝石、紫英石、甘黄玉，无所不购。”

元代皇室的帽子多镶宝石，如元仁宗像中所戴的七宝重顶冠上即有宝石帽顶（图 10-7-6）。其品种中红宝石有四种：剌、避者达、昔剌泥、古木兰。绿宝石有三种：助把避、助木剌、撒卜泥。元代蒙古族征服欧亚广大地区，宝石来源除购买之外，还来自掠夺和进贡。

元代和历代王朝一样对各色人等的服饰有详细规定。普通人戴前圆后方的笠帽。青楼掌柜头上戴的头巾必须为绿色，这就是“绿帽子”的来源。

元代蒙古发式，多为髡发。一般是将头顶部分的头发全部剃光，只在两鬓或前额部分留少量余发作为装饰，有的在耳边披散着鬓发，也有将左右两绺头发修剪整理成各种形状，然后下垂至肩。

图 10-7-1　笠子帽（甘肃漳县元代汪世显家族墓出土）

图 10-7-2　笠子帽（李雨来先生收藏）

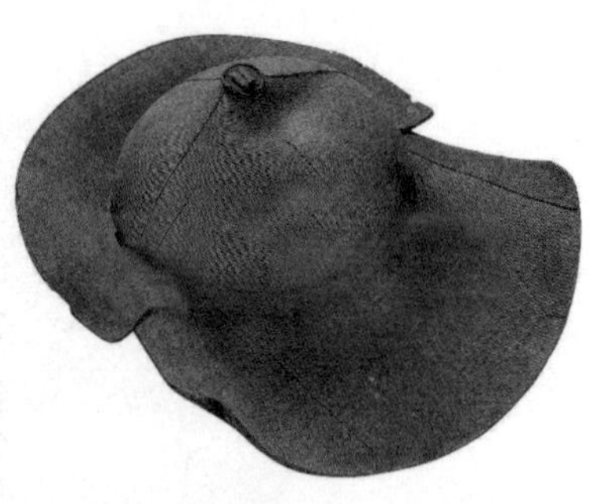

图 10-7-3　漳县笠子帽

图 10-7-4　元代瓦楞帽实物

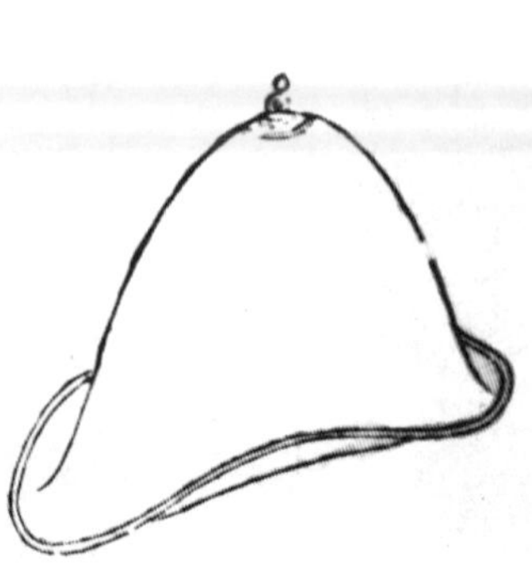

图 10-7-5　明代《三才图会》中毡笠和缠棕大帽

图 10-7-6 头戴七宝重顶冠的元仁宗像

图 10-8-1 《元世祖后像》现藏于台北故宫博物院

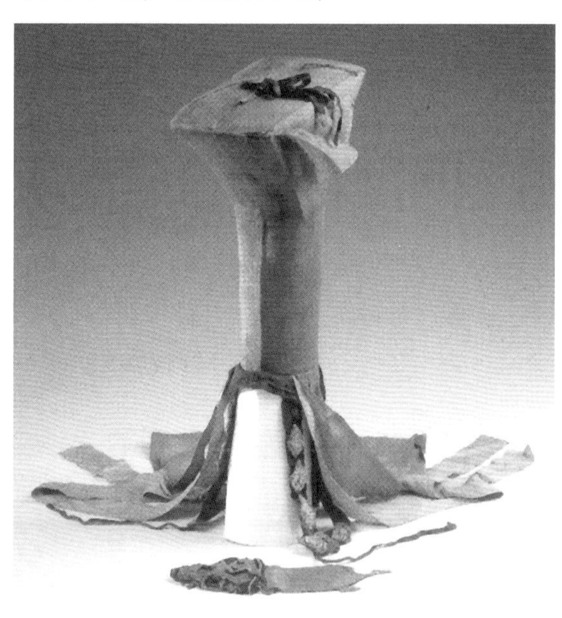

图 10-8-2 元代方顶罟罟冠（韩国藏）

蒙古族与女真族同为辫发种族，但蒙古族男子无论高低贵贱，其发式皆剃“婆焦”，如汉族小孩留的“三搭头”。其做法为：先在头顶正中交叉剃出两道直线，然后再将脑后四分之一头发剃去，正面前额上的一束或剃去或加工修剪成各种形状，有的呈寿桃形、有的呈尖角形，任其自然覆盖于额间，再将左右两侧头发编成辫子，披在肩上。

八、罟罟女冠

元代女子首服以“罟罟冠”最具特色，如台北故宫博物院藏《元世祖后像》（图 10-8-1）和美国纽约大都会艺术博物馆藏元代织御容中皇后像。在现实存物中，还有为数很少的罟罟冠实物。罟罟冠上部以羽毛或树枝等物为之；中部是上宽下窄的圆筒状；下部是冠筒与头部相连接的部分，早期为兜帽，晚期为抹额等。罟罟冠冠筒内胎材料的使用因生活环境的改变而有所改变，最初用桦树皮，进入中原后以竹为骨架。冠筒外面裱覆的材料及装饰根据戴者的贫富及地位有所区别，贫者裱以褐，富者裱以绡、罗、绢、金帛等，并附以珍珠宝石装饰。其实物如韩国藏元代方顶罟罟冠（图 10-8-2）。

关于罟罟冠之名称由来，元人李志常在《长春真人西游记》称：“其末如鹅鸭，故名故故。”从元帝后的图像中看，罟罟冠呈圆筒状宽顶细腰，前面探出，两侧各垂一翅膀状耳饰，顶后翘翠花羽毛数根。从外观上讲，罟罟冠构造巧妙，细节装饰又很具审美特点，是中国古代拟物象形、取法自然的艺术造型观念的例证。在罟罟冠冠筒的顶部有一个“金十字”，用来安装一腕尺多高的翎管。

蒙古族建立元朝进入中原地区后，冠顶的翎管与翎羽便很少使用了，如元帝后像、敦煌莫高窟和安西榆林窟元代壁画里女供养人所戴的罟罟冠顶已经不见了翎管，较长的翎羽也被冠顶后面较短的“朵朵翎”所取代。这是因为在草原上生活时，高高的翎管和翎羽是贵族女性身份识别的标志，进入中原之后，其功能已被华丽的装饰所取代，因而只留下了象征性的朵朵翎。

九、皮毛服装

从式样上讲，古代裘衣有着非常丰富的变化。一件裘衣还可用其他裘皮做缘边装饰。例如，在古代文献中就有狐青裘豹褎（“褎”同袖）、麛裘青豻褎及羔裘豹饰等裘衣，即用狐青、麛、羔皮为裘，再加用豹、豻皮为缘饰。陈祥道在《礼书》中就具体描绘了中国古代裘衣的式样。此外，在裘衣之领袖上加缘饰的，从《历代帝王图》中的陈文帝像中能看到（见图 8-6-1）。

在汉以前，中国古人往往将裘皮和丝绸并举。同时，是否适宜着裘还要视穿着者的年龄而定，即《礼记・玉藻》所载“童子不裘不帛”。将裘、帛并举，是把裘视作与帛一样只有长者才有福消受的贵重之物。当然，狐白之裘更是名贵之极。其原因不仅在于其稀少的特性，还在于由狐狸身上的白色腋毛制成的裘衣，不仅穿着舒适，而且御寒性能绝佳，即《说苑・反质》所载“狐白之裘温且轻”。相传齐景公时，临淄曾下了一场大雪，身穿狐白之裘的齐景公却一点不觉得寒冷。山西太原北齐（550—577年）徐显秀墓壁画中的墓主人身上就穿了一件白色裘衣（图 10-9-1）。唐代诗人李白《将进酒》中“五花马，千金裘，呼儿将出换美酒”的诗句脍炙人口，尽显豪放，也从侧面反映了裘皮的弥足珍贵。

古人穿裘，开始是一般生活所需，随着社会变革，裘衣渐渐成为上层人物专用衣着。唐代胡人俑中可见穿裘皮衣者，如陕西乾县唐永泰公主墓出土的三彩釉袒腹胡人俑（图 10-9-2），头发中分，发辫于脑后，身穿绿色及膝翻领毛皮袍，袒胸露腹，下穿绿色窄腿裤，脚蹬赭色尖头靴。陕西西安唐金乡县主墓出土的袒腹牵驼胡人俑穿着与前者相类似（图 10-9-3）。这类皮衣毛面朝里，保暖性较强。另一件是甘肃庆城县赵子沟村唐穆泰墓出土的彩绘豹纹裤陶胡人俑（图 10-9-4），双臂屈肘高举，手握虚拳，斜腰拧胯，下身穿豹皮裤。这是一个极为罕见的宝贵资料。

在中国古代，与狐皮同样珍贵的是貂皮。貂是一种食肉的小动物。明朝宋应星《天工开物》中称，制作一件貂皮服装要用六十多只貂，穿上貂皮衣即可“立风雪中而暖于宇下”。据书中记载，明人捕貂一般是用烟把貂熏出来捕捉，也有用木板做成机关，拴上诱饵捕捉。貂皮的贵重还在于貂很难得到，这种小动物主要分布于东北地区，与人参、乌拉草被称为“东北三宝”。

在华夏民族漫长的穿衣历史演变中，裘皮服装所起的作用也有着明显的时代和区域痕迹。这是因为汉以后的中原地区丝绸制品的大量应用，导致裘皮服装的使用明显减少，而北方寒冷地区的游牧民族却仍长期保持对皮毛服装的喜爱。甚至，皮毛服装逐渐成为“夷狄之服”。由于蒙古族生活在北方

图 10-9-1 山西太原北齐徐显秀墓壁画中的墓主人身穿银鼠裘

图 10-9-2 三彩釉袒腹胡人俑（陕西乾县唐永泰公主墓出土，陕西历史博物馆藏）

图 10-9-3 袒腹牵驼胡人俑（陕西西安唐金乡县主墓出土）

图 10-9-4 彩绘豹纹裤陶胡人俑（甘肃庆城县赵子沟村唐穆泰墓出土）

图 10-9-5 《路易十四肖像》

图 10-9-6 Valentino 2013 秋冬女装

寒冷地区，依靠动物饲养及狩猎为生，裘皮在服装中的使用尤为重要。

蒙古人建立元朝之后，把游牧生活中大量使用皮草的风气也带入宫廷生活。当时，元大都的主要宫殿一到冬季居然会满墙垂挂皮壁衣，还架设皮暖帐。熊梦祥《析津志》中记载，皇宫中的秋冬铺设是"便殿银鼠壁（壁）衣，大殿上虎皮西蕃结带壁（壁）幔之属。"

据《元史·百官志》称，元朝政府有专门掌管皮毛的机构——"上都、大都貂鼠软皮等局提领所"，其下属有大都软皮局、斜皮局、上都软皮局、牛皮局及上都斜皮等局等。元代大毛类服装用料重银狐、猞猁，小毛类服装用料重银鼠、紫貂。可用作皮料的鼠类有银鼠、青鼠、青貂鼠、山鼠、赤鼠、花鼠、火鼠等。《元世祖出猎图》中的世祖就是穿着白色银鼠皮外衣（见图 10-3-6）。

如果将山西太原北齐徐显秀墓葬壁画中墓主人身穿的白色裘衣与《元世祖出猎图》中世祖、《路易十四肖像》（图 10-9-5）和《拿破仑加冕》中的皮衣对比，就会发现这些裘衣的面料上都有黑色的银鼠尾装饰。这说明了中西方服装历史的传播与交流。意大利时装品牌华伦天奴（Valentino）在 2013 年秋冬女装中就推出与传统工艺类似的皮草时装（图 10-9-6）。

十、青花时装

青花瓷源于唐代，兴盛于元代景德镇，是一种风靡世界的白地蓝花高温釉下彩瓷器。正如清代龚轼《陶歌》诗云：“白釉青花一火成，花从釉里透分明。可参造化先天妙，无极由来太极生。”青花瓷无论从用料、纹饰、烧制时间还是制作工艺上都极为考究。

元代青花瓷开辟了由素瓷向彩瓷过渡的新时代，并大改传统瓷器含蓄内敛风格，其色彩鲜明，视觉明快，纹样内容层次繁多，画风豪迈，与汉民族传统的审美情趣大相径庭。元代青花纹样题材有龙、凤、仙鹤、鸳鸯、鹭鸶、鹦鹉、奔鹿、狮子、麒麟、海马、兔子、游鱼、昆虫、孔雀、牡丹、缠枝花等，流行的主题纹样有海水江崖、荷塘鸳鸯（鸳鸯和莲池中的蓼草、荷花、荷叶、莲蓬等植物纹样，图 10–10–1）、鱼莲纹、海兽纹、锦地开光（在圆形、方形、菱形、扇面形、云头形等栏框内绘图案）、“巴思巴”纹（元代文字，因由巴思巴所创，故名）、梵文、阿拉伯文以及众多的历史典故（鬼谷下山、萧何月下追韩信、三顾茅庐、赵云夺朔、尉迟恭夺槊、周亚夫细柳营、蒙恬点兵、锦香亭、唐伯虎点秋香……）和戏曲人物故事（破幽梦孤雁汉宫秋、崔莺莺待月西厢记、逞风流王焕百花亭、唐明皇游月宫……）。

2005 年，在英国伦敦佳士得举行的“中国陶瓷、工艺精品及外销工艺品”拍卖会上，一件绘有“鬼谷子下山”场景的元代青花人物罐（图 10–10–2），拍出 1568.8 万英镑（约 2.3 亿人民币）的价格，创下国际中国古代艺术品拍卖第一高价，引起了媒体和大众的广泛关注。鬼谷子下山的故事出自《战国策》，讲的是战国时期，燕国和齐国交战，为齐国效命的孙膑为敌方所擒，他的师傅鬼谷子率领众人下山营救。在该青花人物罐中，鬼谷子坐在由狮虎共拉的两轮车上，后面跟着两个骑马的人，其中一个穿着武官衣服，手举一面写有“鬼谷”两字的旗帜。

在佳士得拍卖“鬼谷子下山”元代青花人物罐后，意大利设计师罗伯特·卡沃利（Roberto Cavalli）

图 10–10–1　元代青花莲池鸳鸯纹折沿盘

图 10–10–2　元代青花人物罐“鬼谷子下山”及局部图

图 10–10–3 Roberto Cavalli 2005 高级时装

图 10–10–4 身着青花长裙的 Victoria Beckham

图 10–10–5 1952 年法国时装大师 Dior 先生设计的帕尔迈尔连衣裙

图 10–10–6 1984 年 Chanel 品牌推出的名为瓷娃娃的青花瓷礼服

图 10–10–7 1986 年 Valentino 设计青花瓷长裙

2005 年高级时装发布会即推出一款青花瓷丝绸紧身鱼尾长裙晚装和一款裸肩青花礼服短裙（图 10–10–3），全手工缝制裙身，配以珠片、金银线、水晶等珍贵材质。此时，西方媒体丝毫没有意识到这条长裙即将引爆的流向趋势。直到一段时间之后，维多利亚 · 贝克汉姆（Victoria Beckham）身着此款青花长裙参加朋友的生日派对。随着媒体报道，这件完美的青花瓷礼服终于走进公众视线（图 10–10–4）。

其实，早在 1952 年，法国时装大师迪奥（Dior）先生就已经运用青花瓷元素设计了帕尔迈尔连衣裙（图 10–10–5, palmyra dress）。到了 1984 年，卡尔 · 拉格斐儿德（Karl Lagerfeld）以青花元素为设计灵感，为法国高奢品牌香奈儿（Chanel）设计了一款名为瓷娃娃（Porcelain Doll）的青花瓷礼服（图 10–10–6）。在 1986 年，华伦天奴（Valentino）的一条青花瓷长裙也同样令世人惊艳（图 10–10–7）。这些

图 10-10-8　Roberto Cavalli 2013 年早春时装

图 10-10-9　2008 年北京奥运会青花瓷礼服

图 10-10-10　Dior2009 春夏高级成衣

图 10-10-11　郭培设计的青花瓷礼服

即便是在今天看起来仍旧是精美异常的设计，但是，由于青花印花或刺绣需要繁复细致的工艺才能展现其华丽，所以注定了早些年间它只能是高级定制礼服里的惊鸿一瞥，无法引起国际潮流的涟漪与跟风。

在 2005 年成功推出青花风时装设计后的几年里，罗伯特・卡沃利（Roberto Cavalli）一直没有放弃对中国元素的尝试（图 10-10-8）。青花瓷成为世界时装史上最具中国特点的设计元素之一。

自罗伯特・卡沃利开创青花晚礼服之后，各种青花瓷的时尚品纷至沓来，从服装延续到各种生活制品。西班牙奢侈品罗意威（Loewe）2008 春夏流行发布会上展示了“青花瓷”时装，甚至 2008 年北京奥运会礼仪小姐服装也采用了青花瓷元素作为礼服设计（图 10-10-9）。2009 年春夏，法国时装迪奥（Dior）品牌的青花图纹则出现在洁白蓬裙内里（图 10-10-10）。其实迪奥（Dior）这季设计主题为“弗兰德画家和迪奥先生”（Flemish painters and Monsieur Dior），这种蓝白色的运用，虽是中世纪欧洲弗兰德地区（现今比利时、荷兰及卢森堡）的一种传统颜色，但与青花瓷极其相似。中国设计师郭培在 2010 年秋冬高级订制时装设计中也采用了这一元素（图 10-10-11）。

青花瓷被时尚圈所引用，不仅为其增添各式样貌，更是让青花瓷化作时尚衣物。2010 年法国知名时装品牌鳄鱼（Lacoste）与中国当代艺术家李晓峰合作。李晓峰用了3个月的时间来绘画、烧制、切割、修整、抛光青花瓷衣网球（Polo）衫，将317片碎瓷片拼接在一起，创造出了两件瓷衣雕塑（图10-10-12）。男款瓷衣背部排列一组碗底隐喻鳄鱼背部脊梁，缠枝牡丹图案象征富贵吉祥，鳄鱼字母及品牌标识亦被巧妙地融入其中。女款瓷衣着重强调女性曲线美。胸前以蓝白釉色的红瓷作为装饰，图案则选择凤凰和鳄鱼。烧制成青绿色的圆点拼凑成鳄鱼图案。瓷衣正面用釉里红描绘了飞龙的图案，配合青绿色的鳄鱼，背部则充满了蓝白相间的凤凰和水龙图案。然后，这款青花瓷片网球衫被数码高清拍照，做成图案印在服装面料上并完成服装制作。最终，法国鳄鱼服装公司召开了品牌宣传酒会，青花瓷片网球衫与服装一同展出，并进行了全球限量销售。此款时装的开发，其实际价值在于通过时装品牌与艺术家的合作，对品牌知名度进行了有效提升。艺术家李晓峰的创作形式也得到了扩大，并随后又创作了一些同题材作品。

由于李晓峰的青花瓷片时装作品影响甚大，英国著名时装设计师品牌亚历山大·麦昆（Alexander McQueen）也推出了一款青花碎片礼服裙（图10-10-13）。这件作品由刚刚接替自杀去世的时尚天才亚历山大·麦昆工作的女设计师莎拉·伯顿（Sarah Burton，曾是亚历山大·麦昆的助手）完成。其上半身为青花瓷器碎片，下半身为极其夸张繁复的花

图 10-10-12　李晓峰以瓷器碎片拼接的Polo衫及数码印花Polo衫

图 10-10-13　Alexander Mcqueen 推出用青花瓷器碎片制作的青花碎片礼服裙

图 10-10-14　Mary Katrantzou 2011 秋冬时装

图 10-10-15　Stella McCartney 2012 秋冬时装

边长拖尾。刚与柔的强烈对比与冲击赋予这条长裙独特的美。

进入 2011 年后，白底青花的形式呈现出多元化趋势，普林（Preen）2012 早秋时装系列、让·保罗·高提耶（Jean Paul Gaultier）2012 春夏时装都结合青花元素进行了时尚诠释。

玛丽·卡特兰佐（Mary Katrantzou）也在 2011 年秋冬将青花的概念扩大到多彩的费伯奇（Fabergé）彩蛋、梅森（Meissen）瓷器、乾隆斗彩和瓷胎绘珐琅瓷瓶灵感印花（图 10-10-14）。珐琅彩是专为清代宫廷御用，创烧于康熙晚期，于雍正、乾隆时盛行的一种精细彩绘瓷器。珐琅彩瓷，多以蓝、黄、紫红、松石绿等色为地，以各色珐琅料描绘各种花卉纹。这是因为玛丽·卡特兰佐将女人们想象为被诸多精美古董环绕的鉴赏家。为了与这些奢华的收藏品相匹配，玛丽·卡特兰佐借用了高级定制时装的轮廓，再加上超级鲜亮的色彩和似乎可以游动的锦鲤印花，将青花时装推向了新高度。英国女设计师斯特拉·麦卡特尼（Stella McCartney）在 2012 年秋冬也推出了巴洛克风格的青花时装（图 10-10-15）。

美国女装品牌莫尼克·鲁里耶（Monique Lhuillier）2013 春夏时装设计以大海为主题（图 10-10-16）。整场设计由暗蓝色系服装开始，上面数码印抽象仙鹤羽翼、海水浪花与鱼鳞纹等组合纹样，然后过渡到浅色系的海水蓝和白色系，羽翼、浪花组合成日常装的短裙、上下套装和拖地礼服裙。

在一向走华丽高贵路线的意大利品牌华伦天奴（Valentino）2013 秋冬时装秀场上，青花瓷元素成为一种更为抽象的色调，或以蓝蕾丝与白底裙层叠呈现，或以泼墨印花缎料出现，或以飘逸轻纱长裙出现，或者以带着异域风的亮缎出现，但依然能感觉到青花瓷的灵秀与柔和（图 10-10-17）。

图 10-10-16 Monique Lhuillier 2013 春夏时装

图 10-10-17 Valentino 2013 秋冬高级成衣

十一、长靴弓鞋

元代蒙古族属北方游牧民族。其服饰文化也必然体现骑马射猎的生活方式。虽然，入主中原后，生活方式已经改变，但元代蒙古人穿靴的习惯仍然保持。

元代蒙古人一般都要穿长统或短统的靴子。其材质有皮和毡。皮之类又有马、牛、羊和鹿蹄皮之别。元代牛皮靴实物如私人收藏的元代尖头贴绣牛皮靴（图 10–11–1）。尖头、高帮，皮靴鞋头及鞋后跟有贴绣，鞋帮中间绣出花卉轮廓，靴底厚实。尤其是鹿蹄皮非常耐磨，是理想的皮靴材料。因为冬季寒冷，蒙古人还会将乌拉草放到皮靴里，时称“兀剌”。直到新中国成立前，内蒙古、东北地区人民仍穿着这种靴。元代蒙古人也穿毡靴。

图 10–11–1　元代尖头贴绣牛皮靴（私人收藏家藏）

元代宫中女子都爱穿红靴。红靴制作精巧，《王孙曲》说：“衣裳光彩照暮春，红靴著地轻无尘。”蒙古贵族入主中原建立元朝之后，本不缠足的蒙古人非但不反对汉人缠足，相反还持赞赏的态度。这使得缠足之风继续发展，元末甚至出现了以不缠足为耻的观念。

图 10–11–2　元代紫色菱格小花绫鞋（江苏苏州曹氏墓出土）

元代女鞋实物如江苏苏州曹氏墓出土的紫色菱格小花绫鞋（图 10–11–2）和江苏元墓出土的棕色暗花绫丝棉双梁女鞋（图 10–11–3）。前者以素缎作里，鞋尖有素缎如意头贴布绣装饰。鞋底罗质，刺绣有卷云和梅花纹。

图 10–11–3　元代棕色暗花绫丝棉双梁女鞋（江苏元墓出土）

元代女性还流行穿弓鞋，如元人郭钰《美人折花歌》中“草根露湿弓鞋绣”以及王实甫《西厢记》第四本第一折中“下香阶，懒步苍台，动人处弓鞋凤头窄。”元代弓鞋实物如江苏无锡元代钱裕墓出土的小脚弓鞋（图 10–11–4）。弓鞋是古代缠足妇女所穿的鞋子，因鞋底弯曲，形如弓月而得名。弓鞋之名已见于宋代黄庭坚《满庭芳》词：“直待朱轓去后，从伊便、窄袜弓鞋。”元代，弓鞋的使用更为普遍。但此时的弓鞋并非如清代缠足者所穿的弓鞋。此时的弓鞋只是比普通鞋履更为窄细，且有鞋翘造型保留，这与明清时期的弯曲鞋底相差甚远。

图 10–11–4　元代小脚弓鞋（江苏无锡元代钱裕墓出土）

第十一章 明代

明代：1368—1644 年

一、绪论

元朝末年爆发的农民起义，动摇了元朝的统治。明洪武元年（1368 年），朱元璋（图 11-1-1）凭靠农民起义的强势力量，推翻了元朝统治，建立起明朝帝国，定都应天（今南京）。朱元璋在建立了明中央集权的封建帝国后，废除了有近千年历史的丞相制度和有七百多年历史的三省（中书、门下、尚书）制度，由皇帝一人统揽大权。明王朝共历 276 年统治，将国号定为“明”，寓意“光明”。

明代疆域最盛时，北达乌第河，东达日本海，西达哈密。15 世纪初，郑和七次下西洋成为中国乃至全世界航海史上的伟大壮举。明代文化也被后人珍藏，特别是《水浒传》《三国演义》《西游记》等小说作品闻名于世。宋应星、徐光启（图 11-1-2）等科学家的贡献名不虚传。明代还出现了中国历史上规模最大的类书《永乐大典》。

明朝立国后，明政府奖励垦荒、减轻赋税、兴修水利、推广棉桑种植。棉桑种植的发展，为棉纺、丝织提供了充足的原料。南京设有“神帛堂”“供应机房”，苏、杭等府也各有织染局，后又在四川、山西、浙江等处设织染局，并置蓝靛所于仪征、六合等地种植蓝靛，用以供给染事。永乐、正统年间又分别在歙县、泉州置织染局，其中主要地是江浙的苏、杭、松、嘉、湖五府，所织染的衣料有纻、丝、纱、罗、绫、绸、绢、帛。陕西织造的羊绒，绒细而精者叫作姑绒，极为贵重；山东的茧绸，以产自椒树者为最佳；松江、青浦生产的细布，有赭黄、大红、真紫等色，纹饰有龙凤、斗牛、麒麟等；浙江慈溪、广东雷州的葛布最为精美，时价也极贵，为缙绅士大夫等常服。中国传统织绣技艺和各类主题吉祥纹样在明代逐渐迈向顶峰（图 11-1-3），这无疑为中国古代章服衣冠的进一步发展与完备提供了必需的物质前提和文化保证。

图 11-1-1 明太祖朱元璋像

图 11-1-2 明代徐光启像

图 11-1-3 明晚期黄缎洒线绣云龙纹吉服袍料（故宫博物院藏）

二、皇帝冠服

明代服饰制度发展经历了三个时期。建立期，先是洪武元年（1368 年）废止了元代服制，并下诏宣布“衣冠如唐制”，对皇帝、文武百官、内臣、侍仪、士庶、乐工等人的冠服做出了详尽规定（官民器服不得用黄色为饰，皇太子以下职官不置冕服）；调整期，永乐朝集中对帝王冕服等服制进行了修订和完善；改革期，嘉靖朝除了对帝王冕服进行了修订外，为了达到在家“虽燕居，宜辨等威”的目的，明世宗接受大臣张璁建议，以“燕弁”为名，寓“深宫独处，以燕安为戒”之意，推出百官燕弁冠服，时称“忠靖冠服”（又称“忠静冠服”）。

明代天子之服有六种，一曰衮冕，二曰通天冠服，三曰皮弁服，四曰武弁服，五曰常服，六曰燕弁服。

（一）衮冕礼服

第一式样：交领衮冕

祭天地、宗庙、社稷、正旦、冬至、圣节、社稷、先农、册拜时穿用。明代身穿冕服的帝王图像并未可见，但可通过《岐阳世家文物图像册》中身穿冕服的岐阳李氏一世祖李贞像可弥补不足（图 11–2–1）。

图 11–2–1　岐阳李氏一世祖李贞像（《岐阳世家文物图像册》）

冕冠：以皂纱为之，上覆曰綖，桐版为质，衣之以绮，玄表朱里，前圆后方。以玉衡维冠，玉簪贯纽，纽与冠武。并系缨处，皆饰以金。綖以左右垂黈纩充耳，（用黄玉）系以玄紞，承以白玉瑱朱纮。明代冕冠实物如北京昌平明定陵出土万历皇帝冕冠和山东邹城明鲁荒王朱檀墓中出土九旒冕（图 4–2–5）。另外，《明宫冠服仪仗图》中也可见到明代冕冠图示资料（图 11–2–2）。

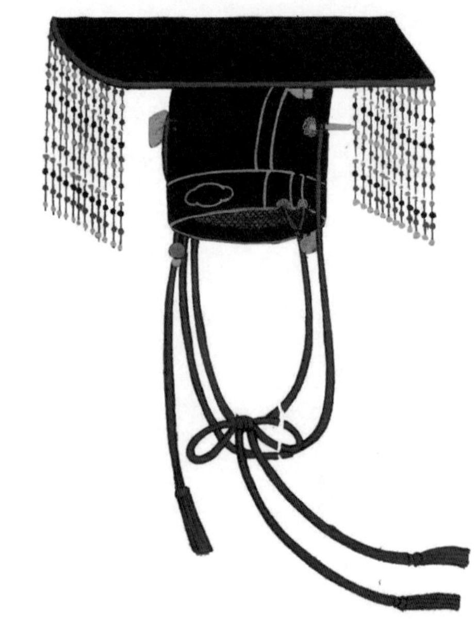

图 11–2–2　《明宫冠服仪仗图》中的冕冠

玄衣：八章，日、月、龙在肩，星辰、山在背，火、华虫、宗彝在袖，（每袖各三）皆织成本色领褾襈裾。其形象如《明宫冠服仪仗图》中的十二章衮服示意图（图 11–2–3）。韩国国立中央博物馆还藏有朝鲜李氏王朝明代衮服实物（图 11–2–4）。

图 11–2–3　《明宫冠服仪仗图》中的十二章衮服

纁裳：四章，织藻、粉米、黼、黻各二，前三幅，后四幅，前后不相属，共腰，有辟积，本色綼裼。其形象如《明宫冠服仪仗图》中的纁裳（图

11-2-5)。从定陵出土万历皇帝下裳一件，为黄素罗制，下摆有罗贴边，宽5.5厘米，在裳的前片下部钉有绒绣六章。

中单：是明代帝王衮冕服和皮弁服装的中衣。以素纱为之，青领褾襈裾，领织黻文十三。其形象如《明宫冠服仪仗图》中的中单图示（图11-2-6）。在定陵万历帝棺内共出土中单40件，其中16件是套在衮冕服和龙袍内，质料有缎、绸、绫，且有夹、有绵。中单式样与大袖道袍基本相同，有交领和圆领两种形式，有半袖和无袖之分。其实物如定陵万历帝棺内出土的中单，出土时套于衮服内，长四尺，小于衮服、龙袍一寸，交领，短袖。面为四合如意云纹缎，前后片连在一起整裁，大襟三幅，小襟两幅半，左右袖各接一段，长20厘米。领面钉有绒绣黻十三个。大小襟于左右腋窝处各钉绢带一对。

蔽膝（图11-2-7）：随裳色，四章，织藻、粉米、黼黻各二。本色缘，有紃，施于缝中。

配饰：玉钩二。玉佩二（图11-2-8），各用玉珩一、瑀一、琚二、冲牙一、璜二；瑀下垂玉花一、玉滴二；瑑饰云龙文描金。自珩而下系组五，贯以玉珠。行则冲牙、二滴与璜相触有声。金钩二。有二小绶，六采（黄、白、赤、玄、缥、绿）纁质。大绶（图11-2-9），六采（黄、白、赤、玄、缥、绿）纁质，三小绶色同大绶。间施三玉环，龙文，皆织成。另有革带、大带（图11-2-10）。袜舄皆赤色（图11-2-11），舄用黑絇纯（图11-2-12），以黄饰舄首。

图11-2-4　朝鲜李氏王朝明代衮服实物（韩国国立中央博物馆藏）

图11-2-5　《明宫冠服仪仗图》中的纁裳

图11-2-6　《明宫冠服仪仗图》中的中单

图11-2-7　《明宫冠服仪仗图》中的蔽膝

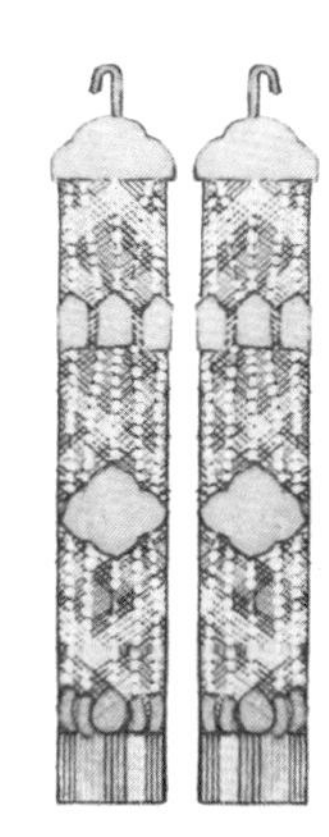

图11-2-8　《明宫冠服仪仗图》中的玉佩

图11-2-9　《明宫冠服仪仗图》中的大绶

图11-2-10　《明宫冠服仪仗图》中的大带

图11-2-11　《明宫冠服仪仗图》中的赤色袜

图11-2-12　《明宫冠服仪仗图》中的舄

第二式样：圆领衮冕

明朝自英宗而后，皇帝冠服还有一种袍式的十二章圆领衮服。与《大明会典》《明史·舆服志》所载衮服制度不同，十二章圆领衮服既不是上衣下裳制二部式，也不戴冕，不系蔽膝、玉佩和绶等配饰。十二章圆领衮服实例可见于南薰殿旧藏帝王像（图 11-2-13，自明英宗后的明代诸帝均着此种衮服画像），北京定陵明代万历帝墓也有实物出土，但在《大明会典》《明实录》《明史》等正史和私人著述中均失记载。

万历帝墓内共出土 5 件袍式十二团龙十二章衮服（图 11-2-14）。两件缂丝，一红（由于明代皇帝姓“朱”，所以大红色也为皇家专用）一黄，三件红色面料刺绣。形制基本相同，身长 135 厘米，通袖长 250 厘米，圆领右衽，大袖窄口有缘边，领右侧钉纽襻扣一对，大襟和小襟的外侧各钉罗带两根，左右腋下各钉罗带一根，用以系结固定。袍身两侧开裾，在大、小襟及后襟的两侧各接出一片“摆”（共四片，衮服左右开衩内的侧摆是明代服饰的特色）。后襟腰部两侧钉有带襻，用来悬挂革带。衮服的地纹主要为卍字、寿字、蝙蝠、如意云纹，寓意“万寿洪福”。前襟和后背中部上、中、下各有三个团龙。

在织造十二章纹时，改变了衣织裳绣的传统，统一为织造的方法，或缂丝或刺绣，使衮服纹样整体效果和谐。同时，为了突出龙纹，将龙纹画为

图 11-2-13 明世宗画像（南薰殿旧藏）

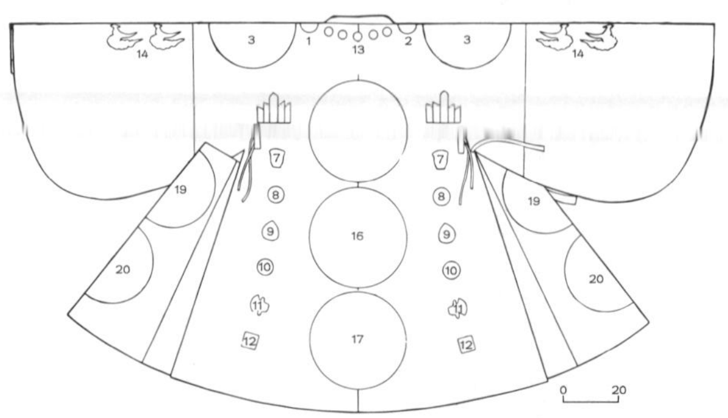

图 11-2-14 万历皇帝十二章圆领衮服和结构图（北京定陵出土）

图 11-2-15 万历皇帝十二章圆领衮服龙纹（北京定陵出土）

十二团龙。其他章纹处于从属地位，充分显示出皇权的至高无上。两肩部各有一团龙，左右两侧横摆上各有两个团龙，共十二个团龙（图 11-2-15）。每一团龙又单独为一完整图案，两侧饰有八吉祥图案 4 种，或为轮、螺、伞、盖，或为花、罐、鱼、盘绦。下部绛寿山富海，波涛翻滚，上部流云四绕，用色多达 20 余种。衮服左肩饰日，右肩饰月，背部为星辰、群山，两袖各两华虫，宗彝、藻、火、粉米、黼、黻六章对称分布于前后中部三团龙两侧。

（二）通天冠服（洪武元年定）

郊庙、省牲，皇太子诸王冠婚、醮戒时穿用。

通天冠：加金博山，附蝉十二，首施珠翠，黑介帻，组缨，玉簪导。其形象如《明宫冠服仪仗图》中的通天冠图示（图 11-2-16）。

绛纱袍（图 11-2-17）：深衣制。白纱内单（图 11-2-18），皂领褾襈裾。绛纱蔽膝（图 11-2-19），白假带，方心曲领（图 11-2-20）。白袜，赤舄（图 11-2-21），其革带、佩绶，与衮服同。因为绛纱袍是上下一体的深衣制，所以未配下裳（在传统服制中，下裳是与上衣配套使用），但却加饰了本应与下裳配套使用的蔽膝。这应该是明代制度的一个创举。

（三）皮弁服（洪武二十六年定）

明代皇帝的皮弁服为朔望视朝、降诏、降香、进表、四夷朝贡、外官朝觐、策士传胪时穿用。

图 11-2-17 《明宫冠服仪仗图》中的绛纱袍

图 11-2-18 《明宫冠服仪仗图》中的白纱内单

图 11-2-16 《明宫冠服仪仗图》中的通天冠

图 11-2-19 《明宫冠服仪仗图》中的绛纱蔽膝

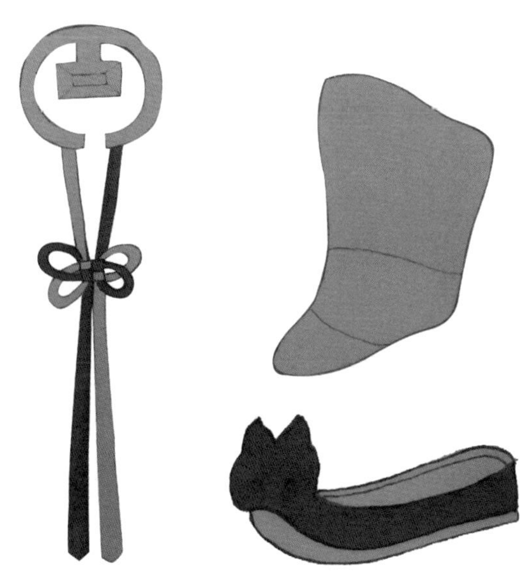

图 11-2-20 《明宫冠服仪仗图》中的方心曲领

图 11-2-21 《明宫冠服仪仗图》中的白袜、赤舄

皮弁冠（图 11-2-22）：乌纱为表，《明史·舆服志》和《大明会典》均言其："用乌纱冒之，前后各十二缝，每缝缀五彩玉十二以为饰，玉簪导，红组缨。"其形制已由最初尖锐之形转为圆缓的方形。《大明会典》与《中东宫冠服》（图 11-2-23）中所绘十二缝和九缝皮弁冠颇为相似。绛纱衣（图 11-2-24），白纱内单（图 11-2-25），蔽膝随衣色。白玉佩革带。玉钩苾，绯白大带。白袜，黑舄。

（四）武弁服（嘉靖八年定）

明代皇帝武弁服为亲征遣将时穿用。

弁冠：赤色，上锐，上十二缝，中缀五彩玉，落落如星状。北京明神宗定陵出土一顶盔甲（图 11-2-26），高 33 厘米，圆顶，平沿，盔顶坐金质真武大帝，外披道袍，内穿铠甲，披发跣足，手中持剑；盔面嵌金六甲神。盔缘与顶相接处用金莲瓣纹压缝。盔顶部缀束腰仰覆莲座，背后焊接三个金管插座，用来插盔缨、盔旗等。

服饰：韎衣、韎裳、韎韐，俱赤色。佩、绶、革带，如常制。佩绶及韎韐，俱上系于革带。舄如裳色。玉圭视镇圭差小，剡上方下，有篆文曰"讨罪安民"。明代皇帝武弁服如台北故宫博物院藏《出警入跸图》中身穿戎服骑马出行的明代皇帝形象（图 11-2-27）。深圳浪潮君物曾以此为素材设计过卫衣产品（图 11-2-28）。

（五）皇帝常服

明代皇帝常服使用范围最广，如常朝视事、日讲、省牲、谒陵、献俘、大阅等场合均穿常服。

洪武三年定：

首服：乌纱折角向上巾（内有网巾）。

服饰：盘领窄袖袍，束带间用金、琥珀、透犀。

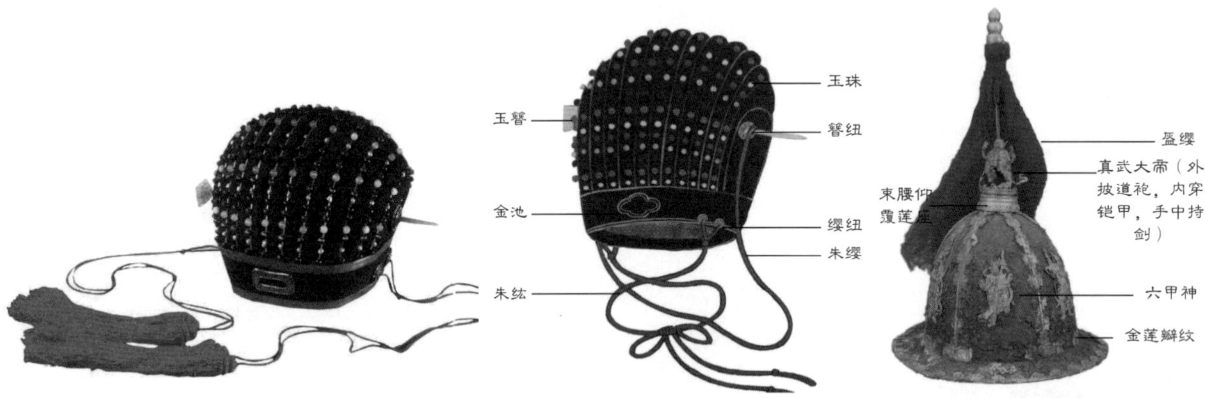

图 11-2-22　皮弁冠复原品（北京定陵万历帝棺内出土）

图 11-2-23　《中东宫冠服图》中十二缝皮弁冠

图 11-2-26　明代皇帝盔甲（北京明神宗定陵出土）

图 11-2-24　《中东宫冠服》中的绛纱衣

图 11-2-25　《中东宫冠服》中的白纱内单

图 11-2-27　《出警入跸图》中身穿戎服骑马出行的明代皇帝（台北故宫博物院藏）

图 11-2-28　以明代戎服为素材设计的卫衣（深圳浪潮君物出品）

永乐三年更定：

首服：冠以乌纱冒之，折角向上，其后名“翼善冠”。据王三聘《古今事物考》卷六记载：“其冠缨取象‘善’字，改名为‘翊（翼）善冠’。”其实物如北京定陵出土的金丝翼善冠（图11-2-29），出土时一顶戴在万历帝头上，以金丝编结制成，椭圆形冠口，嵌金口圈，内宽1.8厘米，外宽0.2厘米。冠通高24厘米，后山高22厘米，冠宽14.7厘米，冠口径20.5厘米，重826克。分作前屋、后山、角三部分，以粗金丝连缀，两个折角单独编成，下部插入长方形管内，后山嵌二龙戏珠。围绕后山下沿饰卷草纹花边一周，宽0.3厘米。冠上二龙戏珠，龙头结构分明，龙角另行制作然后焊接成立体状，背鳍排丝均匀流畅，龙身两侧以粗金丝为骨，龙身、龙腿、龙爪、背鳍和火球系用累丝方法编成镂空鳞状，龙身上的火焰是掐丝之后在火焰线形外框中填丝。

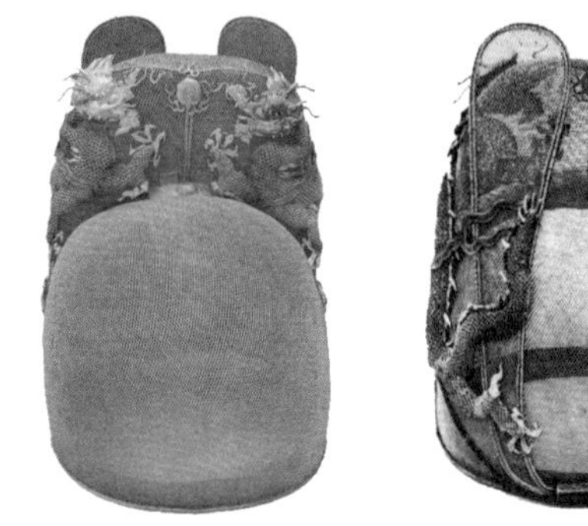

图11-2-29　金丝翼善冠（北京定陵万历皇帝墓出土）

乌纱翼善冠（图11-2-30）：北京定陵出土，用细竹丝编成六角形绸络状纹作胎，漆黑漆，内衬一层红素绢，外蒙一层黄素罗，再以双层黑纱敷面。后山前面嵌二龙戏珠，龙身为金丝累制成，龙首、鳍、爪系打造而成。每条龙各宝石十四块（猫眼石、黄宝石各两块，红、蓝宝石各五块），珍珠五颗（已全部腐朽）。冠后插金翅折角两个。折角作圆翅形，系用金片折卷制成，槽内残留有竹丝、细纱，证明折角内原也有竹胎纱面。下部为金制扁筒形插座，正面浮雕有升龙，下为三山形。龙首托字，一为“万”字，一为“寿”字。背面饰有云纹，两侧各有三个孔鼻，可以用线缝缀在冠盒上。冠沿缀有金累丝卷草纹花边，宽0.8厘米，冠径19厘米，通高23.5厘米。

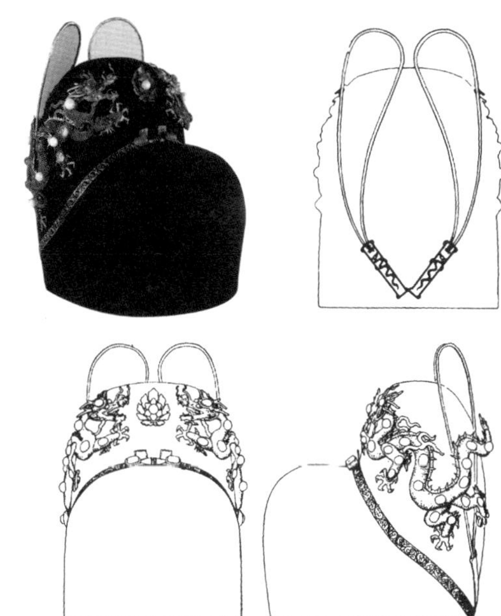

图11-2-30　乌纱翼善冠（北京定陵万历皇帝墓出土）

服饰：在前后及两肩各织金盘龙一条的盘领窄袖黄袍（图11-2-31），腰束玉带，脚穿皮靴。皇太子、亲王、世子、郡王的常服形制与皇帝相同，但袍用红色。

据《明史·舆服志》所载，洪武三年定明代皇帝常服“盘领窄袖袍”（盘领也称“圆领”），是唐代以降官制服装的主要形制。其形象如南熏殿旧

图11-2-31　《中东宫冠服》中的盘领窄袖黄袍

图 11-2-32　明太祖朱元璋像（南薰殿旧藏）

图 11-2-33　明成祖朱棣像（南薰殿旧藏）

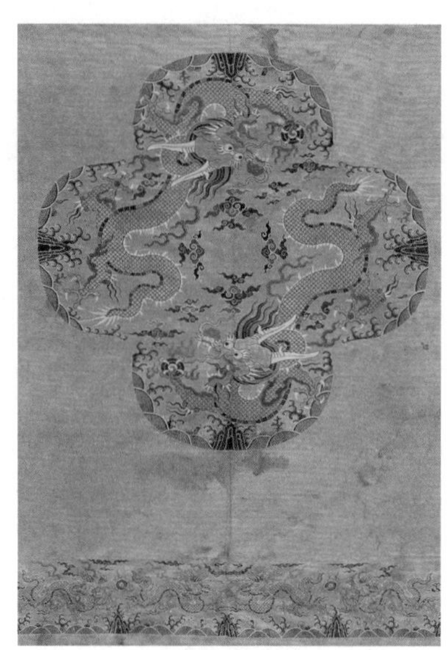
图 11-2-37　明代柿蒂龙纹织成袍服

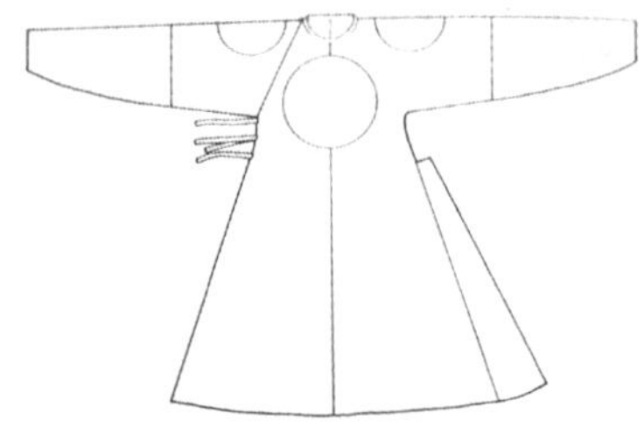
大襟前视式样

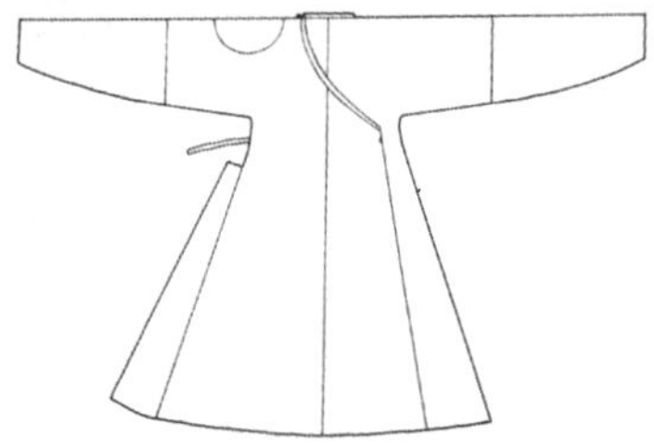
小襟前视式样

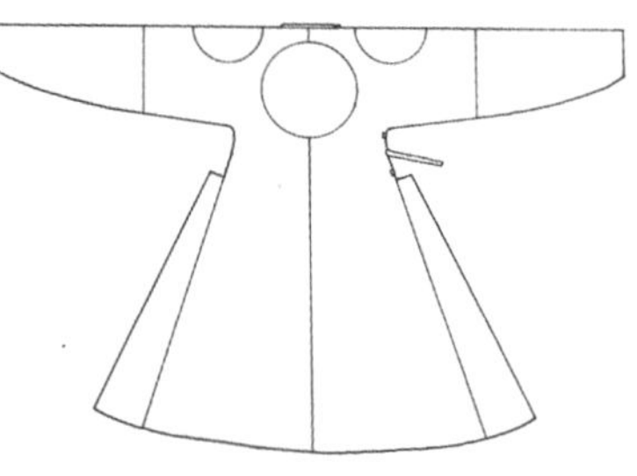
后视式样

图 11-2-34　盘金绣四团龙纹黄缎袍（鲁荒王墓出土）

藏明太祖朱元璋像（图 11-2-32）和明成祖朱棣像（图 11-2-33）中的服饰。永乐三年（1405 年），明成祖朱棣又在“盘领窄袖”的基础上加两肩和前后胸加饰织金盘龙。明英宗时，又在两肩团龙之上又加饰日（左肩）、月（右肩）纹章。其实物如鲁荒王墓出土的盘金绣四团龙纹黄缎袍（图 11-2-34）。

龙纹是中国古代统治阶层最重要的图案纹样（图 11-2-35）。明代龙纹造型趋于稳定，头如牛头、身如蛇身、角如鹿角、眼如虾眼、鼻如狮鼻、嘴如驴嘴、耳如猫耳、爪如鹰爪、尾如鱼尾。自明代起，龙纹被广泛应用在皇帝服装上。考察北京定陵出土服装实物，共有龙袍 62 件，质地有绸、缎、纱、妆花等，领型有交领和圆领之分，形制均为大襟右衽，长度在 121 厘米到 155 厘米之间，上面有圆形龙补或方形龙补，数量不一，有二龙、四龙、八龙、十龙之分。这些龙袍主要有以下四种式样（图 11-2-36）。

第一种是十二团龙十二章衮服（见图 11-2-14）。

第二种是四团龙袍，在前胸、后背和两肩各饰团龙纹一个，其中胸背为正龙，两肩为行龙。在此基础上，清代皇帝吉服袍又出现了“品”字形团龙布局的新形式（详见第十二章）。

第三种是柿蒂形龙袍，在盘领周围的两肩和胸背部形成柿蒂形装饰区。该种式样又可分为 a 式和 b 式两种：在两肩（行龙）、胸背（正龙或行龙）装饰四条龙和在柿蒂形内装饰两条过肩龙（龙头为正面，居于前胸后背，龙尾向肩部围绕，明代称这种纹案为“喜相逢”式），如明代柿蒂龙纹织成袍服（图 11-2-37）。

第四种是过肩通袖龙襕袍，即在第三种 b 式的基础上在袖部和前后襟下摆装饰有行龙的横襕（图 11-2-38）。明代鲁荒王墓出土龙袍 4 件，其中妆

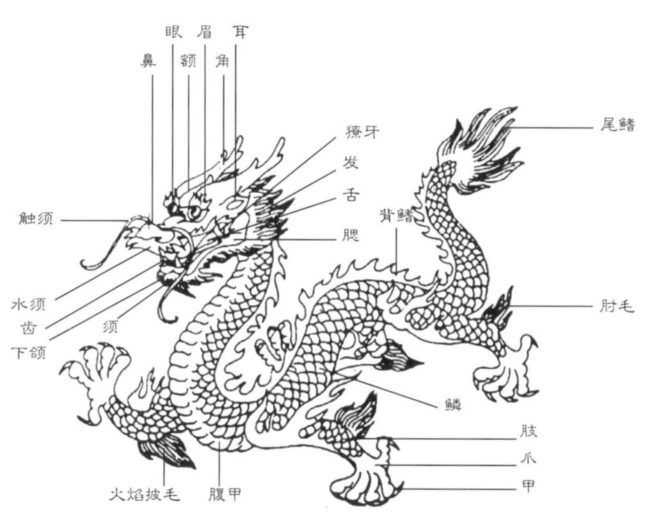

图 11-2-35　明代龙纹各部位名称

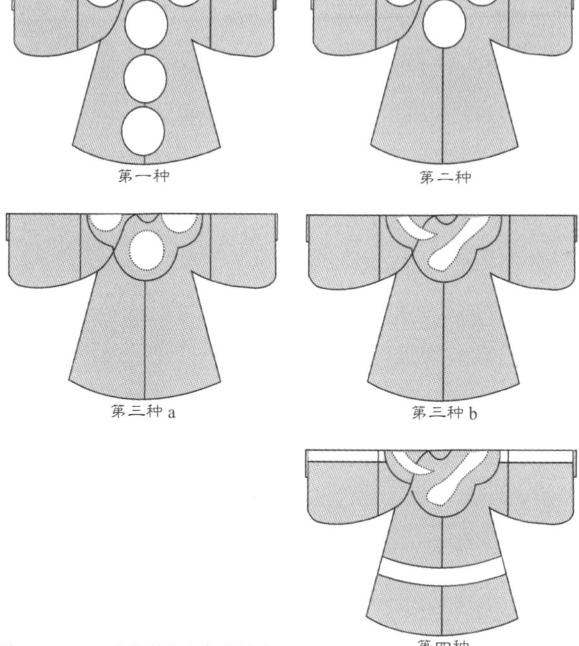

图 11-2-36　明代龙袍分布式样图

金柿蒂窠盘龙纹通袖龙襕缎辫线袍，长 125 厘米，上衣长 50 厘米，领宽 8.5 厘米，后部两侧各向外打折，外接一片，上窄下宽；右腋下钉 3 对罗带，圆领顶端仅存扣襻。在胸背及肩部织四团云龙纹。

（六）燕弁服（嘉靖七年定）

燕弁服是明世宗和内阁辅臣张璁参"玄端深衣"创制的一款服饰，用于皇帝燕居服。

据《明史·舆服志》载，皇帝燕弁冠中"冠匡如皮弁之制，冒以乌纱，分十有二瓣，各以金线压之，前饰五彩玉云各一，后列四山，朱条为组缨，双玉簪。"其式样如董进学者按照《大明会典》等历史文献和图像资料绘制的明代皇帝燕弁冠服（图 11-2-39）。

服如古玄端之制，黑色，青色缘边，两肩绣日月，前盘圆龙 1 条，后盘方龙 2 条，衣服缘边处饰 81 条龙纹，领与两袪共饰 59 条龙纹。衽同前后齐，共饰 49 条龙纹。黄色深衣制衬衣。素带，朱里青表，绿缘边，腰围饰以玉龙九。玄履，朱缘红缨黄结。白袜。该服装仅见于文献记载，尚未见到与之对应的实物和图像资料。

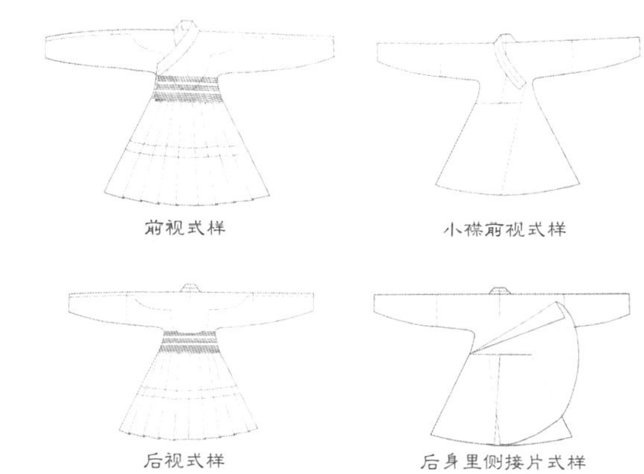

图 11-2-38　妆金柿蒂窠盘龙纹通袖龙襕缎辫线袍

图 11-2-39　明代皇帝燕弁冠服（撷芳主人绘）

三、百官朝服

明代官服体系按等级从高到低，包括朝服、祭服、公服、常服和忠靖服五个系列，每个系列的冠服各有文化寓意和等级标识。洪武二十六年（1393年），明政府制定了文武官朝服和公服式样。明代官员大祀庆成、正旦、冬至、圣节及颁降开读诏赦、进表、传制时穿朝服，具体式样见表11-3-1。其形象如岐阳世家五世追赠临淮侯李萼像（图11-3-1）和美国国立亚洲艺术博物馆藏颖国武襄公杨洪像（图11-3-2）。

梁冠，以冠上梁数为差。其实物如山东博物馆藏明代五梁冠（图11-3-3），似右侧遗失一梁，高27厘米，筒径18.5厘米。铜丝编织的网状颜题、云翅，纱质的冠顶，顶上现存有五道皮质的横梁。颜题前后与云翅的铜网上，装饰有金质的簪花、双凤。簪和缨遗失。

赤罗衣，白纱中单，青饰领缘，赤罗裳，青缘，赤罗蔽膝，大带赤、白二色绢，革带，佩绶，白袜黑履。明代朝服采用上衣下裳制。赤罗衣实物如山东曲阜博物馆藏明代赤罗朝服上衣（图11-3-4），红罗为料，长118厘米，腰宽62厘米，袖通长250厘米，袖宽73厘米。交领、大襟、右衽，领、襟、袖、摆处缘以15厘米的青罗缘。白纱中单实物如山东曲阜博物馆藏明代白纱中单（图11-3-5），长118厘米，腰宽65厘米，袖通长254厘米，袖宽69厘米，领、襟、袖摆处镶青罗宽边。赤罗裳实物如山东曲阜博物馆藏明代赤罗裳（图11-3-6），长89厘米，腰围129厘米，桔黄色腰围，青罗镶边。

表11-3-1　明代朝服制度

品级	梁冠	腰带	佩绶	服色
一品	七梁	玉带	云凤四色织成花锦	绯色
二品	六梁	犀带	云凤四色织成花锦	绯色
三品	五梁	金带	云鹤花锦	绯色
四品	四梁	金带	云鹤花锦	绯色
五品	三梁	银钑花带	盘雕花锦	青色
六品	二梁	银带	练鹊三色花锦	青色
七品	二梁	银带	练鹊三色花锦	青色
八品	一梁	乌角带	三色花锦	绿色
九品	一梁	乌角带	三色花锦	绿色

图11-3-1　岐阳世家五世追赠临淮侯李萼像

图11-3-2　颖国武襄公杨洪像（美国国立亚洲艺术博物馆藏）

图11-3-3　明代五梁冠（山东博物馆藏）

图 11-3-4　明代赤罗朝服上衣（山东曲阜博物馆藏）

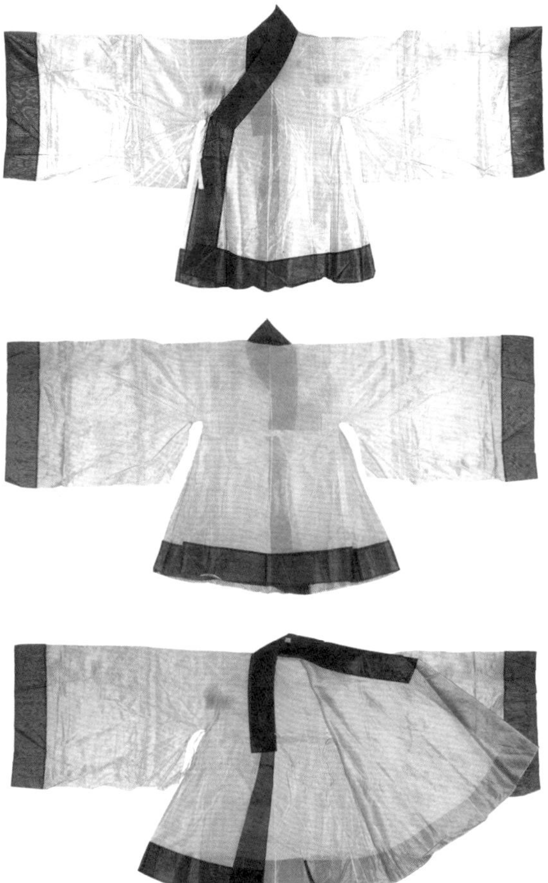

图 11-3-5　明代白纱中单（山东曲阜博物馆藏）

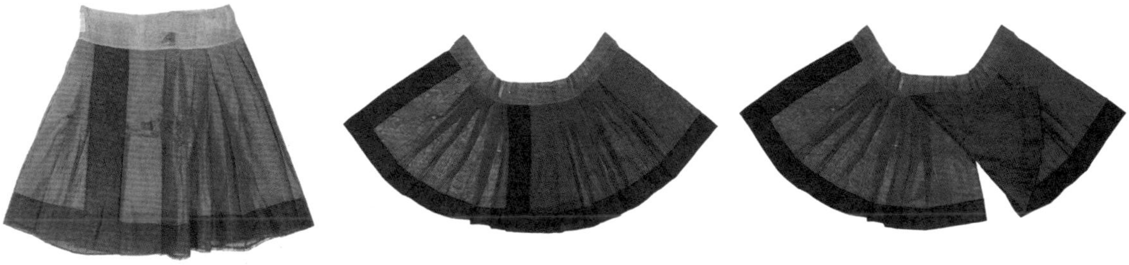

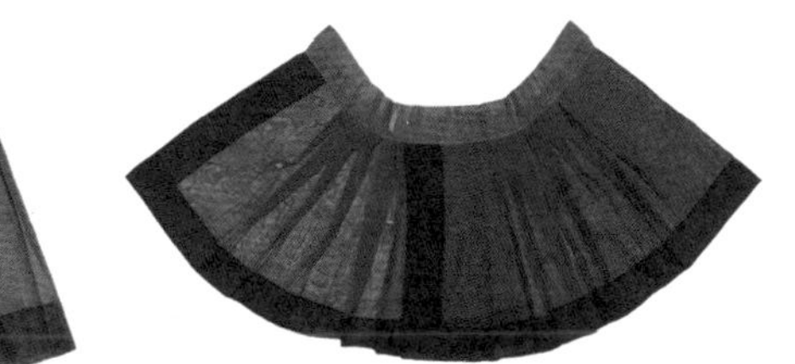

图 11-3-6　明代赤罗裳（山东曲阜博物馆藏）

四、百官公服

明代官员每日早晚朝奏事及侍班、谢恩、见辞时穿公服（图 11-4-1 ～图 11-4-3）。在外文武官，每日公座服之。明代公服配套的首服是幞头，身穿盘领袍。袜用青革，仍垂挞尾于下。靴用皂，具体式样见表 11-4-1。由于比朝服省略了许多烦琐的配饰（蔽膝、剑、绶等），所以公服又有“从省服”之称。

表 11-4-1　明代公服制度

品级	服色	花纹	尺寸	腰带
一品	绯色	大独科花	花径 5 寸	玉带
二品	绯色	小独科花	花径 3 寸	犀带
三品	绯色	散答花无枝叶	花径 2 寸	金荔枝带
四品	绯色	小杂花纹	花径 1.5 寸	金荔枝带
五品	青色	小杂花纹	花径 1.5 寸	乌角带
六品	青色	小杂花纹	花径 1 寸	乌角带
七品	青色	小杂花纹	花径 1 寸	乌角带
八品	绿色	–	–	乌角带
九品	绿色	–	–	乌角带

图 11-4-1　陆昶画像（南京博物院藏）

图 11-4-2　身穿青色公服的明代官员

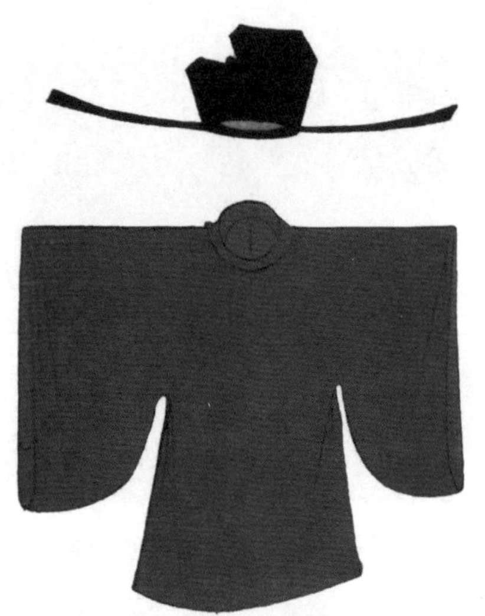

图 11-4-3　明代《中东宫冠服》中的公服

明代展脚幞头（图 11-4-4）与宋代的展脚幞头相似，展脚长一尺二寸，均为黑色，以罗纱为表，外髹以黑漆。明代展脚用粗铜丝制作骨架，上缠网状细铜丝，但较宋代展脚短且宽，两头上翘。

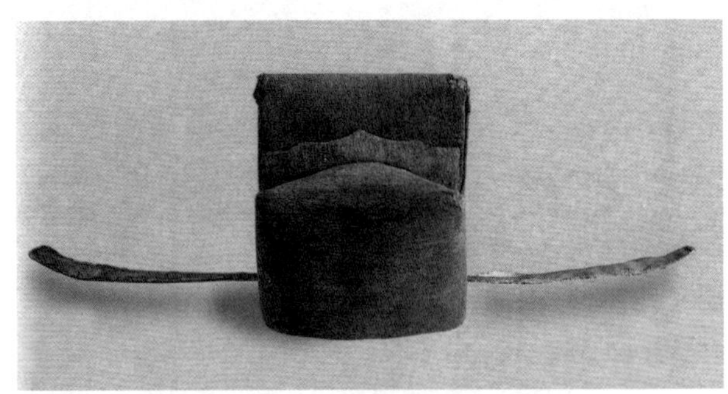

图 11-4-4　明代展脚幞头（山东曲阜孔府旧藏）

盘领袍，也称圆领袍，用纻丝或纱罗绢，袖宽三尺。盘领，即一种加有圆形沿口的传统领型。从画像上看，明代公服盘领袍袖口多为敞口不收祛，只是偶有收祛。在明代，盘领袍不仅官宦可用，士庶也可穿着，只是颜色有所区别。平民百姓所穿的盘领衣必须避开黄色、玄色等正色，其他如蓝色、赭色等无限制，俗称“杂色盘领衣”。其实物如山东曲阜博物馆藏明代素面赤罗袍（图 11-4-5），长 135 厘米，腰宽 65 厘米，袖通长 249 厘米，袖宽 72 厘米，圆领、右衽、宽袖，左右腋下有摆。

图 11-4-5　明代素面赤罗袍（山东曲阜孔府旧藏，现山东省博物馆藏）

五、百官常服

洪武三年（1370 年），明政府制定文武官常服。凡常朝视事、日常生活，明代官员常服搭配为乌纱帽、圆领、搭护、帖里、革带、皂靴等（图 11-5-1、图 11-5-2），具体式样见表 11-5-1。

明代官员常服乌纱帽实物如山东曲阜孔府藏明代平翅乌纱帽（图 11-5-3），高 20.9 厘米，口径

图 11-5-1　吕文英、吕纪《竹园寿集图》

图 11-5-2　明代身穿常服的沈度像

图 11-5-3　明代平翅乌纱帽（山东曲阜孔府藏）

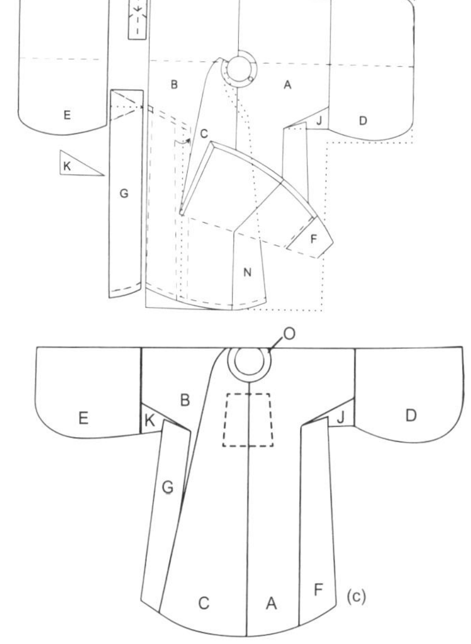

图 11-5-4　明代云鹤红罗圆领袍（左）和剪裁结构图（右）（山东曲阜孔府旧藏）

19.7 厘米。帽以革为框架，由绸、麻、纱装裱而成，帽前低后高，通体皆圆，有左右二翅横于帽后。

明代官员常服圆领袍实物如山东曲阜孔府旧藏明代云鹤红罗圆领袍（图 11-5-4）和明代素面青罗圆领袍（图 11-5-5）。后者身长 133 厘米，腰宽 58 厘米，袖通长 230 厘米，袖宽 46 厘米，圆领、右衽大襟、宽袖，右肩襟缀 1 对纽襻，右腋补缀 2 对系带，衣左右开裾，下摆内里贴橘红色宽边。从袖口收祛和此衣前后胸背留有缀补子的痕迹分析，应属于明代常服。其实物又如 1965 年江苏江杨庙公社明墓出土的暗黄色素绸圆领袍（图 11-5-6），单层，衣长 125 厘米，袖长 69 厘米，袖宽 54 厘米，腰身宽 72 厘米，下摆宽 112 厘米。袖口下部圆角，袖口上端仅空 18 厘米，下端缝合。领口有一枚缎纽扣，腰间用缎带系。胸前和背部各缝缀锦绣补子一方，补子长宽各 37 厘米，用金线织锦成麒麟、云纹和水纹。

明代官员常服最内为帖里，中层为无袖或短袖搭护（图 11-5-7），两侧有摆，外穿圆领。搭护的

表 11-5-1　明代常服制度

品级	补子		服色	冠	腰带
	文官	武官			
一品	仙鹤	狮子	杂色文绮、绫罗、彩绣	乌纱帽	玉带
二品	锦鸡	狮子			花犀带
三品	孔雀	虎豹	杂色文绮、绫罗		金钑花带
四品	云雁	虎豹			素金带
五品	白鹇	熊罴			银钑花带
六品	鹭鸶	彪	杂色文绮、绫罗		素银带
七品	鸂鶒	彪			素银带
八品	黄鹂	犀牛			乌角带
九品	鹌鹑	海马			乌角带
杂职	练鹊	–	–		–
风宪官	獬豸	–	–		–

领子上缀有白色护领，露在圆领外。这也似借鉴了唐人在圆领袍内穿半臂的习惯。明代后期，圆领内穿双摆的直身或道袍。

明代团领衫胸前、背后各缀一方形补子，故也称补服：文官绣双禽，比翼而飞，以示文明；武官绣兽，或蹲或立，以示威武。一至九品所用禽兽尊卑不一，借以辨别官品。文官：一品仙鹤，二品锦鸡，三品孔雀，四品云雁，五品白鹇，六品鹭鸶，七品鸂鶒，八品黄鹂，九品鹌鹑。武官：一品、二品狮子，三品、四品虎豹，五品熊罴，六品、七品彪，八品犀牛，九品海马。杂职：练鹊。风宪官：獬豸。

官服上织绣纹样，源于唐代。武则天当朝期间，曾有过在不同职别的官员袍上绣以各种不同纹样，如文官绣禽、武官绣兽。明清两代补子制作的方法主要有织锦、刺绣、缂丝和画绘（偶尔可见）四种。明代早期的官补尺寸较大，制作精良，而后期因财政见绌，质地日趋粗糙。

明代官服衣袖肥大至极，成为显著特点（图11-5-8）。1969年格蕾（Gres）夫人设计的晚礼服借鉴了这种圆领和大袖的结构，尤其是夸张到极限的大袖口，体现了设计师惊人的造型设计和驾驭力（图11-5-9）。模特头顶束起的发髻更是配合衣袖，将中国元素准确点题。

六、皇帝赐服

除补服之外，尚有皇帝特恩授予特定人物的赐服，即一品斗牛，二品飞鱼，三品蟒，四品、五品麒麟，六品、七品虎、彪等纹样袍服。其式样如头戴幞头身穿蟒服的明代官员王鏊像（图11-6-1）、山东曲阜孔府藏明代彩绣香色罗蟒袍平展图（图11-6-2）和山东曲阜孔府藏明代麒麟吉服袍实物（图11-6-3）。本书著者以麒麟袍为灵感，设计了符合当代审美品位的麒麟卫衣（图11-6-4）。

这四种纹样粗看起来无异，仔细辨别却有显著区别。蟒是四爪的龙形动物。麒麟为传说中的鹿身、牛尾、马蹄、鱼鳞状的仁兽，性情温和，武而不害百姓，勇而不践踏生灵，猛而不折损树草，与龙、凤、

图 11-5-5 明代素面青罗圆领袍（山东曲阜孔府旧藏）

图 11-5-6 暗黄色素绸圆领袍（江苏南京博物馆藏）

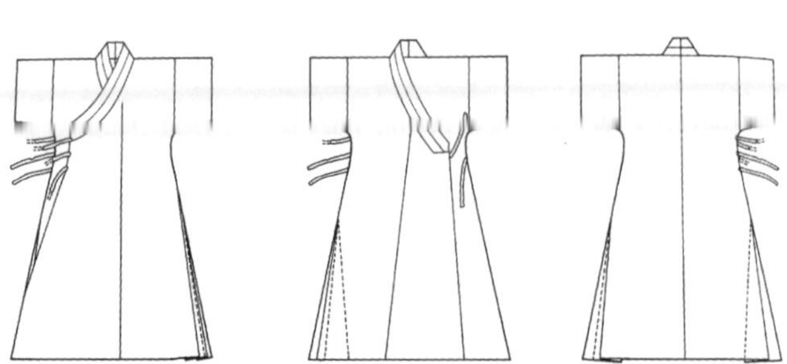

图 11-5-7 交领短袖黄缎搭护

龟并称四灵。鹿、牛、马、鱼皆为中国人的崇拜物或吉祥物，说明了中国人“集美”的思想。斗牛（图 11-6-5）的外形与龙、蟒相类，斗牛角为弯曲状，龙为直角。

身上有翼和鱼尾的蟒形动物称飞鱼（图 11-6-6）。飞鱼类蟒，亦有二角。所谓飞鱼纹，是作蟒形而加鱼鳍、鱼尾为稍异，非真作飞鱼形。《山海经·海外西经》记载：“龙鱼陵居在其北，状如狸（或曰龙鱼似狸一角，作鲤）。”因能飞，所以一名飞鱼，头如龙，鱼身一角，服式为衣分上下两截相连，下有分幅，二旁有辟积。飞鱼的神性是“眼之不畏雷”，与雷神存在着某种联系，具有雷神的神性和神力。

服装上有飞鱼纹样的称飞鱼服，是在明代仅次于蟒服的一种赐服。其实物如山东曲阜孔府藏明代赐予衍圣公的飞鱼服（图 11-6-7）。它是明代锦衣卫朝日、夕月、耕耤、视牲所穿官服，由云锦中的妆花罗、妆花纱、妆花绢制成，除此之外只有蒙皇帝恩赐，才可穿着。明代锦衣卫的两个特征是：手持绣春刀，身穿飞鱼服。正德十三年（1518 年）曾赐一品官斗牛服色，二品官飞鱼服色。据《明史》记载，飞鱼服在弘治年间时一般官民都不准穿着，即使公、侯、伯等违例奏请，也要“治以重罪”。后来明朝规定，二品大臣才可以穿着飞鱼服。景泰、正德年以后，在品官制服之外赏赐飞鱼服、斗牛服、麒麟服。

基于明代传统服装元素，北京控弦司复原的明代飞鱼服（图 11-6-8）和本书著者监制、浪潮君物出品的飞鱼纹卫衣（图 11-6-9）等相关文创服装设计产品受到国内汉服爱好者和时尚消费市场的好评和喜爱。这些都是当代艺术借鉴传统纹样的有益尝试。

图 11-5-8　明代官员常服像

图 11-5-9　1969 年 Gres 夫人设计的晚礼服

图 11-6-1　头戴幞头、身穿蟒服的明代官员王鏊像

图 11-6-2　明代彩绣香色罗蟒袍平展图（山东曲阜孔府藏）

图 11-6-3　明代麒麟吉服袍（山东曲阜孔府藏）

图 11-6-4　鸿运麒麟卫衣（贾玺增设计）

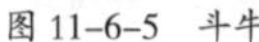
图 11-6-5　斗牛

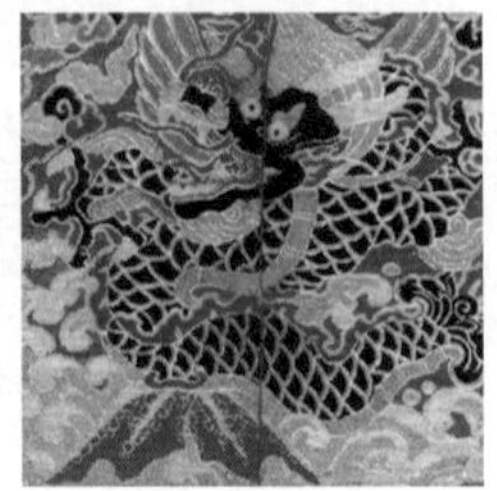
图 11-6-6　飞鱼

图 11-6-7　明代赐予衍圣公的飞鱼服（山东曲阜孔府藏）

七、凤冠霞帔

（一）皇后礼服（图 11-7-1）

礼服是命妇朝见皇后、礼见舅姑、丈夫及祭扫时的服饰，主要有凤冠（图 11-7-2）、袆衣、翟衣、大袖衫、霞帔、背子、比甲和裙等。

据《明史》记载，洪武三年（1370 年）定制，皇后在受册、谒庙、朝会时穿的礼服为如下。

首服：九龙四凤冠，圆框冒以翡翠，大、小花树各十二，博鬓二个、钿十二个。北京定陵出土明代凤冠共有四顶，分别是“十二龙九凤冠”（图 11-7-3）“九龙九凤冠”“六龙三凤冠”和“三龙二凤冠”。

服饰：深青地袆衣（图 11-7-4），画红加五色翟（雉鸟）等（行），黻领、朱罗，素纱中单，深青色地镶酱红色边绣三对翟鸟纹蔽膝（图 11-7-5），深青色上镶朱锦边、下镶绿锦边的大带，青丝带作纽约。玉革带。青色加金饰的袜、舄（图 11-7-6）。

图 11-6-8　北京控弦司复原明代飞鱼服（雪飞君）

据《明史》记载，皇后礼服在永乐三年（1405 年）改为如下。

首服：九龙四凤冠，饰翠龙九、金凤四，中一龙衔大珠，上有翠盖，下垂珠结；余皆口衔珠滴、珠翠云四十片，大小珠花各十二，翠钿十二个，博鬓二个，饰以金龙翠云，皆垂珠滴。翠口圈一副，上饰珠宝钿花十二，翠钿十二。托里金口圈一副。珠翠面花五样。珠排环一对。描有金龙纹，顶有二十一颗珠的黑罗额子一件。

服饰：深青色翟衣，上织十二对翟鸟纹间以小轮花，红领褾（袖端）襈（衣襟侧边）裾（衣襟底边），织金色小云龙纹。中单，玉色纱，红领褾襈

图 11-6-9　飞鱼纹卫衣（浪潮君物出品）

图 11-7-1 明代皇后礼服像（撷芳主人绘）

图 11-7-2 明代《中东宫冠服》中的凤冠

图 11-7-3 明代十二龙九凤冠（北京定陵出土）

图 11-7-4 明代《中东宫冠服》中的袆衣

图 11-7-5 明代《中东宫冠服》中的蔽膝

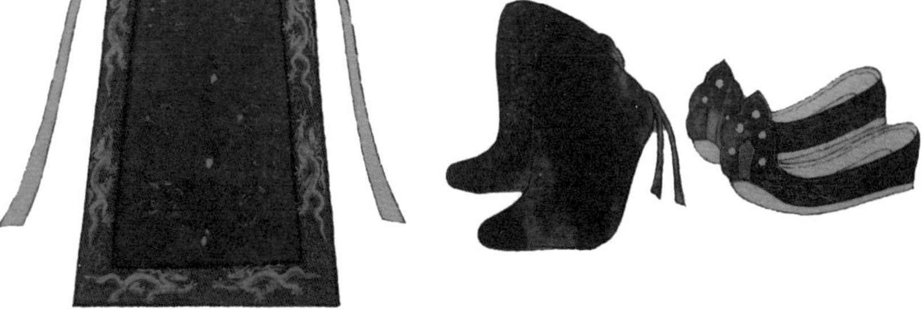

图 11-7-6 明代《中东宫冠服》中的青色袜和舄

裾，织黻纹十三。蔽膝，深青，织翟鸟三对间以小轮花四对，酱深红色领缘织金小云龙纹。玉革带用青绮包裱，描金云龙，上饰玉饰十件，金饰四件。青红相半的大带下垂部分织金云龙纹。青绮副带一。五彩大绶一，小绶三。玉佩两副。青色描金云龙袜、舄，每舄首饰珠五颗。其形象如南熏殿旧藏明代孝和皇后像（图 11-7-7）。

（二）皇后常服

据《明史》记载，皇后常服在永乐三年（1405 年）改为如下。

首服：皂縠冠附翠博山（即额前帽花），上饰一颗金龙翊珠，两枚翠凤衔珠，前后各两朵牡丹，花八蕊，三十六片翠叶。两支珠翠穰花鬓，二十一片珠翠云，一副翠口圈。九朵饰珠金宝钿花，两支口衔珠结金凤。三枚饰鸾凤博鬓。二十四支金宝钿，边垂珠滴。两枚金簪。珊瑚凤冠紫一副。

服饰：黄色大衫，深青色霞帔，织金云霞龙纹，或绣或铺翠圈金，即先用孔雀羽线铺绣花纹，再用捻金线圈绣花纹轮廓。饰以瑑龙纹，即雕有龙纹的玉坠子。深青色绣团龙四襈袄子（即褙子）。红色鞠衣，前后织金云龙纹，或绣或铺翠圈金，饰以珠。红线罗大带。黄色织金彩色云龙纹带、玉花彩结绶、以红绿线罗为结，一朵玉绶花，一根红线罗系带。两片白玉云样玎珰，一个金如意云盖，一块金方心云板。青袜舄。明代后妃黄色大衫形象如南熏殿旧藏明成祖仁孝皇后像（图 11-7-8）和明代孝纯皇后像（图 11-7-9）。明代《中东宫冠服》有真红大袖衣（图 11-7-10）和黄色大衫的示意图（图 11-7-11）。此外，《岐阳世家文物图像册》中的曹国长公主像也是我们认识明代命妇礼服的重要图像资料（图 11-7-12）。

在《明会典·冠服》中，除了皇后常服有“鞠

图 11-7-7 《明代孝和皇后像》（南熏殿旧藏）图 11-7-8 明成祖仁孝皇后像（南薰殿旧藏） 图 11-7-9 明代孝纯皇后像（南薰殿旧藏）

图 11-7-10 明代《中东宫冠服》中的真红大袖衣

图 11-7-11 明代《中东宫冠服》中的黄色大衫

衣红色”，还有皇妃礼服“鞠衣青色、胸背鸾凤云文，用织金或绣，或加铺翠圈金饰以珠。燕居服用素，除黄色外，余色及杓丝纱罗随用。”皇太子妃常服“鞠衣青色、胸背鸾凤云文，用织金或绣，或加铺翠圈金饰以珠。”

明代后妃红色鞠衣实物如2001年江西南昌宁靖王夫人吴氏墓出土的妆金团凤纹补鞠衣（图 11-7-13）。该实物出土时穿于墓主人素缎大衫、霞帔、妆金四合云肩通袖襕夹袄之内。高丹丹学者、王亚蓉先生在《浅谈明宁靖王夫人吴氏墓出土“妆金团凤纹补鞠衣”》一文中对该实物进行了缜密的分析和研究，原文记载：衣身上下分裁，腰部缝合；上衣衣长 53.5 厘米，下裙长 71.5 厘米；大襟右衽、圆领，领口在右肩上部开口，用一盘扣系结；衣身外襟与衣身用两组系带系结（衣身右腋下系带残缺），内襟与右腋内里一组系带系结；通袖长 235 厘米，袖根肥 27.5 厘米，袖口宽 16 厘米，根部收紧，袖摆肥大，袖口收拢，袖底缘呈弧线型；腰部两侧前后共捏有四个腰褶，褶自腰部向上缝合至胸部两侧，能够灵活控制衣身松量。向下为活褶呈散开状，下摆呈扇形，围度更为宽大；下裙为十二幅梯形面料拼缝而成，裙长及踝；面料为五枚三飞缎，并于前胸、后背处织妆金“鸾凤云纹”团补；鞠衣内无衬里，在大、小门襟边缘、两袖口、腰部接缝、裙摆侧缝及下摆内侧等处共贴缝十五条素绢边。

与明代妆金团凤纹补鞠衣同类的是孔府旧藏明代赭红凤补女袍（图 11-7-14）。后者衣长 147 厘米，腰宽 41 厘米，袖通长 201 厘米，袖宽 41 厘米。盘领、右衽大襟、宽袖收口，下摆前短后长，前胸后背各缀一彩绣流云双凤纹团形补。其上衣的形制与吴氏墓鞠衣十分相似，但赭红凤补女袍的衣裳相连，为整幅布裁剪而成，且下摆两侧开衩，前短后长，

图 11-7-12 明代命妇礼服各部位名称示意图

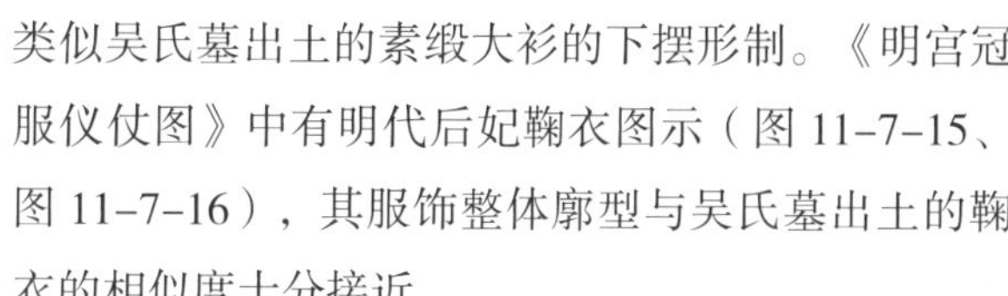

类似吴氏墓出土的素缎大衫的下摆形制。《明宫冠服仪仗图》中有明代后妃鞠衣图示（图 11-7-15、图 11-7-16），其服饰整体廓型与吴氏墓出土的鞠衣的相似度十分接近。

据《明史》记载，洪武五年定品官命妇冠服如下。

一品礼服：头饰为松山特髻，五株翠松，八支口衔珠结的金翟。正面一支珠翠翟，四朵珠翠花，三朵珠翠云喜花，一枚珠翠飞翟，四把珠翠梳，一支金云头连三钗。衣服为真红大袖衫，深青色霞帔，褙子，霞帔上施蹙金绣云霞翟纹，钑花金坠子。褙子上施金绣云翟鸟纹。

一品常服：头饰用珠翠庆云冠，三支珠翠翟，一支口衔珠结的金翟。两朵鬓边珠翠花，一双小珠翠梳，一枚金云头连三钗，两支金压鬓双头钗，一把金脑梳，两支金簪，一双金脚珠翠佛面环。镯钏都用金。衣服为长袄、长裙，长袄镶紫或绿边，上施蹙金绣云霞翟鸟纹，看带用红、绿、紫，上施蹙金绣云霞翟鸟纹。长裙横竖金绣缠枝花纹。

图 11-7-13 明代妆金团凤纹补鞠衣（江西南昌宁靖王夫人吴氏墓出土）

图 11-7-14 明代赭红凤补女袍（山东曲阜孔府旧藏）

图 11-7-15 《明宫冠服仪仗图》中明代皇后鞠衣图示　图 11-7-16 《明宫冠服仪仗图》中后妃鞠衣图示

二品礼服：除特髻上少一支口衔珠结的金翟外，与一品相同。

二品常服：亦与一品同。

三品礼服：特髻，上插六支口衔珠结的金孔雀。一支正面珠翠孔雀，两支后鬓翠孔雀。霞帔上施蹙金云霞孔雀纹，钑花金坠子。褙子上施金绣云霞孔雀纹。余同二品。

三品常服：冠上珠翠孔雀三支，口衔珠结金孔雀两支。长袄，看带或紫或绿，并绣云霞孔雀纹，长裙横竖襕并绣缠枝花纹。余同二品。

四品礼服：特髻，上插两支金孔雀，此外与三品同。

四品常服：与三品同。

五品礼服：特髻，上插四支口衔珠结的银镀金鸳鸯。正面一支珠翠鸳鸯，三朵小珠铺翠云喜花，一枚后鬓翠鸳鸯，一枚银镀金云头连三钗，一把小珠帘梳。霞帔上施绣云霞鸳鸯纹，镀金银钑花坠子。褙子上施云霞鸳鸯纹。余同四品。

五品常服：冠上插三支小珠翠鸳鸯，两支银镀金鸳鸯挑珠牌。鬓边小珠翠花两朵，一枚云头连三钗，梳一把，压鬓双头钗两支，镀金簪两支，银脚珠翠佛面环一双。镯钏皆银镀金。长袄镶边绣云霞鸳鸯纹，横竖襕绣缠枝花纹长裙。余同四品。

六品、七品礼服：特髻，上插翠松三株，四支口衔珠结的银镀金练雀。正面一支银镀金练雀，小朱翠花四朵，后鬓翠梭毬一个，翠练雀两支，翠梳四把，银云头连三钗一枚，珠缘翠帘梳一把，银簪

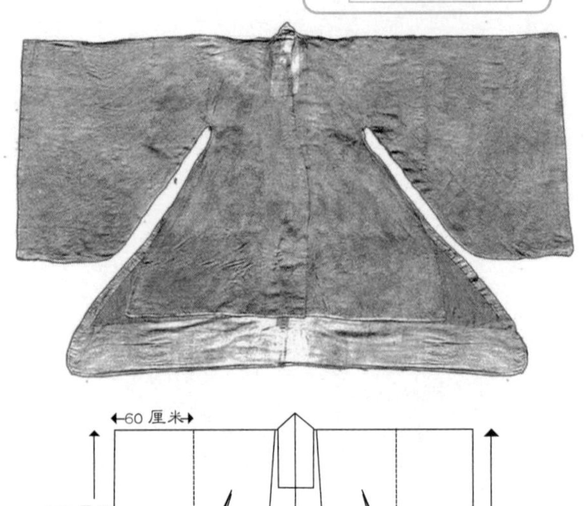

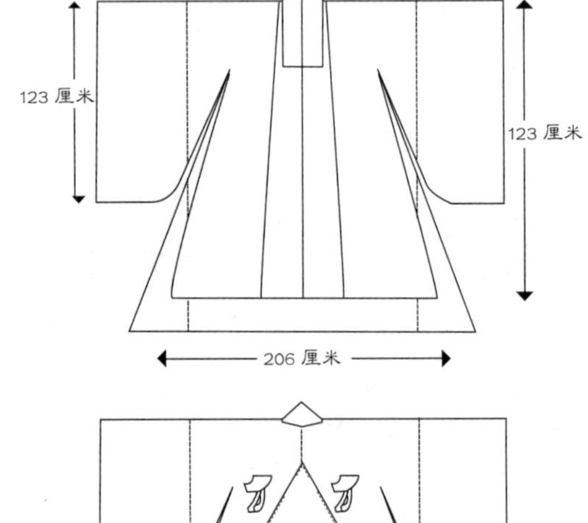

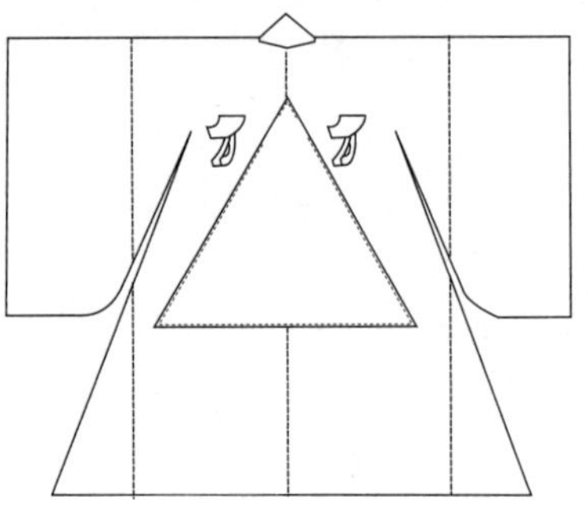

图 11-7-17 大衫实物与结构图（江西南昌华东交通大学校园内明代宁靖王夫人吴氏墓出土）

两支。大袖衫绣云霞练雀纹霞帔，钑花银坠子。褙子上施云霞练雀纹，余同五品。

六品、七品常服：冠上饰镀金银练鹊三支，又镀金银练鹊两支，挑小珠牌，镯钏皆用银。衣服为有边长袄，紫或绿绣云霞练鹊文看带，横竖襕绣缠枝花纹长裙。余同四品。

八品、九品礼服：首饰为小珠庆云冠，三支银间镀金银练鹊，又两支银间镀金银练鹊，挑小珠牌，一枚银镀金云头连三钗，两支银镀金压鬓双头钗，一把银镀金脑梳，银间镀金簪两支。大袖衫绣缠枝花纹霞帔，钑花银坠子。褙子绣摘枝团花纹。及襟侧镶边绣缠枝花长袄。余同七品。

图 11-7-18 明代命妇像（普林斯顿大学艺术博物馆藏）

图 11-7-19 明代《周用家族四代肖像》

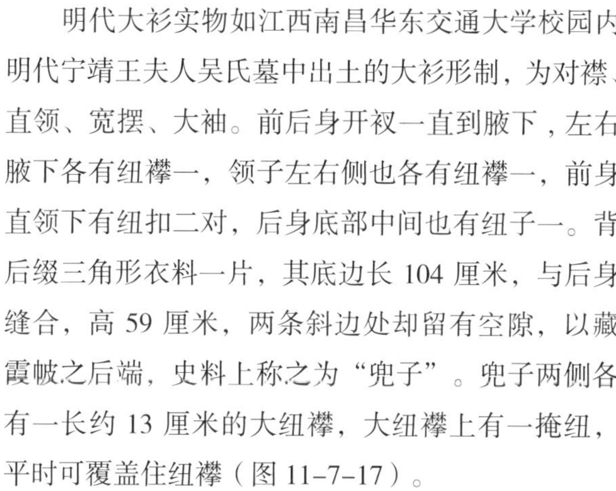

明代大衫实物如江西南昌华东交通大学校园内明代宁靖王夫人吴氏墓中出土的大衫形制，为对襟、直领、宽摆、大袖。前后身开衩一直到腋下，左右腋下各有纽襻一，领子左右侧也各有纽襻一，前身直领下有纽扣二对，后身底部中间也有纽子一。背后缀三角形衣料一片，其底边长 104 厘米，与后身缝合，高 59 厘米，两条斜边处却留有空隙，以藏霞帔之后端，史料上称之为“兜子”。兜子两侧各有一长约 13 厘米的大纽襻，大纽襻上有一掩纽，平时可覆盖住纽襻（图 11-7-17）。

明代霞帔是命妇礼服（大衫霞帔）的主要构成和标志元素。由于礼服的穿用场合很少，于是在一些吉服场合（新婚、寿诞、画像留影等），霞帔脱离了大衫单独搭配圆领袍或云肩通袖袍，如《傅太孺人挽诗序》云：“每嘉时吉日，太孺人云冠霞帔坐堂上，诸妇孙……奉觞上寿。”其形象如普林斯顿大学艺术博物馆藏明代命妇像（图 11-7-18）和明代《周用家族四代肖像》（图 11-7-19）。前者头戴五翟珠冠，头勒凤穿牡丹珠子箍，身穿四合如意云纹大衫，披仙鹤云纹霞帔，内穿仙鹤补圆袍，青色交领长衫，白色竖领衫，下着官绿织金璎珞出珠碎八宝裙，坐于剔犀交椅之上。明代服制在以鸟兽补子来确定文武百官等级的同时，也以霞帔的纹饰和饰件来区分命妇的等级，见表 11-7-1。

明代霞帔实物如江西南昌华东交通大学校园内明代宁靖王夫人吴氏墓出土的霞帔（图 11-7-20），长 245 厘米、宽 13 厘米罗带，一端裁成斜边，后缝合（呈尖角），另缝三条横襻，以悬挂帔坠。距罗带尖端 120.5 厘米处内侧各缝扣一，可与大衫领侧的两个纽襻相扣。另距上端 90 厘米处内侧各缝系带。可相互系合在身后，以固定两带间距离。两带以扣襻为中心分为前后两段，前段绣有四只翟鸟，后段绣三只翟鸟。每只翟鸟约长 17 厘米，展翅，直尾。

霞帔坠子实物如江西南昌明墓出土的凤纹金帔坠（图 11-7-21）、河南上蔡县明太祖朱元璋之孙顺阳王墓出土的金凤纹帔坠（图 11-7-22）和北京

图 11-7-20　明代霞帔（江西南昌华东交通大学校园内明代宁靖王夫人吴氏墓出土）

图 11-7-21　明代金凤纹帔坠（江西南昌明墓出土）

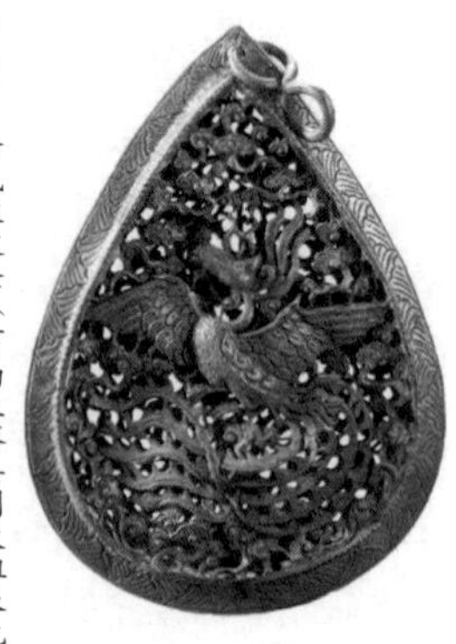

图 11-7-22　金凤纹帔坠（河南上蔡县明太祖朱元璋之孙顺阳王墓出土，河南博物院藏）

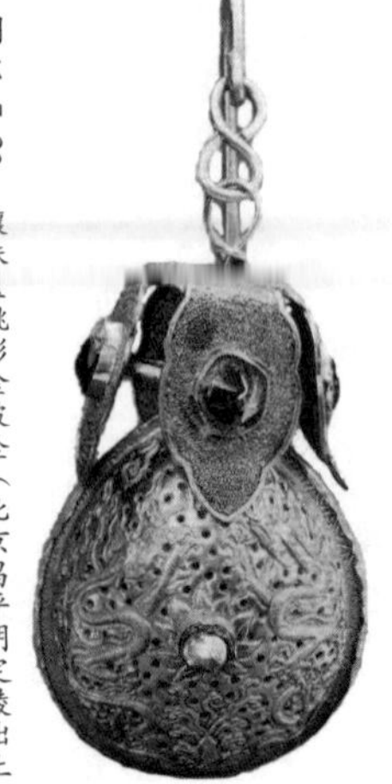

图 11-7-23　镶珠宝桃形金帔坠（北京昌平明定陵出土）

图 11-7-24　木镶银鎏金双六边形帔坠（上海顾从礼家族明代墓）

昌平明定陵的镶珠宝桃形金帔坠（图 11-7-23）。定陵镶珠宝桃形金帔坠，高 16.5 厘米，体高 9.4 厘米，器身呈桃形，中空，两面分别镂刻着二龙戏珠及海水江崖和云纹，正中部镶嵌一颗象征火珠的珍珠。此坠上端以金链与花托形四叶拢合而成的蒂形相连，四叶细密的叶脉纹是用金丝掐制而成的，每叶中心嵌宝石一块，共有红、蓝宝石各二块。明代后期的帔坠从单一的坠子发展为成组的底边垂饰，如上海顾从礼家族明代墓出土的一件霞帔上部系一件银鎏金白玉花鸟纹鸡心形帔坠，下部系木镶银鎏金双六边形帔坠（图 11-7-24）和六件银瓜果六边形帔坠。

表 11-7-1　明代品官命妇霞帔等级制度（洪武元年）

品级	霞帔纹样	霞帔装饰	坠子材质
一品	金绣文霞帔	金珠翠装饰	玉坠子
二品	金绣云肩大杂花霞帔	金珠翠装饰	金坠子
三品	金绣大杂花霞帔	珠翠装饰	金坠子
四品	绣小杂花霞帔	珠翠装饰	金坠子
五品	销金大杂花霞帔	生色画绢起花装饰	金坠子
六品、七品	销金小杂花霞帔	生色画绢起花装饰	镀金银坠子
八品、九品	大红素罗霞帔	生色画绢装饰	银坠子

八、鬏髻头面

与宋元相比，明代金银首饰显示出的一个最大变化是类型与样式的增多，在名称上，有了细致的分别。大大小小的簪钗，都按照插戴位置的不同，或纹饰、式样、长短的不同，而各有名称。与唐宋时期贵族女性在各种礼仪场合将发髻高绾出各种造型不同，明代女性绾发只是用于私人燕居时的普通场合。这时的礼仪风尚是在头上戴“凤冠”或“鬏髻”。前者始自宋代，是明代命妇朝见皇后、礼见舅姑、丈夫及祭扫时的礼服；后者创自元，是明代已婚女性普通礼仪场合戴用的首服。

鬏髻，是明代妇女常用的发饰之物，一般用铁丝织圜，外编上发，做成一种比原来的发髻高出许多的固定装饰物，时称“鼓”，戴时罩在髻上，以

图 11-8-1　明代一品命妇像

图 11-8-2　明代命妇冠服像

图 11-8-3　明代嵌红蓝宝石金头面（江苏南京将军山沐斌夫人梅氏墓出土）

图 11-8-4　明代嵌红蓝宝石金头面复原作品（头面由中国传统首饰工作室“风陵渡”复原，明代圆领袍由“明华堂“工作室复原）

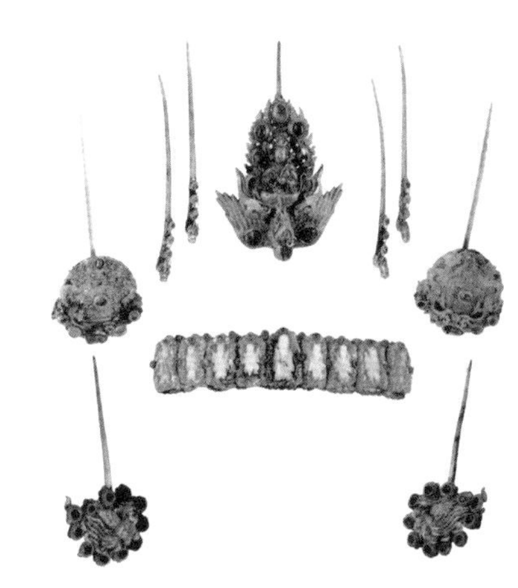
图 11-8-5　头面（明代益宣王孙妃墓出土）

簪绾住头发。在其上可以插挂各种首饰饰件。其式样如明代命妇像（图 11-8-1）和汪世清太君容像（图 11-8-2）中人物头上戴的首服式样。在洪武四年后，为了与平民女子区别，明代命妇的鬏髻改称特髻。据《明史·舆服志》记载，洪武四年（公元 1371 年）更定皇后常服“冠制如特髻，上加龙凤饰”洪武五年（公元 1372 年）又改为品官命妇礼服和常服的首服均为特髻。其等级差别在于上面装饰的金翟、珠翠花、珠翠云喜花、珠翠梳等的数量。其实物如江苏南京市博物馆藏南京将军山沐斌夫人梅氏墓出土的明代嵌红蓝宝石金头面（图 11-8-3）。全套头面插戴于命妇鬏髻上的效果如中国传统首饰工作室“风陵渡”的复原效果（图 11-8-4）。

鬏髻的出现，使金银首饰以一副头面为单位，形成了比较固定的组合关系。一副头面包括挑心、分心、鬓钗、掩鬓、顶簪、钿儿等，其装饰题材也统一呼应。据《天水冰山录》载：内有金厢（镶）珠玉首饰二十三副；金厢（镶）珠宝首饰一百五十九副。每副皆由多件构成一组，其材料弥足珍贵，如珍宝、宝石、珊瑚等；工艺精湛，如金镶珠宝、金累丝等；首饰名目之多，题材之广泛，在发饰上，将花草、鸟禽、动物、人物、楼阁、佛塔以及三顾茅庐等历史故事浓缩于其中。

挑心，是插戴于明代女子鬏髻前正当心部位的簪子。其脚在簪头的背后，为十几厘米长与簪子平行的一道弯弧，戴时由下至上插入鬏髻。其质多为金，又或金镶玉、银镶玉，工艺则以锤揲、累丝、錾刻、镶嵌的基础上加以浮雕和镂空的方法。其实物如明代益宣王孙妃墓出土的头面（图 11-8-5）中的金挑心，是一只展翼飞翔的金凤，两个翅膀一边一颗红宝石，嵌着宝的尾羽如一扇立屏，金凤上坐着西王母，披云肩，着凤冠，方驾鸾而行。

分心是指插戴在鬏髻下沿部前后，中间高、两侧低的一溜荷花瓣尖拱形饰物。其造型和题材是从北方辽金地区流行的“菩萨冠”演变而来的，在宋代中原地区也有使用，如浙江永嘉窖藏发现三件。其中之一是簪首做成16厘米长的一道弯弧，联珠纹沿边，中间装点各式花卉巧朵，簪首背面中央，一支垂直向后的扁平簪脚，其质为银。如果分心插于发髻后面，其造型较高，则可称为“满冠”，即所谓“后用满冠倒插”。其式样如明人绘《明宪宗元宵行乐图》中宫中后妃们所戴满冠，均为高高耸起的式样（图11-8-6）。

鬓钗是自下向斜上方插于女性鬓发边的簪子。《敦煌变文集·维摩诘经讲经文》载：“鬓钗斜坠，须凤髻而如花倚药栏；玉貌频舒，素蛾眉而似风吹莲叶。”由于插戴在鬓部，其簪脚多为扁平。与用于绾发的簪子不同，鬓钗的功能主要是装饰之用。鬓钗造型是从元代流行的如意簪演变而来，其簪顶端的“耳挖”被花朵、草虫造型所取代。

掩鬓是簪脚扁平状，下垂过耳，鬓首为云朵状的花钿、翠叶之类的鬓边簪子。掩鬓一般插戴于鬏髻后面，从下向上插戴，一边一支成对插戴。《客座赘语》卷四载：“掩鬓或作云形，或作团花形，插于两鬓。”明代云朵样的掩鬓，很可能是从节日所戴的“云月”演变而来，如四川广汉发现的南宋窖藏玉器中，有一件云月形的玉饰，高1.8厘米，宽3.5厘米，是朵云托着一枚圆月，云月之间有两个小穿孔。

顶簪或谓关顶簪，即从顶部自上而下插于鬏髻的簪子。其簪头多有华丽纹样装饰，其名称如《天水冰山录》中记载的“金桃花顶簪”“金梅花宝顶簪”“金菊花宝顶簪”“金宝石顶簪”“金厢倒垂莲顶簪”。

挑针是一种小簪，时称“啄针”“撇杖”或“掠儿”。其形制多是圆锥形的簪脚，长短平均在10厘米左右。简单者，簪头作蘑菇头状，如江苏南京太平门外板仓徐俌夫妇墓继室王氏墓出土的两对金簪。

满冠是指插戴在发髻后边的首饰。明代范濂《云间据目钞》卷二记述松江一带的妇女头髻上：“顶用宝花，谓之挑心，两边用捧鬓，后用满冠倒插，两耳用宝嵌大环，年少者用头箍，缀以圆花方块。”

图11-8-6　《明宪宗元宵行乐图》中后妃们所戴满冠

九、裙式袍服

明代在恢复中原服饰文化的同时，或多或少地留下了一些蒙古族特征。

曳撒亦作“曳𧜟”“一撒”。其制为裙袍式袍服，本为从戎轻捷之服，其式当是前代“质孙”服的遗制，以纱、罗、纻、丝为之，大襟右衽、长袖。衣身前后形制不一，后身为整片；前身则分为两截，腰部以上与后片相同，腰部以下两边折有细褶，中间不折，形如马面。两腋或缀以摆。明初用于官吏及内侍。有官者衣色用红，上缀补子；无官者衣色用青，无补。此种曳撒不独内臣服之，外廷亦有。其式样如明代商喜《朱瞻基行乐图》中的人物穿着式样（图11-9-1）。明华堂汉民族服饰研发中心曾复原过此件服装（图11-9-2）。至明代晚期，演变为士大夫阶层的常服，礼见宴会均可着之。明人王世贞《觚不觚录》载：“衣中断，其上有横摺，而下复竖摺之，

图 11-9-1 《朱瞻基行乐图》中身穿曳撒的人物形象

图 11-9-2 明代曳撒复原（明华堂汉民族服饰研发中心复原作品）

图 11-9-3 《朱瞻基行乐图》中身穿帖里的皇帝形象

图 11-9-4 柿蒂窠过肩蟒妆花罗帖里（北京南苑苇子坑明墓出土）

若袖长则为曳撒”。江苏南京明墓中也有此实物出土。从式样特征而言，曳撒是中原地区深衣式样和元代蒙古族服制特征的融合。

帖里是明代内臣（宦官）所穿的袍服，以纱、罗、纻、丝为之，大襟窄袖，下长过膝。膝下施一横襕，所用颜色有所定制，视职司而别。如明初规定，近侍用红色，缀本等补子；其余宦官用青色，不缀补子。其形象如《朱瞻基行乐图》中皇帝所穿服装（图 11-9-3），实物如 1961 年北京南苑苇子坑明墓出土的柿蒂窠过肩蟒妆花罗帖里（图 11-9-4），即属帖里。其前胸、后背、领口周围及两肩，有一柿蒂形过肩蟒，蟒头在袍服前胸部位。两袖各有一条袖蟒。下摆分为三幅，蟒襕宽 17 厘米，后摆一条长蟒贯穿全幅。万历年间（1573—1620 年），宦官魏忠贤专权揽政，更易服制，于蟒帖里膝襕下再加一襕，称为三襕帖里，两袖上各加两条蟒襕，另在胸、背等处织绣各式图纹，遍赏于近人亲信。青帖里上亦缀补子，所用颜色一任所好，其制日趋繁杂。魏氏被诛之后，一般不再穿此，唯于礼节性场合穿之。

程子衣以纱、罗、纻、丝为之，大襟宽袖，下长过股，腰间以一道横线分为两截，取上衣下裳之意，是衣长至膝、下摆折裥的裙袍式袍服，亦作“陈子衣”。《明宫史》称其为大褶，前后作 36 褶或 38 褶不等。其形制亦与曳撒相似，唯曳撒之褶只存在于前片，大褶之褶则前后皆有。有官者另在胸背缀以补子。明代刘若愚《酌中志》记载：“大褶，前后或三十六、三十八不等，间有缀本等补。”

由于“程子衣”形制宽博，适合于明代士庶洒脱随意和宽松的审美趣味，故多位明代士大夫家常闲居时常穿用。相传明代大儒程颐生前常着此服，因以为名。它流行于明代初期，礼见宴会，均可穿着。后因嫌其过于简便，乃以曳撒代之。明代王世贞《觚不觚录》载：“腰中间断，以一线道横之，则谓之程子衣。无缝者，别谓之道袍。又直掇；此燕居之所常用也。迩年以来，忽谓程子衣、道袍皆过简，而士大夫宴会，必衣曳撒。”

在明代士庶男子所穿的便服中，还有一种被称为褷子的服饰。其式样为圆领或交领，两袖宽博，下长过膝，腰部以下折有细褶裥，形如女裙，尊卑均可著之。明代刘若愚《酌中志》卷十九载："世人所穿褷子，如女裙之制者，神庙亦间尚之。"其式样应如湖北武穴明代义宰张懋夫妇合葬墓中出土的浅黄色素缎袍裙实物（图 11–9–5）。

顺褶是一种与褷子相近似的下摆有褶裥的裙袍式服装。只是其制亦如贴里，在胸前、背后可缀补子。其制始于明代，多用于宦官近侍。明代刘若愚《酌中志》卷十九载："顺褶，如帖里之制。而褶之上不穿细纹，俗谓'马牙褶'，如外廷之褷褶也。间有缀本等补。"所谓马牙褶，即褶裥顺打，如马牙齿相齐而逐次排列之状。

十、僧道直裰

直裰，也写作"直掇"，最初多用作僧道之服，后为文人士人所穿的男服。宋代赵彦卫《云麓漫钞》卷四载："古之中衣，即今僧寺行者直掇。" 苏辙《答孔平仲惠蕉布二绝》云："更得双蕉缝直掇，都人浑作道人看。"

综合相关文献，可以明确直裰的式样特征如下。第一，右衽交领，典型的中原农耕服饰文化体系，与明代襕衫圆领形成对比。第二，袖口、衣襟、底摆有深色缘边，证以宋代郭若虚《图画见闻志一·论衣冠异制》中所载："晋处士冯翼，衣布大袖，周缘以皂，下加襕，前系二长带，隋唐朝野服之，谓之冯翼之衣，今呼为直掇。"第三，腰系丝绦，《水浒传》第三十一回讲述武松在鸳鸯楼杀了人，孙二娘叫他扮作行者："着了皂直裰，系了绦，把毡笠儿除下来，解开头发，折叠起来，将界箍儿箍起，挂着数珠"。宋代李光《赠传神陈生》一诗有"直裰还缘岸幅巾，三年海外见来频"之句。又，清代乾隆苏州人钱德苍编选的戏曲选集《缀白裘》里写一个小尼姑思凡时唱道："为何腰系黄绦，身穿直裰。"第四，衣长过膝，两侧无摆（加内摆叫道袍，加外摆叫直身）。第五，下摆有襕。据《圣同三传通记糅钞》卷二十六载，唐代新吴百丈山慧海大智禅师始将偏衫与裙子上下连缀，而称之为直裰。或谓东晋佛图澄创制，然事实不详。又，《敕修百丈清规》卷五"直裰"条："相传，前辈见僧有偏衫而无裙，有裙而无偏衫，遂合二衣为直裰。"衣裙相连乃战国至汉流行的深衣之制，故宋人郭若虚《图画见闻志》卷一"论衣冠异制"称直裰"下加襕"。以上三条文献观点基本相同。

图 11–9–5　浅黄色素缎袍裰（湖北武穴明代义宰张懋夫妇合葬墓出土）

图 11–11–1　清人徐璋《松江邦彦画像册》中的南太仆寺卿林景旸像

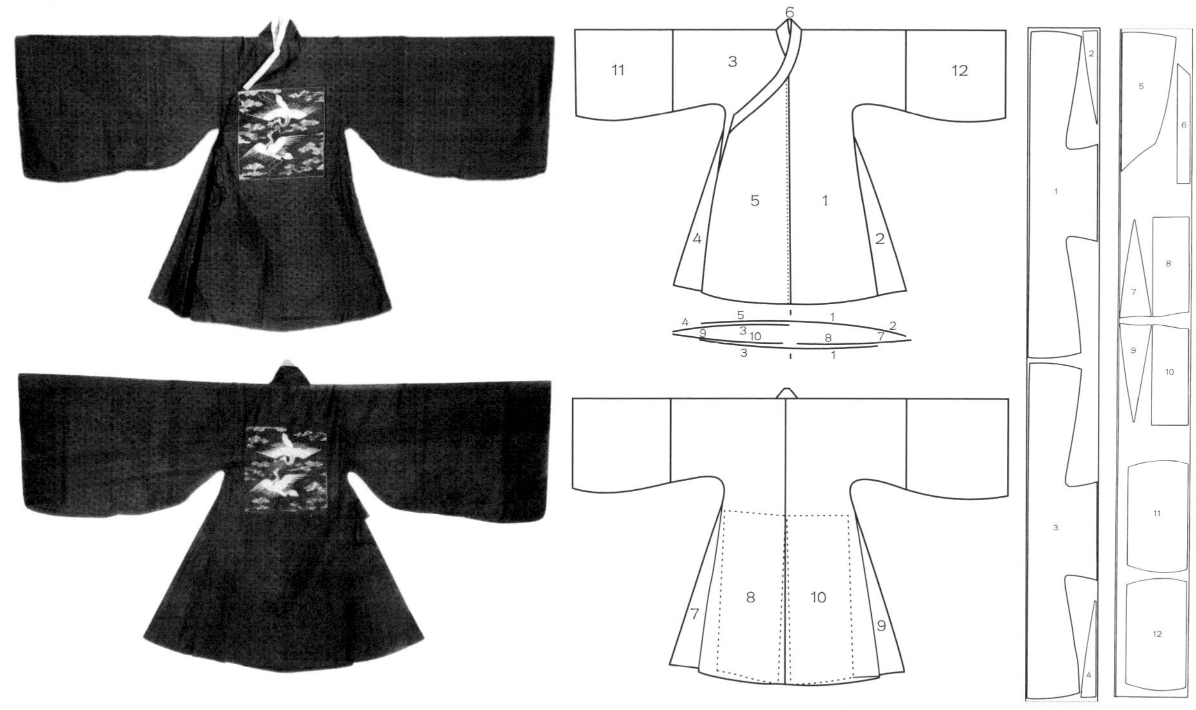

图 11-11-2 明衍圣公一品蓝暗花纱缀绣仙鹤交领直身（山东曲阜孔府旧藏）

图 11-11-3 明定陵中的直身袍料和式样图

十一、直身袍服

明代直身的式样与道袍、直裰相同，以纱、罗、纻、丝为之，大襟宽袖，下长过膝。皇帝色用大红，两侧有摆，官宦直身缀与身份相符的补子，普通人只准用天青、黑绿、玄青等色。其式样如清代士人容像（图 11-11-1）。明代时多用于士人，如明代冯梦龙《警世通言·王安石三难苏学士》载：“不多时，相府中有一少年人，年方弱冠，戴缠鬓大帽，穿青绢直摆，俪手洋洋，出来下阶。”研究明代服饰史的董进学者认为“直身两侧开裾，大、小襟及后襟两侧各接一片摆在外（共四片），有些会在双摆内再各加两片衬摆。”双摆的结构是区分道袍和直身的标志。北京定陵出土 34 件交领龙袍，均为直身式，仅分为有衬摆和无衬摆两种。

明代直身实物如山东曲阜孔府旧藏明衍圣公一品蓝暗花纱缀绣仙鹤交领直身（图 11-11-2），衣长 133 厘米，两袖通长 250 厘米，袖口宽 24 厘米，袖宽 66 厘米，袖根宽 41 厘米，下摆宽 58 厘米，腰宽 150 厘米，领缘宽 2.3 厘米，补子高 40 厘米、宽 39 厘米。款式为交领，右衽，镶白绢领缘，长阔袖，左右开裾，打三暗褶。质地为直径纱，暗花为四合如意云纹，间饰小朵花。

在明定陵中有直身袍料一匹，分前后襟肩通袖、接袖、大襟、衬摆和衣领等十二部分，其缝制服装后的式样如图 11-11-3 所示。

清代直身与道袍混谈，清代方以智《通雅·衣服》载：“（单衣）通裁曰长衣，曰直身，曰道袍也。”

十二、时襟披风

斗篷，“一口钟”亦作“一口中”“一口总”“一扣衷”，又称“罗汉衣”，是指一种没有袖子、不开衩的长衣。男女都可穿用。其以质地厚实的布帛为之，制为双层，中间或细絮棉。因领口紧窄，下摆宽大，形如覆钟而得名。南北朝时已有，明代时谓“假钟”。明代方以智《通雅》卷三十六载：“假钟，今之一口钟也。周弘正著绣假钟，盖今之一口钟也。凡衣腋下安摆，襞积杀缝，两后裾加之。世有取暖者，或取冰纱映素者，皆略去安摆之上襞，直令四围衣边与后裾之缝相连，如钟然。”明清时期尤为流行，不分男女均可穿着，多用于冬季（图 11–12–1）。在清代，官员可穿于补服之外，但蟒服外不可穿用。行礼时需脱去一口钟，否则视为非礼。

披风是男女通用的对襟长袖大衣，明代后期流行。《红楼梦》中反复出现披风。《三才图会》载："褙子，即今披风。"披风是大袖，对襟直领，领长约一尺，扣纽闭合，两边开衩，无深色缘边（图 11–12–2）；氅衣的领、袖、襟有深色缘边，有带子系合，腋下无衩。江西南城县明益宣王墓出土黄缎绣花夹披风（图 11–12–3），两襟之间用锦带扣系，在领部、袖缘及衣身的云肩、通袖襕、膝襕处均绣有云龙海水纹样。整件披风共绣龙纹 12 条，非常华丽精美，应是益宣王生前所穿。

净莲满堂工作室依照山东曲阜孔府旧藏明代桃红纱地彩绣花鸟纹披风（图 11–12–4）复原了湘妃色缎地彩绣花鸟纹披风（图 11–12–5）。复原作品前襟加缀银鎏金子母扣一粒，彰显了服装的品质感。

十三、上襦下裙

明代妇女常服主要有衫、袄、褙子、比甲及裙子等。明代女装大体分礼服和常服两种。衣服的基本样式，大多仿自唐宋。上襦下裙的服装形式，在明代妇女服饰中仍占一定比例。上襦为交领、长袖短衣，有的还在其胸背部织绣有精美纹样的补子。其式样如北京地区出土的明中期驼色暗花缎织金鹿纹方补斜襟短棉袄（图 11–13–1）。

明代女裙式样更新，异彩纷呈：从质料上分有绫裙、罗裙、绢裙、绸裙、丝裙、纱裙、布裙、麻裙、

图 11–12–1　缎地盘金龙斗篷

图 11–12–2　明代披风款式图

图 11–12–3　黄缎绣花夹披风（江西南城县明益宣王墓出土）

图 11–12–4　明代桃红纱地彩绣花鸟纹披风（山东曲阜孔府旧藏）

图 11–12–5　湘妃色缎地彩绣花鸟纹披风（净莲满堂工作室复原作品）

葛裙等；从工艺上分有画裙、插绣裙、堆纱裙、蹙金裙、细褶裙、合欢裙、凤尾裙等；从色泽上分有茜裙、郁金裙、绿裙、桃裙、紫裙、间色裙、月华裙、青裙、蓝裙、素白裙等，除了诏令严禁的明黄、鸦青和朱红外，裙色尽可随意。

裙子的颜色，在明代初期尚浅淡，虽有纹饰，但并不明显，如驼色缠枝莲地凤襕妆花缎裙（图 11-13-2）。至崇祯初年（1628 年），裙子多为素白，即使刺绣纹样，也仅在裙幅下边一两寸部位缀以一条花边，作为压脚。裙幅初为六幅，即所谓“裙拖六幅湘江水”；后用八幅，腰间有很多细褶，行动辄如水纹。此外，明代还流行一种源自朝鲜的马尾裙。

图 11-13-1　明中期驼色暗花缎织金鹿纹方补斜襟短棉袄

图 11-13-2　明代驼色缠枝莲地凤襕妆花缎裙

图 11-13-3　明代弘治年间印金膝襕女裙

据明代陆容《菽园杂记》记载：“马尾裙始于朝鲜国，流入京师，京师人买服之，未有能织者。初服者，惟富商、贵公子、歌伎而已。以后武臣多服之，京师始有织卖者，于是无贵无贱，服者日盛，至成化末年，朝官多服之者矣。”弘治元年（1488 年），遂有人上书要求朝廷明令禁止穿马尾裙，明孝宗遂命禁止。

明代妇女非常注重裙子长短宽窄以及与上衣的搭配，追求时尚，讲究美观，其千变万化令人目不暇接：弘治年间（1488—1505 年）流行上短下长，衣衫仅掩裙腰，富者用罗缎纱绢，两袖布满金绣，裙则用金彩膝，长垂至足（图 11-13-3）；正德年间（1491—1521 年），上衣渐大，裙褶渐多；嘉靖年间（1522—1566 年），衣衫已长至膝下，去地仅五寸，袖阔四尺余，仅露裙二三寸，同时还流行插绣、堆纱和画裙；万历年间（1573—1620 年），又流行大红的绣绿花裙；至崇祯年间（1628—1644 年），裙色转而趋向淡雅，专用素白纱绢裁制，只在下摆一两寸处刺绣精致花边作压脚；崇祯末年，又流行细褶长裙，追求一种动如水纹的韵致。这种现象在以因循守旧为特征的封建社会里是极为罕见的，明代民间服饰的生命力之旺盛，流变性之突出由此可见一斑。

十四、百子之衣

生存与繁衍是一个永恒不变的主题，生殖崇拜是上古先民们精神文化寄托的一个非常重要的组成部分。繁衍生息、人丁兴旺的生殖现象，历来是中国传统文化大为宣扬的纹样题材。尤其是明清时期，百子图（戏婴图）更是成为服饰上的流行时尚。

百子图是中国农耕文化人丁兴旺传统家族观念的代表图案。事实上，中国古人强调的多子多孙，与因医学水平不发达导致儿童死亡率偏高，人均寿命偏低的现实无奈有着直接联系。中国古人给小孩戴长命锁、穿护身符，希望孩子们平安长大，家族人口日益兴旺，从而便于农耕劳作，传承血脉与继承家业。

图 11-14-1　孝靖皇后洒线绣百子女夹衣（北京明定陵出土）

宋代词人辛弃疾《稼轩词·鹧鸪天·祝良显家牡丹一本百朵》一词云："恰如翠幕高堂上，来看红衫百子图。"北京明定陵出土的孝靖皇后的两件洒线绣百子女夹衣（图 11-14-1），衣上绣有 100 个童子，共约 40 余个场景，有斗蟋蟀、戏金鱼、练武、摔跤、踢毽子、爬树摘果、站凳采桃、放风筝、玩陀螺、放爆竹、捉迷藏等。《红楼梦》第五十一回中也有袭人身穿"桃红百子缂丝银鼠袄子"的记载。百子纹样为吉祥图案，寓意多子多福（图 11-14-2、图 11-14-3）。明清时期，百子衣主要用于新嫁的女子。除了服装，还有金银百子首饰，如北京海淀区花园村出土的百字如意纹金手镯，周身浮雕婴儿图案。婴儿形态各异，手镯上下口以细小联珠纹连成绳纹装饰（图 11-14-4）。

图 11-14-2　孝靖皇后洒线绣百子女夹衣局部纹样（北京明定陵出土）

图 11-14-3　明末清初百子帐局部（北京艺术博物馆藏）

当代百子图实际应用中最惊艳的当属 20 世纪 40 年代黄蕙兰百子闹春旗袍（图 11-14-5），其图案正中是童子舞龙。舞龙是新年和元宵节的传统节目，所以这件旗袍可称为百子闹元宵。中国品牌东北虎 2015 春夏旗袍设计中应用了百子图（图

图 11-14-4　百字如意纹金手镯（北京海淀区花园村出土）

图 11-14-5　20 世纪 40 年代黄蕙兰百子闹春旗袍

图 11-14-6　东北虎 2015 春夏旗袍

图 11-14-7　Gucci 2017 春夏中国百子纹印花风衣时装

图 11-14-8　百子图被面（北京华芬服装设计中心作品）

11-14-6），古驰（Gucci）2017 春夏系列推出了中国百子纹印花风衣时装（图 11-14-7）。设计师还颇有幽默感地把美国迪士尼漫画中的唐老鸭放到画面中与中国儿童一同玩耍，将美国文化与中国文化融合在一起。2017 年北京华芬服装设计中心创作了百子图被面（图 11-14-8），图中绣绘了 99 个婴儿形象。

十五、女衣云肩

云肩最初只是用以保护服装领口和肩部不受污染，后逐渐演变成为一种装饰物，多以彩锦绣制而成。大多数云肩由“X”形放射状的四个云纹组成，叫四合如意式云肩（图 11–15–1）。四合取东南西北四方吉祥、如意之寓意。其造型外方内圆，象征天圆地方，如红缎地盘金打籽绣云肩（图 11–15–2）、清代盘长纹四合如意云肩（图 11–15–3）。后者长 90 厘米，宽 90 厘米，用 24 枚如意云头纹组成，分别用不同颜色的绸缎配色，如意云头上面平绣吉祥花卉，用盘长纹衔接其间。

除了四合如意式，云肩造型还有旋转式放射形、象征四时八节的“米”字形、柳叶式、荷花式，上面附有吉祥命题，如富贵牡丹、多福多寿、连年有余等。有的云肩还用孔雀尾羽装饰（图 11–15–4）。明朝初期，云肩（图 11–15–5）多用于宫廷庆祝元旦及朝会的礼乐仪队中的女性歌舞伎。随后，云肩普及到社会各个阶层女性，特别是青年女性婚嫁时不可或缺的衣饰。

香奈儿（Chanel，图 11–15–6）、华伦天奴（Valentino，图 11–15–7）、劳伦斯·许（Laurence Xu，图 11–15–8）、中国设计师郭培都曾推出过以云肩为灵感的时装（图 11–15–9）。

图 11–15–2　红缎地盘金打籽绣云肩

图 11–15–3　清代盘长纹四合如意云肩（北京民俗博物馆藏）

图 11–15–1　四合如意式云肩

图 11–15–4　孔雀尾羽饰八垂云云肩

图 11-15-5 清代刺绣盘金绣镂空云肩

图 11-15-6 Chanel 2010 秋冬时装

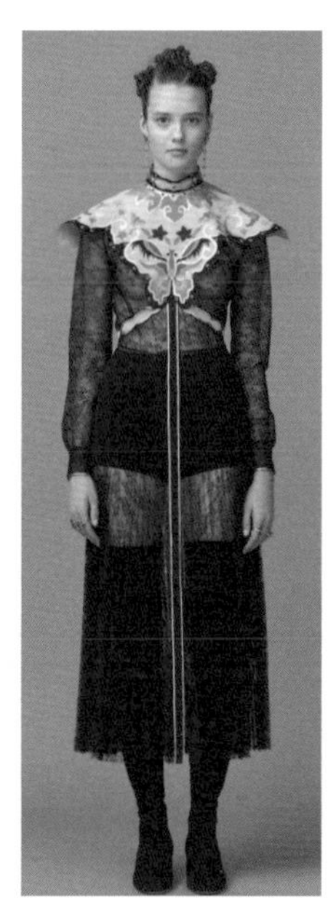

图 11-15-7 Valentino 2016 早秋时装

图 11-15-8 Laurence Xu 2013 秋冬设计

图 11-15-9 郭培"云肩翘摆"

十六、水田衣裳

水田衣是一种以各色零碎锦料拼合缝制成的服装（图 11-16-1），因整件服装面料色彩互相交错形如水田而得名。唐王维《过卢四员外宅看饭僧共题七韵》诗云：“乞饭从香积，裁衣学水田。”敦煌石窟里的田相衣就是一种袈裟形式（图 11-16-2）。明清僧道均有此种式样的服装（图 11-16-3）。

水田衣具有其他服饰所无法具备的特殊效果，简单而别致，所以在明清妇女中间赢得普遍喜爱。水田衣的制作，在开始时还比较注意匀称，各种锦缎料都事先裁成长方形，然后再有规律地编排缝制成衣。到了后来就不再那样拘泥，织锦料子大小不一，参差不齐，形状也各不相同，与戏台上的“百衲衣”十分相似，如明清江南画家所绘《燕寝怡情图册》中身穿水田衣的女性形象（图 11-16-4）。1939 年，法国女设计师伊尔莎·斯奇培尔莉（Elsa Schiaparelli）曾设计了明代水田衣中式对襟袍服（图 11-16-5）。此外，意大利品牌华伦天奴（Valentino）2013 年秋冬女装（图 11-16-6）、迈克·高仕（Michael Kors）2016 年女装（图 11-16-7）都以水田衣为灵感设计了时装作品。迈克·高仕（Michael Kors）女装大衣中黑、白以及骆驼色的拼接恰到好处。

图 11-16-1 水田衣（清华大学艺术博物馆藏）

图 11-16-2 敦煌石窟壁画里的田相衣

图 11-16-3 日本画师笔下的晚明中国僧侣

图 11-16-4 雍乾时代穿水田背心的女子

图 11-16-5 Elsa Schiaparelli 1939 年设计的水田衣中式对襟袍服

图 11-16-6 Valentino 2013 秋冬女装

图 11-16-7 Michael Kors 中黑、白以及骆驼色拼接而成的水田衣

十七、明代戎服

明代初期的军服继承了宋、元形制，至明中期，原来的铠甲渐渐被弃用，锁子甲和布面甲逐渐成为主流。明代甲胄种类有齐腰甲、柳叶甲、长身甲、鱼鳞甲、曳撒甲、圆领甲，以及改良于蒙古人锁子甲的铁网甲。明代军戎服装比较完备，自上而下有铁盔、身甲、遮臂、下裙、卫足。明代甲胄较之前代在胸腹部的保护上更进一层，前胸出现了护心镜装置，增加了胸部的抗冲击性，束甲绦多用丝绵帛带，束甲绦与腹下宽大的圆形腹甲形成互相连接的一个保护系统。其形象如明代商喜《关羽擒将图》中关羽等人穿的盔甲服饰（图 11-17-1）。

明代戎服有一种叫“胖袄”的服饰，制为长齐膝，窄袖，内实以棉花，颜色为红，所以又称“红胖袄”。骑士多穿对襟，以便乘马。作战所用兜鍪，多用铜铁制造，很少用皮革。将官所穿铠甲，也以铜铁为之，甲片的形状，多为“山”字纹，制作精密，穿着轻便。兵士则穿锁子甲，在腰部以下，还配有铁网裙和网裤，足穿铁网靴。

罩甲是明代最常见的戎服，方领或圆领对襟无袖衣，下长过膝，两侧及后部开裾，方便骑乘。其制始于明武宗时。相传武宗尚武，于宫内组织团营，令宦官练习骑射，以罩甲为戎服。实战罩甲一般在甲身外侧或内侧缀有金属甲片作为保护。仪仗罩甲更注重装饰性，大多只在甲身外侧装饰金属圆钉。罩甲有短至齐腰部，如明万历刻本《元曲选》插图中总兵提督所穿的罩甲（图 11-17-2），由鱼鳞、琐子、柳叶三种不同材料组合成。罩甲也有长将齐足，下垂丝穗，上绣种种花纹，如明万历刻本《水浒传》插图（图 11-17-3）、明刻本《义烈传》插图（图 11-17-4）和明人绘《王琼事迹图》（图 11-17-5）中的式样。

图 11-17-1 明代商喜《关羽擒将图》

图 11-17-2 明万历刻本《元曲选》中身穿罩甲的总兵提督

图 11-17-3 明万历刻本《水浒传》插图

图 11-17-4 明刻本《义烈传》插图

图 11-17-5 明人绘《王琼事迹图》

图 11-18-1　仙人楼阁金簪(江西南城县明益庄王朱厚烨墓出土)

图 11-18-2　仙人楼阁金簪（江西南城县明益庄王朱厚烨墓出土）

十八、亭台楼阁

明代首饰，在继承宋元金银首饰的基础上，呈现出两种风格，即民间首饰呈现出朴素、简洁的特征，且充满市井气息；贵族妇女的首饰造型复杂，雍容华贵，宫廷气十足。此时，盛行累丝工艺，造型立体，图案繁复，用材节省，使金银本身变得更为柔和轻盈，并且宜于镶嵌，从而衬托玉石的魅力。由累丝工艺制作的亭台楼阁造型的首饰更是引人注目，如江西南城县明益庄王朱厚烨墓出土的仙人楼阁金簪数支。其中一支仙人楼阁金簪（图 11-18-1），两栋立体楼阁，近旁绕以花树，形同一座花园。楼阁平面呈六角形，顶端有宝珠一颗，六面均有隔扇。四门外各有造像一尊，或拱手或抱物。殿内正中，有一人侧卧于床上。左边一栋，有一造像卓然中立，衣带飘扬。另一支两端为尖形（图 11-18-2），中部有宫殿三栋：正中一栋分上下层，每栋亦作三间开，各间之内均有一造像，手中抱一小孩，簪足向背后平伸。其工艺精湛，纹饰显赫奢华，是明代王室奢侈生活的真实写照。

毫无疑问，中式建筑是中国风格设计中的代表，这无疑成为西方时装设计师们的关注。英国已故著名媒体人帽子女王伊莎贝拉·布罗（Isabella Blow）就曾因头戴菲利普·崔西（Philip Tracy）设计的中国亭台楼阁造型的帽子而引起轰动（图 11-18-3），首饰设计师菲利普·杜河雷（Philippe

图 11-18-3　英国头戴亭台楼阁头饰的帽子女王

图 11-18-4　Philippe Tournaire 设计的建筑造型戒指

Tournaire）还曾设计过亭子戒指（图 11-18-4）。

其实，中国建筑题材早在 20 世纪初便成为西方时装大师们的设计元素，如 2017 年苏富比拍卖了一件保罗·波亥（Jean Patau）1925 年设计的主题为中国之夜（Uit de Chine）的晚装（图 11-18-5）。同时期，类似的主题晚装设计还有很多（图 11-18-6）。

1980 年，伊夫·圣·洛朗（Yves Saint Laurent）春夏成衣灵感源于中国古代建筑的翘角（图 11-18-7），当时媒体称之为“宝塔肩”。汤姆·福特（Tom Ford）在 2005 年为伊夫·圣·洛朗品牌再次设计了“宝塔肩”造型时装（图 11-18-8），以此致敬伊夫·圣·洛朗。法国时尚品牌香奈儿（Chanel）1996 年秋冬高级定制服系列展示了“中国乌木漆面屏风”礼服（图 11-18-9、图 11-18-10）。事实上，只要有机会去

图 11-18-5　Jean Patau 1925 设计的主题为中国之夜的晚装

图 11-18-6　20 世纪 20 年代法国时装设计师以中国园林建筑为主题设计

图 11-18-7　Yves Saint Laurent 1980 年设计的翘肩时装

图 11-18-8　2005 年 Tom Ford 设计的 Yves Saint Laurent 品牌时装

图 11-18-9　Chanel 1996 年秋冬高级定制服系列中的“中国乌木漆面屏风”长礼服

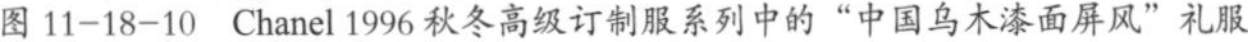
图 11-18-10　Chanel 1996 秋冬高级订制服系列中的"中国乌木漆面屏风"礼服

图 11-18-11　Chanel "中国乌木漆面屏风"纹样主题腕表

图 11-18-12　Christian Dior1957 年设计的以中国石狮为灵感的礼服

图 11-18-13　Armani 2009 春夏高级定制时装

巴黎康朋街 31 号的香奈儿女士工作室参观，其中的故事一望便知。当你推开那扇大门的时候，首先映入眼帘的就是华丽耀眼、古色古香、赭红色的中国乌木漆面屏风。据说香奈儿女士生前收藏的中国屏风共有 32 面之多，上面雕刻着东方寺院的宝塔、狮像、人马像、花卉与鸟类以及在她作品中反复出现的山茶花和凤凰。用她自己的话说："从 18 岁起，我就爱上了这种中国屏风。我第一次进入一间中国古董店时，差点兴奋得晕倒……"如今，这些藏品和故事，成了香奈儿与中国之间最好的桥梁。"东方屏风"正是在呼应康朋街那些漂亮的漆木——林林总总的中国元素被组合成十个主题，而每一个主题，设计生产了一枚腕表（图 11-18-11）。

在此之前，法国时装设计大师克丽斯汀・迪奥（Christian Dior）曾设计了一件以中国古建筑中常见的石狮为灵感的象牙白山东绸礼服（图 11-18-12）。21 世纪，意大利设计师乔治・阿玛尼（Giorgio Armani）在 2009 年春夏高级定制时装中使用"翘肩"造型，辅以门环、流苏、镂空等工艺元素（图 11-18-13、图 11-18-14）。其中一款以故宫大殿朱漆大柱为灵感（图 11-18-15）。中国古建筑中，尤其在北京的宫殿、坛庙、府邸这些古建筑的大门上，都有纵横排列的门钉。这些门钉不仅是装饰品，还体现着封建等级制度。美籍华裔设计师吴季刚（Jason

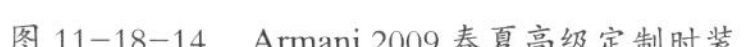
图 11-18-14　Armani 2009 春夏高级定制时装

图 11-18-15　Giorgio Armani 以故宫大殿朱漆大柱为灵感的时装设计

图 11-18-16　Jason Wu 2012 秋季女包设计

图 11-18-17　Bally “紫禁城中的舞者”

图 11-18-18　Vivienne Tam 2012 春夏女装

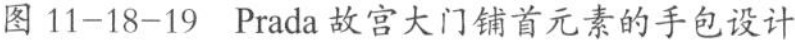
图 11-18-19　Prada 故宫大门铺首元素的手包设计

Wu）2012 年秋季手袋系列则是以故宫大门为灵感而巧妙设计（图 11-18-16）。此外，知名女鞋品牌巴利（Bally）设计了“紫禁城中的舞者”（图 11-18-17）、华裔女设计师谭燕玉（Vivienne Tam）2012 年春夏时装中也采用了门钉元素，且轻盈了很多，不见丝毫的沉重色彩（图 11-18-18）。2016 年意大利时装品牌普拉达(Prada)推出了故宫大门铺首元素的手包设计（图 11-18-19）。

英国设计师亚历山大·麦昆(Alexander McQueen)在其 2011 年“度假”系列的黑色礼服和黑色真丝披肩上使用了金色亭台楼阁风景图案，呈现出一种奢华至极的美感（图 11-18-20）。

图 11-18-20　Alexander Mcqueen 2011"度假"系列时装与黑色真丝披肩

十九、吉祥纹样

吉祥符号的出现源于古人对自然的畏惧。先民们对疾病、死亡充满畏惧，内心希望有神灵的庇护，因此吉祥图符应运而生。一些动植物以及图案被约定俗成地作为美好意义的象征或符号，于是这些纹样便包含了相应的吉祥寓意。一些传说中被赋予美好愿望的人物或器物，在现实生活中逐渐演变成了吉祥、幸福的代表符号。它不仅体现出中华民族乐观向上、追求美好事物的精神，还体现出中国传统文化的含蓄。

在明清吉祥纹样中，多以植物、花卉、动物和抽象图案为象征，寓意不同的吉祥喜庆的内涵。植物、花卉纹样如葫芦、葡萄、藤蔓、石榴象征子孙繁衍；灵芝、桃子和菊花象征长寿；牡丹象征富贵；莲花象征清净纯洁；并蒂莲花象征爱情忠贞；梅花、松、竹枝象征文人清高（谓"益者三友"）；玉兰、海棠、牡丹谐音"玉棠富贵"；灵芝、水仙、菊花谐音"灵仙祝寿"；五个葫芦与四个海螺谐音"五湖四海"。

图 11-19-1　Vivienne Tam 2015 春夏时装

谭燕玉（Vivienne Tam）2015 春夏时装秀充满了以印花、刺绣和贴花形式呈现的梅花、兰花、竹叶图案（图 11-19-1）。乔治·阿玛尼（Giorgio Armani）2015 春夏“竹之韵”（图 11-19-2），是一个东方文化主题。宛如沉浸在植物的世界里，柔美的竹子印花韵味十足，汉式袖子、唐式襦裙、近乎透明的轻柔薄纱犹如水彩画般恬静雅致。打结的腰带设计出人意料地突出了飘逸律动的连衣裙腰线，使连衣裙看上去好似一阵清风拂面而过，充满东方文化的气质。

古驰（Gucci）竹子（Bamboo）系列中的这款手镯由天然竹节和标准纯银打造，竹节坠饰末端衔接着“狐尾”链组成的流苏（图 11-19-3）。1972 年古驰（Gucci）竹节手柄正式推出，所有古驰的竹节手柄都取自于中国或越南高山竹根部，加以特殊的手工烧烤技术而制成。

因为“莲”与“连”谐音，便产生了众多与“莲”有关的吉祥符号和图案，如莲花和牡丹花在一起叫“荣华富贵”，二莲生一藕叫“并莲同心”“莲开并蒂”（图 11-19-4），鹭鸶和莲花组成“一路连科”（图 11-19-5）或“一路荣华”。

“鱼”与“余”谐音，因此鱼的图案寓意“吉庆有余”。在新石器时代早期的河姆渡文化遗址、六千多年前的仰韶文化遗址中出土的陶器上都绘有鱼纹或变形鱼纹。元代青花瓷多见鱼藻纹，鱼多为鳜鱼；明代之后则多为鲤鱼，表达的是人们企盼“鲤鱼跳龙门”的美好愿望。毕业于中国美术学院雕塑专业的钱钟书个人首饰品牌“狮记”推出了很多以

图 11-19-2 Giorgio Armani 2015 春夏“竹之韵”

图 11-19-3 Gucci 竹节首饰和书包

图 11-19-4 梵克雅“莲开并蒂”

图 11-19-5 “一路连科”

图 11-19-6　以鱼为主题和众多中国风格的首饰设计（“狮记”作品）

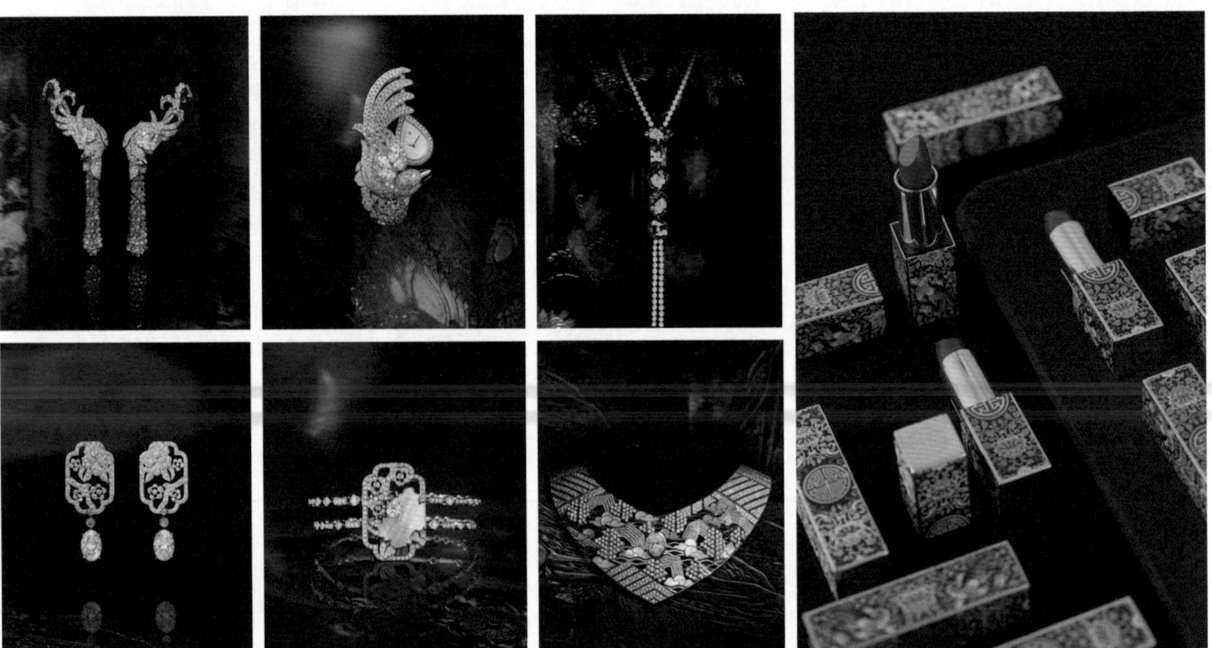

图 11-19-7　香奈儿（Chanel）2018 高级珠宝系列

图 11-19-8　贾玺增设计并监制的湘绯“女王”口红

图 11-19-9 “麟吐玉书”

图 11-19-10 “太狮少狮”

图 11-19-11 Louis Vuitton 2016 春夏男装

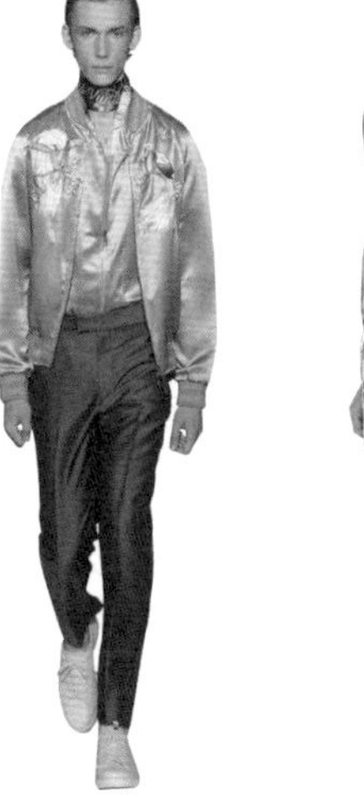

图 11-19-12 时装品牌东北虎推出的绶带鸟图案小礼服裙及刺绣图案

鱼为主题和众多中国风格的首饰设计（图 11-19-6），香奈尔（Chanel）2018 高级珠宝系列（图 11-19-7），以香奈尔女士挚爱的东方乌木屏风为灵感，将西方设计元素以东方式的写意表达出来，有一种行云流水的美。

在明清时期吉祥文化中，吉祥文字具有以形表意、以意传情的特点，反映了中国传统文化的价值观和人生观。在明清宫廷装饰艺术中，福、禄、寿、喜、财、卍、贵、昌、吉、和、养、全等吉祥文字被广泛应用到刺绣、服饰、瓷器、建筑等众多艺术领域。本书作者曾运用阴阳冲压和数码喷绘技术，将“福禄寿喜”与牡丹和百鸟之王凤凰图案相结合，设计了湘绯“女王”口红（图 11-19-8）。其中，精美的凤凰、牡丹图案寓意使用者身份的尊贵，阳文冲压“福”和阴文“喜”象征了“阴阳相生”，以及“福”上台面、“喜”入人生。

明代市民阶层的兴起，使审美趋向世俗化，装饰图案中已经没有了汉唐图案的宗教色彩和宋元图案的伦理意味，而是凝练升华，达到了高度样式化，正所谓“图必有意，意必吉祥”。“麟吐玉书”寓意祥瑞降临和圣贤诞生（图 11-19-9）；一大一小两只红狮子的帽筒叫“太狮少狮”，与“太师少师”谐音，象征富贵和权势（图 11-19-10）；柿子树与柏树合植叫“百事如意”；花瓶中插如意叫“平安如意”；万年青和灵芝在一起为“万事如意”；童子持如意骑大象的叫“吉祥如意”。

路易·威登（Louis Vuitton）2016 年春夏推出了绶带鸟图案男装（图 11-19-11），时装品牌东北

图 11-19-13　东北虎品牌“鸾凤送喜”女装婚礼服设计（张宇作品）

虎也推出过绶带鸟图案小礼服裙（图 11–19–12）。传说绶带鸟是“梁山伯与祝英台”的化身，寓意着幸福长寿。中国传统工艺品中，常借用绶带鸟的美好寓意表达良好的祝愿。在中国明、清两代的青花瓷器中常见“花卉绶带鸟纹”，一对绶带鸟双栖双飞在梅花与竹枝间，以双寓“齐”，以梅谐“眉”，以竹谐“祝”，以绶谐“寿”，寓意夫妻恩爱相敬，白头偕老。

中国著名时装品牌东北虎设计师张宇曾推出过凤凰主题纹样的“鸾凤送喜”女装婚礼服作品（图 11–19–13），在上身的短袄上以盘金绣工艺刺绣了长尾羽和飘翎的鸾凤纹样，极具装饰性。中国美术学院裘海索教授设计的《寻凤行凤循凤》（图 11–19–14）作品将蜡染凤鸟纹作为设计主体，将传统工艺与现代时装造型相结合，使时装作品于朴实中现华丽。

在明清吉祥文化中，盒子与荷花组合象征“和合如意”（图 11–19–15）；瓶中插月季花寓意“四季平安”；鸡立石上称“室上大吉”（图 11–19–16）；马上蹲坐一只猴子叫“马上封侯”（图 11–19–17）；喜鹊落在梅枝上称“喜上眉梢”；蝙蝠倒着画谐音“福到”（图 11–19–18）。

明清时期，四合如意云纹是最为常见和典型的丝绸纹样（图 11–19–19）。它是以一个单体如意形为基本元素，上下左右四个方向斗合，形成一个完整的四合如意形，边缘延展出飞云或流云等辅助装饰纹

图 11–19–14 《寻凤行凤循凤》（裘海索作品）

图 11–19–15 “和合如意”

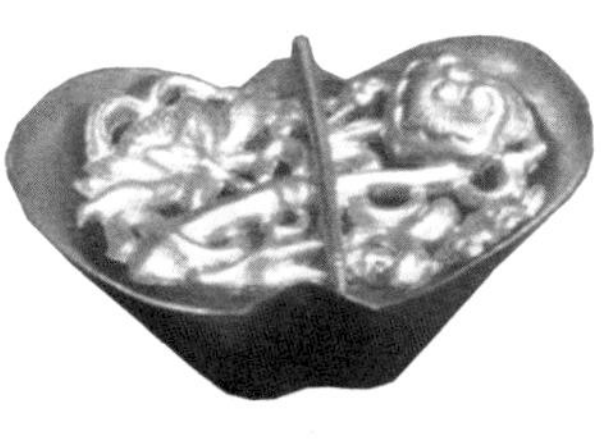

图 11–19–16 “室上大吉”

图 11–19–17 “马上封侯”

图 11–19–18 Vivienne Tam 2012 年春夏时装上的“福到”

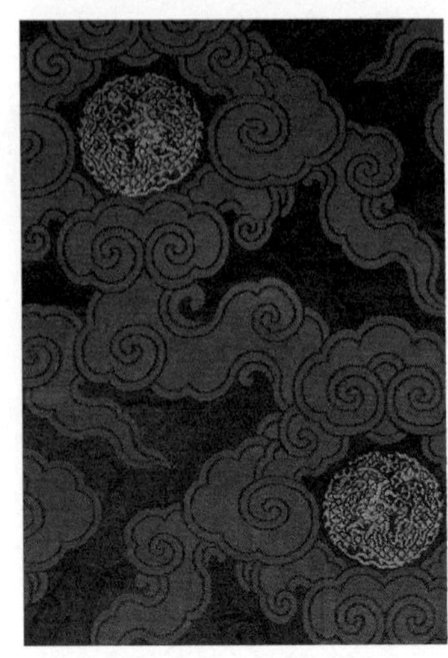
图 11-19-19　明代四合如意云纹织锦

图 11-19-20　Dries Van Noten 2015 秋冬时装

图 11-19-21　2014 年耐克公司推出的热销款天津喷篮球鞋

图 11-20-1　《清宫珍宝皕美图》中明代道士服饰

图 11-20-2　清代长形八答晕团鹤寿字织锦

图 11-20-3　清光绪宝蓝缎绣平金云鹤夹褂（北京故宫博物院藏）

样，象征四合天下、平安如意。2015 年秋冬，比利时时装设计师德赖斯·范·诺顿（Dries Van Noten）以四合如意云纹为面料图案推出了四款女装设计作品（图 11-19-20）。

在借鉴传统吉祥纹样进行服饰设计时，要对所用图案的历史语境与文化内涵进行全面和深入地了解，否则就会触碰到一些区域性的文化禁忌。例如，2014 年耐克公司推出的热销款天津喷篮球鞋（Air Foamposite One Tianjin）的鞋面上印着天津杨柳青年画的"莲年有余"的经典图案，鞋舌上莲花图案以及鞋底的粉色莲花配色进一步烘托年画主题。虽然其出发点是想突出民俗与传统文化，但由于与中国传统寿鞋"仙桥荷花寿鞋"（山茶万年青花鞋也是传统寿鞋）的图案极为相似而引起争议（图 11-19-21）。

二十、一品仙鹤

在中国传统文化中，仙鹤和菊花象征祥瑞长寿、富贵长久。《淮南子》载："鹤寿千岁，以极其游。"在道教法会仪式场合，道士们穿着的绣绘仙鹤纹样的法衣称"鹤氅"。其形象如《清宫珍宝皕美图》中的明代道士身穿的大袖袍服（图 11-20-1）。鹤符合中国士大夫阶层对高洁精神的向往。他们不仅热衷于在自己的庭院里养鹤，也喜欢用云鹤、鹤鹿同春、梅鹤等图案暗示志存高远。

传统纹样中，鹤与寿字组成鹤寿千年的图案，如清代长形八答晕团鹤寿字织锦（图 11-20-2）。仙鹤图案也会用在传统婚礼服和日常服装上面，如北京故宫博物院藏清光绪宝蓝缎绣平金云鹤夹褂（图 11-20-3），平金绣鹤喙、腿，头顶的红色冠

图 11-20-4　民国早期新娘礼服鹤岁八团褂裙

图 11-20-5　仙鹤装

羽用套针和施毛针，身体的羽毛采用刻鳞针。羽毛中部用浅灰色丝线晕色，真实地将仙鹤羽毛表现出来，仿佛是用羽毛黏制而成。仙鹤的尾羽并没有写实的采用黑色，而是用偏绿的宝蓝色绣制，用金线构边，其制作精湛至极。又如，民国早期新娘礼服鹤岁八团褂裙（图 11-20-4），刺绣金银线，鹤穗图案，上身为海水江崖鹤穗八团褂，下身为鹤穗马面裙。麦穗象征丰收与财富，海水江崖、仙鹤寓意鹤岁万年。

在 2011 年第 64 届戛纳国际电影节开幕式上，一名中国演员一袭“仙鹤装”亮相红毯，引起国内外媒体的巨大反响（图 11-20-5）。“仙鹤装”以西式礼服为款式，以中国红为底，上绣展翅仙鹤，间缀梅兰竹菊四君子绣纹。仙鹤全身纯白，头顶裸露无羽、呈朱红色，额和眼先微具黑羽，颊、喉和颈黑色。其主要分布于中国东北、蒙古东部、俄罗斯、朝鲜、韩国和日本北海道。

白梅与白鹤是常见的组合，正所谓梅妻鹤子。此外，鹤、凤凰、鸳鸯、鹡鸰和黄莺还组成“五伦图”，分别代表古人尊崇的父子之道，君臣之道，夫妇之道，手足之道和朋友之道，即《孟子·滕文公》

图 11-20-6　Valentino 2016 早秋女装

图 11-20-7　Louis Vuitton 2016 春夏男装

中所载“君臣、父子、夫妇、长幼、朋友。父子有亲，君臣有义，夫妇有别，长幼有序，朋友有信。”

在当代时装设计中，以仙鹤为图案的例子并不少见，但从法国文化立场来考虑，仙鹤曾是恶鸟的象征，容易引起歧义。因此，时装设计者在开始设计服饰图案之前，对于该图案的历史含义和语境要慎重、周详地考虑。意大利时装品牌华伦天奴（Valentino）2016 年将仙鹤放在了早秋系列中，仙鹤祥云、梅兰竹菊，这些古典的写意充满浓厚的中国韵味（图 11-20-6）。

在路易・威登（Louis Vuitton）2016 年春夏男装（图 11-20-7）中，褪色的军装、深色港口、海洋迷彩以及繁华迷人的东方风情扑面而来。改良的美式夹克的前胸、后背、袖口处绣着大量做工复杂考究的东方传统图案仙鹤纹样。

图 11-20-8　Rita Ora 与 adidas Originals 合作的高街系列

2016年春夏，英国乐坛小天后瑞塔・奥拉（Rita Ora）与阿迪达斯三叶草（Adidas Originals）合作的高街系列（图11-20-8），弥漫着浓烈的东方色彩。2017年秋冬，法国品牌高田贤三（Kenzo）推出了仙鹤图案的灰色毛衫款式（图 11-20-9）。2018年秋冬，英国设计师品牌亚历山大・麦昆（Alexander McQueen）也推出了一款仙鹤松梅纹样刺绣卫衣（图11-20-10）。

图 11-20-9　Kenzo2017 秋冬仙鹤图案毛衫

图 11-20-10　Alexander McQueen 仙鹤松梅纹样刺绣卫衣

第十二章 清代

清代：1616—1911 年

一、绪论

清代（1616—1911 年）是中国以满族为主要统治阶级的最后一个封建王朝。1616 年，努尔哈赤（图 12-1-1）征服建州女真各部后建立了后金政权。1636 年改国号为清。1644 年，顺治帝（图 12-1-2）福临入主中原。至 1911 年辛亥革命宣告清王朝灭亡，清王朝统治共计 295 年。

清政府统一国家疆域，经顺治、康熙帝励精图治，社会生产得到了积极的发展，产生了一个社会安定，经济、文化都比较繁荣的时期——“康（熙）乾（隆）盛世”（图 12-1-3）。在清之初，政府颁发了“剃发令”，强令其统治下的全国各民族改剃满族发型，实行“留头不留发，留发不留头”。由于各族人民的强烈反对，在执行上变通为“十降十不降”制度，如“生降死不降”，指男子生前要穿满人衣装，死后可服明朝衣冠入葬；“老降少不降”，指儿童可穿明代或之前的传统服饰；“男降女不降”，指女子并未被要求改换服饰；“妓降优不降”指娼妓穿着清廷要求穿着的衣服，演员扮演古人时则不受服饰限制；“官降民不降”，指官员在服饰上要求严格，但一般民间尤其是广大农村地区，仍可穿着明朝衣冠。这似乎是清朝初建时在服饰问题上与民间达成的一种“协议”，其实也是朝代交替变更期间服饰民俗演化的必然现象。

清代服饰制度，反映了清代社会政治制度的特点。它既借鉴汉族服饰中的某些元素，如以中国传统的十二章纹作礼服和朝服上的纹饰，以绣有禽兽的补子作为文武官员职别的标识，又不失其本民族的传统礼仪和服饰习俗。由于清人严禁汉族男子保留原有的服饰发式，而对女子则持相对宽容的态度，因此清代汉族民间女子服饰发式，更多地保留了明代的风格。

图 12-1-1　清太祖努尔哈赤朝服像

图 12-1-2　清世祖顺治朝服像

图 12-1-3　清人绘《乾隆帝写字像》

二、朝服龙袍

清代皇帝冠服有礼服、吉服、常服、行服和雨服五大类。其中，礼服的等级最高、最重要，是清代皇帝在祭天、祭地、冬至等重大祭祀和登基、大婚、万寿圣节、元旦等典礼活动时穿戴的服装，它由朝冠、披领、朝服、朝珠、朝带、朝靴及套在朝服外面的端罩（冬季之服）和衮服（百官穿补服）组成。清代以前，祭服和朝服不论君臣皆分制。人们会根据不同祭祀对象的礼节轻重，选择不同等级的祭服。到了清代，唯有皇帝才有祭服（主要指端罩和衮服），其余人员朝、祭合一。这是清代冠服制度区别于其他朝代的地方。

清代皇帝冬朝冠（图 12-2-1）上缀朱纬，帽檐顶饰金缕丝镂空金云龙嵌东珠三层宝顶，每层贯东珠各一颗，皆承以金龙四，余东珠如其数，上衔大珍珠一颗，在檐下左右各垂带，交系于颐下。2016 年初，意大利品牌阿玛尼（Armani）推出猴年限量高光粉。其瓶身色彩灵感源自清代皇帝冬朝冠的红黑色对比（图 12-2-2）。

图 12-2-1　清代皇帝冬朝冠

图 12-2-3　清代皇帝夏朝冠

图 12-2-2　Armani 猴年限量高光粉

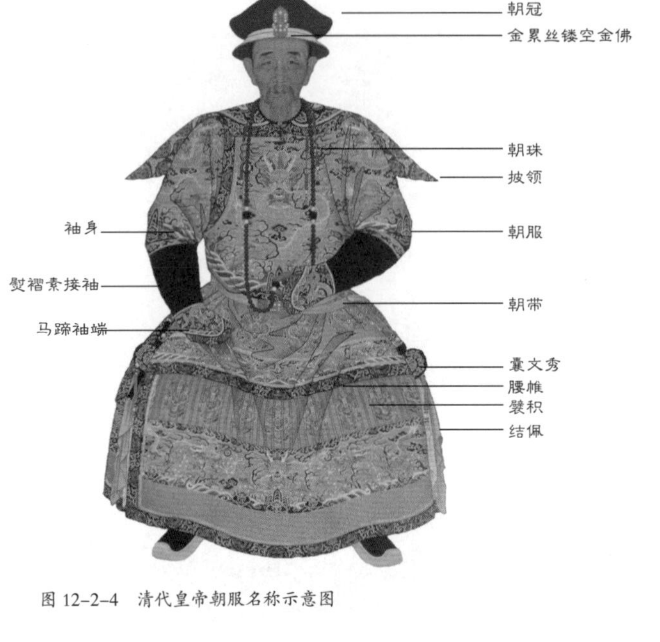

图 12-2-4　清代皇帝朝服名称示意图

图 12-2-5　清代皇帝朝服（蓝、黄、红和月色）

清代皇帝夏朝冠（图 12-2-3），夏织玉草或藤竹丝为之，外裱以罗，石青片金缘二层，里用红片金或红纱，上缀朱纬，前缀金累丝镂空金佛，饰东珠十五，后缀金累丝缕空舍林，金累丝镂空金云龙嵌东珠三层宝顶，饰东珠七颗，顶如冬制，在檐下左右各垂带，交系于颐下。

清代皇帝朝服的制度始于清太宗崇德元年（1636 年），定型于雍正元年（1723 年），是清代皇帝礼服系统中最显著的主体内容。它是一种衣裳相连、上下一体式的袍服（图 12-2-4），具体式样为圆领、右衽、大襟，上衣下裳相连，衣长及脚，袖长掩手，附加披领的袍服，也称朝袍。其衣袖分为袖身、烫褶素接袖和马蹄袖端三个部分。其色以黄为主（图

图 12-2-6　明黄色缎绣彩云金龙纹男夹祭袍（乾隆朝制）

图 12-2-7　清代早期为蓝色的黄色织金缎彩云金龙纹男夹朝袍

12-2-5），南郊祈谷、雩祭（求雨）用蓝，朝日用红，夕月用月色（浅蓝色），详见表 12-2-1。在制度上，清代皇帝朝服与祭服通用，惟接袖跟服装的颜色有所区别。例如，清代皇帝朝服与地坛祭祀的祭服都是明黄色，但接袖为明黄色的为祭服（图 12-2-6），蓝色的则是朝服（图 12-2-7）。

表 12-2-1　清代皇帝朝服穿用场合与颜色

颜色	朝袍	场所	对象
明黄	冬朝服、夏朝服	地坛（方泽坛）	祭地
蓝色	冬朝服（第一式）	天坛（祈年殿）	祈榖（五谷丰登）
蓝色	夏朝服	天坛（圜丘坛）	雩祭（祭天求雨）
红色	冬朝服（第二式）	日坛（朝日坛）	朝日（祭太阳）
月白	夏朝服	月坛（夕月坛）	夕日（祭月亮）

清代皇帝朝服的腰间有腰帷，下裳与上衣的连接处为襞积，下裳的右上侧为方形的衽，上绣正龙纹样。按照清代服饰制度，小衽靠近腋下一侧与大襟相连，内侧与下裳相连，故此处出现一个缺襟的外观（此处形制正确与否是识别清代皇帝朝服真伪的一个标志）。另外，朝服背后多缝缀丝绦背云（图 12-2-8、图 12-2-9），如北京故宫博物院藏康熙明黄色云龙妆花缎皮朝袍，披领与袍相连，背垂明黄丝绦背云，缀铜鎏金錾花扣四枚。

图 12-2-8　清代皇帝朝服背视

图 12-2-9　康熙明黄色云龙妆花缎皮朝袍背视（北京故宫博物院藏）

图 12-2-10　清代皇帝冬朝服一

清代皇帝冬朝服一（图 12-2-10），两肩和前胸、后背各绣正龙一条，列十二章纹，间以五色云下平水江崖。下裳襞积绣行龙六条间以五色云，下平水江崖。下裳其余部位和披领全表以紫貂，马蹄袖端表以薰貂，自十月初一至次年正月十五穿着。

图 12-2-11　清代皇帝冬朝服二

清代皇帝冬朝服二（图 12-2-11），上衣两肩及前胸后背饰正龙各一，腰帷行龙五、衽正龙一，襞积前后身团龙各九，裳正龙二、行龙四，披领行龙二，袖端正龙各一；列十二章纹，间以五色云，下幅为八宝平水，披领、袖端、下裳侧摆和下摆用石青色织金缎或织金绸镶边，再加镶海龙裘皮边。质地用织成妆花缎或以缎、绸刺绣及缂丝。其自九月十五日或二十五日至十月初一日前，次年正月十五日后至三月十五日或二十五日穿着。

图 12-2-12　清代皇帝夏朝服

清代皇帝夏朝服（图 12-2-12、图 12-2-13），有明黄、蓝、月白三色。其制一种，披领及袖所用之色，整衣形式和花纹皆与冬朝服之第二式相同，唯其袍边均沿片金缘，且据气温变化有缎、纱材质，以及单、夹之分。

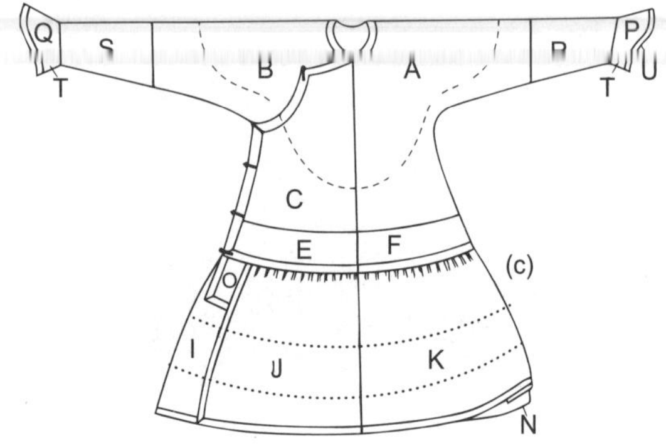

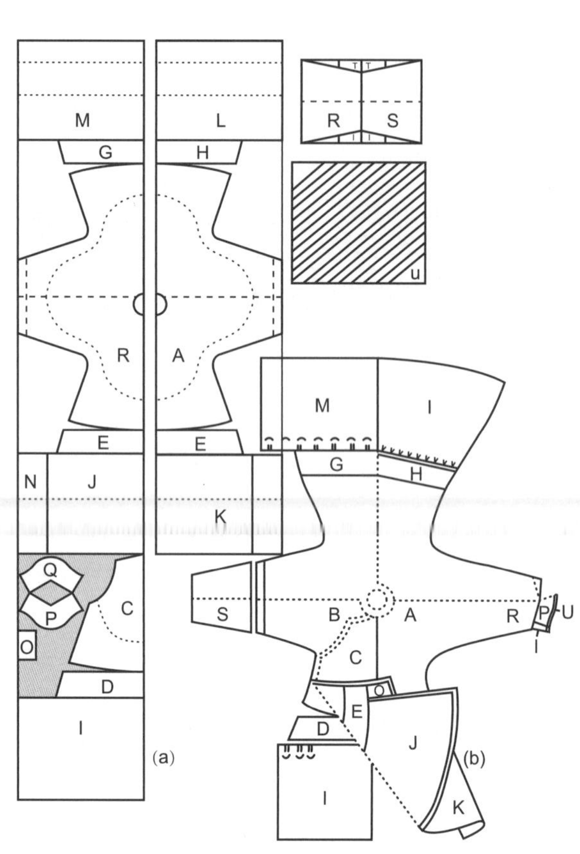

图 12-2-13　清代皇帝夏朝服裁剪结构图

图 12-2-14 《皇朝礼器图式》中的清代皇帝衮服

衮服是清代皇帝祭天、祈谷、祈雨等场合套在朝服外面的外褂（图 12-2-14）。其形制为圆领对襟，长与坐齐，袖与肘齐，石青色面，石青色扣鼻，五颗鎏金圆钮子。其织、绣或缂丝五爪正面金龙四团为纹，前胸、后背、两肩各一，左肩日、右肩月，团龙间以五色云，下海水江崖。其实物如清宫旧藏乾隆石青色缎缉米珠绣四团云龙夹衮服（图 12-2-15），身长 110.7 厘米，两袖通长 114.4 厘米，袖口宽 27 厘米，下摆宽 148 厘米。领口系残断黄条，黄纸签墨书“高宗”“缎绣缉米珠龙绵金”等。衮服石青色缎面料，用五彩丝线、金线和米珠在胸、背及两肩绣五爪正面龙四团，并在左右肩分别饰日月二章。在团龙纹样内，间饰五彩流云和红色万字、蝙蝠和寿桃纹，寓意“万福万寿”。龙纹均用小米般大小的白色珍珠绣成，装饰效果立体感强。其工艺之精美独特，在清代帝后服饰中也属罕见，反映出乾隆时期刺绣与装饰工艺的高超和精湛。清代衮服穿着效果如清朝皇帝溥仪身穿衮服像（图 12-2-16）。

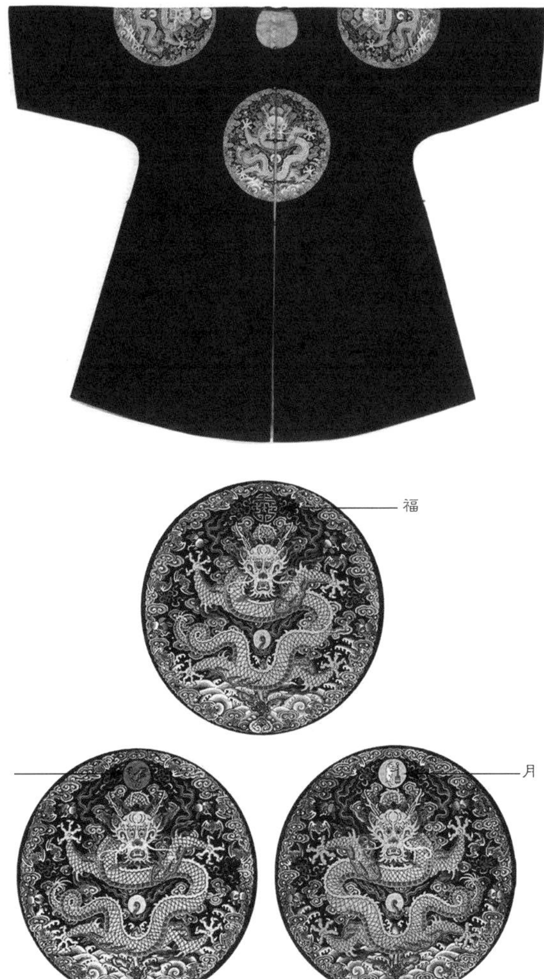

图 12-2-15 石青色缎缉米珠绣四团云龙夹衮服（上）局部图案（下）

图 12-2-16 身穿衮服的清朝皇帝溥仪

除了皇帝外，王公大臣和百官无衮服设置，均以补服替代。清代皇子所穿衮服只少日月纹，称为“龙褂”或“团龙补褂”，又因团龙补服上面所织的龙纹有四团：胸前一团，背后一团，左右肩各一团，故也称“四团龙补服”。团龙补服与皇帝衮服类似，是清代皇族才有资格穿的外褂。按清代宗室亲王昭梿《啸亭续录》记载，亲王是四正龙补服，郡王是

图 12-2-17 《皇朝礼器图式》中的清代皇帝端罩

图 12-2-18 清代石文英外穿端罩像

图 12-2-19 北京故宫博物院藏清代端罩

二正龙二行龙补服。另外，据文献记载，清代上自皇帝衮服、下至百官补服均为石青色。

端罩，满语叫“打呼”“褡胡”，是清代皇帝、皇子、诸王（亲王、郡王、贝勒、贝子、镇国公、辅国公）、高级官员（文三品、武二品以上和翰林、詹事、科道等官员）在冬季农历十一月初至二月初的时间内，替代衮服、补褂，套在朝袍、吉服袍等袍服外的一种翻毛外褂。其形制似裘衣，长毛外向，圆领对襟，平袖至腕，下长过膝，对襟处缀铜扣四枚，左右开衩，各缀一垂带，颜色与衬里同。毛皮外翻，内有软缎衬里（图 12-2-17、图 12-2-18）。实物如清代黄色貂皮端罩（图 12-2-19）和黄色江绸黑狐皮端罩（图 12-2-20）。后者下摆 125 厘米，开裾长 74 厘米，上半部为黑狐皮，毛长而具有光泽，下半部为貂皮，其毛尖均为白色，似一根根银针，是上等的貂皮料。其内衬明黄色暗花江绸里。端罩原有黄条，上书“黑狐皮端罩一件”。清代皇帝只有在冬至圜丘坛祭天等最重大的典礼时才穿着黑狐皮端罩。

按《大清会典》的制度，端罩有黑狐、紫貂、青狐、貂皮、猞猁狲、红豹皮、黄狐皮等几种，以黑狐（亦称元狐或玄狐）为贵。按质地、皮色的好坏及其里、带的颜色等内容，又分为八个等级，以此来区别其身份、地位的高低尊卑：第一等级，皇帝的端罩，质地用紫貂或黑狐（即玄狐），以明黄色缎作为衬里；第二等级，皇子的端罩，质地用紫貂，以金黄色缎作为衬里；第三等级，亲王、郡王、贝勒、贝子的端罩，质地用青狐，以月白色缎作为衬里；第四等级，镇国公、辅国公的端罩，质地用紫貂，以月白色缎作为衬里；第五等级，其他可穿端罩之大臣的端罩，质地用貂，以蓝色缎作为衬里。此外，还有三种专门给侍卫使用的端罩，用以突显皇家尊严：一等侍卫端罩，质地用猞猁狲间以豹皮，以月白色缎作为衬里；二等侍卫端罩，质地用红豹，以素红缎作为衬里；三等侍卫端罩，质地用黄狐皮，以月白色缎作为衬里。

除了皇帝端罩，清代官员冬季穿的补褂和常服

图 12-2-20　黄色江绸黑狐皮端罩（清宫旧藏）

褂中也有以皮毛缝制的皮褂。其区别在于：第一，褂的皮毛朝里，保暖效果好，端罩的皮毛朝外；第二，端罩是男性专属服装，而皮褂则男女皆可；第三，根据清代服饰制度，端罩只允许男性贵族和高级官员穿，皮褂不仅普通官员能穿，甚至民间一些有身份或财力的人也能穿，统称为“貂褂”；第四，端罩的衬里颜色随品级而定，最常见的为月白色，而皮褂与毛皮相反的一面则基本是石青色或元青色；第五，皮褂管有皮毛的一面叫作“里”，管天青色或元青色的一面叫“表”，所以貂褂以皮毛向里为“正”，故端罩也称“反穿貂褂”。

三、后妃礼服

与皇帝朝服系统相对的是后妃们的朝袍系统。清代皇太后、皇后、亲王和郡王福晋（满语“夫人”之意）及品官夫人等命妇的冠服与男服大体类似，只是冠饰略有不同。

（一）朝冠

皇太后、皇后朝冠，皆顶有三层，各贯一颗大东珠，各以金凤一只承接，每只金凤上饰东珠三颗、珍珠十七颗。冠体冬用熏貂（图 12-3-1），夏用青绒（图 12-3-2），上缀红色帽纬，冠周缀七只金凤，各饰九颗东珠、猫眼石一颗、二十一颗珍珠。后饰一只金翟，其上饰猫眼石一颗、珍珠十六颗。翟尾垂珠，共五行，每行大珍珠一颗。中间金衔青金石结一个，结上饰东珠、珍珠各六颗，末缀珊瑚。冠后护领垂两条明黄色条带，末端缀宝石。皇后以下的皇族妇女及命妇的冠饰，依次递减。嫔朝冠承以金翟，以青缎为带。郡王福晋以下将金凤改为金孔雀，也以数目多少及不同质量的珠宝区分等级。

（二）朝袍

清代皇太后、皇后、皇贵妃、贵妃、妃、嫔的冬朝袍皆为三式（图 12-3-3）。

第一式（图 12-3-4），皇太后 、皇后朝袍皆用明黄色 ，披领及袖皆用石青色，袍边和肩上下袭朝褂处饰片金缘，冬天则饰貂缘 ，肩上下袭朝褂处亦加缘。胸背部各饰正龙一条 ，下摆前后各饰升龙两条（三条龙呈品字形）。袖端饰正龙一条。披领饰行龙二条 ，两袖接袖（在综袖上，只有女袍有）饰行龙各二条 。中无襞积。间饰五色云纹，下幅八宝平水。

第二式（图 12-3-5），披领及袖皆石青色，夏用片金缘，冬用片金加海龙缘，袍边和肩上下袭朝

图 12-3-1　皇后冬朝冠

图 12-3-2　皇后夏朝冠

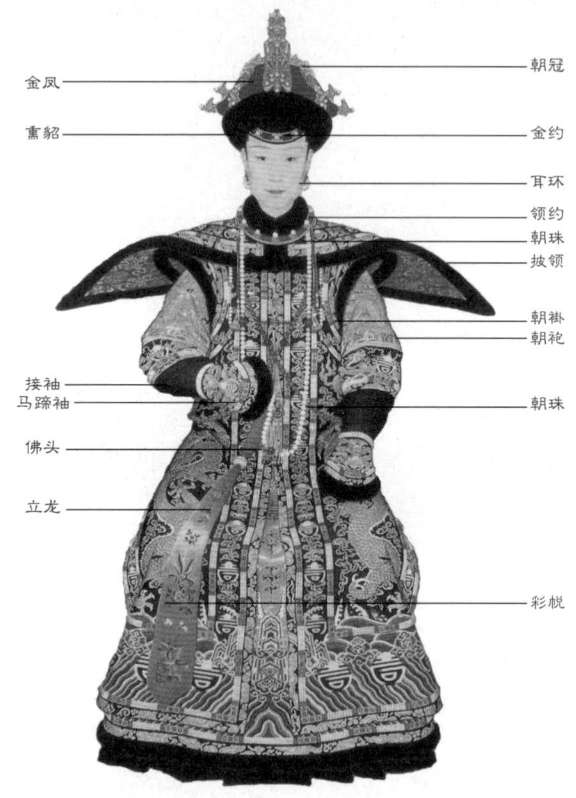

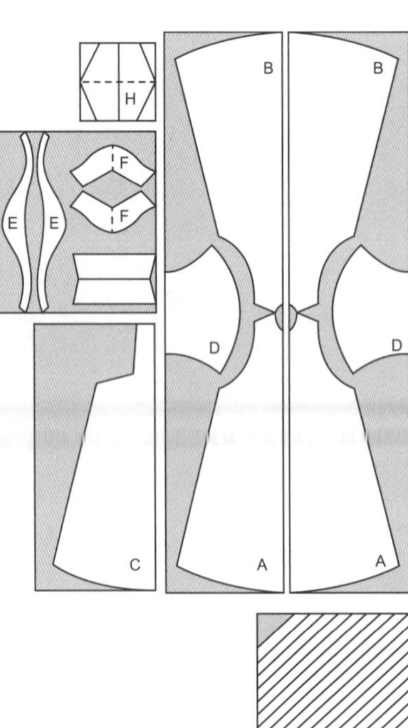

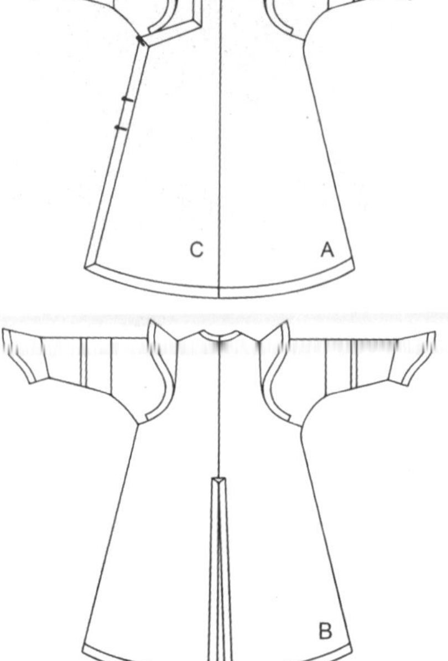

图 12-3-3　清代皇太后冬朝袍说明示意图（上）及剪裁结构图（下）

图 12-3-4 清代皇太后冬朝袍第一式

图 12-3-5 清代皇太后冬朝袍第二式

图 12-3-6 清代皇太后冬朝袍第三式

褂处亦加缘。胸背柿蒂形纹样装饰区内前后饰正龙各一条，两肩行龙各一条，腰帷（象征上衣下裳）饰行龙四条（前后各二条），其下有襞积（与皇帝朝袍区别在于襞积上无龙纹装饰），膝襕饰行龙八条（袍身前后各四条）。与皇太后、皇后朝袍第一式不同，该式袍身下摆去除了八宝平水纹装饰。

第三式（图 12-3-6），披领及袖皆用石青色，领袖为片金加海龙缘，夏为片金缘。中无襞积。其裾左右后三开。其余皆与冬朝服第一式相同。

按《大清会典》规定，清朝只有七品命妇以上才有夏朝袍。皇太后、皇后、皇贵妃、贵妃、妃、嫔的夏朝袍皆为两种，其余命妇只有一种。

第一种，除其袍边及肩上下袭朝褂处均镶片金缘外，其制皆如冬朝袍第二式。

第二种，除其袍边及肩上下袭朝褂处均镶片金缘外，其制皆如冬朝袍第三式。

（三）朝褂

朝服外面要套朝褂。太皇太后、皇太后、皇后、皇贵妃朝褂，有三种款式，均为石青色。

皇太后、皇后朝褂其式样为圆领、对襟、左右

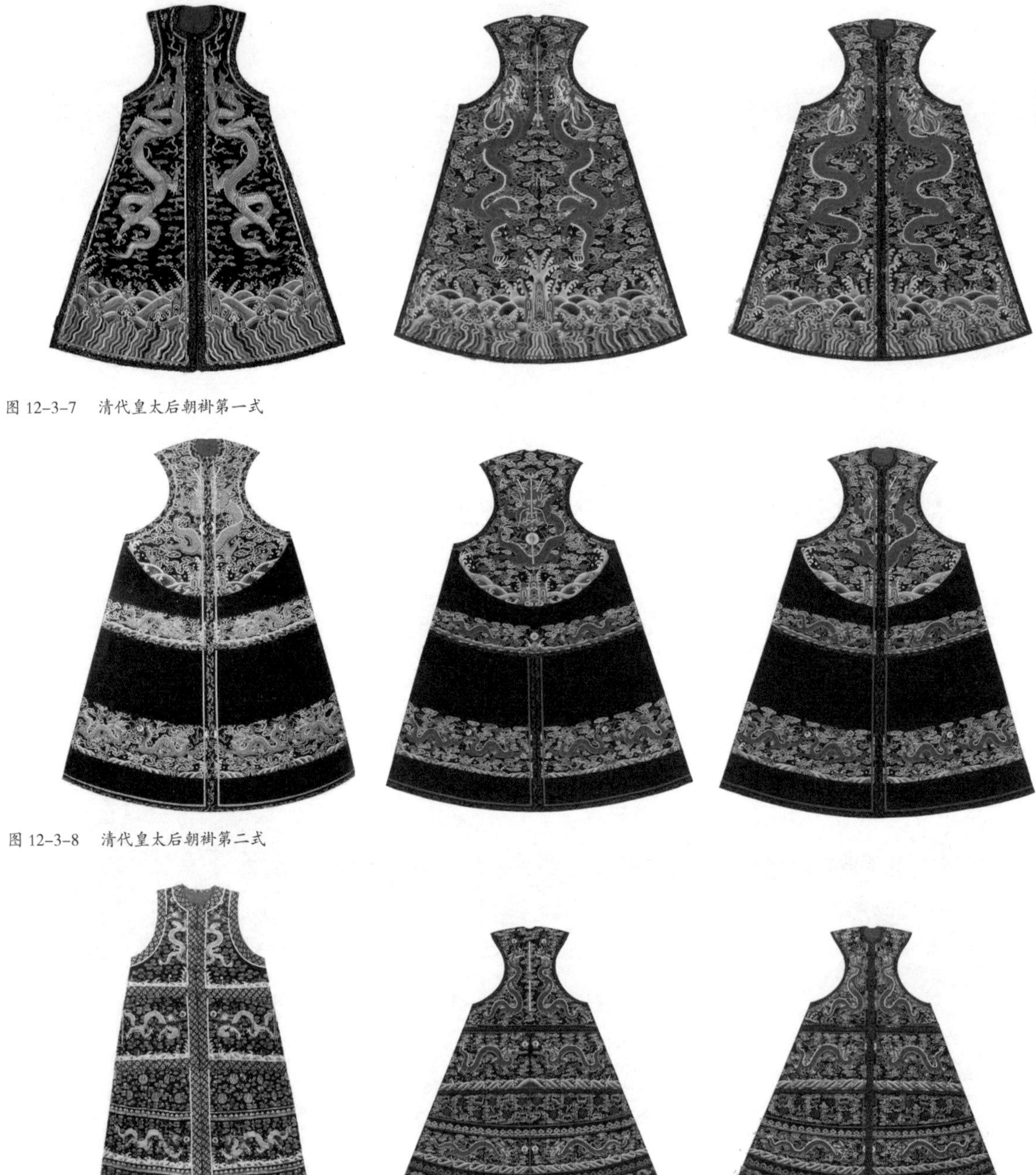

图 12-3-7　清代皇太后朝褂第一式

图 12-3-8　清代皇太后朝褂第二式

图 12-3-9　清代皇太后朝褂第三式

开衩、平袖，长与袍同，石青色。按其织绣纹样的装饰效果，可分为三种式样：

第一式（图 12-3-7），绣文前后立龙各二，自胸围线下通襞积（褶裥），四层相间，一层、三层分别织绣正龙前后各二条，二层、四层分别织绣下为万福万寿文（即蝙蝠口衔彩带系金万字和金团寿字纹样），各层均以彩云相间。

第二式（图 12-3-8），在褂上部织绣半圆形（内填织绣正龙二条，前后各一）纹饰，其下腰帷织绣行龙四条，中有襞积无纹。下幅行龙八条。三个装饰部位下面均有寿山纹，平水江崖。

第三式（图 12-3-9），在褂前后织绣立龙各两条，中间没有襞积。下幅八宝平水。间饰五彩云蝠。其式样如清孝哲毅皇后朝服像（图 12-3-10）和清代旗人妇女朝服像（图 12-3-11）。

图 12-3-10　清孝哲毅皇后朝服像

图 12-3-11　清代旗人妇女朝服像

图 12-3-12　清代皇太后朝裙

图 12-3-13　清中期后妃冬朝裙

图 12-3-14　石青色寸蟒妆花缎金版嵌珠石夹朝裙（北京故宫博物院藏）

图 12-3-15　清嘉庆石青缎五彩绣云蟒纹男款朝裙（英国 V&A 博物馆藏）

（四）朝裙

朝裙是清代后妃至七品命妇于朝会、祭祀之时穿在朝袍里面的礼裙，均以缎为面料。清代后妃在穿着整套礼服的情况下，在很多后妃礼服的画像上是看不到朝裙的，这是因为朝裙不能单独穿着，必须和朝袍、朝褂一起配套穿用。清代后妃在穿朝服时，自里而外是朝裙、朝袍和朝褂。三者皆属礼服，是依照制度的整体搭配，缺一不可。

皇太后至三品命妇的朝裙有冬、夏之制。皇太后、皇后、皇贵妃朝裙款式为右衽背心与大摆斜褶裙相连的连衣裙，在腰线有襞积，后腰缀有系带两根，可以系扎腰部。贵妃、妃、嫔、皇子福晋朝裙膝以上 用红缎。民公夫人、一品命妇朝裙，冬以片金加海龙缘，上用红缎面料，下用石青行蟒妆花缎面料；夏缎或纱随所用。

皇太后、皇后冬朝裙用片金加海龙缘，其上部均以红色织金寿字缎，下部用石青色五彩行龙妆花缎，用料皆正幅，有襞积。皇太后、皇后夏朝裙以纱为之，除裙边沿片金缘外，余制皆如冬朝裙之制

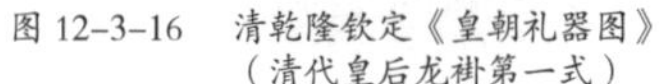

图 12-3-16　清乾隆钦定《皇朝礼器图》（清代皇后龙褂第一式）

图 12-3-17　清代皇后龙褂第一式实物

图 12-3-18　清代皇后龙褂第二式实物

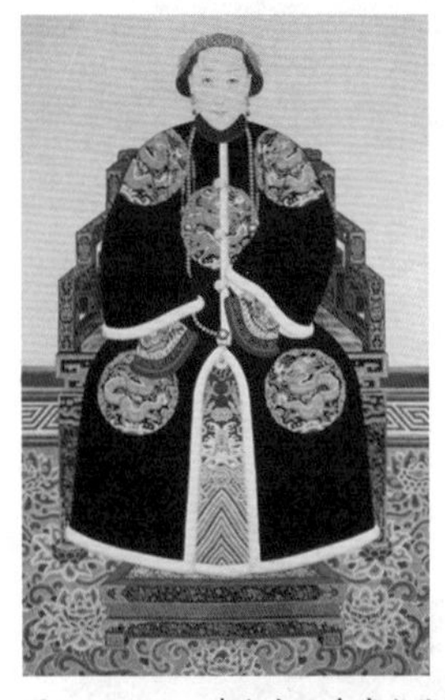

图 12-3-19　清代皇后身穿龙褂像

图 12-3-20　清光绪石青色绸绣八团彩云金龙凤双喜纹女棉褂（北京故宫博物院藏）

（图 12-3-12）。其实物如清中期后妃冬朝裙（图 12-3-13）和清高宗纯皇帝孝贤纯皇后御用石青色寸蟒妆花缎金版嵌珠石夹朝裙（图 12-3-14）。前者是北京故宫博物院藏品中唯一的系带式皇后朝裙。后者长 135 厘米，肩宽 36 厘米，下摆宽 208 厘米，左开裾长 102 厘米，垂带长 80 厘米，宽 6 厘米。朝裙圆领，大襟右衽，无袖，上衣下裳相连属，后背垂带二，裾左开。上用红色团龙织金寿字纹间四合如意云纹织金缎，下为石青色寸蟒妆花缎。裙襟缀铜鎏金光素扣四，铜鎏金錾花扣二。裙上部内衬湖色素纺丝绸里，中部为单层，下缘饰海龙皮和团龙杂宝纹织金缎及三色平金边。领口系墨书黄纸签，正面书："海龙边袷朝裙一件"，背面书："咸丰十年四月初四日收，金环交"。

清代中晚期男子也有朝裙设置，一般穿在蟒袍外面，补褂之下。清代穿袍常要穿褂，官员为节省和方便，特意只制作朝服袍的下半截，穿时系在腰上即可。其实物如清嘉庆石青缎五彩绣云蟒纹男款朝裙（图 12-3-15）。

（五）龙褂

清代皇太后、皇后龙褂是圆领对襟，紧身平袖、左右开衩、长与袍同的服装式样。龙褂只能由皇太后、皇后、皇贵妃、贵妃、妃、嫔服用。皇太后、皇后龙褂有两种（图 12-3-16、图 12-3-17、图 12-3-18），其余有为一种。皇子福晋、亲王福晋、郡王福晋、固伦公主所穿就叫吉服褂而不叫龙褂。其着装效果如身穿龙褂的清代皇后像（图 12-3-19）。

图 12-3-21　清康熙石青色八团彩云蓝龙金寿字纹妆花缎女棉龙褂（北京故宫博物院藏）

图 12-3-22　贾玺增为爱慕旗下皇锦品牌设计的“七星吉照”卫衣

图 12-3-23　Chloe 1930 年作品

图 12-3-24　Ermanno Scervino 2008 春夏时装

清代龙褂实物如清光绪石青色绸绣八团彩云金龙凤双喜纹女棉褂（图 12-3-20），长 135 厘米，袖通长 176 厘米，袖口宽 22 厘米，下摆宽 114 厘米，圆领对襟，平口袖，左右不开裾，为有水直身式袍，内饰明黄色素纺丝绸里。领口缀铜鎏金錾花扣一枚。采用二至五色间晕相结合的装饰手法，在石青色江绸地上，于两肩、前后胸和前后下摆处彩绣八团金龙凤同合纹，两袖端以及下摆处绣海水江崖、五彩祥云等，以祝福婚姻美满。此件女龙褂又称“龙凤同合褂”，套穿在吉服袍（龙袍）之外，是专为光绪皇后大婚特别制作的。

清代龙褂实物又如北京故宫博物院藏清康熙石青色八团彩云蓝龙金寿字纹妆花缎女棉龙褂（图 12-3-21）。此龙褂应为孝庄文皇后御用，八团正龙，为清代最高地位女性专用。褂以石青色缎为面，用十几种彩色纬线以“挖梭”的方法织金寿字蓝龙八团及海水江崖。皇后的龙褂饰八团五爪正龙，襟为四团行龙。本书作者曾利用该龙金寿字纹样为爱慕旗下的皇锦品牌设计了“七星吉照”文创卫衣（图 12-3-22）。法国时尚品牌蔻依（Chloe，图 12-3-23）和艾尔玛诺·谢尔维诺（Ermanno Scervino，图 12-3-24）都曾推出过以此为灵感的设计作品。

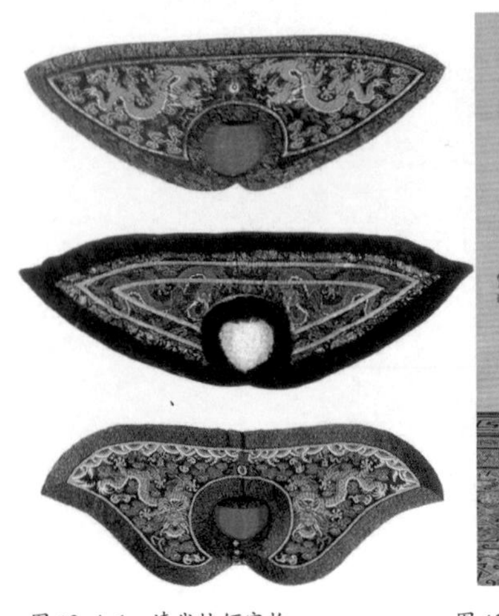

图 12-4-1　清代披领实物

图 12-4-2　身穿冬朝服的乾隆皇帝像

图 12-4-3　清代领衣实物

图 12-4-4　清代穿领衣的人物像

四、披领朝珠

清代服制规定，帝、后、王公大臣、八旗命妇在祭祀、庆典等礼仪场合，穿朝服时需配用披领。披领，又名“扇肩”“披肩”。清人徐珂《清稗类钞·服饰类》称：“披肩为文武大小品官衣大礼服时所用，加于项，覆于肩，形如菱，上绣蟒。”清代披领有冬夏两种，冬天用紫貂或用石青色加海龙缘边，夏天用石青加片金缘边，男女通服（图 12-4-1）。其式样如身穿冬朝服披的乾隆皇帝像（图 12-4-2）。

清朝礼服无领，因此需另于袍配加以硬领和领衣（图 12-4-3）。领衣也称“牛舌头”，是连结于硬领之下的前后二长片，加外褂，或穿于行袍的里面（图 12-4-4）。领衣和硬领质料因季节而不同，春秋用湖色缎，夏季用纱，冬季用皮毛或绒。遇丧事时，领衣和硬领需用黑布。

按《清会典》规定，自皇帝、后妃到文官五品、武官四品以上，穿朝服或吉服时，都要佩带朝珠。有些文吏如太常寺博士、国子监监承、助教、学正等人，在一些特殊场合虽然也可悬挂朝珠，但礼毕即不准使用，平民百姓在任何时候都不许佩挂朝珠。

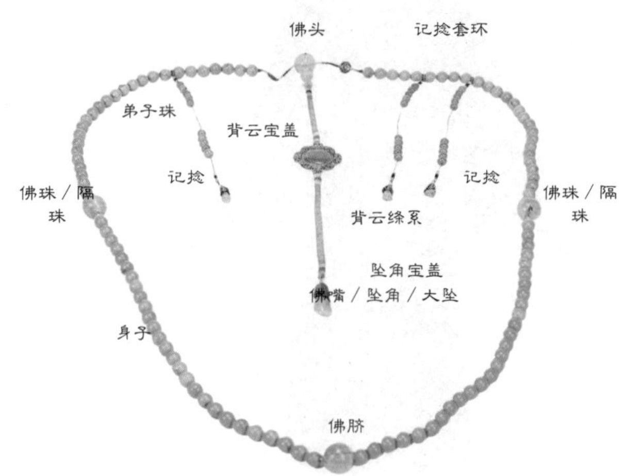

图 12-4-5　清代绿松石朝珠

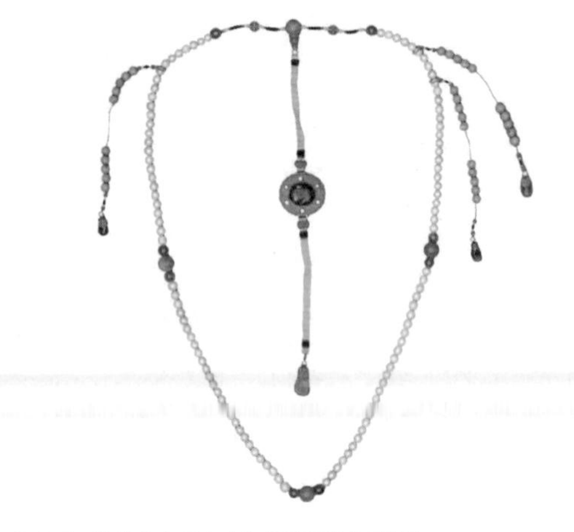

图 12-4-6　清代东珠朝珠（北京故宫博物院藏）

清代朝珠共一百零八颗，由身子、佛头、背云、大坠、记捻、坠角六部分组成（图 12-4-5）。每盘朝珠有四个大珠，垂在胸前的叫“佛头”，在背后还有一个下垂的“背云”，另外两颗在朝珠的两侧。此外，还有三串小珠，左二右一，各十粒，名为“记捻”，两串在左者为男，两串在右者为女。

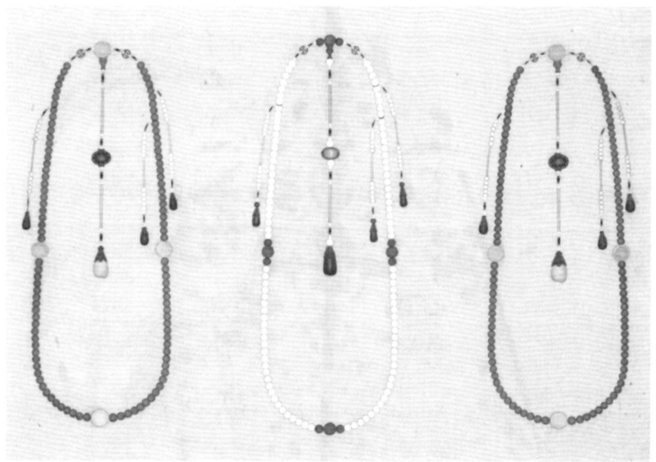

图 12-4-7 《皇朝礼器图式》中的清代皇后朝珠

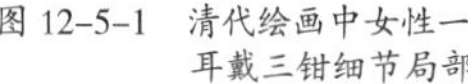

图 12-5-1 清代绘画中女性一耳戴三钳细节局部

图 12-5-2 清代金环镶东珠耳环

朝珠因身份地位的不同，材质也各不相同，有东珠（图 12-4-6）、珊瑚、翡翠、玛瑙、青金石、蜜蜡、琥珀、水晶、芙蓉石、玉、松石、宝石、碧玺、伽楠香等，以皇帝和皇后佩带的东珠（产于松花江的珠子）最为珍贵。皇子、妃嫔和大臣们不能使用。

清代皇帝在祭天地所佩饰物上选用宝石的颜色也有所规定，如皇帝穿朝服时，要佩带东珠朝珠，绦用明黄色，其佛头、背云等杂饰随所宜；祭圜丘（天坛）时，佩带青金石朝珠；祭方泽（地坛）时，佩带蜜蜡朝珠；祭朝日（日坛）时，佩带珊瑚朝珠；祭夕月（月坛）时，佩带绿松石朝珠。此外，命妇穿着吉服参加祈谷、先蚕等古礼，只需佩挂一盘朝珠；若遇重大朝会如祭祀先帝，接受册封等时，则要佩挂三盘朝珠，同时还必须穿着朝服。三盘朝珠的具体佩挂是正面一盘佩于颈间，另外两盘由肩至肋交叉于胸前（图 12-4-7）。至于男子，在任何场合都只悬挂一盘朝珠。

清代朝珠绦用丝线编织，其颜色有着明显的等级差别。据《大清会典》记载，朝珠系结明黄色绦，只能由皇帝、皇太后、皇后使用。皇子朝珠，不得用东珠，绦用金黄色。亲王、郡王朝珠制同。贝勒下至文五品、武四品、奉恩将军、县、郡官应用朝珠者，绦皆石青色。

五、彩帨领约

与汉族妇女一耳一坠不同，满族妇女的传统习俗是一耳戴三钳（图 12-5-1、图 12-5-2）。满族统治者一再强调，“左右各三，每具金龙衔一等东珠各二”的定制不许更改。乾隆皇帝特为此事下过诏谕：“旗妇一耳戴三钳，原系满洲旧风，断不可改饰。朕选看包衣佐领之秀女，皆带一坠子，并相沿至于一耳一钳，则竟非满洲矣，立行禁止。”以至到民国时期，满洲妇女中仍有沿此习俗的。

彩帨，是清代旗人女性专用的一种佩戴在胸前或衣襟上的长条形丝质饰品（图 12-5-3、图 12-5-4）。其形状呈上窄下宽，长约 1 米，上端有挂钩，并钩挂于妇性朝褂第二粒纽扣上。挂钩下有玉环，环上有丝绦数根，可以挂箴（针）管、鞶袠（小袋子之属）等物。其中一根丝绦下挂一圆形金银累丝，或画珐琅、或镂金嵌宝的结。其色彩有品秩之分，一般双面施绣喜字、蝙蝠、稻禾、灯笼或琴棋书画、凤鸟花卉等纹样。清代服制规定，皇太后、皇后的采帨为绿色，上绣五谷丰登纹饰。

领约，类似圆形项圈，正好摆在领圈之上，是清朝妇女穿朝服时佩戴于项间压于朝珠和披领之上的饰物（图 12-5-5）。清人入关之前，努尔哈赤改革衣冠制度，将项圈改为领约。它以垂于背后的绦色和装饰珠宝的质料和数目，区分品秩。与领约类似的是约发的金约。

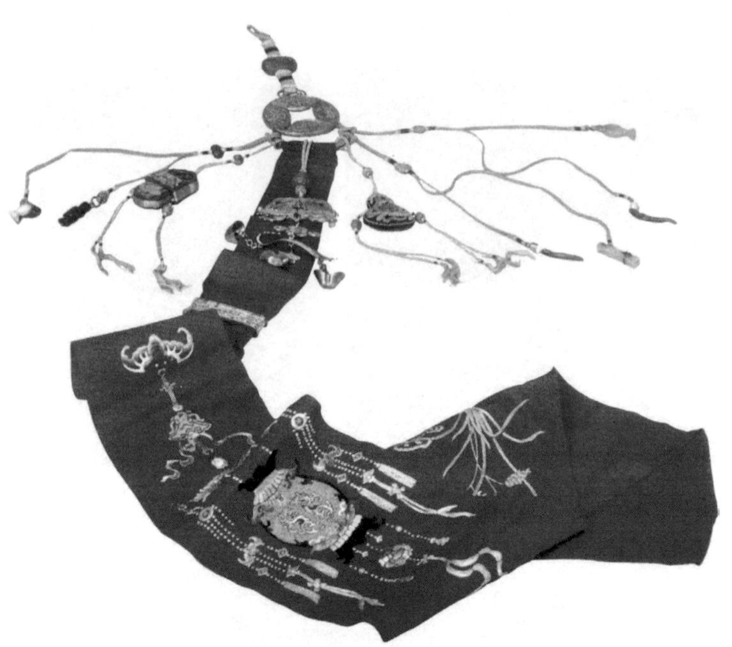

图 12-5-3　清代大红色灯笼纹盘金绣彩帨

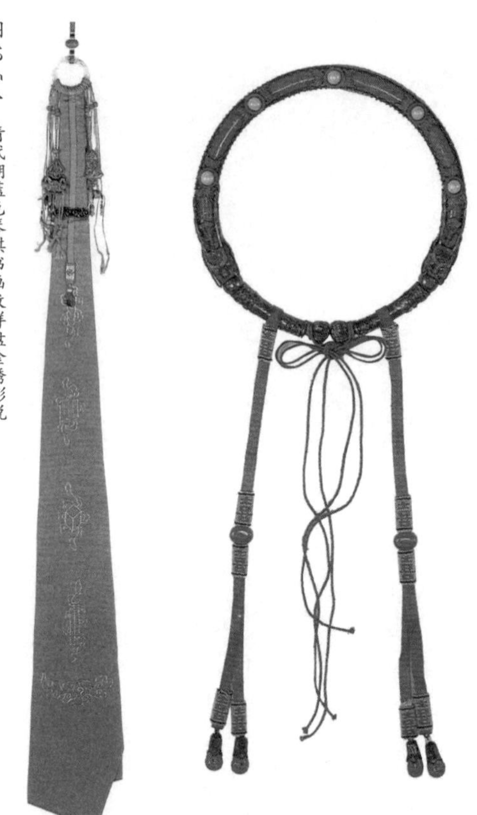

图 12-5-4　清代湖蓝色琴棋书画纹样盘金绣彩帨

图 12-5-5　清代金点嵌珊瑚珠领约

清代后妃穿朝服、戴朝冠时需先戴金约（图 12-5-6）。金约由饰云纹、镶东珠、珍珠、珊瑚、绿松石等装饰的镂金圆箍和后部垂缀的串珠组成（根据等级有所区别）。皇太后、皇后的金约后垂珍珠五串，以青金石等玉石作为分节点，将珍珠分为上下两段，谓之五行二就。此外，皇贵妃、贵妃、妃三行三就、嫔三行二就。

除了正式场合的朝冠、吉服冠外，清代满族命妇平时戴彩冠“钿子”（图 12-5-7）。它是在藤胎骨上罩黑纱或黑绒缎，再缀珠翠珍宝，形如簸箕，戴时顶部略向后倾斜，以簪钗固定。钿子分凤钿（刚结婚的年轻女性戴）、满钿（中年女性戴）、半钿（孀妇和年长者戴）三种。凤钿装饰珠翠玉石的钿花九块，华丽者还垂饰珍珠旒苏，前面垂至眼部，后面垂至背部；满钿七块；半钿五块。无论哪种，皆在钿子的正面饰一块，背面饰一大块。钿花当时又称为面簪，形式有双龙戏珠、花卉蝴蝶、翔凤、葵花、如意云头等，材质有金、玉、宝石、珊瑚、珍珠、琥珀、玛瑙等。

图 12-5-6　清代金镶青金石金约

图 12-5-7　清代点翠盘长蝶恋花钿子

图 12-6-1 敦煌 409 窟之袍服像

图 12-6-2 《雍正帝读书像》

六、吉服龙袍

清代皇帝吉服系统有吉服冠、吉服、吉服珠和吉服带。在更多场合，清代皇帝吉服被称为龙袍。从广义上讲，以龙纹为主要装饰纹样的袍服便可称为龙袍。敦煌 409 窟回鹘王（也有学者认为是西夏王）袍服像（图 12-6-1）是我国较早的龙袍图像资料。该袍袍身呈深褐色，龙纹排列袍前身四，呈竖向排列，肩、肘部各一，胯部左、右各一，腰部左、右各一。

宋、元时期，封建帝王服装上的龙纹渐多。元代有云肩式龙袍、胸背式龙袍和团窠式龙袍。明代开始，皇帝袍服装饰龙纹形成制度。清代皇帝龙袍属于吉服范畴，比朝服、衮服等礼服略次一等，为日常穿着，如《雍正帝读书像》中的明黄色缂丝刺绣龙袍（图 12-6-2、图 12-6-3）。穿龙袍时，必须戴吉服冠，束吉服带及挂朝珠。清朝皇帝龙袍主要用于重大吉庆节日以及先农坛皇帝亲耕等场合。据《清史稿·舆服志》记载："色用明黄。领、袖俱石青，片金缘。绣文金龙九。列十二章，间以五色云。领前后正龙各一，左、右及交襟处行龙各一，袖端正龙各一。下幅八宝立水，襟左右开，棉、袷、纱、裘，各惟其时。"

清代龙袍上绣有九条龙（有一只被绣在衣襟里面）。从正面或背面看，只能看到五条龙，九五之数象征帝王九五之尊的地位。除了龙纹，还有五彩

图 12-6-3 黄缎万字地十二章刺绣龙袍

祥云、蝙蝠、十二章纹等吉祥纹样（图 12-6-4、图 12-6-5）。龙袍的下摆是波浪翻滚的水浪，水浪之上，又立有山石宝物，俗称"海水江崖"，寓意"绵延不断""一统山河"和"万世升平"。

图 12-6-4　清代龙袍十二章纹及其分布图

图 12-6-6　1934 年《莱姆豪斯蓝调》中的龙纹晚礼服

图 12-6-5　清代皇帝绛丝十二章纹刺绣龙袍

图 12-6-8　清代藏蓝色龙袍

图 12-6-7　明黄色珠绣龙袍晚礼服

图 12-6-9　吊颈肚兜式雪青色印花龙袍丝绸晚礼服

图 12-6-10　云肩式雪青色印花龙袍丝绸晚礼服

图 12-6-11　云肩式镶拼素雪青丝绸晚礼服

清代朝服、龙袍成为中国风格的代表，被众多的外国设计师所关注。1934 年上映的电影《莱姆豪斯蓝调》中，特拉维斯・班通（Travis Benton）为黄柳霜设计的龙纹修身晚礼服集中展现了 20 世纪 40 年代银幕丽人们独特的美式魅力（图 12-6-6）。2004 年，时尚设计天才汤姆・福特（Tom Ford）在掌管伊夫・圣・洛朗（Yves Saint Laurent）品牌创意总监的最后一场发布上，选择了以清代龙袍为主题元素向伊夫・圣・洛朗（Yves Saint Laurent）1977 年的中国风系列致敬。在这些作品中，尤以明黄色珠绣龙袍晚礼服（图 12-6-7）最具风采。同系列还有以清代藏蓝色龙袍（图 12-6-8）为灵感的吊颈肚兜式雪青色印花龙袍丝绸晚礼服（图 12-6-9）和云肩式雪青色印花龙袍丝绸晚礼服（图 12-6-10），以及更符合大众市场审美的云肩式镶拼素雪青色丝绸晚礼服（图 12-6-11）。整个系列中由嘉玛・沃德（Gemma

图 12-6-12　Jean Paul Gaultier 2010 秋冬系列中的龙纹靴

图 12-6-13　许建树设计的龙袍礼服

图 12-6-14　清代暗红色盘金绣龙袍与红色龙纹塔式多正式礼服西装

图 12-6-15　Ralph Lauren 2011 秋冬时装

Ward）演绎的那一身雪青色龙纹旗袍礼服，虽然使用东方的面料、东方的图腾、东方的色彩，搭配的却是完全西化的剪裁，胸口镂空的设计把旗袍的性感特质发挥到了极致，淡雅的色彩又保留了行云流水般的中国文化韵味。

2010 年秋冬，在法国设计师让·保罗·高提耶（Jean Paul Gaultrier）以 21 个少数民族作为灵感而设计的精彩系列当中，有一双用中国皇帝龙袍图样而设计的靴子，颠覆了一般我们对于龙袍样式“只能穿在身上，而非踩在脚底下”的既定印象（图 12-6-12）。2010 年，由中国设计师许建树（Laurence Xu）设计的龙袍礼服一炮走红（图 12-6-13）。根据许建树的说法，这款造型结合了龙图腾与西方礼服的轮廓，呈现出具有张力的反差感，同时也符合西方时尚强调人体曲线的概念。

2011 年秋冬，美国设计师拉尔夫·劳伦（Ralph Lauren）推出了令人惊艳的清宫主题的成衣系列。设计师拉尔夫·劳伦（Ralph Lauren）将清代暗红色盘金绣龙袍变身为红色龙纹塔式多（Tuxedo）正式礼服西装（图 12-6-14），和腾龙、祥云、立水与深绿、暗红色绸缎、丝绒的深 V 领、高开衩旗袍裙等细节结合，充满时代气息（图 12-6-15）。

清代龙纹大致有坐龙、升龙、行龙、降龙和团龙等图案构造。龙纹在清代成为皇帝、后妃们的专属服饰纹样。也可以说，装饰有龙纹的服装是清代服装中最具特点的内容。谭燕玉（Vivienne Tam）2011 年和 2019 年秋冬成衣设计以龙纹为主题（图 12-6-16），其方法有两种：一是试图以黑色中和龙形图纹；二是不完整地呈现龙形，仅仅是截取其局部姿态。有结构的领子延伸至肩部形成雕塑般的龙翼，衬衫褶边交错的云朵刺绣，以及极具东方色彩的刺绣和镂空针织鳞甲等都流露出中国文化博大精

图 12-6-16 Vivienne Tam 2011 秋冬成衣和 2019 秋冬成衣

图 12-6-17 Alexander Mcqueen 2011 早春时装

图 12-6-18 Dries Van Noten 2012 秋冬时装

图 12-6-19 许建树 2012 高级时装

图 12-6-20 郭培时装作品

图 12-6-21 思凡 2013 时装

深的艺术魅力。此外，英国设计师亚历山大·麦昆（Alexander McQueen）2011 年早春系列以金属铆钉模拟龙鳞，其效果华丽至极（图 12–6–17）。

比利时品牌德赖斯·范诺顿（Dries Van Boten）2012 的秋冬时装设计是针对英国维多利亚博物馆收藏的清宫龙袍进行的二次设计（图 12–6–18）。德赖斯·范诺顿（Dries Van Noten）将清宫龙袍放平，用高清数码拍照技术获取龙袍纹样，再重新组合龙袍大身的龙纹和立水纹样，或单独使用立水纹样，或强调龙纹与立水纹的对比，甚至还利用清代女裙流行的襕干纹样切割龙袍纹理，使其呈现出既熟悉又陌生的效果。此时，中国设计师也开始运用清宫服饰主题进行时装设计，2012 年许建树（Laurence Xu）在伦敦的个人服装秀（图 12–6–19）、设计师郭培（图 12–6–20）和时装品牌思凡参加 2013 年巴黎 WHO' S NEXT 展会，都展示了“龙袍”时装（图 12–6–21）。同样以龙图腾大展奢华贵气的，还有以印花见长的意大利品牌璞琪（Emilio Puccin）。它在 2013 年春夏时装设计中，舍弃了龙纹繁复的鳞纹，以类似书法的质感，将龙的身躯一气呵成描绘出来，让人印象深刻（图 12–6–22）。意大利品牌古驰（Gucci）2017 年春夏男装设计中也有戏剧感的龙纹图形（图 12–6–23）。

除了服装之外，也有许多饰品以龙纹为设计元素。古驰（Gucci）上海龙包的白色帆布上有鲜红的双龙形图腾（图 12–6–24）。香奈儿（Chanel）龙甲手包以中国龙为设计灵感，用火红色皮革珠片拼出龙甲形式（图 12–6–25）。范思哲（Versace）龙纹手提包（图 12–6–26）有爬满金龙的华丽设计。

图 12–6–22　Emilio Puccin 2013 春夏时装

图 12–6–24　Gucci 龙纹包

图 12–6–25　Chanel 火红色皮革珠片龙甲手包

图 12–2–23　Gucci 2017 春夏男装

图 12–6–26　Versace 龙纹手提包

七、海水江崖

海水江崖图案主要是由中间的山形加下面的立水纹或水波纹构成。清代海水江崖纹的海水分为“平水纹”和“立水纹”。平水纹是指水波图案（图12-7-1），即螺旋状卷曲的横向曲线，以多层重叠的曲线来模仿海波、海浪、漩涡等；立水纹是指山崖下方的斜向排列的波浪线（图12-7-2），俗称“水脚”。立水纹作为设计元素运用在比利时品牌德赖斯·范诺顿（Dries Van Boten）2012年秋冬时装设计（图12-7-3）和2006年中国海南航空公司的第四套空姐制服（图12-7-4）设计中。2006年中国海南航空制服在设计上充分体现了东方文化，整体采用了天青蓝色和玫粉红色，利用清代宫廷服饰中的立水纹（剑海纹）元素作为裙子上的设计元素，展现出最具国际竞争力的世界级航空公司新风采。

清代初期，平水纹波浪比较灵活，可见不同起伏的波浪感，而立水纹较为弯曲，还会呈现统一倾斜方向的波浪节奏。清代中期趋于程式化，平水纹如鱼鳞一般规律排列，立水纹排列整齐细密。雍正时，浪头与五股立水纹连接。乾隆时，云头变小，下接单股渐变色立水纹。清代末期，立水纹越来越高，线条基本呈直线。

海水纹的色彩主要分为单色和复色两大类。单色海水纹较少，复色海水纹颜色搭配有红、白、蓝、绿以及金色。立水纹样的配色五彩斑斓，不同颜色的线条重复排列。其主色调会根据服装面料的整体颜色确定，如石青色龙袍上的海水纹多以蓝色为主，配以金色和红色；黄色龙袍的海水纹多配以红色、金色、蓝色或绿色。

20世纪20年代至40年代的中国婚礼服就流行以海水江崖为基础，再辅衬牡丹花（图12-7-5）、仙鹤、麦穗等纹样。中国时装品牌木真了曾推出过几款相同式样的设计（图12-7-6）。除了婚礼服，民国时期日常服装也非常多地使用海水江崖图案(图12-7-7、图12-7-8）。

20世纪初，西方时装设计师也有使用海水江崖图案进行时装设计，如朗雯（Lanvin）在1924年设

图 12-7-1　海水江崖纹样（平水纹）

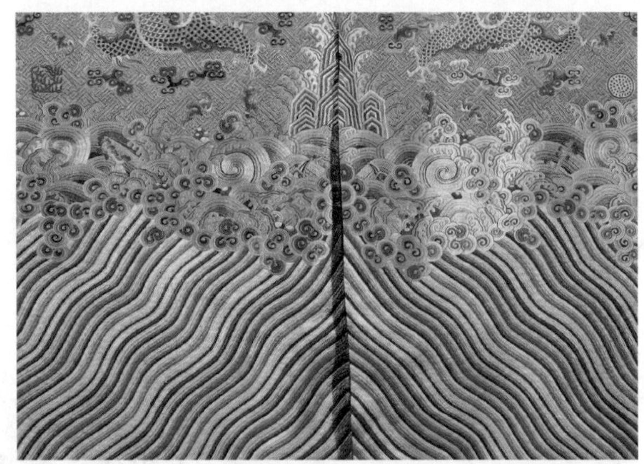
图 12-7-2　海水江崖纹样（立水纹）

图 12-7-3　Dries Van Boten2012 秋冬时装

图 12-7-4　2006 年中国海南航空公司第四套空姐制服

图 12-7-5　1920 年女子婚礼服上的海水江崖

图 12-7-6　海水江崖纹女褂（木真了品牌张丽美作品）

图 12-7-7　20 世纪 20 年代装饰鹤与海水江崖的裙袄

图 12-7-8　1929 年《上海漫画》九月刊中旗袍套装

图 12-7-9　Lanvin 1924 年作品

图 12-7-10　晚清大红盘金绣蟒袍面料

图 12-7-11　1925 年晚装外套设计

图 12-7-12　Yves Saint laurent 1977 秋冬波浪纹女装设计

图 12-7-13　Gucci2016 春夏男装作品

图 12-7-14　吉祥斋 2017 年秋冬作品

计的石青色女裙中运用了钉珠团花（图 12-7-9），底摆以蕾丝工艺织出海水江崖纹样。需要注意的是，石青色是清代吉服的标准用色。

美国大都会博物馆还收藏一件以晚清大红盘金绣蟒袍（图 12-7-10）纹样为灵感而设计的 1925 晚装外套（图 12-7-11）。法国知名时装设计大师伊夫·圣·洛朗（Yves Saint laurent）在 1977 秋冬高级定制中推出波浪纹的女装设计（图 12-7-12）。在 21 世纪时装设计中，中国风时装流行，海水江崖纹更是极其普遍，如意大利时尚品牌古驰（Gucci）2016 春夏男装作品（图 12-7-13）。中国时装品牌吉祥斋 2017 秋冬作品中推出在粉色羊绒面料上的本色海水江崖纹刺绣（图 12-7-14）。

2018 年初，许建树（Laurence Xu）以无龙纹的水平纹龙袍式样精彩地完成海南航空公司的制服设计（图 12-7-15）。由于吉祥寓意和完美造型，“海水江崖”纹样被广泛运用在当代时装设计上，如 2014 年北京 APEC 各国领导人着装（图 12-7-16）和本书著者参与设计的 2008 年北京奥运会运输司机制服（图 12-7-17）。有些时候，绘画性的“海水江崖”纹样也会起到很好的装饰效果，如纽约华裔女设计师谭燕玉（Vivienne Tam）2015 春夏时装（图 12-7-18）和阿琳娜·阿克玛度丽娜（Alena Akhmadullina）2016 春夏系列作品（图 12-7-19）。知名时装设计师陈薇伊也设计了海浪纹样时装包（图 12-7-20）。

图 12-7-15　许建树 2018 新海航制服

图 12-7-16　2014 年北京 APEC 各国领导人着装

图 12-7-17　2008 年北京奥运会运输司机制服（贾玺增设计）

图 12-7-18　Vivienne Tam 2015 春夏成衣

图 12-7-19　Alena Akhmadullina 2016 春夏系列作品

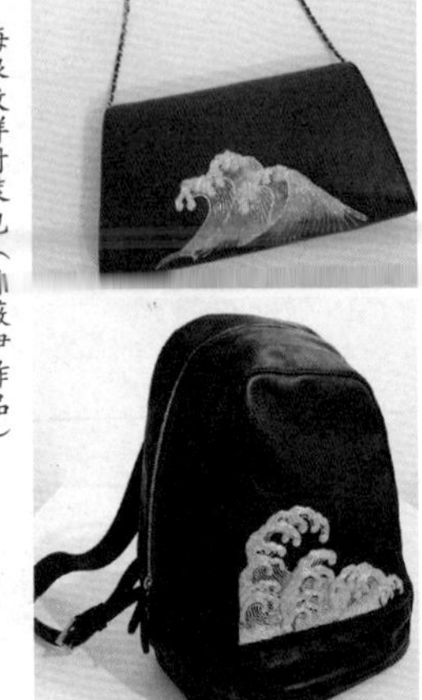

图 12-7-20　海浪纹样时装包（陈薇伊作品）

图 12-8-1 《曾国藩像》

图 12-8-2 一品仙鹤暗花罗补服

图 12-8-3 身穿补服头戴凉帽的清代男子

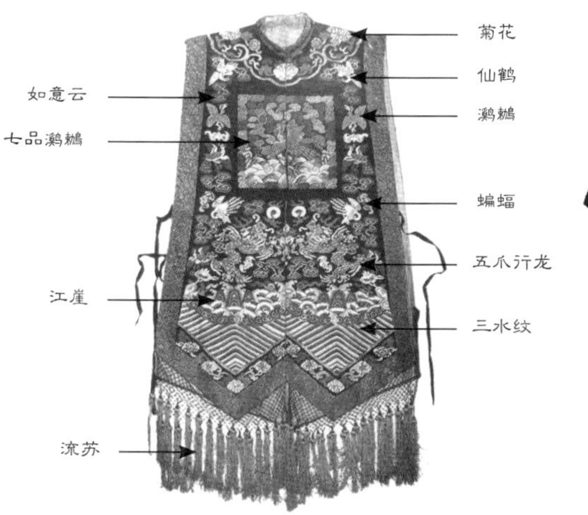

图 12-8-4 清代霞帔

图 12-8-5 一品团鹤刺绣 T 恤（贾玺增设计作品）

图 12-8-6 时装设计师谢海平身穿用补子纹样装饰的石青色衬衣

八、补服霞帔

补服是一种饰有官位品级徽识的官服。其形制为圆领、对襟、平袖、袖与肘齐、衣长至膝，门襟有 5 颗纽扣（图 12-8-1）。一般情况下，清代普通官员的补服是要穿在吉服外面。

清代补服服色无品级差别，乾隆时期至清末年间为石青色（图 12-8-2）。清代补子比明代略有缩小，且只用单只立禽，前后成对，但前片一般是对开的，后片则整片织在一起。亲王、郡王、贝勒、贝子等皇室成员用圆形补子；固伦额驸、镇国公、辅国公、和硕额驸、公、侯、伯、子、男以及各级品官，均用方形补子。与明代单独穿用的圆领大袖补服不同，清代的补服是穿在吉服袍外。当皇帝穿衮服、皇子穿龙褂时，王公大臣和百官穿补服相衬配，故有“外褂”之称（图 12-8-3）。根据清代制度，在每年盛夏三伏期间，可以不穿补服，被称作“免褂期”。

明清两代命妇（一般为官吏之母、妻）亦备有霞帔，主要穿着于庆典朝会或吉庆场合。其形制为帔身阔如背心，有后片和衣领，下施彩色流苏，在胸背正中缀与其丈夫官位相应的补子，显示身份（图 12-8-4）。武官之母、妻霞帔上的补子用鸟纹而不用兽纹，如武一品男补子织绣麒麟，而武一品母、妻补子则织绣仙鹤，意思是女性贤淑，不宜尚武。此外，清代时期的平民妇女在出嫁之日可将霞帔作为礼服与凤冠一起穿戴。女补尺寸比男补略小，以示男尊女卑。2018 年夏，本书作者利用明清补服图案设计了一品团鹤刺绣 T 恤衫（图 12-8-5）。时装设计师谢海平也用补子纹样进行了衬衣作品的设计（图 12-8-6）。

清代文官补子纹样为：一品仙鹤，二品锦鸡，三品孔雀，四品云雁，五品白鹇，六品鹭鸶，七品

一品仙鹤
一品仙鹤补，朝冠顶饰东珠一颗、上衔红宝石，吉服冠用珊瑚顶。

二品锦鸡
二品锦鸡补，朝冠顶饰小宝石一块，上衔镂花珊瑚，吉服冠用镂花珊瑚顶。

三品孔雀
三品孔雀补，朝冠顶饰小红宝石，上衔小蓝宝石，吉服冠用蓝宝石顶。

四品云雁
四品云雁补，朝冠顶饰小蓝宝石，上衔青晶石，吉服冠用青金石顶。

五品白鹇
五品白鹇补，朝冠顶饰小蓝宝石，上衔水晶石，吉服冠用水晶石顶。

六品鹭鸶
六品鹭鸶补，朝冠顶饰小蓝宝石，上衔砗磲，吉服冠用砗磲顶。

七品鸂鶒
七品鸂鶒补，朝冠顶饰小蓝宝石，上顶素金顶，吉服冠用素金顶。

八品鹌鹑
八品鹌鹑补，朝冠阴文镂花金，顶无饰，吉服冠用镂花素金顶。

九品练雀
九品练雀补，朝冠阳文镂金顶，吉服冠用镂花素金顶。

图 12-8-7　清代文官补子图鉴

鸂鶒，八品鹌鹑，九品练雀（图 12-8-7）。武官补子纹样为：一品麒麟，二品狮，三品豹，四品虎，五品熊，六品彪，七品、八品犀牛，九品海马（图 12-8-8）。明朝补子一般在 40 厘米见方左右，清代则一般在 30 厘米左右。清代皇家宗室的补服和补子，均是由南京、苏州、杭州即江南三织造订做

一品麒麟
一品麒麟补，朝冠顶饰东珠一颗、
上衔红宝石，吉服冠用珊瑚顶。

二品狮
二品狮子补，朝冠顶饰小宝石一块，
上衔镂花珊瑚，吉服冠用镂花珊瑚顶。

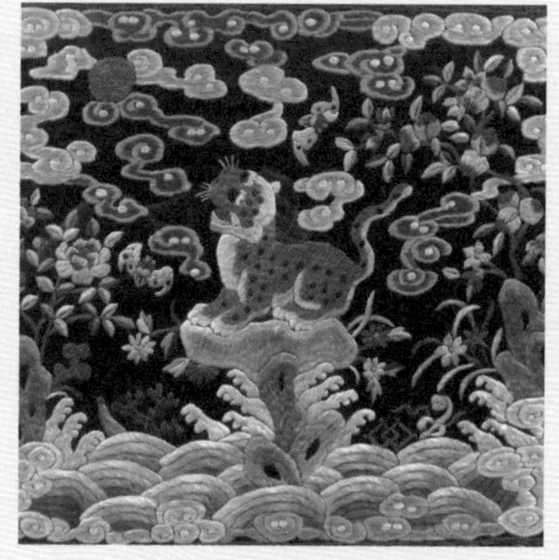

三品豹
三品豹子补，朝冠顶饰小红宝石，
上衔小蓝宝石，吉服冠用蓝宝石顶。

四品虎
四品老虎补，朝冠顶饰小蓝宝石，
上衔青晶石，吉服冠用青金石顶。

五品熊
五品熊补，朝冠顶饰小蓝宝石，
上衔水晶石，吉服冠用水晶石顶。

六品彪
六品彪补，朝冠顶饰小蓝宝石，
上顶砗磲，吉服冠用砗磲顶。

七品犀牛
七品犀牛补，朝冠顶饰小蓝宝石，
上顶素金顶，吉服冠用素金顶。

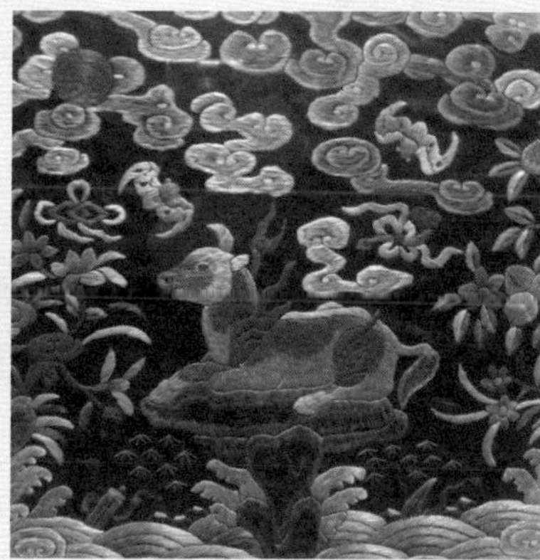

八品犀牛
八品犀牛补，朝冠阴文镂花金，顶无饰，
吉服冠用镂花素金顶。

九品海马
九品海马补，朝冠阳文镂金顶，
吉服冠用镂花素金顶。

图 12-8-8　清代武官补子图鉴

进贡的，用料讲究，做工精良，尺寸、图案都有严格规定，不能私自改变身上与其品级相对应的官服。至于清代官员的补服和补子，可以由本人按典章制度自备。在清代有专卖补子的店铺，这样就自然会出现同品级官员的补子由于做工不一而不尽相同的现象。

九、马褂坎肩

清代百官礼服，有袍有褂。常服褂即对襟平袖，长至膝下的外褂，皇帝及百官均穿着石青色，花纹不限，不缀补子（图 12–9–1）。

清代常服袍为圆领右衽大襟，窄袖，马蹄袖端。清代皇帝、宗室所穿常服袍的腰部以下，都有开衩。因前后各一，长二尺余；左右各一，长一尺余，故名“四衩袍”，其形象如《玄烨便服写字像》（图 12–9–2）。官吏士人两开衩。

行袍是清代文武官员出行时的长袍（图 12–9–3）。其式样为右衽大襟，窄袖，马蹄袖端，四开裾，右侧衣襟裁短一尺以便跨腿乘骑及开步射猎，故又称“缺襟袍”。凡臣工扈行、行围人员都可服之。文武官员出差时穿行袍谒客，外套对襟大袖马褂。

马褂为清代时男子穿在长袍外，衣长及腰，袖长及肘，两侧及后中缝开衩的短褂（图 12–9–4）。衣襟有对襟、大襟和琵琶襟三种。袖口平直，无马蹄袖。女子马褂有掩手挽袖和露手舒袖（图 12–9–5）。马褂本为满族人骑马时所穿服装，由于便于骑马，故名“马褂”。清代赵翼《陔余丛考》载：“马褂，马上所服也。”后传到民间，不分男女贵贱，都以此作为装束，逐渐变成一种礼服。

清代马褂中等级最高和最具荣耀的是黄马褂（图 12–9–6、图 12–9–7）。法国设计师朗雯（Lanvin）1936 年曾以此为灵感创作了金色清朝坎肩时装作品（图 12–9–8）。能穿黄马褂的有三种人：一是皇帝巡行扈从大臣，穿明黄色马褂（正黄旗官员用金黄色），叫“职任褂子”；二是皇帝行围（狩猎）和阅兵时射箭或获猎物最多者可穿，叫“行围褂子”；三是治国、战功者可穿，叫“武功褂子”。前两种黄马褂用黑纽襻，平时不能穿用。第三种用黄纽襻，穿时随意。此外，黄马褂也有“赏给”与“赏穿”之分。“赏给”是只限赏赐之服，“赏穿”则可按时自做服用，不限于赏赐的一件。到清代中晚期，得此荣耀者为数较多。

坎肩，也称马甲、背心，是无领、无袖的上衣，可套在长袍外起装饰作用（图 12–9–9）。清代坎肩

图 12–9–1 《康熙帝读书像》

图 12–9–2 《玄烨便服写字像》

图 12–9–3 清代行袍（缺襟袍）

图 12–9–4 身穿马褂的清代官员李鸿章

图 12–9–5 身穿马褂的清代官员及命妇

图 12–9–6 身穿黄马褂的清代官员

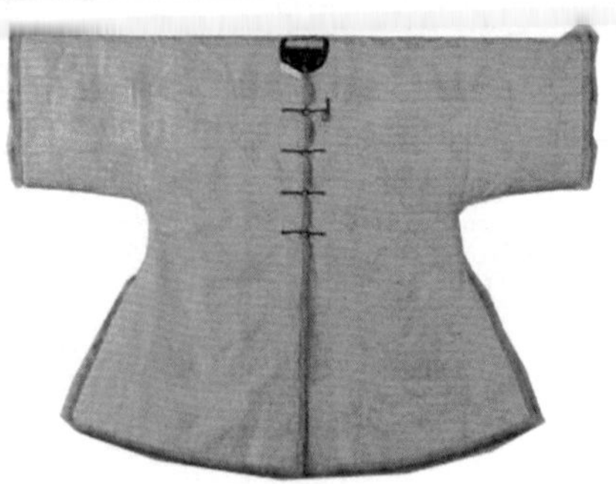
图 12–9–7 清代明黄缎棉马褂

图 12–9–8 Lanvin 1936 年设计金色清朝坎肩时装

图 12-9-9　月白色缎织暗花梅竹灵芝紧身坎肩

图 12-9-10　身穿坎肩的清宫女眷合影

图 12-9-11　清代一字襟坎肩

图 12-9-12　清末月绿色缂丝云鹤纹夹坎肩

图 12-9-13　宝蓝大提花葡萄纹琵琶襟坎肩

图 12-9-14　Antonio Marras 2017 早春度假系列

图 12-9-15　J.W. Anderson 2017 秋冬女装系列

图 12-9-16　Paul Plirot 1912 琵琶襟式样外套设计

图 12-9-17　Tom Ford 2013 秋冬时装

用料、做工十分讲究，尤其是女性使用的坎肩（图 12-9-10）。其衣襟式样有对襟、右襟和最具特色的“巴图鲁”（满语“勇士”的意思）一字襟坎肩（图 12-9-11），前襟上装有排扣，两边腋下也有纽扣。当时在京师八旗子弟中甚为流行。清代坎甲还流行对襟和琵琶襟式样，对襟坎肩实物如清末月绿色缂丝云鹤纹夹坎肩（图 12-9-12）。前胸及开裾处饰如意云头五朵，通身镶青色云鹤纹缂金宽边及朵花绦。琵琶襟坎肩实物如宝蓝大提花葡萄纹琵琶襟坎肩（图 12-9-13）。意大利设计师品牌安东尼奥·马拉斯（Antonio Marras）（曾任高田贤三的第三任创意总监）2017 早春度假系列（图 12-9-14）、英国服装品牌 J.W. Anderson 2017 秋冬女装系列（图 12-9-15）都运用了一字襟结构。法国时装先驱保罗·波亥（Paul Plirot）在 1912 年的一件外套设计中也借鉴了一字襟式样（图 12-9-16）。西方有许多设计师都借鉴了清代大襟式样进行时装设计（图 12-9-17）。

十、大阅盔甲

清朝初期，因满族统治者崇尚武功，为了倡导骑射之风而确立大阅、行围制度。皇太极始定大阅制度，顺治时确定每三年举行针对军容的检阅典礼。至康熙二十一年（1682 年）起，康熙皇帝每年都用田猎的形式，组织几次大规模的军事演习，以训练军队的实战本领，并把围猎、大阅的礼仪、形式、地点、服装等都列入典章制度。

清代制度规定，上至清代皇帝、宗室大臣，下到侍卫，凡参加大阅和行围活动的人，都要根据制度穿戴不同纹样、色彩的盔甲。这种盔甲，尤其是皇帝御用的大阅甲，在一定程度上已经失去了保护身体的实际作用，变成了一种象征性、装饰性服装。其形象如意大利画家郎世宁所绘身穿大阅甲的乾隆皇帝像（图 12-10-1）。

清代皇帝的大阅甲由盔帽、甲衣和围裳构成：盔帽以铁和皮革制成，表面髹漆（图 12-10-2），前后左右各有一梁，额前正中突出一块遮眉，其上有舞擎、覆碗和盔盘。盔盘上竖缨枪、雕翎和獭尾装饰的铁或铜管，后垂石青等色的丝绸护领、护颈及护耳，上缀以铜或铁泡钉并绣有纹样；甲衣又分为护肩、护腋、护袖、护心镜（胸前和背后）、前挡（前襟下部的梯形护腹）、左挡（腰间左侧，右侧挂箭囊）；围裳分为左、右两幅，正中处挂虎头蔽膝，穿时用带系于腰间。

图 12-10-2 清代皇帝盔帽

图 12-10-1 身穿大阅甲的乾隆皇帝像（意大利画家郎世宁绘）

图 12-10-3 明黄缎绣彩云金龙纹棉大阅盔甲（北京故宫博物院藏）

故宫博物院保存的明黄缎绣彩云金龙纹棉大阅盔甲（图 12-10-3），是康熙帝大阅时的御用之物。这套盔甲上衣长 75.5 厘米，下裳长 71 厘米，两袖通长 158 厘米。康熙大阅甲的制作工艺十分精巧，其上衣云纹主要用绿、墨绿色等，其间四合如意云纹用粉红、红、月白、蓝色等；灵芝云用粉、红色等。上衣正面黄缎地上布满金帽钉，左、右各以金线绣一条正面升龙，上衣背面与衣前纹饰颜色一样，所不同的是居中绣有一条正龙。衣下摆处绣有平水、寿山、海珠、杂宝、珊瑚等纹饰，其左、右护肩，面部蓝地绣金龙各九条，并在中部镶嵌有一颗红宝石和一东珠；左、右护腋，前挡，侧挡颜色均黄缎地，布金帽钉，各绣一条正龙及平水、寿山、云纹等纹饰。下裳为左、右两挡，每挡均为黄缎地，上绣行龙十六条，在每两条行龙间用金线采用钉金针法，以丝线固定排列整齐。中鸿信国际拍卖有限公司拍卖品亦曾拍卖过相同式样的清代蓝缎龙纹出征铠甲（图 12-10-4）。

清代满族的祖先，以血缘和地缘为单位进行集体狩猎的组织形式，至万历四十三年（1615 年）（努尔哈赤时期）演变为“八旗制度”，即正黄旗、镶黄旗、正白旗、镶白旗、正红旗、镶红旗、正蓝旗、镶蓝旗。旗帜除四正色旗外，黄、白、蓝均镶以红，红镶以白。其八旗兵服饰皆随旗帜而别：正黄旗全身黄色，镶黄旗黄地红边；正白旗全身白色，镶白旗白地红边；正红旗全身红色，镶红旗红地白边；正蓝旗全身蓝色，镶蓝旗蓝地红边（图 12-10-5）。

图 12-10-4　清代蓝缎龙纹出征铠甲（中鸿信国际拍卖有限公司拍卖品）

图 12-10-5　清代满族“八旗制度”戎服

十一、顶珠花翎

清代上层统治阶层冠服制度中的礼冠，名目繁多：用于祭祀庆典的为朝冠；常朝礼见的为吉服冠；燕居时为常服冠；出行时为行冠；下雨时为雨冠。从式样上讲，皇帝、皇子、亲王、镇国公等人夏朝冠和冬朝冠形制大体相同，仅冠顶镂花金座的层数和东珠饰物的数目依品级递减而已（图 12-11-1）。亲王冠顶装饰有十颗东珠，亲王世子九颗，郡王八颗，贝勒七颗，贝子六颗，镇国公五颗，辅国公以及民公四颗，侯爵三颗，伯爵二颗。除了清代冠帽上奢华的顶珠外，还用金累丝制作成精巧的镂空纹样承载上面的顶珠。此外，清代女子冬朝冠皆以薰貂，其上缀朱纬，长于帽檐，其后皆有护领，并垂绦两条。其冠顶和饰物及垂绦的颜色因等差而有所差异。

图 12-11-1　清代嫔妃冠顶的凤鸟和清代皇帝朝冠顶珠

清代男性官员的冠帽有礼帽和便帽两类。礼帽俗称“缨帽”（帽顶披红缨）“大帽子”，又分冬天戴的暖帽和夏天戴的凉帽两种。根据规定，每年三月开始戴凉帽，八月换戴暖帽（北洋舰队则较为特殊，一年四季均为暖帽）。

图 12-11-2　清代官员暖帽

清代官员暖帽（图 12-11-2），多为圆形，四周帽檐反折向上约二寸宽，以缎为顶，以呢、绒或皮为檐，视天气变化而定。皮以貂鼠为贵，次为海獭、狐。由于海獭价格昂贵，匠人以黄狼皮染黑代替，时称“骚鼠”。康熙年间，一些地方出现一种剪绒暖帽，色黑质细，宛如骚鼠。由于此类价格低廉，一般学士都乐于戴用。暖帽中间还装有红色帽纬。

图 12-11-3　清人佚名《万树园赐宴图》局部

清代官员凉帽（图 12-11-3），也叫纬帽，无檐，形如圆锥，俗称喇叭式（图 12-11-4），多由藤、竹制成，外裹绫罗，多用白色，也有用湖色、黄色等。其上缀区别官职的红缨顶珠。除了男人的发辫、女性的小脚，清代官兵们头戴的凉帽几乎成为中国传统服饰在西方人眼中的形象代言。法国时装设计大师伊夫 · 圣 · 洛朗（Yves Saint Laurent）在 1977 年开始尝试将中式元素运用到时装设计中。虽然伊夫 · 圣 · 洛朗（Yves Saint Laurent）从未到过中国，但凭借丰富想象力，他创作了 19 世纪的清宫时装

图 12-11-4　清代官员凉帽

设计系列作品——凉帽、马褂、中式立领、对襟、盘口、朝服、塔肩上装和刺绣，喜庆的大红和大绿，当然还有设计师最爱的黑色(图12-11-5)。21世纪，仍有西方设计师尝试以清代凉帽、马褂为灵感元素进行时装设计，如设计师阿尔伯特·菲尔蒂(Alberta Ferretti)2011年春夏作品(图12-11-6)、乔治·阿玛尼(Giorgio Armani)2005春夏时装作品(图12-11-7)。

清代官帽上有“顶戴花翎”装饰。顶戴花翎虽为一体，却是由“顶戴”和“花翎”两部分构成。顶戴是指官员帽顶，花翎是指特赐插在帽上的装饰，一般赏给有功的人，如同勋章。与补服一样，清代官帽的形制式样也都基本相同，品级区别主要在于冠顶镂花金座上的顶珠、花翎和毛皮质料(冬朝冠)。一品以下官员只能用宝石装饰，宝石的质料、颜色依官品而定：一品，红宝石；二品，珊瑚；三品，蓝宝石；四品，青金石(古代称“璆琳”“金精”“瑾瑜”“青黛”等)；五品，水晶石；六品，砗磲；七品，素金(素金是指纯度很高、无镂刻的黄金珠)；八品，阴纹镂花金顶；九品，阳纹镂花金顶。由于八品、九品品级最低，所以配置黄金纯度比较低，需要用镂花的方式体现顶珠的珍贵性。

雍正八年(公元1730年)，更定官员冠顶制度，以颜色相同的玻璃代替了宝石。至乾隆以后，这些冠顶的顶珠，基本上都用透明或不透明的玻璃，称作亮顶、涅顶，如称一品为亮红顶；二品为涅红顶；

图12-11-6 Alberta Ferretti 2011春夏时装

图12-11-7 Giorgio Armani 2005春夏时装

图12-11-5 Yves Saint Laurent 1977中国风格时装

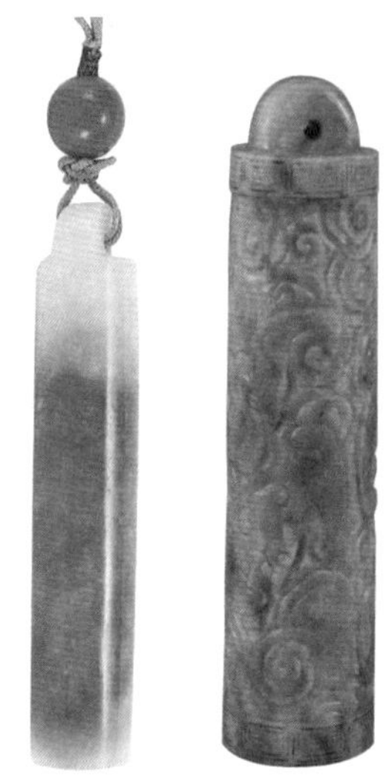

图12-11-8 清代翠玉翎管

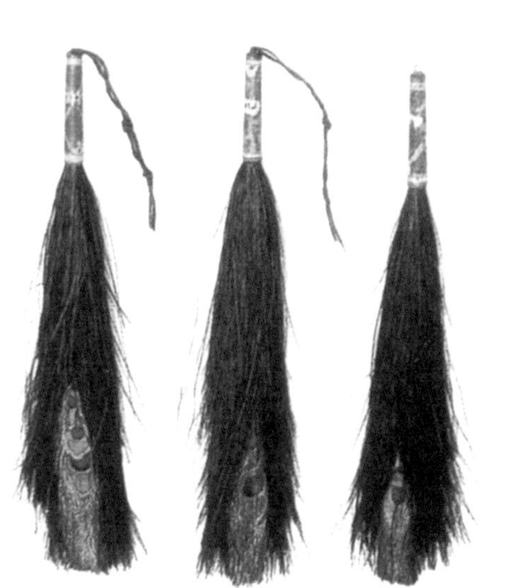

图12-11-9 三眼、双眼、单眼花翎(北京故宫博物院藏)

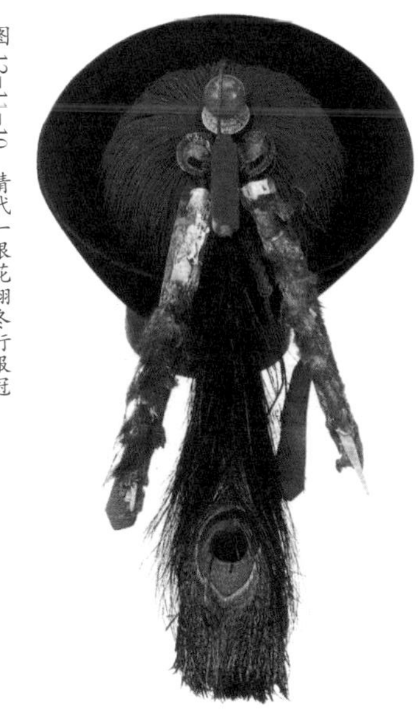

图12-11-10 清代一眼花翎冬行服冠

三品为亮蓝顶；四品为涅蓝顶；五品为亮白顶；六品为涅白顶；七品，素金顶（黄铜）。

冠帽顶珠下有一枚两寸长短的翎管，用玉、翠（图 12-11-8）或珐琅、花瓷制成，用以安插翎枝。清代翡翠翎管最知名者当属首都博物馆藏清代荣禄翡翠翎管，管壁厚度在 3 ～ 4 毫米，据称里面的羽毛能够“纤毫毕现”地看到。

清代官员首服上的花翎有蓝翎、花翎之别。蓝翎由鹖羽制成，蓝色，羽长而无眼，较花翎等级低。花翎为带有“目晕”的孔雀翎。“目晕”也俗称为“眼”，因此花翎又分为单眼、双眼、三眼，其中以三眼者最为尊贵（图 12-11-9）。顺治十八年（1661年）曾规定，亲王、郡王、贝勒以及宗室等一律不许戴花翎，贝子以下可以戴。清制规定：贝子戴三眼花翎；国公、和硕额驸戴双眼花翎；内大臣，一至四等侍卫、前锋、护军各统领等均戴一眼花翎（图 12-11-10）。按照清朝的规定，清初时亲王、郡王、贝勒本来是不用戴花翎的。乾隆年间，许多人以兼任内大臣等职务请求准戴花翎。此后亲王、郡王、贝勒开始佩戴三眼花翎。有资格佩戴花翎的亲贵们，想要正式佩戴上花翎，还需要在十岁时经过骑、射两项考试，考试合格后方可戴上花翎。但后来，花翎赏赐渐多，不仅亲贵大臣可以戴用花翎，有显赫军功者也可以戴用了，考试也就取消了（图 12-11-11、图 12-11-12）。

清初，花翎极为贵重，唯有功勋及蒙特恩的人方得赏戴。据有关史料可知，乾隆至清末被赐三眼花翎的大臣只有傅恒、福康安、和珅、长龄、禧恩、李鸿章、徐桐七人。据《啸亭续录》记载，被赐双眼花翎的约 20 人，在当时是至高无上的荣耀。当官员因事被降职或革职留任，若把顶戴的花翎拿下，表示解除他的一切职务。康熙年间，福建水师提督施琅因平定台湾立了大功，被康熙帝赏封“世袭罔替”的靖海侯。但施琅却恳切要求“赐戴花翎”，可见花翎的尊贵地位。自此，花翎被清朝统治者赏赐给有特别贡献的官员。乾隆帝曾宣称：花翎可“特赏军营奋勇出力之员”，并规定，“如有建立大功，著有劳绩，理应戴用（花翎）者”。

清中叶以后，花翎逐渐贬值。道光、咸丰后，国家财政匮乏，为开辟财源，公开卖官鬻爵，只要捐者肯出钱，就可以捐到一定品级的官衔，翎枝也开始标价出售。最初，广东专营对外贸易的商人伍崇耀、潘仕成捐输十数万金，朝廷嘉奖其戴用花翎。以后，海疆军兴，捐翎之风更盛，花翎实银一万两，蓝翎五千两。清末时期，花翎逐渐贬值，身份象征也大打折扣。

图 12-11-11　清代扎拉丰阿朝服画像

图 12-11-12　清代头戴盔帽的乾隆皇帝及头戴一眼花翎官员画像

图 12-12-1　头戴瓜皮帽的清代老年男性

十二、瓜皮坤秋

清代官员私下和普通百姓最常戴的便帽是“六合一统帽”，民间俗称“瓜皮帽”（图12-12-1）。这种帽子由六瓣缝合而成，上尖下宽，呈瓜棱形，帽为软胎，可折叠放于怀中，在帽子顶部有一红丝线或黑丝线编的结子（图12-12-2）。为区别前后，帽檐正中钉有一块明显的标志叫作“帽正”。贵族富绅多用珍珠、翡翠、猫儿眼等名贵珠玉宝石，一般人就用银片、料器之类。咸丰年间（1851年—1861年），“帽正”已为一般人所不取，为图方便，帽顶又作尖形。有的八旗子弟为求美观，还在帽疙瘩上挂一缕一尺多长的被称为“红缨”的红丝绳穗子（图12-12-3）。

坤秋帽，又称“困秋帽”“飘带冠”（图12-12-4）。坤秋是旗人女性（坤）秋季所戴的一种便帽，不在制度之内，主要搭配便服使用，在清后期较常见。清初时，旗人女性冠帽已经装饰有飘带。清中后期，飘带与瓜皮帽结合形成坤秋帽。坤秋帽帽檐上仰，多以上乘的皮货制作。帽顶则与瓜皮帽相似，以六片缎缝合而成，顶部则折叠为平式，上盖镶有金银珠宝、彩线刺绣八垂云纹样帽花，并用丝绒结顶。帽子后面缀有两条长飘带，飘带上窄下宽，尖端形如宝剑头，上有纹饰，亦可在末端加缀丝穗（图12-12-5）。晚清佩戴坤秋帽时，特别流行使用鲜花或假花进行装饰，一般是装饰在坤秋帽的左右两侧（图12-12-6）。至清末，坤秋帽和吉服冠、钿子一起搭配吉服袍使用，慈禧等人均留下过头戴“飘带冠”的吉服照片。

一般市贩、农民所戴的毡帽，也沿袭前代式样。冬天人们多戴风帽，又称“观音兜”，因与观音菩萨所戴相似而得名。

图12-12-2　清代瓜皮帽

图12-12-3　有红丝绳穗子装饰的清代瓜皮帽

图12-12-4　坤秋帽（清宫旧藏）

图12-12-5　坤秋帽后缀飘带且末端加缀丝穗

图12-12-6　晚清佩戴坤秋帽时流行使用鲜花装饰

十三、女子常服

清代女服有满、汉两种式样。满族妇女一般穿一体式的长袍，汉族妇女以二部式的上衣下裙为主。清中期以后也相互仿效，相互融合。汉族妇女在康熙、雍正时期还保留明代款式，时兴小袖衣和长裙；乾隆以后，上衣渐肥渐短，袖口日宽，花样翻新；到晚清时，都市妇女已去裙着裤，衣上镶花边、滚牙子，服装的高低贵贱大都显现于此。

在时令节日等场合，清代后妃一般穿吉服袍。其实物如红缎绣仙鹤九团女夹袍（图 12-13-1）和红缎绣喜相逢九团女夹袍（图 12-13-2）。前者为圆领右衽，左右开裾，直身袍，大红缎地，绣九团仙鹤花鸟团花，以仙鹤和彩云组成。后者形制为圆领右衽，左右开裾，直身，大红缎地，绣九团"喜相逢"团窠图案。团窠直径 29.5 厘米，以蝴蝶上下盘旋相戏为主景，周围点缀蝙蝠及各种花卉。袖边平金织"卍"字曲水纹。蝴蝶图案采用十九种颜色。刺绣针法有套针、戗针、缠针等，现藏首都博物馆。

清代吉服袍实物又如中国台湾陈正雄先生收藏的清中期灰绿地缂丝八团灯笼锦吉服袍（图 12-13-3)，长 141 厘米，两袖通长 185 厘米，下摆 111 厘米。此袍织八团灯笼纹，灯笼内绘"海屋添筹"纹、红蓼、寿石等内容，间饰云纹，有"长寿""添寿"寓意。下幅缂织暗八仙及八宝立水纹，寓意"增福""祝寿"。灯笼纹样在服制中未见记载，因此推断此袍是在元宵灯节时穿用的袍服，为清中期缂丝工艺的佳品。

氅衣是清代内廷后妃套在衬衣外面的常服，用料为棉、夹、缎、纱，随时节而变化。其形制为直身圆领，大襟右衽，左右开裾至腋下，顶端都有用绦带、绣边盘饰的如意云头，形成左右对称的形式，身长至掩足，只露出旗鞋的高低。其实物如浅紫色牡丹折枝平金团寿字纹单氅衣（图 12-13-4）和清晚期紫纱地缂丝百蝶散花纹氅衣（图 12-13-5）。后者用三晕或四晕的缂丝织两两相对的蝴蝶和或单或双的折枝橘子花纹，时称"百蝶散花"，是慈禧时期比较流行的纹样。清代初期，氅衣并没有过于繁缛的镶边，后来受江南民间"十八镶"影响逐渐复杂化（图 12-13-6）。

图 12-13-1　红缎绣仙鹤九团女夹袍

图 12-13-2　红缎绣喜相逢九团女夹袍

图 12-13-3　清中期灰绿地缂丝八团灯笼锦吉服袍

氅衣袖子为双挽舒袖，袖端日常穿用时呈折叠状，袖长及肘，也可以拆下钉线穿用。袖口内加饰绣工精美的可替换袖头，方便拆换。衣边、袖端则装饰多种各色华美的绣边、绦边、绲边、狗牙边等，尤其是清代同治、光绪年间，这种繁缛的镶边装饰更是多达数层。

图 12-13-4　浅紫色牡丹折枝平金团寿字纹单氅衣

图 12-13-5　清晚期紫纱地绊丝百蝶散花纹氅衣

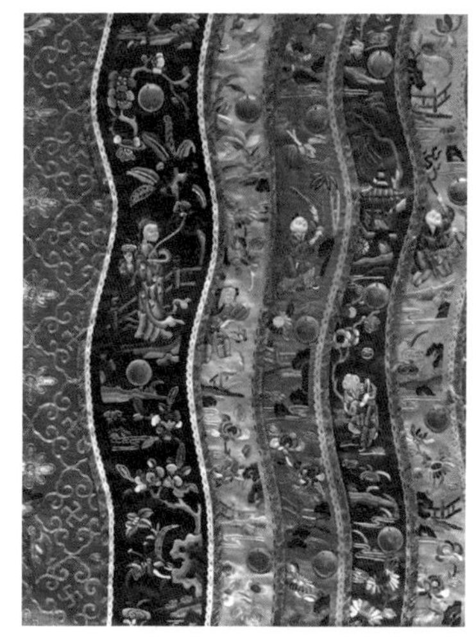

图 12-13-6　清代"十八镶"氅衣袖口

图 12-13-7　身穿旗袍的慈禧照片

图 12-13-8　身穿旗袍的清代女子画像

图 12-13-9　20 世纪初西方时装设计师中国式样设计

作为清晚期宫中后妃便服，氅衣改变了满族传统服饰长袍窄袖的样式，迎合了道光、咸丰以后的晚清宫廷追求豪华铺张、安逸享乐的风尚。清末，氅衣与满族服饰特点鲜明的袍服相融合，并逐渐演变成旗袍（图 12-13-7、图 12-13-8）。20 世纪初，许多西方时装设计师以氅衣为灵感设计了诸多时装款式（图 12-13-9、图 12-13-10）。

图 12-13-10　20 世纪初西方时装设计师中国式样设计

褂襕亦称背夹，是满族女子在春秋天凉时穿在袍衫外面的长坎肩，衣长至膝下，大多为圆领，对襟或大襟右衽，直身，无

图 12-13-11　清光绪青缎地彩绣花蝶褂

图 12-13-12　清晚期品月缎绣百蝶团寿字夹褂襕

图 12-13-13　四合云纹提花绸褂襕（索青帝工作室作品）

图 12-13-14　清代百鸟朝凤刺绣实物局部

图 12-13-15　百鸟朝凤褂襕和效果图以及刺绣纹样图（木真了品牌张丽美设计作品）

袖，左右及后身开禊，两侧开禊至腋下，两腋下各缀有两根长带，对襟前胸及两侧开禊的上端各装饰一个如意头，周身加边饰。清代褂襕实物如清光绪青缎地彩绣花蝶褂（图 12-13-11），长 148 厘米，立领，右衽，左右开裾，有库金、彩绣、中绦三道缘，褂面绣菊花、海棠花、兰花，彩蝶翩翩。又如，清晚期品月缎绣百蝶团寿字夹褂襕（图 12-13-12），身长 138 厘米，肩宽 17 厘米，下幅宽 118 厘米，品月色缎面，饰冰梅纹、字纹多层绲边，并饰如意头，雪青色织暗宝相花真经纱衬里。面料上用五彩丝线绣蝴蝶纹，用圆金线平金绣团寿字。蝶与耋谐音，人寿七八十岁为“耋”，纹样有祝颂长寿之寓意。此褂襕绣工细腻精致，蝴蝶翅膀以齐针所形成的弧形反抢针绣成，加上斜缠针、滚针、针线、施毛针法的运用，使蝴蝶极具动感。相关褂襕时装设计作品如满族服饰索青帝工作室设计的四合云纹提花绸褂襕（图 12-13-13）和国际知名中式时装品牌“木真了”设计总监张丽美以清代百鸟朝凤刺绣文物（图 12-13-14）为灵感创作的百鸟朝凤褂襕（图 12-13-15）。

图 12-13-16 绿纱绣枝梅金团寿镶领袖边衬衣

图 12-13-17 清代晚期明黄缎彩绣折枝玉兰花蝶衬衣

图 12-13-18 清人《贞妃常服像》

图 12-13-19 清代仕女画像

图 12-13-20 婉容皇后照片

满族贵族妇女便服，一般以长袍式样的衬衣为主（图 12-13-16、图 12-13-17）。衬衣是清代后妃日常穿用便服之一，多穿于氅衣或是马褂内，也可单独穿用。其款式为圆领，大襟右衽，直身，平袖，袖长及肘，两侧不开裾。日常穿着时多将袖口挽起，露出里面的白地缂丝袖口（图 12-13-18 ～图 12-13-20）。领、袖和大襟均各镶两道边做装饰，既可单独穿着，也可以套穿坎肩、马褂等短款或有开裾的长款褂襕、氅衣之内，形成面料花色的搭配或反差。

清代《十二美人图》（图 12-13-21）中的人物形象反映了满汉民族服装的融合与借鉴。清代妇女下身多穿裙子，颜色以红为贵。清代裙子的样式，初期尚保存明代特征，有凤尾裙及月华裙等。清末，普通妇女还流行穿裤，一为满裆裤，一为套裤。其材料多用绸缎，上绣各种花纹。

清代末年，满汉妇女服装的样式、装饰及审美趣味已趋于相同。普通汉族女性，日常大多为上衣下裳，或上衣下裤。颜色以红为贵，裙则以黑为尚。与洛可可纤细、华丽、繁复的风格颇为相近，清末女装装饰繁华至极，刺绣、镶滚等技艺达到顶峰，早期三镶五滚，后来愈发繁阔，发展为十八镶滚。

裘装对镜

烘炉观雪

倚门观竹

立持如意

桐荫品茗

观书沉吟

图 12-13-21　清代《十二美人图》

消夏赏蝶

烛下缝衣

博古幽思

持表对菊

倚榻观鹊

捻珠观猫

1950年故宫工作人员清点库房时发现，每幅有近2米高、1米宽。据朱家溍先生考证，这组美人图来自圆明园深柳读书堂里的围屏上，雍正十年(1732年)拆下并重新装裱（有人认为美人是雍正妃嫔，但尚有较大争议）。

十四、内穿套裤

清代妇女在袍服或裙子里面穿直管状的膝裤（图 12-14-1），也称“套裤”。这是一种裤腿上下垂直，呈直筒状，上端裁制成尖角状，和腰部相连，穿时可以露出臀部及大腿外侧的服装。清人李静山《增补都门杂咏》诗云：“英雄盖世古来稀，那像如今套裤肥？举鼎拔山何足论，居然粗腿有三围。”除了套裤，清代女子还穿开裆裤（图 12-14-2），如红云纹暗花绸五彩绣花鸟纹女开裆裤。其裤腰为白色，象征白头偕老。穿着长裤时，多用彩色长汗巾在腰间系扎，垂露衣外，以为装饰。清代套裤所用质料有缎、纱、绸、呢等，也有做成夹裤或在夹裤中蓄以絮棉的，后者多用于冬季。妇女所穿的套裤，裤管下脚常镶有花边，所用布帛色彩也较鲜艳。

图 12-14-1　荷蝶绣暗花绸膝裤

图 12-14-2　红云纹暗花绸五彩绣花鸟纹女开裆裤

十五、肚兜抹胸

肚兜又称抹胸，是中国古代妇女贴身内衣，因不施于背，仅覆于胸腹而名。清代肚兜，一般做成菱形。上有带，穿时套在颈间，腰部另有两条带子束在背后，下面呈倒三角形。上角裁成凹状半圆形，顶部和侧面尖点固定系带（图 12-15-1）。下角有的呈尖形，有的呈圆弧形。肚兜的布料以丝品居多，颜色有白、红、粉红、蓝、浅蓝、浅绿、浅黄、黑色等。肚兜上有各类精美的图案，其主题纹样多是中国民间传说或一些民俗典故，如“连生贵子”“麒麟送子”“喜鹊登梅”“鸳鸯戏水”“凤穿牡丹”“连年有余”“刘海戏金蟾”等趋吉避凶、吉祥幸福的图案。

图 12-15-1　清代肚兜

十六、马面女裙

裙子在清代，不仅成了宫廷贵族小姐的日常装束，而且成了普通人家姑娘的日常服装。

清代满族入关，虽然满族妇女都穿旗袍，但汉族妇女却仍把裙子作为礼服。每逢婚丧喜庆大典，或亲朋拜访时，妇女们一定要在长裤外面套一条长裙，否则就会被认为失礼或不够隆重。清代女裙，

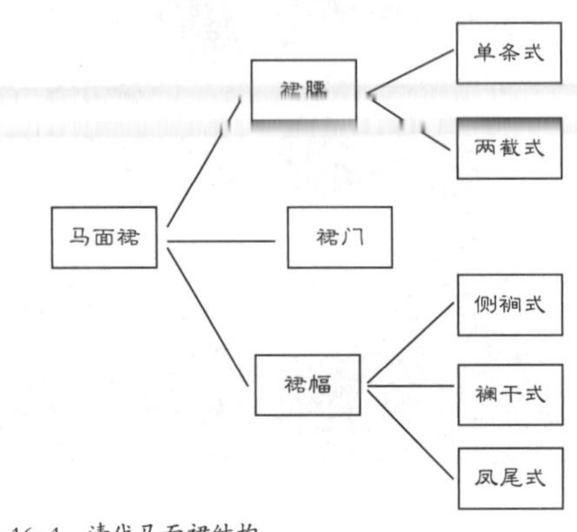

图 12-16-1　清代马面裙结构

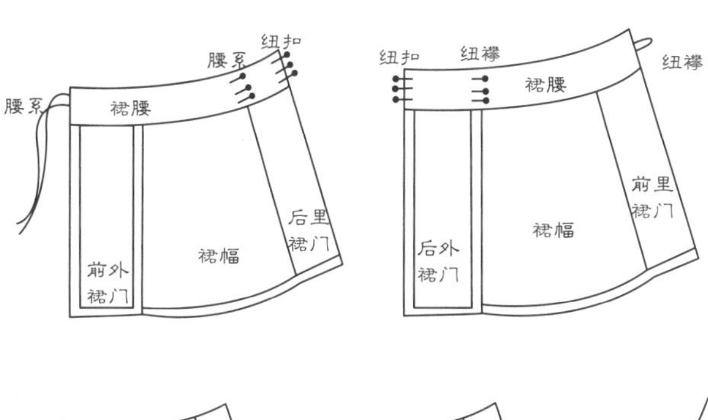

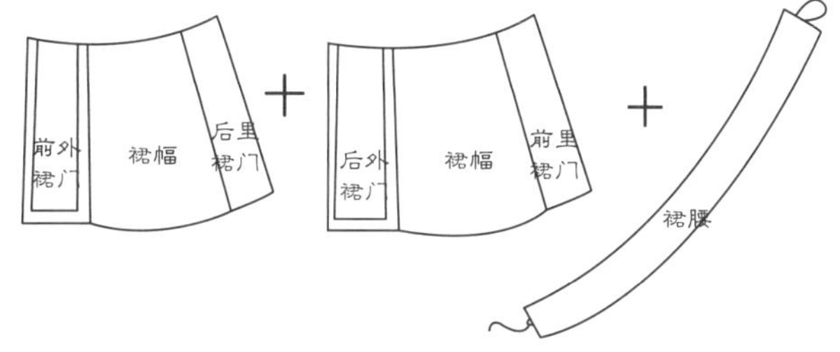

图 12-16-2 清代马面裙结构

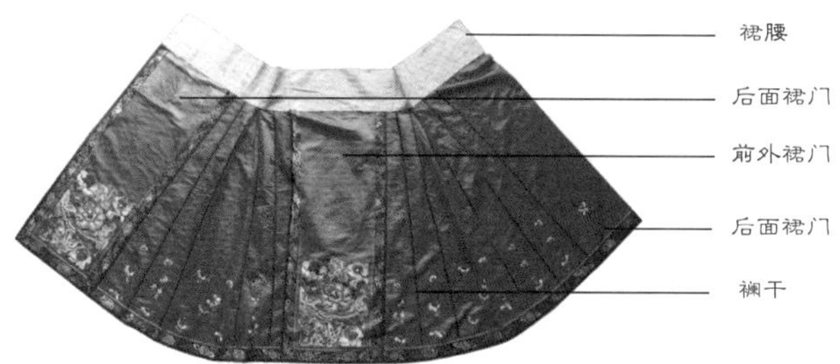

图 12-16-3 清代大红色三蓝绣花蝶图马面裙

图 12-16-4 绿缎地彩绣四龙八凤纹马面裙

颜色以红为贵，丧夫寡居者只能穿黑裙。

清代末期，裙的变化较大，其形式趋向简化，裙门装饰减少。清代裙子的基本形制是马面裙（图 12-16-1），所谓“马面”是指裙前后有两个长方形的外裙门（图 12-16-2）。“马面”一词，最早可见于明代刘若愚《明宫史》关于“曳撒”的记载：“其制后襟不断，而两旁有摆，前襟两截，而下有马面褶，两旁有耳。”马面裙由两片相同的裙片组成，穿着时需要将裙腰上的扣子或绳系好。裙的两侧打褶裥，由两边向中间压褶，称“顺风褶”。此间裙腰多用白色布，取白头偕老之意。

清代前期，马面裙裙门图案复杂，有龙纹、凤纹、海水江崖、亭台楼阁、云纹和蝴蝶花卉图案等（图 12-16-3、图 12-16-4）。这些图案在形式上呈现出适合纹样的特征，即图案底端适合裙门的四方形状，而上端则灵活多变。裙门的四周（腰头部分除外）皆有缘饰，从一条到多条不等。清末，裙门结构仍然存在，但是图案逐渐消失，最后仅剩缘饰。比利时设计师德赖斯·范诺顿（Dries Van Noten）将清代马面裙元素，尤其是裙身的襕干纹样应用于 2012 年秋冬时装设计，以剪切、拼接工艺将清代女裙短袄打印到丝绸、绉绸织物上，平衡了丝绸的柔软、军队卡其布的粗糙、灰色法兰绒的坚固，将清代传统服装转化成普通人可以接近的时装（图 12-16-5）。

图 12-16-5 Dries Van Noten 2012 秋冬成衣

马面裙两侧的褶如果打了又细又密的细裥，则称为“百褶裙”。为了使这些细褶不走形，以一定的方式用细线绗缝交叉串联固定褶裥，穿着者行走时，裥部形似鱼鳞鳞甲，故称“鱼鳞百褶裙”（图 12-16-6），流行于清同治年间（1862—1875 年），俗谓“时样裙”。《清代北京竹枝词·时样裙》载：“凤尾如何久不闻？皮绵单袷费纷纭。而今无论何时节，都着鱼鳞百褶裙。”西方时装设计师亦有借鉴鱼鳞百褶裙的时装设计作品（图 12–16–7）。

有的裙子装满各种飘带，末端系以金银铃铛，走起路来产生清脆美妙的声音，故名“叮当裙”，或“响铃裙”。

清末，马面裙的侧裥逐渐被“襕干”装饰物代替，因此这种马面裙又称为“襕干裙”。其形式与百褶裙相同，两侧打大褶，每褶裥镶襕干边（图 12–16–8）。裙门及下摆镶大边，色与襕干相同。清代时期流行镶滚，从而使市场上出现了专售花边襕干的商号。镶滚花饰费工耗时，结实耐久。

凤尾裙是一种由彩色条布接于腰部而成的条状女裙（图 12–16–9）。这些布条在末端裁成尖角，形似凤尾而得名。其中两条较阔，余均做成狭条。每条绣以不同花纹，两边镶滚金线，或缀以花边。背部则以彩条固定，上缀裙腰。穿着时须配以衬裙，多用于富贵之家的年轻女子，士庶妇女出嫁时亦多着之。因其造型与凤尾相似，故名，流行于清康熙至乾隆年间。清代李斗《扬州画舫录》卷九载：“裙式以缎裁剪作条，每条绣花，两畔镶以金线，碎逗成裙，谓之凤尾。”清代中叶以后，由于百褶裙逐渐流行，其制渐衰。

凤尾裙因布条之间空隙较大，其长度亦不同，不能单独穿着，常作为附属服饰围系于马面裙之外（图 12–16–10）。装饰与马面裙有对应之处，前后有类似于裙门的平幅，平幅上也绣有龙凤图案。各布条上皆有绣花，有的还在凤尾下端缀有小铃铛。清代末年出现了将凤尾裙缝于马面裙之外的形制，两者合二为一，故称凤尾马面裙。

明朝末年，裙幅增至十幅，腰间的褶皱越来越密，每褶各用一色，轻描淡绘，色极淡雅，风动如月华，因此得名“月华裙”。其制始于明末，流行于清初，多用于士庶阶层的年轻妇女。清代叶梦珠《阅世编》卷八载：“数年以来，始用浅色画裙。有十幅者，腰间每褶各用一色，色皆淡雅，前后正幅，轻描细绘，风动色如月华，飘扬绚烂，因以为名。然而守礼之家，亦不甚效之。”

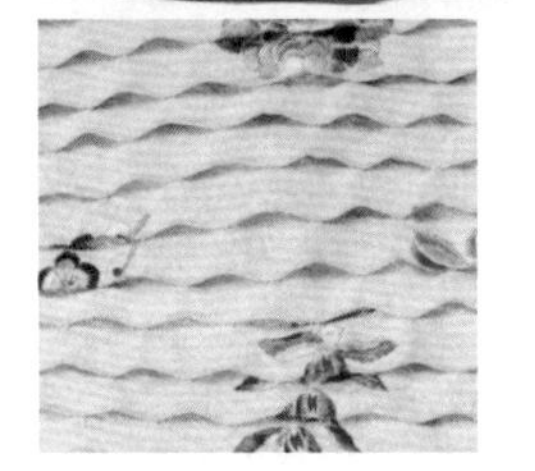

图 12–16–6　银红暗花绸彩绣花鸟纹鱼鳞百褶裙

图 12–16–7　以鱼鳞百褶裙为灵感的时装设计

图 12–16–8　清代马面襕干裙

图 12–16–9　彩色缎地绣龙凤纹凤尾裙

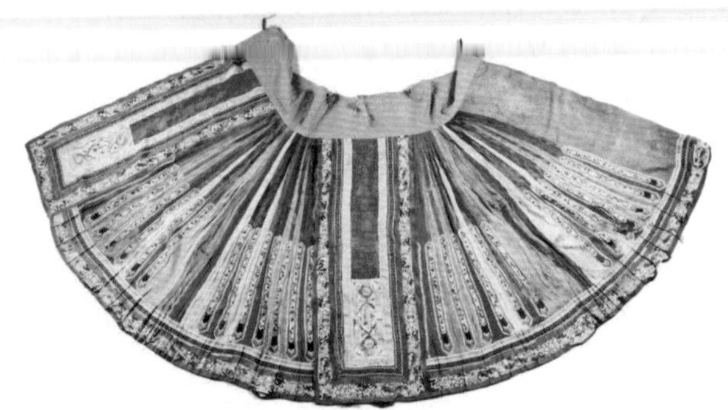

图 12–16–10　清代五彩云纹暗花绸彩绣百褶凤尾裙

十七、旗发扁方

汉族妇女的发髻首饰，在清初大体沿用明代式样。普通女性简单地将头发绾至头顶盘髻。清代中后期，发式逐渐增多，有的模仿满族宫女发式，将头发分为两把，俗称“叉子头”；也有的在脑后垂下一绺头发，修成两个尖角，名“燕尾式”；后来还流行过圆髻、平髻、如意髻、苏州厥、巴巴头、连环髻、麻花等式样。此外，还有许多假髻，如蝴蝶、罗汉、双飞燕、八面观音等。满族未婚女子或蓄发在额前挽小抓髻，或梳一条辫子垂于脑后；普通已婚妇女多绾髻，有绾至头顶的大盘头额前发髻鬅松的鬅头，还有梳架子头，在头顶左右横梳两个平髻的如意头（似如意横于脑后），发髻梳成扁平状的一字头（图 12–17–1）。清代上层妇女一般留“两把头”。清末女性的发髻越梳越高，上套一顶形似扇形冠，被称作“旗头”，即俗称“大拉翅”（图 12–17–2）。

图 12–17–1 梳“一字头”的清代满族妇女

图 12–17–2 梳“旗头”的清代婉容、文绣等人的合影

满族妇女梳“两把头”或是“大拉翅”时插饰一种名为扁方的大簪（图 12–17–3、图 12–17–4）。扁方有玉制，也有用青素缎、青绒蒙裹而成，俗称“钿子”，佩戴时固定在发髻之上便可，上面还常绣有各种花纹图案，镶珠宝或插饰各种花朵且缀挂长长的缨穗。其作用是装饰并绾束发髻。在北方民间，扁方也有很小的。如遇丧事，妻子为丈夫戴孝，放下两把头，将头发集拢于头顶束起，分两把编成两条辫子，辫梢不系头绳，任头发松乱，头顶上插一个三寸或四寸长的白骨小扁方。如果儿媳为公婆戴孝，则要横插一个白银或白铜的小扁方。

图 12–17–3 清代白玉荷叶莲花扁方

图 12–17–4 清代玳瑁镶珠石珊瑚松鼠葡萄扁方

图 12-18-1 清代康熙绣钩藤缉米珠朝靴

图 12-18-2 如意云纹黄朝靴（山东曲阜孔府藏）

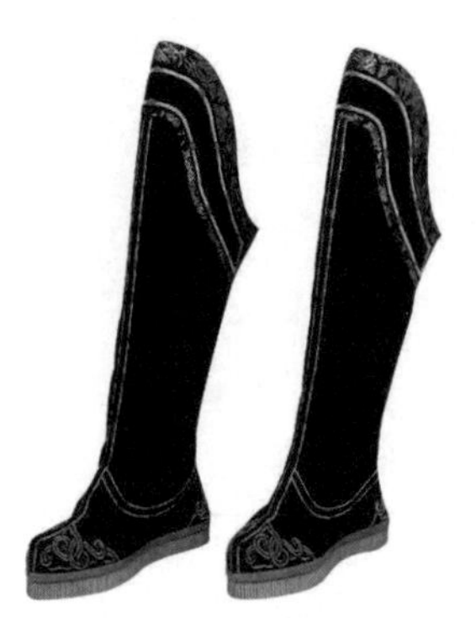
图 12-18-3 清代康熙蓝色漳绒串珠云头靴

图 12-18-4 詹天佑穿着官服照片

十八、花盆鞋底

清代男子便服穿鞋，公服穿靴。靴多为尖头，黑缎制作。清制规定，只有官员穿朝服才许用方头靴。清代皇帝朝靴与服色相同，并饰黑色边饰，上面绣有草龙花纹，如清代康熙绣钩藤缉米珠朝靴（图12-18-1），长32厘米，高60厘米。靴为厚底高勒尖头式。靴帮以石青色素缎做成，靴勒以黄色如意云纹缎为之，靴口镶石青色勾莲纹织金缎边，全靴以小米珠和红珊瑚钉缀成勾藤纹装饰图案，其式样与山东曲阜孔府藏如意云纹黄朝靴极其相似（图12-18-2）。据徐珂《清稗类钞・服饰》中“靴之材，春夏秋皆以缎为之，冬则以建绒”可知，此靴穿用于春秋之季。

清代官员冬季穿靴，如清代康熙蓝色漳绒串珠云头靴（图12-18-3），靴为厚底高勒尖头式，蓝色牡丹纹漳绒面料，靴口镶石青色勾莲纹织金缎边，以小米珠和红珊瑚钉缀装饰图案，靴头处呈云纹。其穿着效果如詹天佑照片中的靴子（图12-18-4）。

清制规定，只有官员着朝服才许用方头靴。官吏公服为黑缎靴（图12-18-5），武弁穿快靴（俗称“爬山虎”）。中国古代朝靴黑面白底的色彩元素被许多时尚品牌作为设计灵感，如巴黎世家（Balenciaga）2015年袜子鞋（图12-18-6）、Y-3黑武士（图12-18-7）、阿迪达斯三叶草（Adidas Originals）男款复古跑鞋（Tubular Runner）联名Y-3黑武士跑步鞋（图12-18-8）。

清代高级官员多穿牙缝靴。鞋头逐渐由方变尖。鞋的名称有云头、镶嵌、双梁（图12-18-9）、单梁等。此外，清代足服还有室内穿的拖鞋、雨天的钉靴、冰上用的冰鞋等。

满族妇女穿一种高木底绣花鞋，鞋底中部低者为5～10厘米，高者可达14～16厘米，更有甚者高达25厘米。鞋底狭小上大的，似花盆的被称为“花盆底”（图12-18-10）；鞋底下大上小的称为“马蹄底”（图12-18-11），还有“龙鱼底”“四闪底”等，都是根据鞋子形状命名，不管如何千变万化，其高跟都是镶嵌在脚心部位，总称叫“旗鞋”。鞋面多为缎制，绣有花样，鞋底涂白粉，富贵人家妇女还在鞋跟周围镶嵌宝石。新妇及年轻妇女穿着较多，一般小姑娘至十三四岁时开始用高底。老年妇女的旗鞋多以平木为底，称“平底鞋”。清代后期，着长袍穿花盆底鞋已成为宫中礼服。穿上花盆底鞋可使女子身体增高、比例修长，尤其是走路时，女子双手还拿一块漂亮的手帕前后摆动以保持身体平衡，显得姿态优美、端庄文雅。

清朝统治者入主中原后，起初极力反对汉人的缠足风俗，一再下令禁止女子缠足。但此时缠足之风已是难以停止了，到康熙七年（1668年）只好罢禁。也正因为如此，妇女缠足在清代可谓到了登峰造极的地步，社会各阶层的女子，不论贫富贵贱，都纷纷缠足，着尖头小弓鞋（图12-18-12）。缠足严重影响了脚的正常发育，对女性身心的伤害是言语不足以描述的。

图 12-18-5 清代官员黑缎靴

图 12-18-6 巴黎世家 2015 年袜子鞋

图 12-18-7 Y-3 黑武士 2012 春夏系列鞋

图 12-18-8 阿迪达斯三叶草（Adidas Originals）男款复古跑鞋（Tubular Runner）联名 Y-3 黑武士跑步鞋

图 12-18-9 双梁鞋

图 12-18-10 晚清紫缎钉绫凤戏牡丹花盆底女棉鞋

图 12-18-11 湖色缎绣兰花镶嵌宝石花马蹄底女鞋

图 12-18-12 清代尖头小弓鞋

十九、打牲乌拉

出身关外苦寒之地的满族，由于民族爱好和生存的需要，对裘皮非常喜爱。由此带来了整个清代社会持续不断的尚裘之风。除了清代皇帝祭天时穿的皮制端罩外，皇族和官员们的冬季服装也都有毛锋朝外的裘皮镶拼服装（图 12-19-1）。

清代最为贵重的裘皮是紫貂皮。清朝的时候专门有一个机构叫“打牲乌拉”，这个机构的职责就是专门为皇帝猎取貂皮。此外，《红楼梦》里有多处关于貂皮的描写，王熙凤在冬天的打扮一般就是“带者紫貂昭君套，石青缂丝灰鼠披风”，可见貂皮是大户人家显示富贵的一种重要服饰。按照清代的典章制度，紫貂是皇帝的专用品，其余人非赐不得用，甚至皇后也是如此。皇后、亲王和贝勒等只能用熏貂。

在清代礼仪服装制度中，统治阶层服装使用裘皮种类、位置、多少以及所配丝绸的种类、色彩等都有具体规定。甚至，裘皮服饰的“换季”替换也有明确的规定。据《清史稿·舆服志》记载：“康熙元年，定军民人……天马、银鼠不得服用。汉举人、官生、贡生、监生、生员除狼皮外，例亦如之。军民胥吏不得用狼狐等皮。有以貂皮为帽者，并禁之”。

在清代，将毛露出来的裘衣俗称“出锋裘”。这种裘衣在周代甲骨文中称为“裘之制毛在外”。不露毛的裘衣称“藏锋裘”，而在袖缘、襟缘等部

图 12-19-1　月白缂丝凤梅花灰鼠皮衬衣

位将毛露出来的装饰方法称为“出锋”。清代从事毛皮服饰的专门匠人被称为“毛毛匠”。康乾盛世，中国经济持续发展，刺激了裘皮服装的需求量，自康熙初年从宫中流行开来，到后来连商贾买卖人也都赶时髦，以穿出锋裘为荣。其影响不但波及北方，甚至连相对温暖的江南、岭南地区的官绅士民也都穿出锋裘。

在明清时期，贵族女性头上戴的抹额也有用貂鼠、狐狸、水獭等皮毛制成，如《扬州画舫录》中多次提到的“貂覆额”，清代董含《三冈识略》也称：“仕宦家或辫发螺髻，珠宝错落，乌靴秃秃，貂皮抹额，闺阁风流，不堪寓目，而彼自以为逢时之制也。”由于毛茸茸的兽皮暖额围勒在额部，宛如兔子蹲伏。因此，貂皮抹额又被形象地称之为卧兔。北京故宫博物院收藏的《胤禛妃行乐图》中的五个戴抹额的胤禛嫔妃中，有两个戴“卧兔”的形象（图 12-19-2）。

图 12-19-2　《胤禛妃行乐图》中胤禛嫔妃像

除了缝制皮衣的工艺非常繁复，中国古人对取毛的部位也有许多讲究（图 12-19-3）。清宫《穿戴档》中有“黑狐”“青”“貂皮腿”“狐小腿”“黑狐大腿”等名目，用于不同服饰。《清稗类钞》中更是列出了“紫貂膝”“貂耳绒”“貂爪仁”和“猞猁脊”等名目。

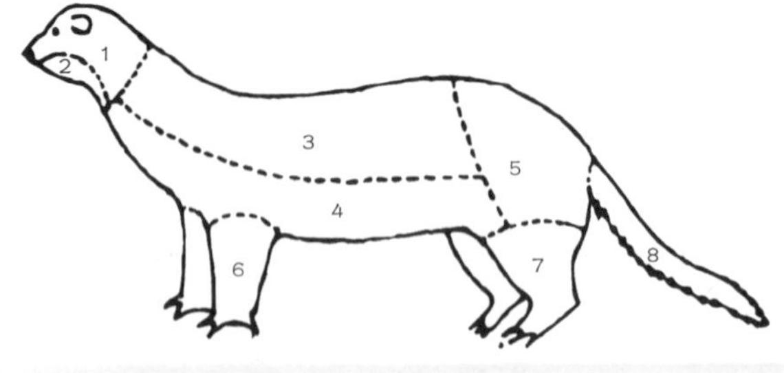

图 12-19-3　毛皮取皮部位示意图

到了晚清、民国时期，裘皮在民间使用也很多。虽然昂贵，但在各大城市普遍都有专门出售毛皮的商店。20 世纪 30 年代，上海人就非常习惯使用狐狸皮做成的围脖和用来暖手的手筒。同时裘皮服饰慢慢地从晚清时期的皮袍子等衣服转变成具有很多西方风格的裘皮大衣、围脖等。上海一些服装商店不仅有着中国传统的“毛毛匠”，还开始学起了国外的毛皮加工技术。

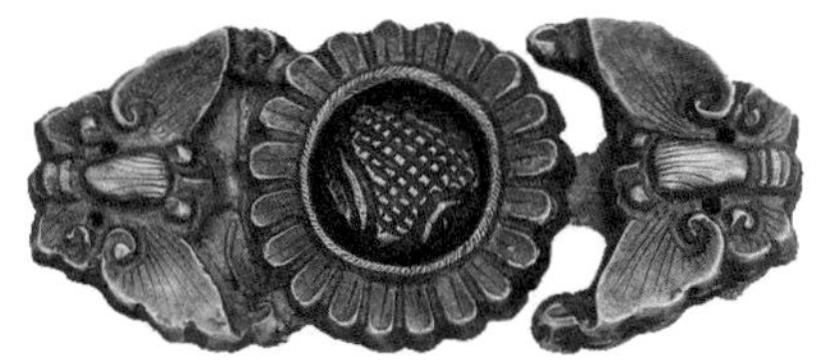

图 12-20-1　明代鎏金蜂赶菊钮扣（北京定陵出土）

图 12-20-2　明代嵌宝蝶恋花金纽扣（北京定陵出土）

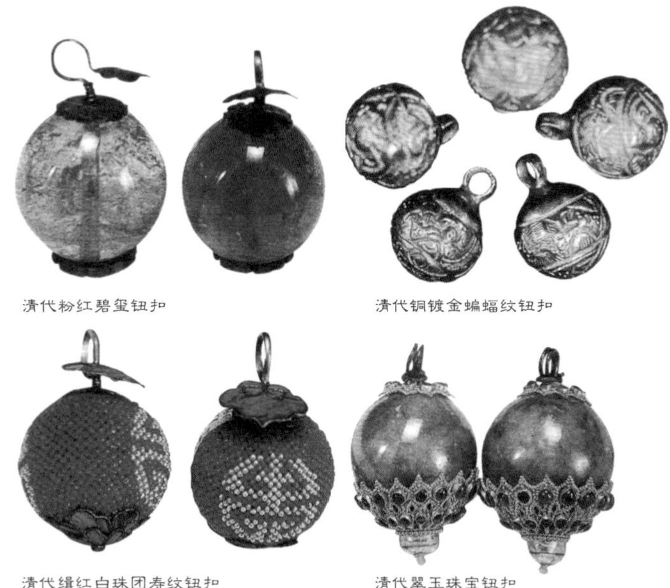

清代粉红碧玺钮扣　清代铜镀金蝙蝠纹钮扣

清代绣红白珠团寿纹钮扣　清代翠玉珠宝钮扣

图 12-20-3　清代钮扣实物

二十、纽扣与钮扣

清代纽扣形制已较为完备，形成纽、扣和襻三部分结构。纽是指由织物编结而成的球形小结；扣是指可扣解纽的环形套；襻是指纽和扣延续于衣身之上的部分。与前代不同，清代纽襻已全部露在服饰的外面，有“一字”和“盘花”两种类型。前者长度一般为 4 ～ 6 厘米。纽、扣和襻通常与使用服装本身的面料相同。清代顾张思《土风录》卷三载：“衣纽之牝者曰纽襻。”其制作方法为：先将织物按 45° 斜向裁成长条，一般宽度约为 2 厘米，具体宽度根据织物的厚薄调整；然后将斜布条的两边毛缝分别卷到内侧，再用本色线将两边搭裢缝合在一起，为了使襻条结实饱满，有的还内衬粗线。

钮扣在明代已比较常见，如北京定陵出土的明万历鎏金蜂赶菊钮扣（图 12-20-1）、嵌宝蝶恋花金钮扣（图 12-20-2）。此时钮扣以左右二件为配对，一为钮，一为扣，多以金银或玉石之类为原料。在明代一些文学著作及插图中，亦可见钮扣的描述和形象，如《金瓶梅词话》第十四回描写潘金莲穿的香色潞绸雁衔芦花样对衿袄儿上有“溜金蜂赶菊纽扣儿”，明代歌谣《挂枝儿 · 佳期》中的“金扣含羞解，银灯带欢笑”。

清代乾隆以后的钮扣，工艺日趋精巧，外形更为丰富，如莲蓬形、瓜形和钱币形等形状。受西方影响，清代甚至出现了用于巴图鲁坎肩的平钮。清人樊彬《津门小令》载：“津门好，纨绔少年场。袍色军机真裤缎，袋名侍卫小烟囊，洋纽镜同光。”后注：“巴图鲁坎肩必用平面洋纽。”从“平面洋纽”的“洋”字可推知，平纽非中国传统的纽扣形状，应由西方传入。纽扣的大小不一，大的如榛子，小的如豆粒，有素面的，也有镌刻或镂雕各种纹饰的，如盘龙纹、飞凤纹、折枝花卉、飞禽走兽、福禄寿喜纹等，式样丰富（图 12-20-3）。在使用上，这些纽扣的纹样往往与服饰相配，如结婚穿“囍”字袍，配“囍”字纹纽；寿日穿“寿”字衣，配“寿”字纽或“万寿”字纽；若穿花卉纹衣，则配以花卉纹纽。

清代钮扣材质有铜扣、鎏金扣、镀银扣、金扣、银扣、玉扣、螺纹扣、烧蓝扣、料扣等，贵重的还有白玉佛手扣、包金珍珠扣、三镶翡翠扣、嵌金玛瑙扣以及珊瑚扣、蜜蜡扣、琥珀扣等，甚至还有钻石纽扣、重皮纽扣。从结构上讲，清代纽扣的纽是一个独立的部件。它的固定形制有钉入式和活套式两种。钉入式，是指襻条穿过纽环把纽固定在衣服上；活套式，是指可以将纽自由安装或取下的式样。

第十三章 民国时期

民国时期：1912—1949 年

一、中国新貌

清帝退位，民国肇建以后，民国初年实施的新服制和孙中山提出的服装制作四原则，使民众的穿衣戴帽摆脱等级制度和传统政治伦理的干预，标志着中国古代衣冠体制的解体。这是从封建社会向近代社会变迁，促使生活方式近代化的一大变革。

20 世纪的最初 10 年，中国女性还是以上衣下裙的形式为主。青年妇女往往下穿黑色长裙，上身穿窄而修长的短袄，如三色花缎女短袄（图 13-1-1），窄身大襟，直袖立领，两侧开衩，面料为湖蓝地花缎，粉红色丝绵衬里。盘纽，领口、斜襟各 1 对，侧门襟 3 对。

图 13-1-1 三色花缎女短袄

与此同时，短袄的下摆还被裁制成圆弧形，其边缘从身体的正中向两侧呈弧形上升，到了身体两侧，衣下摆已经短得仅仅及腰部。这种形式令上袄显得更加短小，相应地，配穿在下的钟形长裙也就显得更加修长，增强了人体上短下长的美感。另外，由于长袄下摆在身体两侧短得出奇，穿在内里的衬衫便会在这两处部位露出一角，颇具诱惑力。

图 13-1-2 民国时期倒大袖短袄和长裙

有的短袄袖子短且肥大，时称“倒大袖”（图 13-1-2）。这时期还流行一种领高至双耳，遮住面颊的元宝领，被人戏称“朝天马蹄袖”（图 13-1-3、图 13-1-4）。虽然领子要高高立起遮住面颊，但小臂却是要露出来，作家张爱玲（图 13-1-5）称这种式样为“‘喇叭管袖子’飘飘欲仙，露出一大截玉腕。短袄腰部极为紧小。”

图 13-1-3 民国时期元宝领长袄

民国时期的女裙仍然保留宽大的裙腰，但裙门结构已经消失。辛亥革命之后，西式服饰影响加剧，裙腰系带被更容易穿着的松紧带所代替。在正规场合，裙子内要套长裤和套裤。《南北看》载：“清末民初，裙子是妇女们的礼服，嫡庶之分，就在裙子上。还有喜庆大典，正太太、姨太太一眼就可以看出来。正太太都是大红绣花裙子，姨太太只能穿粉红、胡色和淡青紫色的裙子。除非有了显赫的儿女，大妇赏穿红裙子才能穿。”

民国建立以后，缠过又放开的脚多起来，受西风东渐的影响，喜欢着西式服装的人越来越多。中式衣服，虽然还是两件的袍服，却因为裁剪的关系，变得修长又有线条，极具美感。

图 13-1-4　身穿元宝领长袄的民国女性照片

图 13-1-5　身穿短袄的张爱玲

二、民国男装

民国时期的男装是中山装、西装、长衫三足鼎立（图 13-2-1），有中有洋，亦中亦西。不同文化背景、职业的人，穿着不同的服饰。从他们的穿戴中，我们就可以大致了解他们的职业，以及文化教育的背景。长衫、西服、中山装是城市及乡间上层人士流行的服装。

西装在 20 世纪 30 年代是时髦的男子服装，受到知识阶层的欢迎（图 13-2-2）。当时的时髦男子典型装束是内穿西装，外罩大衣。在一些演艺界，流行效仿美国明星的装束，以中分头和吊带裤为时尚。此外，学校教师、公司洋行和机关办事员也穿西装，而老年人、商店中的伙计以及一般市民则穿长袍马褂。长衫是从长袍改进而来的大襟右衽、长及脚踝、左右开衩的服装，为当时中老年知识分子所喜爱。

民国元年（1912 年），“北洋政府”颁发的服制条例（图 13-2-3）规定：男子礼服分为“大礼服”“常礼服”两款。常礼服又分为甲、乙两种，大礼服和常礼服的甲种都是西式的。乙种是中式齐领右衽的长袍、短褂，褂是对襟，左右及后开衩。女子礼服一式，是齐领对襟长上衣，下服打裥长裙，俗称百褶裙。衣长齐膝，左右及后下端开衩，周身加绣饰。裙式为中置阔幅，然后连幅分向左右两侧打裥，上置裙带系腰。2018 年，中国设计师周翔宇在伦敦时装周上发布了民国长袍式样的时装作品（图 13-2-4）。

1921 年 5 月，孙中山在广州就任非常国会推举的临时大总统时开始穿着立翻领中山装。其式样如广州博物馆和香港历史博物馆推出的“辛亥革命百年纪念展”中展示的孙中山就任临时大总统时穿过

图 13-2-1　民国时期流行的男装：长袍、中山装、西装

图 13-2-2　1930 年身穿长袍马褂和西装的年轻人

图 13-2-3　民国元年服制条例

图 13-2-4　周翔宇 2018 秋冬伦敦发布会作品

的一套中山装复制品（图 13-2-5）。该套服装前襟 7 粒纽扣，左右袖口各有 2 颗纽扣。这套服装的上衣长 74.4 厘米，裤长 100 厘米。

1923 年，孙中山先生在广州任中国革命政府大元帅时，觉着当时的服装不足以显示辛亥革命成果，西装式样繁琐，穿着不便，而对襟短褂和大襟长衫的中式传统服装，又不能充分表现当时中国人民奋发向上的时代精神。孙中山先生敏锐地感觉到，“去辫之后，亟于易服”后，应当有一种代表中国人民的辛亥革命成果的服饰。孙中山先生在《复中华国货维持会函》中提出：“礼服在所必更，常服听民自便。”并且再次强调，“礼服又实与国体攸关，未便轻率从事。且即以现时西式服装言之，鄙意以为尚有未尽合着。”孙中山提出了服装制作的四条原则：“此等衣式，其要点在适于卫生，便于动作，宜于经济，状于观瞻，同时又须丝业，衣业各界力求改良，庶衣料仍不出国内产品，实有厚望焉。”在谈到西服时，他说：“西服虽好，不适应我国人民的生活，正式场合会见外宾有损国体。传统服饰，形式陈旧，又与封建体制不易区别。”此外，他还强调以西服裁法，结合中国国情，创制新的制服的想法。

1924 年底，孙中山启程北上，他由广州经香港抵达上海，受到上海各界的欢迎。当身穿中山装的孙中山与上海市民见面时，引起了沪上工农政商各界的一片赞誉。后来，孙中山先生又到了北京，也一直穿着中山装。直至 1925 年 3 月 12 日，孙中山先生在北京病逝，葬礼上他依然身穿“中山装”。

可以说，中山装是辛亥革命后流行的一种源自西方的军装，也是以伟大革命先驱孙中山先生名字命名的一种现代服装。其形制为立翻领，对襟；前襟五粒扣，代表五权分立（行政、立法、司法、考试、监察）；四个贴袋，表示国之四维（礼、义、廉、耻）；袖口三粒扣，表示三民主义（民族、民权、民生）；后片不破缝，表示国家和平统一之大义（也有学者认为这些文化象征是 20 世纪 80 年代由记者整理附会而成）。中山装的出现是近代中国服装史上一次影响深远的服饰改革。它既是中国近现代服装从封建等级制服饰向现代民主制服饰变革的一个分水岭与里程碑，也是中国近代社会第一次主动接受西方事务（军事制度），并体现在服装上的产物。百年间，中山装的起起落落见证了岁月的流转和潮流的消长，中山装也被赋予了更丰富的时尚语境，并自然地融汇到当代文化、艺术和服饰潮流中。国内外众多时装设计师以中山装为灵感进行了时尚化演绎，如巴黎世家（Balenciaga）2016 年作品、汤姆·福特（Tom

图 13-2-5 孙中山就任临时大总统时穿过的中山装复制品

Balenciaga 作品 Tom Ford 作品 Vivienne Tam 作品 Karl Lagerfeld 作品 Vivienne Westwood 作品

图 13-2-6 中山装时装作品

民国十八年（1929 年）《服制条例》礼服图

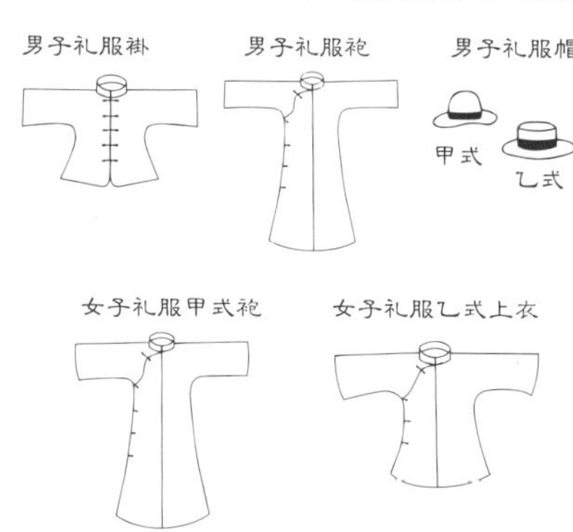

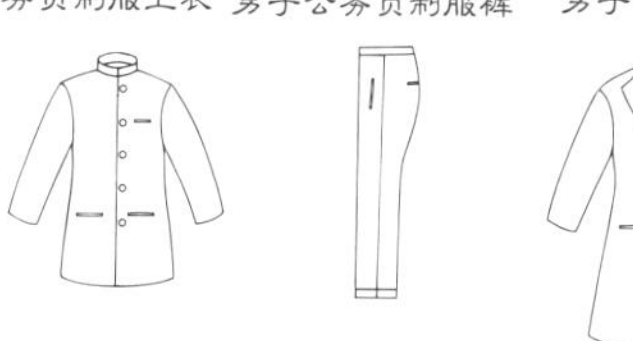

图 13-2-7 民国时期制条例

Ford）2004 年作品、谭燕玉（Vivienne Tam）2013 年作品、卡尔·拉格斐（Karl Lagerfeld）1996 年作品和维维安·韦斯特伍德（Vivienne Westwood）2012 年作品（图 13-2-6）。

民国时期，民国政府对于中山装的推广主要是从机关、学校开始的，将中山装塑造为革命的、进步的、时尚的服装，然后进一步向民众传输。早在 1928 年 3 月，民国政府内政部就要求部员一律穿棉布中山装；次月，又发文“为发扬精神起见”，规定职员“一律着中山装”。

20 世纪 20 年代末，民国政府重新颁布《服制条例》（图 13-2-7），其内容主要为礼服与公服。规定男子常服为长衫马褂；礼服为中山装，夏用白色，春秋冬用黑色。1929 年 4 月，第二十二次国务会议议决《文官制服礼服条例》规定：“制服用中山装。”同年，新制定的国民党宪法规定特任、简任、荐任、委任四级文官宣誓就职时一律穿中山装，以示奉孙中山先生之法。就此，中山装经国民政府明令公布而成为法定的制服。

1935 年，南京特别市政府规定“办公时间内一律穿着制服”，严厉“取缔奇装异服”，穿中山装，且质料“必须国货”。随后，江西省政府颁布《江西省公务员制服办法》，中山装成为公务员服装，而且规定“制服质料，以本省土布或国货布匹为限”，“春秋两季灰色，冬季藏青色”。1936 年 2 月，蒋介石下令全体公务员穿统一制服，式样为中山装。从此，中山装正式成为当时公务员的统一制服。

新中国成立之时，中山装、长衫棉袍、西服三类服装同时存在。它们分别代表了中国传统服装、新中国服装和西式服装。不久之后，新中国欣欣向荣的政治氛围，加之革命领袖的示范作用，使中山装和由中山装演变而成的干部服成为主流服装。此前，习惯穿西装的商人和知识分子，也都自觉地解下领带，脱去西装，换上了干部服或中山装，融入劳动群众中去，并表达自己对新时代的欢迎。于是，中山装成了中国男装一款标志性的服装。在一切正

图 13-3-1　蓝地彩印花罗夹旗袍

图 13-3-2　暗花纹棉麻旗袍

图 13-3-3　湖绿色绸刺绣缘饰旗袍

图 13-3-4　红黄渐变色线钩针编结旗袍

图 13-3-5　1930 年旗袍式样

图 13-3-6　“别裁派”旗袍

式场合，中山装成为人们的最佳选择。即使是年轻人拍结婚照，也将中山装作为一项重要的选择。在如今的 T 型台上，也依然能见到由它演变而来的时尚服饰。

三、海派旗袍

20 世纪 20 年代至 40 年代，受西方文化的影响，在我国最早步入大都市行列的上海，曾经出现过时装业蓬勃发展的短暂时期。当时的上海同时拥有“东方巴黎”和“东方好莱坞”的美称。作为全国服装业的中心，摩登的上海女郎成为全国时尚的领军人物，“中西合璧”的海派服装也形成于该时期。

中国最具民族特色且影响最大的服装莫过于旗袍（图 13-3-1 ～图 13-3-4）。受西方文化影响，民国时期上海旗袍发生了重大转变。首先，原

图 13-3-7　紧身收腰的新式旗袍

图 13-3-8 Prada 2017 春夏女装

本宽大的廓型开始变得紧身，能够将东方女性优美的身体曲线表现出来（图 13-3-5）。其次，清代旗袍的封闭性被两侧的高开衩打破。再次，新式旗袍出现了许多局部变化，在领、袖处采用西式服装装饰，如荷叶领、开衩领、西式翻领及荷叶袖、开衩袖，有的下摆坠有荷叶边并做了夸张变形（图 13-3-6）。最后，还有的大胆使用透明蕾丝材料来搭配里面的衬裙。从服装设计的角度说，这种旗袍运用了很多设计元素，很有创意，被称为“别裁派”旗袍。

在当时“时装片”盛行一时，而且流行西化服饰的大前提下，“别裁派”旗袍在银幕上频频亮相，成了新颖别致的电影服装。在影片《城市之夜》中，阮玲玉身上穿的旗袍有着宽宽的蕾丝绲边，这是当年十分流行的式样；在影片《现代女性》中，艾霞穿着有西式领和袖的旗袍；在影片《逃亡》中，叶娟娟穿着的是有西式泡泡袖的旗袍。西方时尚设计师认为，18 世纪之后才是中国服饰文化的集大成时代，同样也因为旗袍包裹颈部，侧露大腿的样式，看上去既含蓄，又充满了东方情趣。

进入 20 世纪 30 年代，妇女的装饰之风却越来越盛，加上外国衣料源源输入，更起了推波助澜的作用。男子服饰的变化却不太显著，初期仍如清代之旧。

进入 20 世纪 40 年代后，西风劲吹，中国妇女的服饰与 30 年代相比，虽然较为简便，但也有不少样式，除了穿着旗袍外，大衣、西装、马甲、绒线衫、长裙等也很流行，此外还有围巾、手笼、胸花、别针、耳环、手锡、戒指等配饰。

1948 年的上海，新式旗袍的开衩还不高，紧收腰身（图 13-3-7），形成了漏斗形状。摩登女性的服装已不局限于旗袍一种了，通过报纸杂志和欧美电影等媒体的宣传介绍，千姿百态的西式服装传进了上海。意大利品牌普拉达（Prada） 2017 春夏女装大秀吹起中国风，旗袍风成为设计主题（图 13-3-8）。时髦女郎越来越倾向于欧美风格，中式装扮和西式服装并存，选择更加自由。网球、游泳等运动随着西洋文化传入中国，对于运动服的热衷成为一种新的时尚，当时泳衣、球衣的式样及质地都会通过杂志以好莱坞为例做出详细说明。

第十四章 当代中国

当代中国：1949 年—至今

一、中华人民共和国成立之初

1949 年中华人民共和国的成立，标志着中国服装史走入了一个新时期。至 20 世纪 70 年代，中山装、工装衣裤、列宁装、军便装、方格衬衫和连衣裙等服装式样先后流行。穿草绿色军装，戴草绿色军帽，扎宽皮带，佩戴毛主席像章，挎背草绿色帆布挎包，成为当时的时髦装束。蓝、灰、黑成为大街上的“老三色”，中山装（图 14–1–1）、列宁装（图 14–1–2）和军便装（图 14–1–3）则成为中国人民很长时期的老三装。英国设计师约翰·加利亚诺（John galliano）曾以此为灵感为迪奥（Dior）设计了自己第一场发布会中的时装作品（图 14–1–4）。

华裔设计师谭燕玉（Vivienne Tam）2013 秋冬女装系列将汉字、二维码、中国红搬上了连衣裙（图 14–1–5），将微信二维码和美国总统奥巴马头像与 20 世纪 70 年代中国宣传海报结合，产生了幽默的时代感（图 14–1–6）。

图 14–1–1　中山装　　图 14–1–2　列宁装　　图 14–1–3　军便装

图 14–1–4　John galliano 为 Dior 设计的 1999 年高级成衣

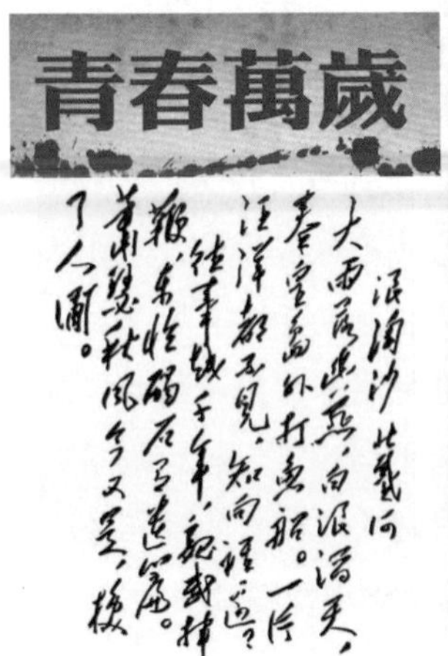

图 14–1–5　Vivienne Tam 2013 秋冬女装系列

克里斯汀·迪奥（Christian Dior）早在1951年就设计了以唐朝草书大家张旭的原帖拓本为灵感的印花裙（图14-1-7），其效果如在白色绸质的裙子上写书法。香奈儿女士（Coco Chanel）在1956年亦设计了满身书法图案小礼服女裙（图14-1-8）。

图14-1-6　Vivienne Tam 2013秋冬女装系列局部

图14-1-7　Christian Dior 1951年设计的印花裙

二、改革开放

20世纪70年代末，伴随着改革开放的大门被敞开，人们的审美视野也一并打开了。随着中日电影文化交流的不断深化，一批优秀的日本电影被陆续引进中国。国人在日本宽银幕电影《追捕》中，痴痴地看着冷面硬汉杜丘（图14-2-1）和长发美女真由美相拥驰骋在一望无际的草原上，被浑厚男低音主题曲“啦呀啦”唱得心神荡漾。杜丘的风衣、鸭舌帽，后来又加上美国连续剧《大西洋海底来的人》（图14-2-2）中的蛤蟆镜，以及喇叭裤、大鬓角，成为男孩子的扮酷行头。山口百惠的学生裙、三浦友和的鸡心领毛衫，都被那个年代的观众欣然接受和效仿。1980年，首部国产爱情片《庐山恋》公映后，连衣裙成为女孩子最钟爱的时装。1985年，国产影片《红衣少女》在社会上引起轩然大波，其中主人公的大红衬衫，打破了当时中国灰色卡其布服装一统天下的格局。

图14-1-8　Chanel 1956年设计的小礼服裙

图14-2-1　日本宽银幕电影《追捕》中的杜丘和真由美

图14-2-2　《大西洋海底来的人》剧照

三、东风西进

对于西方人来说，中国是一个充满神秘感的国度，伊夫·圣·洛朗（Yves Saint Laurent）在1977年的清宫时装系列可以说是尝试中国风格的第一步（见图12-11-5）。

直到20世纪90年代末，刚刚上任迪奥（Dior）首席之位的约翰·加利亚诺（John Galliano）在1997年秋冬系列首秀中，重现20世纪30年代上海部分女子形象（图14-3-1），抹厚脂粉，擦腮红，刘海儿发，细眉黑眼睛，身穿旗袍，细致而玲珑的雕花刺绣从胸口蔓延至腰腹两侧。背部面料被处理成鲤鱼纹理，肩部则分别垂坠细长的流苏穗带，在行走间持续“步摇”。肩部采用不对称剪裁，密集而纤细的尼龙绳呈网状交叠至脖颈处，背部则是赤裸而直白的大面积镂空。同场出现的还有一件与西式礼服无异的中式红色旗袍（图14-3-2）。这一季的广告大片也充满了中国风味（图14-3-3）。

2001年，让·保罗·高提耶（Jean Paul Gaultier）推出以京剧人物为灵感的“刀马旦”系列高级女装（图14-3-4）。从“Nuit de Chine”“Fu Manchu”“Shanghai Express”等主题名称就可以知道，当季设计将是一次中国元素的巡礼。该系列设计具有鲜明的历史厚重感。上海的历史渊源甚至可以追溯至清朝，钉珠裹身的缎面洋装俨然是西洋版格格的专属行头，龙袍刺绣的风衣以及对襟立领束腰衣拥有宫廷风范。此外，服装细节，如黑发头饰被编制成公主扇、流苏伞、绣花框等元素，极具中国风格。

图14-3-1 John Galliano重现上海部分女子形象

图14-3-2 John Galliano为Dior设计的1997年秋冬中式旗袍

图14-3-3 1997年Dior广告

图 14-3-4 Jean Paul Gaultier 2001 时装

图 14-4-1 Dior 2003 春夏高级成衣

图 14-4-2 Giorgio Armani 2005 春夏时装

四、致敬东方

2003 年春夏，法国时装品牌迪奥（Dior）在设计师约翰·加利亚诺（John Galliano）的带领下成功变成了一场向东方文化致敬和解构的盛宴（图 14-4-1）。整个系列的灵感来源于设计师为期三周的中日旅行。这场时装秀也打破了文化的界限，约翰·加利亚诺将旗袍、和服等传统服装纷纷转换成体积庞大的巨型服饰，模特似乎已经淹没在堆砌状的织锦缎、塔夫绸和饰边雪纺之中。约翰·加利亚诺本人称其为“重口味的浪漫主义”。

随着中国奢侈品的消费力持续增长，越来越多的国际时尚大牌加入东方元素，讨好中国新贵的心态明显。汤姆·福特（Tom Ford）为伊夫·圣·洛朗（Yves Saint Laurent）推出了中国系列的高级定制服（见图 12-6-7）。2005 年春夏，乔治·阿玛尼（Giorgio Armani）推出了立领、盘扣、中式绲边、书法字等元素一应俱全的时装作品，令人感到焕然一新（图 14-4-2）。

在 2006 年秋冬系列中，除了青花瓷旗袍式礼服，意大利设计师罗伯特·卡沃利（Roberto Cavalli）运用黑金色，创作了改良的中式旗袍（图 14-4-3）。鲜少将灵感触角伸向中国的美国设计师奥斯卡·德拉伦塔（Oscar de laRenta）也对旗袍的改良做出过有益尝试。兴许是一种巧合，在 2007 春夏时装系列中，几身缎面礼服和蕾丝长裙，既没有立领，也没有盘扣，甚至没有开衩，却有旧上海旗袍的韵味（图 14-4-4）。

北京奥运会，将“中国风”推向一个新高潮，中国消费品零售额大约以每年 14% 的速度增长，2007 年达到 11 800 亿美元。2007 年 10 月，芬迪（Fendi）品牌耗费了 1 000 万美元进行了长城大秀。卡尔·拉格斐（Karl Lagerfeld）在芬迪（Fendi）2007 年秋冬米兰发表会后，将此系列移师到长城展演，并添加几套中国风设计（图 14-4-5）。整场时装秀以一件鲜红色礼服开场，以一件黑色旗袍配以

图 14-4-3 Roberto Cavalli 2006 秋冬时装

图 14-4-4 Oscar de laRenta 2007 春夏时装

瓜鼠图案和红色流苏手包

明朝皇帝朱瞻基绘《三鼠图卷》

图 14-4-6 Fendi 2007 年长城秀最后一件中式风格时装及中国瓜鼠图案手包

图 14-4-5 Fendi 2007 长城秀

印花流苏手包谢幕（图 14-4-6）。印花流苏手包上刺绣着瓜鼠图案，两侧饰有红色丝绸流苏和闪亮金色双 F 的标志扣。由于老鼠一胎多子，苦瓜等果实里面也有很多种子，因此将老鼠和苦瓜看作繁育能力很强的动物和植物。宣德二年（1427 年），盼望生子多年的朱瞻基终于得了第一个嫡子朱祁钰，为此，他画了苦瓜鼠图记录了他得子后的幸福。卡尔·拉格斐说："我尝试了一些剪裁和图案，以达到一种适合中国模特的优雅效果。"芬迪（Fendi）品牌官方解释他们选择在中国长城作秀的原因是他们认为在未来的 25 年中，这里将是世界经济最快的增长点，希望芬迪（Fendi）在中国时尚消费品市场占有一席之地。

在纽约、米兰、巴黎时装周上，中国风也成为最受欢迎的元素，中式立领、印花水墨、流苏、花鸟鱼虫图案等随处可见。意大利品牌普拉达（Prada）推出了新艺术风格旗袍晚装系列，半透明生丝绡加上新艺术风格的插画印花，衣襟边缘有重色缘边，胸口不规则的镂空突出了曲线和有机形态（图 14-4-7）。同一年，巴黎世家（Balenciaga）2008 春夏系列将宝塔肩造型融入旗袍设计，保留了原有

图 14-4-7 Prada 2008 春夏时装秀

图 14-4-8 Balenciaga 2008 春夏时装秀

中国旗袍的高耸衣领及纤细腰线，加入艳丽的花朵图案，运用立体造型和硬质材料塑造出未来主义风貌（图 14-4-8）。

2007年，卡沃利（Just Cavalli）秋冬时装中有一款印花京剧脸谱的白色衣裙（图14-4-9），这个设计后来成为系列产品（图14-4-10）。纪梵希（Givenchy）2013秋冬女装系列巴黎时装周发布了京剧铜钱头的发式造型（图14-4-11）。2013年秋冬，彼德·皮洛托（Peter Pilotto）伦敦时装周也以京剧脸谱为图案设计了时装（图14-4-12）。2014年夏姿·陈（Shiatzy Chen）推出了抽象京剧脸谱荷包型玉镯提包（图14-4-13），以几何皮革拼接的方式，将玉镯提包呈现出多元化脸谱的形态，精致的缝纫和剪裁，充满当代艺术之美。在2016年8月的里约奥运会上，中国选手徐超、宫金杰、钟天使三人佩戴广州“Incolor”工作室的张飞、花木兰和穆桂英京剧脸谱头盔勇夺自行车首金（图14-4-14）。华伦天奴（Valentino）2015年巴黎时装周秋冬高级成衣发布，以黑白色调为主，高雅神秘，后半段循序渐进地回归品牌擅长的拜占庭风格蕾丝和图腾（图14-4-15）。

中国绘画也是极具中国特色且被经常利用的设计元素。时装设计师薄涛以北京故宫博物院藏明代吕纪《桂菊山禽图》为灵感设计了“水瑟丹青之桂

图 14-4-9 Just Cavalli 2007 年秋冬时装

图 14-4-10 Just Cavalli 胸前民族脸谱印花女款真丝连衣裙

图 14-4-13 Shiatzy Chen 脸谱玉镯提包

图 14-4-11 Givenchy 2013 年秋冬女装系列中的京剧铜钱头发式

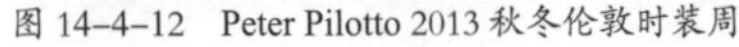

图 14-4-12 Peter Pilotto 2013 秋冬伦敦时装周

图 14-4-14 京剧脸谱头盔

图 14-4-15 Valentino2015 高级成衣发布作品

图 14-4-16 水墨丹青之桂菊山禽图（薄涛作品，2011 年）

图 14-4-17 Balenciaga 2008 秋冬时装

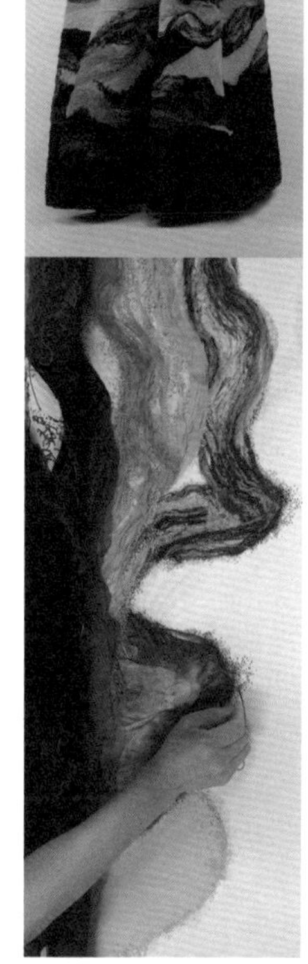

图 14-4-18 衣脉相承（袁大鹏作品）

菊山禽图”（图 14-4-16）。该作品以真丝生绡、欧根纱为材料，运用织、染、印、绣等工艺将百年书画浓缩于充满东方典雅的礼服。2008 年秋冬，尼古拉·盖斯奇埃尔（Nicolas Ghesquière）在巴黎世家（Balenciaga）的作品中运用江南烟雨、品茗、吹笛等颇具中国古代风情的印花元素（图 14-4-17）。武汉纺织大学袁大鹏教授利用破线绣、叠绣、打籽绣、挑绣设计手法在棉麻、真丝传统面料上，创作了“衣脉相承”（图 14-4-18）中国风时装作品。该作品以衣为媒，由象入境，将重峦叠嶂的平面与袖片立体廓型，以新视角突破苍穹的束缚，勾勒出无尽的山水及彼岸风景。

尽管有些品牌并未做出中国风的设计，但在中国取景拍摄广告也是一个方法，如杰尼亚（Ermenegildo Zegna）将 2008 春夏广告全都放到中国拍摄。著名奢侈品牌卡地亚（Cartier）甚至推出“祝福中国”全球限量系列。它几乎涵盖了卡地亚绝大部分引以为傲的产品系列——吊饰、项链、珠宝表、打火机、时钟、珠宝笔、袖扣，甚至还特别制作了纯粹中国生活味道的龙形图案瓷盘和龙形装饰书脊。其中，珠宝表选择的是麒麟造型；另一款镶嵌着圆钻、黑色蓝宝石和祖母绿的珠宝表选取的是熊猫。此外，龙的造型也成为卡地亚此番“礼赞中国”的代表造型，高调出现在打火机、座钟、瓷盘、钢笔、袖扣上，色彩选择了中国红，点缀以蓝、绿两色。

图 14-4-19　Chanel 2010 秋冬时装

图 14-4-20　Louis Vuitton 2011 春夏时装

图 14-4-21　Naeem Khan 2011 春夏时装

图 14-5-1　Celine 2004 以梅、兰、竹、菊为创意的插图手袋

图 14-5-2　Chanel 2012 春夏作品

图 14-5-3　Louis Vuitton 菜篮子手包

2010 年秋冬，卡尔·拉格斐（Karl Lagerfeld）将香奈儿（Chanel）将高级时装发布会场地设在上海东方明珠塔旁边，以金缕衣、清代朝珠、云肩、中式发髻（图 14-4-19）等中国传统元素为设计灵感。马克·雅可布（Marc Jacobs）在 2011 年路易·威登（Louis Vuitton）春夏系列中运用中式传统的开襟结构，将撞色绲边和立体短袖组合，搭配蕾丝折扇与长流苏耳环装饰，摩登新颖，异域中国味十足（图 14-4-20）。伦敦设计师玛丽·卡特兰佐（Mary Katrantzou）的阵容包括中国航海印花连衣裙；纳伊·姆汗（Naeem Khan）表示受《丝绸之路》一书的启发，使用激光切割皮革黑色礼服（图 14-4-21）。中国台湾品牌“夏姿·陈”2012 年秋冬“织梦”系列，以中国少数民族苗族文化为主题，以蝴蝶、饕餮纹、芒纹等苗族风格图腾来表现此系列作品。

五、中国元素

“新中国风”之盛已在奢侈品领域迅速蔓延，甚至被《金融时报》评论为“中国财富复兴中国时尚”。当传统被充分挖掘时，中国风格的内涵便开始扩展。法国品牌赛琳（Celine）推出了以梅、兰、竹、菊为创意的插图手袋系列（图 14-5-1）。香奈儿（Chanel）2012 春夏“链条打包手拎袋中药包”（图 14-5-2）、意大利品牌 Bagigia 热水袋包、手织麻花型（20 世纪七八十年代，中国女性最喜欢编织的毛衣花型），爱马仕（Hermes）毛衣、路易·威登（Louis Vuitton）“菜篮子”镂空手包（图 14-5-3），都以

图 14-5-4　Celine2013 秋冬时装

图 14-5-5　Louis Vuitton 蓝白红塑胶袋的蛇皮袋手包

图 14-5-6　Tsumori Chisato 扇形手拿包

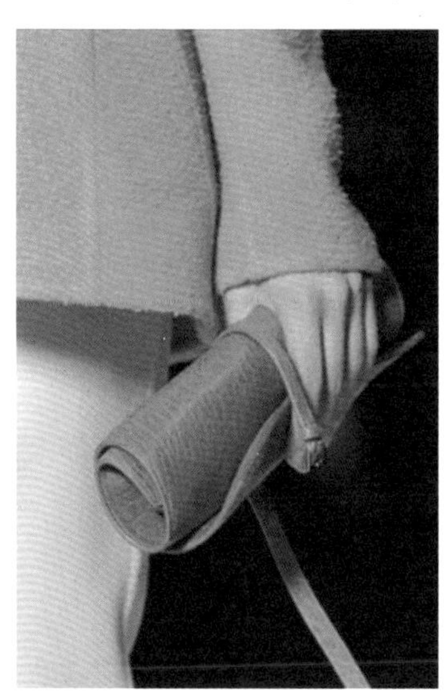
图 14-5-7　Rchas 书卷式手拿包

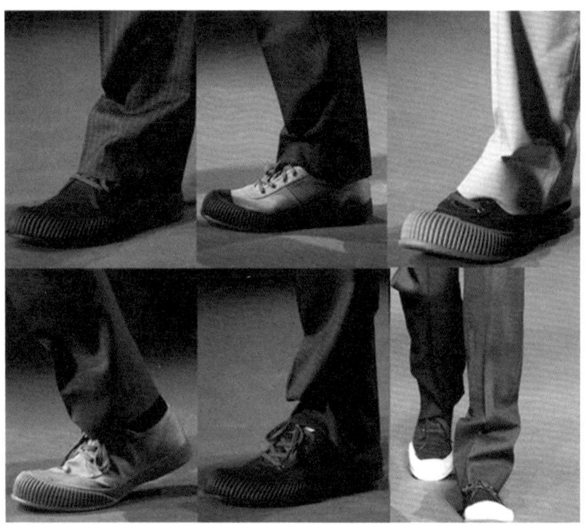
图 14-5-8　Prada 以中国传统大头鞋为元素进行设计

图 14-5-9 Just Cavalli 2013 秋冬时装

中国元素为设计灵感。赛琳（Celine）在 2013 秋冬运用蛇皮袋元素进行时装设计（图 14-5-4），致敬了 2007 年路易·威登（Louis Vuitton）品牌蓝白红塑胶袋的蛇皮袋手包（图 14-5-5）。津森千里（Tsumori Chisato）在 2013 年秋冬巴黎时装周将手包做成水墨淡彩的扇子形状（图 14-5-6）。巴黎罗莎（Rchas）的模特们更是手持一本古旧的书卷式手拿包（图 14-5-7）。在 2014 春夏米兰男装周中，普拉达（Prada）以中国传统大头鞋为元素进行设计（图 14-5-8）。

卡沃利（Just Cavalli）2013 秋冬系列来自罗伯特·卡沃利（Roberto Cavalli）在不丹的一次旅行（图 14-5-9）。藏传佛教的唐卡和守护神们主导了整个系列，中国风格的翔龙、老虎、祥云、宫殿、玉佩等纹样使浓郁的东方风格呼之欲出。绿松石色、橙、红、绿都是亚洲民族特有的标志性色彩，意大利壁画图案和这些元素糅合在一起，形成西方剪裁与东方元素的混合体。

2015 年 6 月，古驰（Gucci）于米兰男装周发布 2016 年春夏男装，设计以“Detournement 创旧”为主题。设计师亚历山德罗·米歇尔（Alessandro Michele）以中国传统的天堂景象、18 世纪中国人物画中服装图案为灵感，徐徐铺展开一幅隽永画轴：有象征吉祥如意的蜂鸟、幸福甜蜜的蜜蜂，含苞待放的蔷薇、摇摇欲坠的石榴……同时，亚历山德罗·米歇尔（Alessandro Michele）又用西方现代主义的笔触手法，赋予花、鸟、鱼、虫明艳活力的色彩。

六、国潮时尚

对“中国风”的认识，大致可以分三个阶段：第一是纯粹模仿、复原阶段；第二是传统与现代结合型阶段，在形式上它是纯粹传统的，但在功能上它是现代的；第三是中国元素范围和内容创新阶段，首先在程式上它是现代的，用现代的材料、结构和现代的理念做出来，但它又表达着中国常见的习俗和符号。“中国风”时装应该能够做到首先是现代的，然后是中国的。这样的时装存在的生命力将会很强，而且具有延续性和普及性。中国风时装需要建立在世界流行时尚文化体系之中，是国际化的中国风格，而不是单纯的中国式样的服装产品。

自 2016 年开始，“国潮”成为最炙手可热的关键词，众多时尚品牌执迷于探索不同类别的中国意蕴，在中国传统文化和艺术元素的基础上，适应全球流行文化趋势，从而演变出独特的风格。中国知名服装品牌，如李宁（图 14–6–1）、太平鸟、波司登（图 14–6–2）等，都相继推出了“国潮”主题时尚产品。故宫文化创意馆也推出了故宫彩妆系列，例如，2019 年春季，本书作者为故宫设计的文创产品—取材于故宫祥龙、七星图案的七星吉兆祥龙卫衣（图 14–6–3），短时间内，上千件便销售一空。

市场让国货与消费者重新“相遇”。源自东方的美学和文化越来越受到全球瞩目的同时，以 90 后为代表的新一代消费群体崛起，更加追逐有个性化、充满文化自信的表达，融入了传统、现代、多元文化内核的新国货，从而开拓出新空间。当制造业提质增效的迫切与市场不断升级的需求“相遇”，便促成了“国潮风”的流行。创新，让国货于传统中萌发新意。一边是高成本、高库存“顽疾”，一边则是瞬息万变的市场、愈加激烈的竞争。消费升级既表现为对品质的提升，也包含了消费者对生活、情感等多方面的诉求。引发情感共鸣、带来快乐和美的享受，是国货新“卖点”之一。文化，让国货拥有全新空间。

改变是每个制造商面临的课题，不断尝试与探索绘就了国货全新的面貌。国货之变，也是经济、社会之变。注入了全新内涵的国货，正推动制造、消费、服务等诸多领域的变革。

图 14–6–1　李宁品牌在纽约时装周发布作品

图 14–6–2　波司登品牌在纽约时装周发布作品

图 14–6–3　贾玺增为故宫设计的文创产品—七星吉兆祥龙卫衣

参考文献

[1] 沈从文 . 中国古代服饰研究 [M]. 北京：文物出版社，1981.

[2] 宿白 . 白沙宋墓 [M]. 北京：文物出版社，2004.

[3] 周锡保 . 中国古代服饰史 [M]. 北京：中国戏剧出版社，2002.

[4] [日] 原田淑人 . 中国服装史研究 [M]. 合肥：黄山出版社，1983.

[5] 包铭新 . 近代中国女装实录 [M]. 上海：东华大学出版社，2006.

[6] 包铭新 . 近代中国男装实录 [M]. 上海：东华大学出版社，2008.

[7] 孙机 . 汉代物质资料图说 [M]. 北京：文物出版社，1990.

[8] 高春明 . 中国服饰名物考 [M]. 上海：上海文化出版社，2001.

[9] 周汛，高春明 . 中国历代服饰史 [M]. 上海：学林出版社，1997.

[10] 高春明 . 中国历代妇女装饰 [M]. 上海：学林出版社，1991.

[11] 黄能馥，陈娟娟 . 中国历代服饰艺术 [M]. 北京：中国旅游出版社，2001.

[12] 崔圭顺 . 中国历代帝王冕服研究 [M]. 上海：东华大学出版社，2007.

[13] 陈高华 , 徐吉军 . 中国服饰通史 [M]. 宁波：宁波出版社，2002.

[14] 尚刚 . 隋唐五代工艺美术史 [M]. 北京：人民美术出版社，2005.

[15] 陈茂同 . 中国历代衣冠服饰制 [M]. 北京：新华出版社，1993.

[16] 赵丰 . 辽代丝绸 [M]. 香港：沐文堂美术出版社，2004.

[17] 赵丰，于志勇 . 沙漠王子遗宝 [M]. 香港：艺纱堂服饰出版社，2000.

[18] 赵丰，金琳 . 黄金 · 丝绸 · 青花瓷——马可 · 波罗时代的时尚艺术 [M]. 香港：艺纱堂服饰出版社，2005.

[19] 赵评春，迟本毅 . 金代服饰——金齐国王墓出土服饰研究 [M]. 北京：文物出版社，1998.

[20] 中国社会科学院考古研究所，定陵博物馆，北京文物工作队 . 定陵 [M]. 北京：文物出版社，1990.

[21] 何介钧 . 沙马王堆二、三号汉墓 · 第一卷 · 田野考古发掘报告 [R]. 北京：文物出版社，2004.

[22] 南京市文物馆 . 金与玉公元 14—17 世纪中国贵族首饰 [M]. 上海：文汇出版社，2004.

[23] 湖北省荆州地区博物馆 . 江陵马山一号楚墓 [M]. 北京：文物出版社，1985.

[24] （刘宋）范晔，（晋）司马彪 . 后汉书 [M]. 北京：中华书局，1965.

[25] （汉）班固 . 汉书 [M]. 北京：中华书局，1962.

[26] （唐）房玄龄，等 . 晋书 [M]. 北京：中华书局，1974.

[27]（梁）沈约 . 宋书 [M]. 北京：中华书局，1974.

[28]（梁）萧子显 . 南齐书 [M]. 北京：中华书局，1974.

[29]（唐）魏征，等 . 隋书 [M]. 北京：中华书局，1975.

[30]（后晋）刘昫，等 . 旧唐书 [M]. 北京：中华书局，1975.

[31]（宋）欧阳修，等 . 新唐书 [M]. 北京：中华书局，1975.

[32]（元）脱脱，等 . 辽史 [M]. 北京：中华书局，1974.

[33]（元）脱脱，等 . 宋史 [M]. 北京：中华书局，1977.

[34]（元）脱脱，等 . 金史 [M]. 北京：中华书局，1974.

[35]（明）宋濂，等 . 元史 [M]. 北京：中华书局，1976.

[36]（清）张廷玉，等 . 明史 [M]. 北京：中华书局，1975.

[37]（汉）郑玄注 . 周礼注疏 [M]. 北京：北京大学出版社，1999.

[38]（汉）史游 . 急就篇 [M]. 四部丛刊续本 . 北京：商务印书馆，1934.

[39]（汉）宋衷注 . 世本 [M]. 上海：上海古籍出版社，1995.

[40]（汉）董仲舒 . 春秋繁露 [M]. 北京：中华书局，1975.

[41]（晋）陆翙 . 邺中记（丛书集成本）[M]. 北京：商务印书馆，1937.

[42]（唐）刘肃 . 大唐新语 [M]. 北京：中华书局，1986.

[43]（五代）马缟 . 中华古今注 [M]. 沈阳：辽宁教育出版社，1998.

[44]（宋）王溥 . 唐会要 [M]. 北京：中华书局，1990.

[45]（宋）聂崇义 . 新定三礼图 [M]. 北京：中华书局，1992.

[46]（宋）孟元老 . 东京梦华录 [M]. 北京：中国商业出版社，1982.

[47]（宋）李昉 . 太平御览 [M]. 上海：上海古籍出版社，1994.

[48]（宋）周密 . 武林旧事 [M]. 杭州：西湖书社，1981.

[49]（宋）高承 . 事物纪原 [M]. 北京：中华书局，1989.

[50]（宋）魏了翁 . 仪礼要义 [M]. 北京：北京图书馆出版社，2003.

[51]（宋）司马光 . 资治通鉴 [M]. 北京：中华书局，1956.

[52]（宋）吴自牧 . 梦粱录 [M]. 西安：三秦出版社，2004.

后 记

对我来讲，中国服装史是世界上最高的山峰、最广的海洋和最美的风景！

学习服装史，首先需要构建知识体系和基本理论框架：一要弄清楚中原农耕服饰文化与北方游牧服饰文化两者之间的异同与联系。可以说，中国服装史就是在两者不断互动与演进中逐渐成熟与发展的；二要掌握中国传统服装“礼服”“公服”和“常服”不同穿用场合的制度规范与界限。其次，要清晰、准确地掌握中国传统服装各服装品类的名称、定义和具体款式的细节特征。由于历史久远、式样丰富、名目繁杂，中国传统服装不同类别、名称之间时有重叠、交叉的情况，很容易使人在概念和认知上产生混淆。再次，要了解中国服装史不断融合、丰富和发展的社会原因与历史脉络。如果对曾经出现的几次大的服饰变革的内外成因和发展成果有所了解，就可以清楚地知道中国服装史的发展规律。这些内容，可以通过阅读《中国服装史》相关专著和教材获取。不同作者和版本的书可以适当多阅读一些（具体书目可参阅本书的参考文献）。当然，不同版本的书籍也可能会有不同的解释和观点，遇到这种情况，读者也不要迷惑，这是由于不同作者对中国服装史的认知水平和理解不同所致，相信大家能够在比较中识别并逐渐树立正确的中国服装史知识体系。

除了阅读图书，学习中国服装史一定还要多到博物馆看实物，这是为了增加对服装史实物的亲身感受。仅仅看图片，是无法在脑海中构建起真实框架的。最后，在条件允许的情况下，尽可能地根据考古报告提供的数据做些服饰复原，并上身穿着，亲自感受古代服装的真实体量感。与此同时，如果有能力，还要多尝试借鉴中国服装史里的元素进行转化设计，再将这些设计进行市场销售与推广。这样做可以进一步推动中国服装史学科的普及与传播。如果能长期坚持，相信学习中国服装史必将有所成就！

当然，如果想精进学业，我们也不能将视野仅仅局限于中国服装史，还要了解同时期的政治、艺术、文化、工艺美术等诸多要素。从不同角度去理解，必然会促进我们对中国服装史的全面掌握。

人生快乐，因为有中国服装史一生为伴！

真心希望读者也能体会到这份快乐！

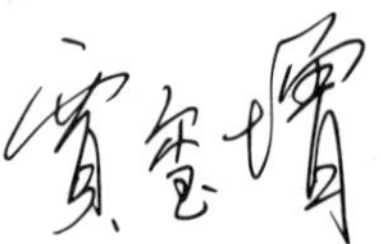

2020 年 5 月 18 日写于清华大学美术学院